Für Gretchen

Anthony Zee

Magische Symmetrie

Die Ästhetik in der modernen Physik

Aus dem Englischen
von Hans-Peter Herbst

Birkhäuser Verlag
Basel · Boston · Berlin

Die Originalausgabe erschien 1989 unter dem Titel "Fearful Symmetry. The Search for Beauty in Modern Physics" bei Collier Books, Macmillan Publishing Company, New York.

CIP-Titelaufnahme der Deutschen Bibliothek

Zee, Anthony:
Magische Symmetrie : die Ästhetik in der modernen Physik / Anthony Zee. Aus d. Engl. von Hans-Peter Herbst. – Basel ; Boston ; Berlin : Birkhäuser, 1990
Einheitssacht.: Fearful symmetry <dt.>
ISBN 3-7643-2386-8

Umschlaggestaltung: Gregor Messmer, Basel
Printed in Germany
ISBN 3-7643-2386-8

Inhalt

Tiger, Tiger, funkensprühend,
In der dunklen Waldnacht glühend,
Wessen göttlich Aug erlas
Sich dein furchtbar Ebenmaß?

William Blake
(Übersetzung von Levin Schücking)

Danksagung

Mein Dank gilt an erster Stelle meiner Frau Gretchen, deren prägnante und kritische Kommentare für mich ebenso unersetzlich waren wie ihre liebevolle Unterstützung. Sie las jedes Kapitel, sobald ich es beendet hatte, und kritisierte unnachsichtig das Manuskript. "Unverständlich!" stand danach oftmals quer über der Seite. Dann hieß es für mich zurück an die Schreibmaschine.

Unsere Freunde Kim Beeler, Chris Groesbeck, Martha und Frank Retman sowie Diane Shuford - ein Psychologe, ein Student der Kunstgeschichte, ein Rechtsanwalt und zwei Architekten - lasen verschiedene Teile des Manuskriptes und halfen dadurch mit, die Transparenz des Inhaltes für Laien sicherzustellen.

Heinz Pagels und Steve Weinberg, zwei berühmte Kollegen, die selbst allgemeinverständliche Bücher über Physik verfaßt haben, ermutigten mich bei meinem Vorhaben, ein Buch über Symmetrie zu schreiben. Sie gaben mir großzügige Ratschläge bezüglich der verschiedenen Aspekte des Schreibens und Veröffentlichens eines solchen Buches und stellten mich ihren Freunden vom Verlagswesen vor.

Tsung-dao Lee, Heinz Pagels und Steve Weinberg danke ich für das Lesen des Manuskriptes sowie für ihre hilfreichen und ermutigenden Kommentare. Ich danke auch Sidney Coleman und Frank Wilczek für die Durchsicht des Kapitels 12, Murray Gell-Mann für das Lesen von Kapitel 11 und Bill Bialek für das Lesen der Druckfahnen.

Ich bin sehr glücklich, daß Charles Levine der Verleger dieses Buches ist. Sein Ratschlag und seine Unterstützung waren für mich unentbehrlich. Er ermutigte und kritisierte mich immer gerade dann, wenn ich es nötig hatte. Ich habe ihn als Freund schätzen gelernt.

Meine Lektorin Catherine Shaw hat ganze Arbeit geleistet, da ich etwa zwei Monate dazu benötigte, alle ihre Kommentare zu berücksichtigen. "Das verstehe ich nicht", war ihre ständig wiederholte Beschwerde. Als Ergebnis ihrer Arbeit hat das Buch viel an Klarheit gewonnen. Durch meine zweite Lektorin, Roberta Frost, wurde das Manuskript noch einmal abgerundet.

Martin Kessler stand mir zu Beginn der Arbeiten an diesem Projekt mit Rat und Hilfe zur Seite. Auch der Rat meiner Agenten John Brockman und Katinka Matson war von großem Nutzen für mich.

Die unten aufgeführten Künstler halfen mit, das Buch optisch ansprechender und klarer zu gestalten.

Ich freue mich darüber, daß für die künstlerische Gestaltung des Buches Helen Mills verantwortlich ist, deren Bruder Robert wir in Kapitel 11 begegnen werden. Die Liebe zu Symmetrie und Harmonie scheint bei den beiden in der Familie zu liegen.

Schließlich möchte ich Debra Witmoyer, Lisa Lopez, Gwen Cattron, Katie Doremus, Karen Murphy und Kresha Warnock für das Tippen verschiedener Teile des Manuskriptes danken.

Abbildungen

Bonnie Bright: Abb. 8, 20, 25, 27, 28, 29, 33, 34, 36, 38, 43, 44, 45, 49, 54
Michael Cullen: Abb. 9, 13, 30, 42, 47, 48, 51
Ji-jun Huang: Abb. 53
Eric Junker: Abb. 19, 21, 22
Joe Karl: Abb. 2, 4, 15
Peggy Royster: Abb. 16, 46
Clara Weis: Abb. 14
Gretchen Zee: Abb. 3, 26, 31, 32

Vorwort

Mit der "Magischen Symmetrie" möchte ich deutlich machen, in welchem Maße die Physik des 20. Jahrhunderts vom Streben nach Ästhetik motiviert wird. Dabei liegt der Schwerpunkt weniger auf dem faktischen Gehalt der modernen Physik; der Leser soll vielmehr einen Eindruck von dem intellektuellen Rahmen dieser Wissenschaft gewinnen.

Albert Einstein sagte einmal: "Ich möchte wissen, wie Gott diese Welt geschaffen hat. Ich bin nicht so sehr an diesem oder jenem speziellen Phänomen, am Spektrum dieses oder jenes Elementes interessiert. Ich möchte Seine Gedanken wissen: Alles andere sind Details."

Als Physiker teile ich von ganzem Herzen das Gefühl, das in diesen Worten Einsteins zum Ausdruck kommt. Während sich die große Majorität der heutigen Physiker mit der Erklärung spezieller Phänomene beschäftigt - woran nicht das Geringste auszusetzen ist - strebt eine kleine Gruppe unter ihnen ambitionierteren Zielen nach. Als geistige Nachfolger Einsteins haben sie sich auf die Suche nach dem fundamentalen Bauplan der Natur gemacht und sind vermessen genug zu behaupten, einen ersten Schimmer davon erhascht zu haben.

Ihre Suche wird von zwei Prinzipien mit überragender Bedeutung geleitet: Symmetrie und Renormierbarkeit. Bei der Renormierbarkeit geht es um die Beziehungen zwischen physikalischen Prozessen mit unterschiedlichen charakteristischen Skalenlängen. Wir werden dieses Prinzip nur streifen und unser Hauptaugenmerk auf die Symmetrie richten, die den einenden ästhetischen Gesichtspunkt verkörpert, unter dem der Grundlagenphysiker die Natur betrachtet.

In den letzten Jahren ist das allgemeine Interesse an der modernen Physik stark gewachsen; Interpretationen der "Neuen Physik" haben Hochkonjunktur. Vielen Menschen ist klar geworden, daß es Milliarden und Abermilliarden von Galaxien gibt, von denen jede Milliarden und Abermilliarden von Sternen enthält. Sie haben gelernt, daß die Welt aus subatomaren Teilchen besteht, von denen die meisten nicht länger als ein Milliardstel einer Milliardstel Sekunde leben. Teilchen mit seltsamen griechischen Namen vollführen wilde Tänze zur "Quantenmusik" und scheinen den Regeln des klassischen Determinismus Hohn zu sprechen. Mit einer Mischung aus Verwirrung und Faszination steht der Laie vor allen diesen Entdeckungen. Die Welt der modernen Physik ist in der Tat ebenso bizarr wie wunderbar. Am Ende hinterläßt die bloße Darstellung dieser Ergebnisse bei dem Leser jedoch oft das Gefühl, bis zum Überdruß mit Fakten gefüttert worden zu sein, die - so erstaunlich sie auch sein mögen - auf die Dauer doch ziemlich ermüdend wirken.

Dieses Buch ist Lesern mit neugierigem Intellekt gewidmet, die wissen möchten, was hinter den Tatsachen steckt. Ich stelle mir einen solchen Leser wie einen Bekannten aus meiner Jugendzeit vor, der inzwischen Architekt, Künstler, Tänzer, Makler, Biologe oder Rechtsanwalt geworden ist - oder irgend jemand anders, der an der Logik und Ästhetik der heutigen Physik interessiert ist. Dabei bedeutet die Zielsetzung des Buches keinen Verzicht auf eine Darstellung der phantastischen Entdeckungen der modernen Physik, deren Verständnis Voraussetzung für eine sinnvolle Diskussion ihres intellektuellen Rahmens ist. Ich hoffe jedoch, daß dieses Buch dem Leser nicht nur zu einer oberflächlichen Bekanntschaft mit bestimmten erstaunlichen Phänomenen verhilft, sondern ihm auch ein Gefühl für den Gesamtbezug vermittelt, ohne den sie nichts weiter als bloße Fakten blieben.

Ich habe keinen Versuch unternommen, die Rolle der Symmetrie in der Geschichte der Physik detailliert und ausgewogen wiederzugeben. Ohnehin kann eine Darstellung, bei der wichtige Entwicklungen mit einer Handvoll Personen in Zusammenhang gebracht werden, keinerlei Anspruch auf historische Genauigkeit erheben, und so muß auch jede derartige Unterstellung hinsichtlich des vorliegenden Buches kategorisch zurückgewiesen werden. In einem Gespräch über bestimmte Entwicklungen in der modernen Teilchenphysik bemerkte der berühmte Physiker Sheldon Glashow: "Ein Wandteppich ist ein Produkt der gemeinsamen Mühe vieler Handwerker. In dem fertigen Kunstwerk jedoch lassen sich die Beiträge der einzelnen Arbeiter nicht unterscheiden, auch wenn ein paar lose oder falsche Fäden mit eingearbeitet worden sind. Das gleiche gilt auch für das heutige Bild der Teilchenphysik. ... [Die Standardtheorie] entstand nicht etwa voll entwickelt in den Köpfen einiger weniger Physiker, sie ist vielmehr das Ergebnis der gemeinsamen Anstrengungen vieler Wissenschaftler - Experimentatoren wie Theoretikern. Trotzdem ist in einer allgemeinverständlichen Darstellung eine gewisse Vereinfachung bei der Beschreibung der historischen Entwicklung unvermeidlich, wofür ich den Leser dieses Buches um Verständnis bitte.

Santa Barbara, April 1986

I. Symmetrie und Design

1. Auf der Suche nach Schönheit

Ich erinnere mich deutlich daran, daß Einstein seine Kritik an einem Vorschlag, der mir selbst vernünftig und zwingend erschien, lediglich dadurch zum Ausdruck brachte, daß er sagte: 'Oh, wie unschön!' Sobald ihm eine Gleichung häßlich erschien, verlor er fast jedes Interesse an ihr und konnte nicht verstehen, wie jemand bereit dazu war, seine Zeit damit zu vertun. Er war vollständig davon überzeugt, daß der Ästhetik bei der Suche nach wichtigen Erkenntnissen der theoretischen Physik eine führende Rolle zukommt.

H. Bondi

Schönheit geht vor Wahrheit

Meine Kollegen von der Grundlagenphysik und ich empfinden sich als die geistigen Nachfahren Albert Einsteins: Ebenso wie er sind auch wir auf der Suche nach der Ästhetik in der Physik. Es gibt physikalische Gleichungen, die so häßlich sind, daß man sie kaum ansehen, geschweige denn aufschreiben kann. Nach unserer Überzeugung kann der Schöpfer aller Dinge beim Entwurf des Universums nur sehr schöne Gleichungen verwendet haben. Von zwei alternativen Gleichungen, die den Anspruch erheben, die Natur zu beschreiben, wählen wir daher stets diejenige aus, die unseren Sinn für Ästhetik stärker anspricht. "Laßt uns vor allem darauf achten, daß das Ganze schön ist, dann wird sich die Wahrheit von selbst ergeben!" So lautet das Motto der Grundlagenphysiker.

Nach Meinung der meisten Menschen ist die Physik sicherlich eine exakte Wissenschaft, deren Aufgabe eher in präzisen Voraussagen als in ästhetischen Betrachtungen liegt. In Wirklichkeit ist die Ästhetik in der heutigen Physik jedoch längst zu einer treibenden Kraft geworden. Die Physiker haben eine wirklich wunderbare Entdeckung gemacht: Die Natur ist auf ihrer fundamentalen Ebene nach ästhetischen Prinzipien konstruiert. Das Staunen über dieses Wunder ist es, das ich mit Ihnen teilen möchte.

Augentraining

Was ist Schönheit? Obwohl die Philosophen viele dicke Wälzer mit den Ergebnissen ihres Grübelns über ästhetische Fragen gefüllt haben, scheint eine absolut gültige Definition nicht möglich zu sein. Zum einen ändert sich die Mode: Die wohlgenährten Damen der Rubens'schen Ära schmücken heute kein Titelbild einer Illustrierten mehr. Außerdem ist das ästhetische Empfinden auch von Kultur zu Kultur verschieden. Für Landschaftsdarstellungen beispielsweise gelten in Ost und West unterschiedliche Konventionen. Die architektonischen Entwürfe von Bramante und I.M. Pei sind auf unterschiedliche Weise vollkommen. Wenn es jedoch schon keinen objektiven Standard für die Schönheit menschlicher Schöpfungen gibt, welches System der Ästhetik sollen wir dann verwenden, wenn von der Schönheit der Natur die Rede ist? Nach welchen Kriterien sollen wir den der Natur zugrunde liegenden Entwurf beurteilen?

In diesem Buch möchte ich zeigen, wie der ästhetische Imperativ der zeitgenössischen Physik zu der rigorosen Formulierung eines Systems der Naturbeschreibung führt. Wie mein Professor für Kunstgeschichte zu sagen pflegte, muß man "seine Augen trainieren". Für einen Kenner der Architektur gehorchen die Bauten der Postmoderne den gleichen Prinzipien wie die der Renaissance. In ähnlicher Weise haben auch die Physiker ihre Sicht zu schulen, um die beim Bau der Natur geltenden universellen Prinzipien zu erkennen.

Innere und äußere Schönheit

Jedesmal, wenn ich einen vielkammerigen Nautilus am Meeresstrand finde (wahrscheinlicher ist allerdings, ich finde ihn in einem Souvenirgeschäft), bin ich von seiner Schönheit gefesselt. Ein Biologe würde mir vermutlich erklären, daß die perfekte Symmetrie der Spiralstruktur des Nautilusgehäuses die Folge einer variablen Wachstumsrate ist. Als nachdenklicher Mensch bin ich von der Schönheit des Nautilus nicht weniger bezaubert, auch wenn ich diese Tatsache kenne; als Physiker jedoch habe ich das Bedürfnis, über diese äußere, sichtbare Schönheit hinauszugehen. Weder die Schönheit der Wellen, die an den Strand

Abb. 1
Die Schönheit von Wasser auf zwei verschiedenen Ebenen der Betrachtung.
Oben: Hokusai (1760–1849): "Der Berg Fuji von Kanagawa aus gesehen" (mit freundlicher Genehmigung des Minneapolis Institute of Art). Unten: Mikrophotographie einer Schneeflocke (R.B. Hoit, mit freundlicher Genehmigung von Photo Researchers, Inc.).

schlagen, noch die des Regenbogens, der den Himmel überspannt, sind meine Themen, sondern die tiefer liegenden Gesetze, die letzten Endes das Verhalten des Wassers in all seinen verschiedenen Erscheinungsformen regieren.

Das Universum als Schöpfungsentwurf

Seit den Zeiten Einsteins wurden die Physiker immer wieder von ehrfürchtigem Staunen darüber erfüllt, daß die Natur um so wunderbarer konstruiert erscheint, je tiefer man die Betrachtungsebene wählt. Warum ist das so? Wir könnten uns ja genausogut in einem vollkommen häßlichen Universum vorfinden oder – nach Einsteins Worten – in einer "chaotischen, unserem Denken auf keinerlei Weise zugänglichen Welt."

Das Nachsinnen über solche Fragen erweckt in vielen Physikern ein Gefühl, das man als religiös bezeichnen könnte. Bei der Beurteilung einer physikalischen Theorie zur Beschreibung des Universums pflegte Einstein sich zu fragen, ob er selbst das Weltall in dieser speziellen Weise geschaffen hätte, wenn er an der Stelle Gottes gewesen wäre. Das Vertrauen darauf, daß die Natur nach einem bestimmten Konzept konstruiert ist, bildet die entscheidende Motivation für jeden Grundlagenphysiker.

Die Musik und das Libretto

Viele populäre Darstellungen der Physik schwelgen in der Beschreibung spezieller Phänomene und verblüffen ihre Leser mit den phantastischen Entdekkungen der modernen Physik. Ich hingegen bin mehr daran interessiert, einen Eindruck von dem intellektuellen und ästhetischen Rahmen der gegenwärtigen Grundlagenphysik zu vermitteln. Ein Beispiel aus der Kunst mag verdeutlichen, was damit gemeint ist. Jeder Opernfreund liebt "Turandot", in erster Linie jedoch nicht wegen des Librettos, das eine reichlich absurde Geschichte beschreibt, die erst durch die Musik Puccinis beflügelt wird. Andererseits wäre es ziemlich unersprießlich, sich eine Oper anzusehen, ohne die zugehörige Geschichte zu kennen oder aber – noch schlimmer – die ganze Zeit nur dem Orchester zuzuhören. Musik und Libretto ergänzen sich gegenseitig.

Vergleichsweise langweilig und nicht besonders erhellend ist es auch, über die Vielzahl unterschiedlicher physikalischer Phänomene – das "Libretto" – zu reden, ohne sie in den ästhetischen Rahmen der zeitgenössischen Physik – die "Musik" – zu stellen. Es ist meine Absicht, dem Leser die "Musik" der modernen

Physik zu vermitteln – den ästhetischen Imperativ, von dem sie geleitet wird. Doch ebenso wie eine Oper ohne Sprache sinnlos wäre, wäre auch eine Diskussion der Ästhetik ohne Bezug auf konkrete physikalische Phänomene völlig steril. So wird auch vom "Libretto" der Physik die Rede sein. Ich muß jedoch gestehen, daß mein Herz – sowohl als Physiker wie als Opernfreund – mehr für die Musik als für das Libretto schlägt.

Landes- und Bundesrecht

In einem Buch über Physik taucht unvermeidlich immer wieder der überstrapazierte Begriff des "physikalischen Gesetzes" auf. So wie wir im Rechtswesen zwischen Landes- und Bundesrecht unterscheiden, gibt es auch in der Physik zwei Arten von Gesetzen. Betrachten wir zum Beispiel das Hookesche Gesetz, nach dem die zum Dehnen einer Metallfeder erforderliche Kraft proportional dem Betrag ist, um den die Feder gedehnt wird. Dies ist ein typisches Beispiel für ein "phänomenologisches" Gesetz – die knappe Formulierung einer empirisch beobachteten Gesetzmäßigkeit. Nach der Ausarbeitung der physikalischen Theorie der Metalle in den 30er Jahren dieses Jahrhunderts konnte das Hookesche Gesetz durch die elektromagnetische Wechselwirkung zwischen den Metallatomen erklärt werden. Während das Hookesche Gesetz nur für ein spezielles Phänomen gilt, erlaubt uns das Verständnis der tieferliegenden Gesetze des Elektromagnetismus die Erklärung einer enormen Vielzahl von Phänomenen.

Als ich in der Oberschule von solchen Dingen wie dem Hookeschen Gesetz erfuhr, bekam ich den Eindruck, die Physiker versuchten so viele Gesetze wie möglich zu finden, um jedes einzelne Phänomen erklären zu können, das man in der physikalischen Welt beobachten kann. Tatsächlich arbeiten die Grundlagenphysiker aber gerade umgekehrt darauf hin, die Zahl der erforderlichen Gesetze auf ein Minimum zu reduzieren. Ihr Endziel besteht darin, die Vielzahl der phänomenologischen Gesetze durch ein einziges Gesetz zu ersetzen und so zu einer einheitlichen Beschreibung der Natur zu gelangen. Dieses Streben nach Einheit ist das zentrale Thema der "Magischen Symmetrie".

2. Symmetrie und Einfachheit

Ich möchte wissen, wie Gott diese Welt geschaffen hat. Ich bin nicht so sehr an diesem oder jenem speziellen Phänomen, dem Spektrum dieses oder jenes Elementes interessiert. Ich möchte Seine Gedanken wissen: Alles andere sind Details.
Albert Einstein

Ein Blick ins Innere der Natur

Stellen wir uns vor, ein Architekt findet sich bei seinem Erwachen in einem merkwürdigen Raum eingeschlossen. Er eilt ans Fenster, um hinauszuschauen, und kann da einen Turm, dort eine Säule erkennen: Offensichtlich befindet er sich im Innern eines gewaltigen Bauwerks. Bald gewinnt das berufliche Interesse des Architekten Überhand über seine Furcht. Was er erkennen kann, erscheint ihm wunderbar. Er fühlt sich gleichermaßen fasziniert wie herausgefordert und versucht, aus dem, was er sieht, auf den Bauplan zu schließen, der dem Gebäude zugrundeliegt. Ist der Schöpfer des Hauses ein Wirrkopf, der sich an Schnörkeln und Verzierungen ergötzt? Hat er ohne Sinn und Verstand hier ein Fenster, dort einen Giebel angebracht? Hat er bei seinem Entwurf geschludert? Der gefangene Architekt ist sich auf unerklärliche Weise sicher, daß der beste Architekt der Welt das Gebäude nach einem einfachen, eleganten und einheitlichen Prinzip entworfen hat.

Auch wir finden uns in in einem Universum von befremdlicher Schönheit voller physikalischer Phänomene vor, deren Pracht und Reichtum immer wieder unser Erstaunen herausfordern. Mit dem Voranschreiten der Physik entdeckten die Physiker, daß die Vielfalt dieser Phänomene keine Vielzahl an Erklärungen erforderte. Besonders in diesem Jahrhundert haben sie ihre Ansprüche in dieser Hinsicht immer höher geschraubt. Sie wurden Zeugen des ruhelosen Tanzes der Quanten und gewannen einen ersten Einblick in die ewigen Geheimnisse von

Raum und Zeit. Nicht länger zufrieden mit der Erklärung "dieses oder jenes Phänomens", sind sie von zunehmendem Vertrauen erfüllt, daß der Natur ein Entwurf von wunderbarer Einfachheit zugrunde liegt. Seit Einstein werden sie von dem festen Glauben daran getragen, daß dieser Urgrund der Welt ihrem Verständnis zugänglich ist.

Der Fortschritt der Grundlagenphysik erfolgt in Sprüngen: Wissen, das im Laufe der Zeit angehäuft wurde, verschmilzt plötzlich zu einer Einheit; die Gesamtperspektive eines Gebietes verschiebt sich. Ein dramatisches Beispiel dafür bildet die Entwicklung der Quantenphysik in den 20er Jahren dieses Jahrhunderts. Wahrscheinlich wird man auch die Jahre nach 1971 einmal als eine Ära betrachten, in der fieberhafte Kreativität sprunghaft zu einem vertieften Verständnis der Natur geführt hat.

Von ihren Erfolgen beschwingt und von unbegrenzter Anmaßung erfüllt, haben sich die Physiker sogar zu der Behauptung verstiegen, sie hätten einen ersten Blick auf den "Letztgültigen Entwurf" der Natur geworfen – eine Behauptung, die es zu überprüfen gilt. Dieser erste Blick enthüllt eine erstaunliche Tatsache: Der Grundentwurf der Natur scheint von wunderbarer Einfachheit zu sein. Einstein scheint Recht zu behalten.

Eine herbe Schönheit

"Schönheit" ist ein Begriff mit vielen Bedeutungen. Im alltäglichen Leben hängt unsere Wahrnehmung von Schönheit eng mit psychologischen, kulturellen, sozialen, häufig sogar biologischen Umständen zusammen. Offensichtlich handelt es sich dabei aber in keinem Fall um die Art von Schönheit, die einem Physiker am Herzen liegt.

Die Schönheit, die sich den Physikern in den Gesetzen der Natur enthüllt, ähnelt in mancher Hinsicht der Schönheit der klassischen Architektur mit ihrer Betonung von Geometrie und Symmetrie. Die ästhetischen Kategorien, welche die Physiker ihrer Naturbetrachtung zugrunde legen, sind von der heiteren Endgültigkeit der Geometrie inspiriert.

Zeichnen Sie einen Kreis, ein Quadrat und ein Rechteck und entscheiden Sie schnell, welche Figur Ihr Auge am meisten erfreut! Wahrscheinlich werden die meisten Menschen den Griechen des Altertums folgen und den Kreis wählen. Natürlich – auch das Quadrat, sogar das Rechteck dürften ihre passionierten Bewunderer haben. Es gibt jedoch ein objektives Krtiterium, das über die Reihenfolge der drei Figuren – Kreis, Quadrat, Rechteck – entscheidet: Der Kreis besitzt die größte, das Rechteck die geringste Symmetrie.

Vielleicht hätte ich daher statt nach der schönsten besser nach der symmetrischsten Figur fragen sollen. Wie die Griechen des Altertums, die beredt für die perfekte Schönheit der Sphären und die von ihnen ausgesandte himmlische Musik schwärmten, werde aber auch ich dabei bleiben, Symmetrie und Schönheit gleichzusetzen.

Die präzise mathematische Definition von Symmetrie ist mit dem Begriff der "Invarianz" verknüpft. Eine geometrische Figur wird symmetrisch gegenüber bestimmten Operationen genannt, wenn diese Operationen sie unverändert lassen. So ist ein Kreis beispielsweise invariant gegenüber Drehungen um seinen Mittelpunkt.

Als abstrakte Struktur bleibt der Kreis unverändert, gleichgültig ob wir ihn um 17° oder irgendeinen anderen Winkel drehen. Das Quadrat hingegen bleibt nur bei Drehungen von 90°, 180°, 270° und 360° um seinen Mittelpunkt unverändert. (Bezüglich ihrer Wirkung auf geometrische Figuren ist eine Drehung um 360° natürlich einer solchen um 0° äquivalent – das heißt sie hat die gleiche Wirkung wie gar keine Drehung.) Das Rechteck besitzt noch weniger Symmetrie als das Quadrat und ist nur gegenüber Drehungen um 180° und 360° um seinen Mittelpunkt invariant.

Außer gegenüber Drehungen sind einfache geometrische Figuren auch gegenüber Spiegelungen invariant. Wiederum ist der Kreis am symmetrischsten: Er bleibt bei Spiegelungen an jeder beliebigen Geraden durch seinen Mittelpunkt unverändert.

In der Physik ist eine gleichwertige, alternative Formulierung des Symmetriebegriffs gebräuchlicher. Anstatt eine geometrische Figur selbst zu drehen, kann man auch danach fragen, ob die Figur für zwei Beobachter gleich erscheint, deren Standorte gegeneinander gedreht sind. Neigt man den Kopf um 17°, erscheint einem ein Quadrat offensichtlich gekippt, während ein Kreis unverändert bleibt.

Die Lektion des Bibers

Du dämpfst es in Sägmehl, du salzt es in
Leim,
Mit Heuschrecken dickst du's und Haaren
Doch höchstes Gesetz soll bei allem dir
sein,
Des Tiers Symmetrie zu bewahren.
Lewis Carroll: "Die Jagd nach dem Schnark"
(Übersetzung von Klaus Reichert)

In der Geometrie erscheint es vollkommen natürlich, danach zu fragen, was man mit einem geometrischen Objekt alles anstellen kann, ohne es zu verändern. Physiker beschäftigen sich jedoch nicht mit geometrischen Figuren. Wie kommt also die Symmetrie in die Physik?

In Analogie zu einem Mathematiker könnte der Physiker danach fragen, was man mit der physikalischen Realität "machen" kann, ohne daß sie sich verändert. Das ist natürlich noch nicht ganz die richtige Fragestellung. Eine bessere Vorstellung von diesem Grundproblem der Physik vermittelt folgende Formulierung: Erscheint die physikalische Realität verschieden, wenn sie durch verschiedene Physiker von unterschiedlichen Standpunkten aus wahrgenommen wird?

Stellen wir uns zwei Physiker vor, von denen der eine aus irgendeinem verrückten Grund die Welt ständig mit einem um 31° gegen die Vertikale

Abb. 2
Künstlerische Darstellung von der "Lektion des Bibers".

geneigten Kopf beobachtet, während der andere die gebräuchlichere Betrachtungsweise bevorzugt. Nach jahrelangen Studien faßt jeder der beiden seine Beobachtungen in verschiedenen physikalischen Gesetzen zusammen. Danach tauschen sie ihre Erfahrungen aus. Stimmen beide Physiker hinsichtlich eines physikalischen Gesetzes überein, so sagen wir, daß dieses Gesetz gegenüber einer Drehung von 31° invariant ist.

Nun kann der verrückte Physiker seinen Kopf um einen anderen Winkel neigen und in dieser Haltung mit der Untersuchung der Welt fortfahren. Schließlich werden die beiden zu der Vermutung gelangen, daß sie stets Übereinstimmung erzielen, gleichgültig um welchen Winkel sich ihre Beobachtungspositionen unterscheiden. So sind auch die Physiker der realen Welt zu der Überzeugung gelangt, daß die physikalischen Gesetze invariant gegenüber Drehungen um beliebige Winkel sind. Man kann also davon sprechen, daß die Physik "Rotationssymmetrie" besitzt.

Rotationssymmetrie

Historisch gesehen entdeckten die Physiker zuerst die Dreh- und Spiegelsymmetrie, die beide mit dem realen Raum verknüpft sind, den wir bewohnen. Ein besonders einfaches und unmittelbar einleuchtendes Beispiel für eine physikalische Symmetrie stellt die Rotationssymmetrie dar.

Im vorigen Abschnitt haben wir bereits eine etwas langatmige, aber exakte Definition der Rotationssymmetrie kennengelernt: Bei einer beliebigen Drehung

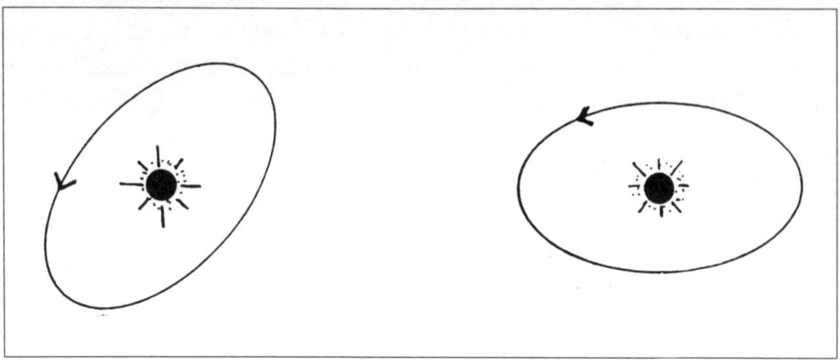

Abb. 3
In der klassischen Physik besagt die Rotationssymmetrie lediglich, daß bei der Rotation eines Planetensystems um einen beliebigen Winkel auch die gedrehte Planetenbahn eine mögliche Bahn darstellt. Die Griechen des Altertums glaubten irrtümlicherweise, daß die Rotationssymmetrie verlangt, daß alle Planetenbahnen kreisförmig sind.

unserer Beobachtungsposition bleibt die physikalische Realität die gleiche. Eine präzise Definition dieser Art ist nötig, wollen wir nicht den gleichen Fehler wie die Griechen des Altertums begehen. Man könnte ja einfach sagen, daß die physikalische Realität "perfekt" wie ein Kreis oder eine Kugel sei. Tatsächlich umschreibt diese ebenso plausible wie ungenaue Formulierung ziemlich gut, was die Alten glaubten und was sie unter anderem zu dem irrigen Schluß verführte, die Bahnen der Planeten müßten Kreise sein. Dagegen führt die korrekte Definition der Rotationssymmetrie keinesfalls auf die Forderung nach Kreisbahnen.

Offensichtlich ist die Feststellung der Rotationssymmetrie in der Physik identisch mit der Aussage, daß keine bestimmte Richtung im Raum bevorzugt wird. Für moderne, rationale Köpfe – besonders für solche, die sich an Filmen über intergalaktische Kriege delektieren – ist die Feststellung, daß von Natur aus keine Richtung einer anderen gegenüber bevorzugt ist, beinahe eine philosophische Notwendigkeit. Es erscheint uns absurd, in eine Richtung zu deuten und zu behaupten, daß diese Richtung eine ganz besondere sei. Tatsächlich aber glaubten bis vor nicht allzu langer Zeit alle Menschen exakt, daß dies so sei. Jahrtausende hindurch nämlich wurde die Wahrnehmung der physikalischen Welt durch den Menschen von der Schwerkraft geprägt. Die Erkenntnis, daß den Begriffen "unten" und "oben" keine eigenständige Bedeutung zukommt, stellte für die Menschheit daher eine erstaunliche Entdeckung dar. Obgleich bereits Eratosthenes im antiken Griechenland vermutet hatte, daß die Erde rund sei, begann unser eigentliches Verständnis der Rotationssymmetrie erst mit Newtons Erkenntnis, daß Äpfel nicht auf die Erde "herunter", sondern in Richtung auf das Zentrum der Erde fallen.

Da die Physik eine empirische Wissenschaft ist, kann die Rotationssymmetrie selbstverständlich nur durch Experimente festgestellt werden. In den 30er Jahren berechnete der ungarisch-amerikanische Physiker Eugene Wigner die beobachtbaren Konsequenzen der Rotationssymmetrie für Quantenphänomene, wie sie zum Beispiel bei der Aussendung von Licht durch ein Atom in Erscheinung treten. Experimentatoren laufen ja nur selten mit geneigten Köpfen herum: Sie erzielen den gleichen Effekt, indem sie mehrere Detektoren um lichtaussendende Atome herum anordnen. Die Nachweiswahrscheinlichkeit verschiedener Detektoren für das auftreffende Licht wird gemessen und mit der theoretischen Rate verglichen, die Wigner unter der Annahme von Rotationssymmetrie vorausgesagt hatte.

Bis heute haben alle Experimente die Rotationssymmetrie bestätigt. Würden die Zeitungen morgen den Sturz dieser unantastbaren Symmetrie melden, würden einige Physiker vermutlich den Verstand verlieren, weil dann die Grundlagen unserer Raumvorstellung in Frage gestellt wären.

Intuitiv betrachten wir den Raum als "glattes" Kontinuum – als eine Bühne, auf der die elementaren Partikel sich bewegen und miteinander wechselwirken. Diese Annahme liegt allen unseren physikalischen Theorien zugrunde, und es gibt keine experimentellen Befunde, die ihr jemals widersprochen hätten. Trotzdem können wir die Möglichkeit nicht ausschließen, daß der Raum nicht vollkommen "eben" ist. Auch ein Stück Silber erscheint dem Auge vollkommen glatt und strukturlos, entpuppt sich bei näherer Inspektion jedoch als ein Gitterwerk aus Atomen. Hat auch der Raum selbst am Ende eine Gitterstruktur? Vielleicht sind unsere experimentellen Methoden einfach nicht fein genug, um die "Körnigkeit" des Raumes zu entdecken.

Die Physiker betrachten die Symmetrie also als ein objektives Kriterium für eine Beurteilung des Bauplanes der Natur. Von zwei Theorien halten sie diejenige für schöner, die symmetrischer ist: Für Physiker ist Schönheit gleichbedeutend mit Symmetrie.

Die Symmetrie physikalischer Gesetze

Zwischen der Symmetrie physikalischer Gesetze und der von bestimmten äußeren Umständen aufgeprägten Symmetrie besteht ein wichtiger Unterschied. So stellt man Physikstudenten traditionellerweise die Aufgabe, die Ausbreitung elektromagnetischer Wellen längs eines zylindrischen Metallrohres zu berechnen. Während die Gesetze des Elektromagnetismus rotationssymmetrisch sind, besitzt das besagte Problem offensichtlich nur Zylindersymmetrie, wobei die Achse des Rohres eine bestimmte Raumrichtung festlegt. Beim Studium spezieller Phänomene sind sich auch Physiker im allgemeinen stärker der durch die spezielle Situation aufgeprägten Symmetrie als der elementaren Symmetrie der physikalischen Gesetze bewußt. Im Gegensatz dazu geht es in diesem Buch um die Symmetrie der grundlegenden Gesetze. Zur Verdeutlichung ein weiteres Beispiel: Ein Grundlagenphysiker, der den Fall eines Apfels beobachtet, ist stärker an der Tatsache interessiert, daß das Gravitationsgesetz keine bestimmte Richtung bevorzugt, als an dem Umstand, daß die Erde nahezu kugelförmig ist. Es wäre ihm auch egal, wenn die Erde die Form einer Kartoffel besäße.

Die Unterscheidung zwischen der Symmetrie der physikalischen Gesetze und der von den speziellen Umständen aufgeprägten Symmetrie stellt eine der großen intellektuellen Leistungen Newtons dar und verhalf der Physik zu der Form, in der wir sie heute kennen. Hat man sich diesen Unterschied erst einmal klar gemacht, erscheint er als selbstverständlich. Im täglichen Leben kann man jedoch leicht durcheinander geraten, weil man dabei unter Symmetrie immer die Symmetrie der speziellen Anordnung versteht. Wenn wir sagen, eine Zeichnung besäße eine bestimmte Symmetrie, so meinen wir damit diejenige Symmetrie, die in der Verteilung der Farbe durch den Maler zum Ausdruck kommt und die natürlich nichts mit der Symmetrie der Gesetze zu tun hat, denen die Farbmoleküle gehorchen.

Ich werde in diesem Buch versuchen, abstrakte Konzepte mit Hilfe von Analogien zu erklären, die konkrete Objekte betreffen. Der Leser sollte jedoch im Gedächtnis behalten, daß wir stets mehr an der Symmetrie der physikalischen Gesetze als an der Symmetrie konkreter Objekte interessiert sind.

Blätter und Federn

Bei der Einführung in dieses Kapitel sprachen wir davon, daß die Physiker im Bauplan der Natur sowohl Schönheit als auch Einfachheit zu erkennen glauben. Was versteht der Physiker nun unter "Einfachheit"?

Im Verlaufe ihrer Entwicklung zu immer größerer Einfachheit hat die Physik einen konsequent "reduktionistischen" Kurs verfolgt. Physik ist überhaupt nur deswegen möglich, weil komplizierte Phänomene auf das "Wesentliche" reduziert werden können.

Im Zuge des Fortschreitens der Physik wurden viele Fragen, die mit "Warum" begannen, in solche umformuliert, die mit "Wie" anfangen. "Warum wird ein fallender Stein beschleunigt?" Die Alten glaubten, daß ein Stein ähnlich wie ein Gaul nach seinem Stall danach verlangt, "nach Hause" zurückzukehren. Die Physik begann in dem Augenblick, in dem Galilei, anstatt nach dem Warum zu fragen, hinausging und nachmaß, wie der Stein fiel.

Als Kinder fragen wir ständig nach dem Warum. Aber jedes Warum wird, sobald man es beantwortet hat, durch ein neues ersetzt. "Warum sind die Blätter im Frühling so grün?" Der Professor erklärt uns, daß Blätter Chlorophyllmoleküle enthalten – komplexe Anordnungen von Atomen, die in komplizierter Weise auf Lichtwellen reagieren: Das Chlorophyllmolekül verschluckt das meiste Licht bis auf diejenigen Komponenten, die dem menschlichen Auge als Grün erscheinen. Der Laie – wie übrigens auch die meisten heutigen Physiker – findet diese Erklärung langweilig. Letzten Endes läßt sich die Antwort auf diese wie auf zahlreiche andere, ähnliche Fragen auf das Problem reduzieren, wie ein Elektron mit einem Photon – dem fundamentalen Teilchen des Lichtes – in Wechselwirkung tritt.

Die Physiker begannen mit der Erarbeitung der modernen Theorie der Wechselwirkung zwischen Elektronen und Photonen um 1928 und vollendeten sie Anfang der 50er Jahre. Obwohl man diese Wechselwirkung also seit mehr als 30 Jahren vollkommen versteht, kann man doch weiter fragen, warum die beiden elementaren Partikel gerade in dieser Weise aufeinander reagieren. Auch auf diese Frage gibt es eine Antwort. Die Physiker wissen heute, daß die Elektron-Photon-Wechselwirkung vollständig durch ein Symmetrieprinzip bestimmt wird, das als "Eichprinzip" in der Natur eine beherrschende Rolle spielt. Offenbar kann ein Physiker nun aber auch noch auf der Frage bestehen, warum die Natur dem Eichprinzip gehorcht. Damit ist dann aber auch die Grenze der gegenwärtigen Physik erreicht, und jede weitere Diskussion, die im wesentlichen darauf hinausläuft, warum es überhaupt Licht gibt, löst sich in einen Nebel von Spekulationen auf.

Die Rückführung eines Warums auf andere Warums hat deswegen zu enormen Fortschritten geführt, weil das neue Warum viele andere ersetzt. So erlaubt uns die Theorie der elektromagnetischen Wechselwirkung nicht nur das Frühlingsgrün, sondern auch die Dehnung einer Feder zu erklären, ganz zu schweigen von Dingen wie Lasern und Transistoren. Es ist in der Tat so, daß fast alle wahrnehmbaren physikalischen Phänomene aus der Wechselwirkung zwischen Photonen und Elektronen erklärt werden können.

Physik ist die am meisten "reduktionistische" – vereinfachende – aller Wissenschaften. Im Gegensatz dazu sind die Erklärungen, die man beispielsweise in populären Darstellungen der Biologie findet, zwar oft recht faszinierend, aber auch ausgesprochen nichtreduktionistisch, was zur Folge hat, daß eine Erklärung auf der Grundlage biochemischer Prozesse oftmals komplizierter ist als das fragliche Phänomen selbst.

Der Reduktionismus ist ein Eckpfeiler der gegenwärtigen Physik: Je tiefer wir graben, umso einfacher wird die Natur. Das ist in der Tat erstaunlich, denn a priori haben wir keinen Grund für die Erwartung, das Universum mit seinem phantastischen Reichtum an verwirrend komplexen Phänomenen würde von ein paar einfachen Gesetzen regiert.

Aus Einfachem entsteht Komplexes

Was wäre, wenn der nächste Architektenwettbewerb für den Prix de Rome einen Entwurf für das Universum verlangen würde? Vermutlich könnten viele Teilnehmer der Versuchung nicht widerstehen, dieses Konzept übertrieben kompliziert zu gestalten, damit ihr Universum eine interessante Vielfalt an Phänomenen hervorbringen könnte. Es ist einfach, komplexes Verhalten mit Hilfe eines komplizierten Konzeptes zu erzeugen.

Wenn wir als Kinder ein kompliziertes mechanisches Spielzeug zerlegen, erwarten wir, daß sich in seinem Innern ein Labyrinth aus Rädchen und Schrauben verbirgt. Das amerikanische Footballspiel ist für viele Zuschauer deswegen interessant, weil es eine Vielzahl verschiedener Verhaltensweisen erlaubt. Dieses komplexe Repertoire resultiert direkt aus den Regeln, bei denen es sich vermutlich um die kompliziertesten sportlichen Regeln überhaupt handelt. Ähnlich ist auch die Komplexität des Schachspiels durch seine ziemlich komplizierten Regeln bedingt.

Die Natur ist raffinierter: Ihre Komplexität beruht auf Einfachheit. Sie arbeitet mehr nach dem Prinzip des orientalischen Brettspiels Go als nach den Regeln von Football oder Schach. Die Regeln für Go sind ziemlich einfach und führen trotzdem zu komplexen Mustern.

Der berühmte Physiker Shelley Glashow hat seine heutigen Kollegen mit Kibitzen verglichen, die einem Spiel zusehen, dessen Regeln ihnen nicht bekannt sind. Wenn sie jedoch lange und scharf genug beobachten, beginnen sie zu ahnen, um welche Regeln es sich dabei handeln könte.

Soweit die Physiker erkennen können, sind die Spielregeln der Natur zwar einfach, aber auf raffinierte Weise miteinander verknüpft. Diese komplizierte Verbindung zwischen den einzelnen Regeln ist es, welche in vielen physikalischen Situationen interessante Effekte hervorruft.

In den USA tritt jedes Jahr ein Komittee der Nationalen Football-Liga zusammen, um über die verflossene Saison Bilanz zu ziehen und an den Regeln herumzubasteln. Jeder Sportbeobachter weiß, daß eine scheinbar unwesentliche

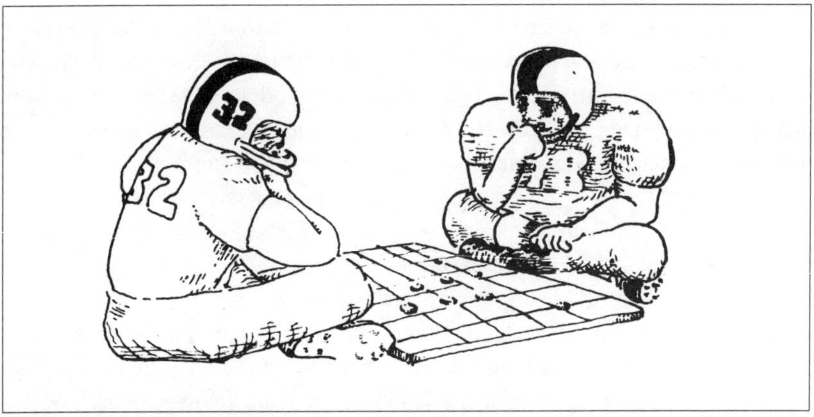

Abb. 4
Das amerikanische Football-Spiel hat komplizierte Regeln; die Regeln des Go-Spiels dagegen sind außerordentlich einfach.

Änderung einer einzigen Regel den Charakter eines Spieles drastisch beeinflussen kann. Schränkt man zum Beispiel die erlaubten Angriffsmöglichkeiten eines Verteidigers auf einen Stürmer ein, wird das Spiel offensiver. Im Lauf der Jahre wurden die Spielregeln für Football derart weiterentwickelt, daß sie zu einem interessanten Gleichgewicht zwischen Angriff und Verteidigung geführt haben. Die Naturgesetze scheinen ähnlich fein aufeinander abgestimmt zu sein.

Ein Beispiel für diese Feinabstimmung liefert die Entwicklung von Sternen. Ein typischer Stern beginnt seine Existenz als ein Gas aus Protonen und Elektronen. Unter der Wirkung der Gravitation verdichtet sich das Gas letzten Endes zu einer kugelförmigen Masse, in der nukleare und elektrische Kräfte miteinander um die Vorherrschaft ringen. Der Leser wird sich erinnern, daß sich gleichnamige Ladungen gegenseitig abstoßen. Aus diesem Grund streben die Protonen einerseits auseinander, während sie andererseits durch die Kernkräfte zueinander hin getrieben werden. Bei diesem Kampf hat die elektrische Kraft einen leichten Vorteil – ein Umstand, der für uns von großer Bedeutung ist. Wäre die anziehende Kernkraft zwischen den Protonen nämlich um einen winzigen Betrag stärker, so würden sich zwei Protonen unter Energieabgabe aneinander anlagern. Dabei würde es sehr schnell zu Kernreaktionen kommen, die den Kernbrennstoff der Sterne in kürzester Zeit aufbrauchen und dadurch eine stetige Sternentwicklung unmöglich machen würden, ganz zu schweigen von der Entstehung einer Zivilisation. Die Kernkraft reicht gerade aus, ein Proton und ein Neutron zusammenzuhalten, nicht jedoch zwei Protonen. Bevor ein Proton daher mit einem anderen Proton in Wechselwirkung treten kann, muß es sich – etwas vereinfacht ausgedrückt – in ein Neutron verwandeln. Dieser Prozeß wird durch eine Kraft beeinflußt, die als "schwache Wechselwirkung" bekannt ist. Prozesse, bei denen diese Kraft eine Rolle spielt, laufen – wie schon durch das Wort "schwach" angedeutet – sehr langsam ab. Ein Ergebnis davon ist, daß das Kernbrennen in einem typischen Stern wie der Sonne in gemächlichem Tempo vor sich geht und uns in ein stetiges, warmes Leuchten hüllt.

Der entscheidende Punkt ist, daß die Spielregeln der Natur anders als die Footballregeln nicht willkürlich sind, sondern durch ein und dasselbe allgemeine Symmetrieprinzip bestimmt und zu einem organischen Ganzen verbunden werden.

Das Konzept der Natur ist nicht nur einfach, sondern darüber hinaus auch von minimaler Einfachheit in dem Sinne, daß das Universum – wäre das Konzept noch einfacher – ein ausgesprochen langweiliger Ort wäre. Theoretische Physiker vergnügen sich manchmal mit der Vorstellung, wie das Universum aussähe, wenn sein Bauplan weniger symmetrisch wäre. Solche Gedankenspiele zeigen, daß nicht ein einziger Stein im Gefüge der Natur verändert werden kann, ohne daß das gesamte Gebäude zusammenstürzt. So könnte zum Beispiel unter bestimmten veränderten Bedingungen das Licht aus dem Universum verschwinden, was eine wenig vergnügliche Sache wäre.

Das Gesetz der großen Zahlen

Ein Grund dafür, daß eine einzige, der gesamten Realität zugrundeliegende Symmetrie so komplizierte Phänomene hervorrufen kann, liegt darin, daß die Natur mit Zahlen von enormer Größe arbeitet. Ein Wassertropfen enthält eine unvorstellbar große Anzahl von Atomen.

Schon kleine Kinder sind von großen Zahlen fasziniert. Sie geraten in Begeisterung, wenn sie Worte wie "Tausend" oder "Million" lernen und möchten wissen, ob es Zahlen gibt, die noch größer als "Million" sind. Mein dreijähriger Sohn freute sich sehr, als er erfuhr, daß die größte Zahl "Unendlich" heißt.

Für kleine Kinder sind Worte wie Tausend, Million und sogar Hundert gleichbedeutend mit "viele". Ich erinnere mich, daß George Gamow, der große russisch-amerikanische Physiker, der als erster die Idee vom Urknall vertrat und sich glänzend auf die Popularisierung der Physik verstand, einmal von einem ungarischen Baron berichtete, dessen Zahlenkenntnis sich auf eins, zwei und drei beschränkte.

Die Physiker benutzen und berechnen zwar sehr große Zahlen, der menschliche Geist jedoch schaudert davor zurück und ist nicht wirklich in der Lage, die Realität zu begreifen, die sich hinter den riesigen Zahlen verbirgt, mit denen die Natur herumspielt. Ich selbst kann noch nicht einmal die relativ kleinen "großen Zahlen" verstehen, die man so oft in den Spalten der Zeitungen findet, wenn ich sie nicht in "pro-Kopf"-Angaben umwandle. Führt man diese Umrechnung durch, wird man mit Überraschung feststellen, wie oft sich die in der Presse angegebenen Zahlenwerte als unsinnig erweisen.

Ein Soziologe dürfte kaum überrascht darüber sein, daß Systeme mit einer großen Teilchenzahl sich ganz anders verhalten als solche, die nur wenige Teilchen enthalten. In unserem elektronischen Zeitalter nötigen wir Elektronen dazu, auf kontrollierte Weise herumzurasen. Um einen einzigen Takt Rockmusik auf Band aufzuzeichnen, müssen mehr Elektronen in die richtige Anordnung gebracht werden, als es Menschen auf der Erde gibt.

Als Kinder haben wir uns darüber gewundert, warum es am Strand so viele Sandkörner gibt. So haben sich auch einige der tiefsten Denker der Physik gefragt, warum das Universum von derartig vielen Teilchen bevölkert wird.

In logischer Hinsicht ist das Problem der Teilchenzahl im Universum von der Frage nach der Einfachheit des Konzeptes natürlich gänzlich verschieden. Nachdem er sich einige einfache Gesetze für die Wechselwirkung zwischen Teilchen ausgedacht hat, könnte sich ein Teilnehmer an unserem hypothetischen Architektenwettbewerb dafür entscheiden, eine bestimmte vernünftige Anzahl von Teilchen ins Spiel zu bringen – sagen wir drei Protonen und drei Elektronen. Vielleicht würde er oder sie auch noch ein paar Lichtteilchen hinzufügen – sagen wir sieben Photonen. Natürlich wäre in einem solchen Universum nicht allzu viel los, aber aus rein logischen Gründen wäre es nicht auszuschließen. Statt dessen wird die Zahl der Protonen im Universum auf 10^{78} und die der Photonen auf 10^{88} geschätzt. (Der Leser wird vielleicht wissen, daß die Zahl 10^{78} als eine 1 gefolgt von 78 Nullen geschrieben werden kann – eine Zahl von absurder Größe). Wer hat so viele Protonen bestellt?

Das Universum enthält "Zillionen" Teilchen. Warum? Diese häufig als "Bevölkerungsproblem" bezeichnete Frage ist eng mit den Fragen nach der Größe und der Langlebigkeit des Universums verknüpft. Warum ist das Universum so groß und so alt? Gemessen an der Zeit, in der subnukleare Teilchen entstehen und vergehen, hat das Universum eine lange Zeit gelebt. Warum expandiert und kollabiert das Universum nicht in einer Zeitskala, wie sie von den Naturgesetzen nahegelegt wird? Bis vor kurzem betrachteten die Physiker diese Fragen noch als unbeantwortbar. Dank neuester aufregender Entwicklungen glauben einige von ihnen nun, einen Teil der Antwort zu kennen.

Die Hierarchie der Kräfte

Merkwürdigerweise gibt es im sichtbaren Universum nicht nur eine große Anzahl von Teilchen: Auch die Grundgesetze selbst führen auf große Zahlen. Nach der modernen Physik gibt es zwischen den Teilchen vier fundamentale Wechselwirkungen: Die elektromagnetische, die "starke" und die "schwache" Wechselwirkung sowie die Gravitation.

Die elektromagnetische Wechselwirkung sorgt für den Zusammenhalt der Atome, bestimmt die Ausbreitung von Licht und Radiowellen, verursacht chemische Reaktionen und bewahrt uns davor, durch Wände zu gehen oder in Fußböden einzusinken. Im Atom werden Elektronen aufgrund ihrer negativen elektrischen Ladung am Davonfliegen gehindert, da sie an die positiven Ladungen der im Atomkern sitzenden Protonen gebunden sind. Die Gravitations-Wechselwirkung verhindert, daß wir in den Weltraum davonfliegen; sie hält Planetensysteme und Galaxien zusammen und kontrolliert die Expansion des Universums. Die starke Wechselwirkung sorgt für den Zusammenhalt der Atomkerne; die schwache Wechselwirkung dagegen verursacht den Zerfall radioaktiver Kerne. Trotz ihrer fundamentalen Bedeutung im Bauplan der Natur scheinen die starke und die schwache Wechselwirkung im menschlichen Maßstab völlig ohne Belang zu sein. Wie wir jedoch bereits sahen, spielen alle vier Wechselwirkungen beim Brennen von Sternen eine entscheidende Rolle.

Wie die Bezeichnungen "starke" und "schwache" Wechselwirkung nahe legen, ist die eine Wechselwirkung beträchtlich stärker und die andere beträchtlich schwächer als die elektromagnetische Wechselwirkung. Noch viel dramatischer aber ist der enorme Unterschied zwischen der extrem schwachen Gravitationskraft und den anderen drei Kräften: Die elektrische Kraft zwischen zwei Protonen ist 10^{38}mal stärker als ihre gegenseitige Gravitationsanziehung – eine weitere Zahl von absurder Größe.

Merkwürdigerweise ist es gerade die Gravitation, das heißt die schwächste Naturkraft, die wir selbst am stärksten wahrnehmen. Obwohl die Gravitationsanziehung zwischen zwei Atomen von phantastischer Kleinheit ist, wird doch jedes Atom unseres Körpers von jedem Atom der Erde angezogen, so daß sich die Kräfte aufsummieren. Die unvorstellbar große Anzahl der beteiligten Teilchen kompensiert also die unvorstellbare Schwäche der Gravitationskraft. Die elektrische Kraft zwischen zwei Teilchen dagegen ist je nach dem Vorzeichen der beteiligten elektrischen Ladungen entweder anziehend oder abstoßend. Ein Stück gewöhnliche Materie enthält nahezu exakt die gleiche Anzahl von Elektronen und Protonen, so daß die elektrische Kraft zwischen zwei solchen Brocken nahezu aufgehoben wird.

Die Physiker bezeichnen die beschriebene Reihenfolge der vier enorm unterschiedlichen Kräfte als die "Hierarchie" der Wechselwirkungen. Ursprünglich bezog sich der Ausdruck "Hierarchie" auf ein von Dionysos dem Aeropagiten eingeführtes System, bei dem die Engel in drei Gruppen zu je drei Rangordnungen eingeteilt wurden. Wir Heutigen legen statt dessen eine Rangordnung für die fundamentalen Wechselwirkungen der Materie fest.

Bei ihrem Beschluß, sich hierarchisch zu organisieren, war die Natur uns gegenüber sehr rücksichtsvoll: Bei dem Studium einer bestimmten Wechselwirkung können die Physiker gewöhnlich alle anderen völlig vernachlässigen und auf diese Weise die vier Wechselwirkungen "entwirren". Die Realität besitzt eine Schalenstruktur ähnlich einer Zwiebel, so daß wir unser Wissen über die Natur "scheibchenweise" vergrößern können. So können wir das Atom untersuchen, ohne alles über den Atomkern wissen zu müssen. Die Atomphysiker sind daher ebensowenig auf die Kernphysiker angewiesen wie die Kernphysiker auf die Teilchenphysiker. Die physikalische Realität muß also nicht "auf einen Schlag" verstanden werden: Danke, Mutter Natur!

Die beiden konzeptionell unterschiedlichen Arten, auf die große Zahlen in der Natur auftreten – als riesige Teilchenpopulationen und als enorme Differenzen in der Stärke der fundamentalen Wechselwirkungen – erzeugen den gewaltigen Bereich von Größenordnungen, den wir im Universum beobachten – von der unvorstellbaren Leere zwischen den Galaxien, für deren Durchquerung das Licht Äonen benötigt, bis hin zu den unfaßbar winzigen Abständen zwischen den Atomen in einem Wassertropfen. Wir Menschen bevölkern die mittlere Ebene zwischen dem mikroskopisch Kleinen und dem kosmisch Riesigen, zwischen dem schnell Vergänglichen und der Ewigkeit. Innerhalb einer Sekunde sind so viele instabile Elementarteilchen entstanden und zerfallen, wie Sekunden seit der Entstehung des Universums vergangen sind. Im Vergleich zu den Galaxien sind wir ebensolche Winzlinge wie die Atome im Vergleich zu uns. Die Zeitspanne der menschlichen Erfahrung reicht von etwa 1/10 Sekunde bis zu 100 Jahren. In diesem Zeitmaß leben und arbeiten wir und schaffen Werke der Kunst und der Wissenschaft.

Geleitet von Symmetrie

Wie wir gesehen haben, kann das der Natur zugrundeliegende Konzept trotz der scheinbaren Komplexität der physikalischen Welt einfach und verständlich sein. Wir werden im weiteren erfahren, wie die Physiker bei der Entzifferung dieses Konzeptes vorgehen, indem sie verschiedene Symmetrien untersuchen, deren sich die Natur bei ihrem Entwurf bedient haben könnte.

Die Physiker wurden zuerst auf die diejenigen Symmetrien aufmerksam, die mit dem Raum verknüpft sind, in dem wir tatsächlich leben – die Dreh- und die Spiegelsymmetrie. Im nächsten Kapitel werden wir etwas über die seltsame Geschichte der Spiegelsymmetrie erfahren. Da Drehungen und Spiegelungen fest in unserer intuitiven Vorstellung verankert sind, brauchen wir für die Diskussion der Rotationssymmetrie noch nicht die kraftvolle und schöne Sprache zu verwenden, welche die Physiker sonst für die Beschreibung von Symmetrien benutzen. Erst wenn wir später die abstrakten Symmetrien der Natur erörtern, wird die Benutzung dieser speziellen Ausdrucksweise unerläßlich.

3. Die Rückseite des Spiegels

"Liebe Frau Sybille, von welcher Seite aus serviert man das Essen, von rechts oder von links?"
"Liebe Leserin, die Platten sollten stets von links nach rechts wandern."

Menschlicher Geist und Symmetrie

In den letzten Jahren habe ich meinem Sohn Andrew und seinem Freund oft beim Spielen mit Bauklötzern zugesehen. Bis zu einem bestimmten Alter stapeln Kinder einfach Stein auf Stein, doch dann beginnen sie plötzlich – nach einem von Piaget beschriebenen Entwicklungssprung – Strukturen mit ausgesprochener Links-Rechts-Symmetrie zu konstruieren. Wenn solche Kinder eines Tages zu Architekten herangewachsen sind, werden sie vielleicht Bauwerke errichten, wie sie in den Abbildungen 5, 6 und 7 dargestellt sind. Die ganze Architektur beruht praktisch auf der bilateralen Symmetrie, und asymmetrische Gebäude werden als erklärungsbedürftige Kuriositäten betrachtet. Die Kathedrale von Chartres beispielsweise zeigt eine ausgeprägte Asymmetrie: Ihr Bau dauerte so lange, daß sich in dieser Zeit der Baustil veränderte.

Es überrascht nicht, daß die moderne Architektur in Übereinstimmung mit dem rebellischen Charakter unseres Jahrhunderts eine Reihe auffallend asymmetrischer Gebäude hervorgebracht hat. Erst die Postmoderne als aktuelle Bewegung in der Architektur hat zu einer teilweisen Wiederbelebung bestimmter klassischer Prinzipien wie der bilateralen Symmetrie geführt.

Da auch der menschliche Körper eine ausgeprägte bilaterale Symmetrie aufweist, muß die Vorstellung einer in links und rechts geteilten Welt in uns schon in der frühen Kindheit verankert werden. Offensichtlich hat die biologische Evolution auch dem Körper des Menschen und dem der meisten Tiere eine Links-Rechts-Symmetrie aufgeprägt. Dabei ist die symmetrische Anordnung der Augen und Ohren offenkundig notwendig für die räumliche Wahrnehmung,

Abb. 5
Die auffällige Symmetrie des Tadsch Mahal trägt entscheidend zu seiner architektonischen Vollkommenheit bei (Photographie: Peter Steingruber).

Abb. 6
Das von Michael Graves entworfene Portland-Verwaltungsgebäude in Portland, Oregon als Beispiel für die Wiederkehr der Symmetrie in der postmodernen Architektur (Michael Graves: Buildings and Projects, erschienen bei Rizzoli, New York).

Abb. 7
Die Kathedrale von Chartres. Der romanische Turm (rechts) wurde im 12. Jahrhundert errichtet, der gothische (links) im 17. Jahrhundert. Wie es heißt, markieren die beiden asymmetrischen Türme von Chartres den Anfang und das Ende der mittelalterlichen Architektur (Lauros- Giraudon, mit freundlicher Genehmigung von Art Resource, New York).

die der Beine für die Bewegung auf einer geraden Linie. Interessanterweise tendieren selbst interstellare Filmgeschöpfe zur Links-Rechts-Symmetrie. Die Links-Rechts-Symmetrie ist in der biologischen Welt derart vorherrschend, daß wir jede Abweichung davon als merkwürdig und faszinierend empfinden.

Allgemein bekannt ist die Zweiteilung des menschlichen Gehirns in eine linke und eine rechte Hälfte, von denen jede verschiedene Funktionen erfüllt. Ein anderes Beispiel für Asymmetrie ist die Atrophie und Funktionslosigkeit eines der beiden Eierstöcke beim Huhn. Der erstaunlichste mir bekannte Fall jedoch betrifft Poecillidae, eine Familie kleiner Fische, die in den tropischen Gewässern Amerikas leben. Ich zitiere eine von Guy Murchie stammende Beschreibung:

> *Ihr ungewöhnlichstes Charakteristikum ist das männliche Geschlechtsorgan, das sich offensichtlich aus einer Bauchflosse entwickelt hat und halb so lang wie sein Besitzer werden kann. Bei Erektion vergrößert es sich und schwingt nach vorn, bis seine Spitze bei einigen Arten fast bis an die Nase des Fisches heranreicht, jedoch unter einem Winkel von etwa 30° zur Achse des Fisches nach rechts oder nach links weist. Bei einigen Arten hat dieser Fischphallus fingerähnliche Anhängsel, die sehr geeignet dazu scheinen, sich mit großem Vergnügen ihren Weg in das Weibchen zu ertasten. Manchmal ist er auch von zwei Gruppen kammähnlicher Greifflossen versehen, die sich offenbar aus Seitenflossen entwickelt haben und mit denen er "sie" eine Weile festhalten kann. Sie muß jedoch, um das Männchen aufnehmen zu können, ihre Geschlechtsöffnung unbedingt auf der richtigen Seite haben, sonst wird nichts aus der Vereinigung.*

Der menschliche Geist findet offenbar an der Ökonomie Gefallen, die mit der bilateralen Symmetrie eines Entwurfes verbunden ist. Wir brauchen nur einen Blick auf eine Auswahl von Gegenständen des täglichen Gebrauchs zu werfen, um festzustellen, wie stark sich die Designer an dieses Prinzip halten. Der menschliche Geist neigt manchmal allerdings auch zu ziemlich seltsamen Abweichungen von dieser Norm.

Die abendländische Malerei illustriert in reichem Maße die beiden alternativen Möglichkeiten. Betrachten wir ein typisches religiöses Gemälde der Renaissance mit seiner streng symmetrischen Anordnung des Heiligenpaares zu beiden Seiten des Objektes seiner Anbetung. Normalerweise steht der rechte Heilige in der Rangordnung der Heiligkeit etwas höher als der linke. Schließt die Darstellung auch die Schutzpatrone – oft Mann und Frau – mit ein, so kniet der

Mann nahezu unvermeidlich zur Rechten. Eine andere Eigenart der klassischen Malerei besteht darin, daß das Licht meistens von der rechten Seite einfällt. Interessanterweise erlaubten sich viele Künstler Abweichungen von diesen Konventionen, wenn sie das breite Publikum ansprechen wollten. Andererseits hatte Rembrandt beispielsweise keine Skrupel, seine Stiche notfalls so abzuändern, daß sie der herrschenden Konvention des "Rechts vor Links" genügten.

An dieser Stelle möchte ich dem Leser eine kleine Quizaufgabe stellen: Lassen Sie vor Ihrem geistigen Auge das wohlbekannte Gemälde Michelangelos von der Erschaffung des Menschen in der Sixtinischen Kapelle erstehen. Mit welcher Hand berührt Gott Adam, mit der rechten oder mit der linken?

An Männerjacken sitzen die Knöpfe rechts, an Frauenkleidern links. Die herkömmliche Erklärung ist die, daß ein Mann, sollte er in Schwierigkeiten geraten, seine Jacke mit der linken Hand aufreißen konnte und die Rechte frei hatte, um gleichzeitig sein Schwert zu ziehen. Ganz allgemein ist das Auf- und Zuknöpfen für einen Rechtshänder einfacher, wenn die Knöpfe rechts angenäht sind. Eine Dame hingegen zog sich nicht selbst an und aus, sondern wurde von jemand anderem – ihrer Zofe beispielsweise – be- und entkleidet; daher war für sie die linkshändige Lösung die einfachere.

Alice und Narziß

Kehren wir aber nun zur Physik zurück. Macht sich die Natur ebenso wie die Gäste einer vornehmen Tafelrunde Sorgen über den Unterschied zwischen links und rechts? Sollte dies nicht der Fall sein, würden die Physiker davon sprechen, daß die Welt "spiegelinvariant" oder invariant gegen einen Wechsel der "Parität" ist.

Aus Gründen der Eindeutigkeit wollen wir uns zunächst eine brauchbare Definition der "Paritätsinvarianz" beschaffen. Stellen Sie sich dazu ein physikalisches Phänomen vor, das Ihnen besonders anschaulich erscheint: Zwei zusammenstoßende Billiardkugeln, ein lichtaussendendes Atom oder irgendetwas anderes. Denken Sie sich einen Spiegel vor den Ort des Geschehens gestellt und fragen Sie sich, ob der Prozeß, den Sie im Spiegel beobachten, den bekannten Naturgesetzen widerspricht: Ist dies nicht der Fall, so sagt man, daß die Gesetze, die diesen Prozeß regieren, "paritätsinvariant" sind. Wir haben diesen Begriff absichtlich gewählt, um jeden Bezug zur Links-Rechts-Asymmetrie auszuschließen, der nicht von direktem physikalischen Interesse ist.

Die Behauptung, daß die Physik paritätsinvariant ist, ist nicht gleichbedeutend mit der Feststellung, daß die Spiegelwelt die gleiche wie unsere ist.

Wenn ich mich selbst im Spiegel betrachte, so sehe ich eine Person, die mir zwar ähnlich sieht, ihr Herz jedoch auf der rechten Seite hat und eine Uhr trägt, deren Zeiger gegen den "Uhrzeigersinn" umlaufen. Sogar die Doppelspirale ihrer DNS-Moleküle windet sich in entgegengesetzer Richtung. Worauf es jedoch ankommt, ist die Tatsache, daß die Gesetze der Physik die Existenz einer Person mit dem Herzen auf der rechten Seite nicht verbieten. Hätten wir diese Person oder ihre Vorfahren ständig mit biologischen Molekülen ernährt, die Spiegelbilder der von uns verzehrten Moleküle sind, würde ihre Doppelhelix tatsächlich ebenfalls einen anderen Drehsinn besitzen. Die Konstruktion eines solchen Individuums übersteigt zwar die Fähigkeiten eines heutigen Biologen; ein Uhrmacher dagegen könnte leicht eine Uhr konstruieren, deren Zeiger sich verkehrt herum bewegen. Sie würde den paritätsinvarianten Gesetzen der Physik gehorchen und genau die gleiche Zeit wie eine normale Uhr anzeigen.

Die Tatsache, daß unsere Herzen mehr auf der linken Seite liegen, hat für einen Physiker keine besondere Bedeutung; sie stellt eher einen Zufall in der biologischen Entwicklung dar. Die ersten Uhrmacher hingegen werden sich einfach darauf geeinigt haben, ihre Uhren in einem bestimmten Drehsinn – eben im "Uhrzeigersinn" – laufen zu lassen. Auf ähnliche Weise kommt wohl auch dem Umstand, daß bestimmte spiralförmige organische Moleküle den einen oder anderen Drehsinn aufweisen, keine grundsätzliche Bedeutung zu. Die von den Chemikern hergestellten Spiegelbilder der in der Natur vorkommenden Moleküle besitzen in der Tat die gleichen Eigenschaften wie die Originale. Man kann sich leicht vorstellen, daß zur Zeit der Morgendämmerung des Lebens beide Arten organischer Moleküle nebeneinander existierten. Infolge statistischer Schwankungen dürften von der einen Sorte etwas mehr als von der anderen vorhanden gewesen sein, woraus sich im Endeffekt die Dominanz der ersten und das Aussterben der zweiten Sorte entwickelte.

In "Alice hinter den Spiegeln" – der Fortsetzung von "Alice im Wunderland" – malt Lewis Carroll mit der Wanderung von Alice in der Spiegelwelt eine Phantasie aus, der wir als Kinder fast alle einmal nachgegangen sind. Für mich war es sehr interessant, die Beziehung meines kleinen Sohnes zu seinem Spiegelbild zu beobachten. Zu einem bestimmten Zeitpunkt scheint ein Kind ziemlich plötzlich festzustellen, daß das Spiegelbild keine unabhängige Person darstellt. Danach sieht es in den Spiegel mit den Augen eines Erwachsenen. Narziß stellt in dieser Hinsicht offensichtlich einen etwas merkwürdigen Charakter dar.

Alice kletterte über den Kaminsims in den Spiegel und fand sich in einer anderen Welt wieder. Diese Erzählung Carrolls eröffnet uns eine gute Möglichkeit, den Begriff der Paritätsinvarianz zu definieren. Folgen wir also Alice in die Spiegelwelt!

Daß hier alles auf amüsante Weise verändert erscheint, soll uns nicht weiter interessieren. Wir machen uns vielmehr auf die Suche nach einem Physiker und fragen ihn, was er über die fundamentalen Wechselwirkungen zwischen Teilchen weiß. Stimmt seine Version der physikalischen Gesetze mit unserer überein, sind wir zu dem Schluß berechtigt, daß die Natur nicht zwischen links und rechts unterscheidet.

Ein geheiligter Glaube wird erschüttert

Würde man auf der Straße eine Meinungsumfrage darüber veranstalten, ob das grundlegende Konzept der Natur links-rechts-symmetrisch ist, so wäre zu erwarten, daß man neben den von jedem Meinungsforscher gefürchteten Äußerungen "Keine Meinung" und "Interessiert mich nicht" auch einige Antworten "Vielleicht nicht" erhielte. Bis zum Jahre 1956 hielten es die Physiker jedoch für selbstverständlich, daß die Natur nicht zwischen links und rechts unterscheidet. Die Physiker des 19. Jahrhunderts hatten diese Hypothese experimentell überprüft und kein Anzeichen für eine Vorliebe der Natur für eine der beiden Richtungen gefunden. Mit dem Aufkommen der Atom- und Kernphysik im ersten Jahrzehnt des 20. Jahrhunderts wurde die Paritätsinvarianz erneut in einer Reihe von Experimenten überprüft und bis zur Mitte der 50er Jahre allgemein als eines der wenigen unantastbaren Prinzipien der Physik angesehen. Die Physiker standen der Idee einer Bevorzugung von links oder rechts durch die Natur völlig ablehnend gegenüber; die Vorstellung, die Natur würde sich der gleichen willkürlichen Konvention unterwerfen wie eine Empfangsdame, die einem Ehrengast einen Platz zur Rechten anweist, erschien absurd. Doch die Gemeinde der Physiker sollte bald einen großen Schock erleben.

Mitte der 50er Jahre hatten die Physiker eine Anzahl neuer Teilchen entdeckt, deren Existenz so unerwartet war, daß man sie voller Erbitterung als "seltsame" Teilchen (strange particles) bezeichnete. Mit Hilfe des neu erbauten Beschleunigers des National Laboratory in Long Island im Staat New York wurden sie von den Physikern mit großer Sorgfalt untersucht. Um 1955 hatten detaillierte Analysen durch den australischen Physiker R.H. Dalitz klar gemacht, daß einige dieser seltsamen Teilchen bei ihrem Zerfall ein sehr merkwürdiges Verhalten zeigten.

Im April 1956 wurde auf einer Konferenz über Hochenergiephysik in Rochester viel über das Rätsel der seltsamen Teilchen diskutiert, doch keine der vorgeschlagenen Lösungen dieses Puzzles erschien befriedigend. Der chinesische Physiker C.N. Yang hielt einen zusammenfassenden Vortrag über diese Teilchen, dem eine angeregte Diskussion folgte. Dabei brachte Richard Feynman ein Problem zur Sprache, das er zuvor mit Martin Block erörtert hatte – ob nämlich die Paritätsinvarianz, die Dalitz bei seinen Analysen stillschweigend vorausgesetzt hatte, nicht in Frage gestellt werden müßte. Yang antwortete, daß er und T.D. Lee, ein anderer chinesischer Physiker, diese Möglichkeit analysiert hätten, ohne allerdings bisher zu einem Schluß gekommen zu sein.

Im nachhinein ist es leicht, zu sehen, daß die Paritätsverletzung – die Feststellung, daß die Natur zwischen links und rechts unterscheidet – tatsächlich den natürlichen Ausweg aus dieser verwickelten Situation darstellte. Die Vorstellung von einer links-rechts-symmetrischen Natur war jedoch bei den Physikern so tief eingewurzelt, daß sie eine Paritätsverletzung als letzte überhaupt mögliche Erklärung dieses Rätsels ansahen.

Lee und Yang fuhren fort, mit diesem Problem zu ringen. Yang erinnerte sich später, daß er sich dabei wie ein Mann in einem dunklen Raum vorgekommen sei, der nach einem Ausweg sucht. Anfang Mai 1956 besuchte er Lee in der Columbia Universität, an der Lee Professor war. Während sie auf der erfolglosen Suche nach einem Parkplatz zusammen im Auto immer wieder um die Universität herumfuhren, diskutierten sie über die Möglichkeit einer Paritätsverletzung. Schließlich gaben sie ihre Suche voller Verzweiflung auf und parkten in zweiter Reihe vor einem China-Restaurant. Die doppelte Frustration des vergeblichen Ringens mit dem Geheimnis der seltsamen Teilchen und der gleichzeitigen erfolglosen Parkplatzsuche muß etwas Besonderes in ihren Gehirnen ausgelöst haben, denn wie die Geschichte berichtet, kam ihnen beim Hinsetzen schlagartig die entscheidende Idee: Alle Indizien, die für die Paritätsinvarianz sprachen, betrafen entweder Prozesse, die die elektromagnetische Kraft mit einschlossen – wie die Aussendung von Licht durch Atome – oder solche, bei denen die starke Kraft eine Rolle spielte, wie den Zusammenstoß von zwei Atomkernen. Was aber den Zerfall der seltsamen Teilchen betraf, so war bereits 1956 bekannt, daß er von der schwachen Kraft bestimmt wurde, die auch als verantwortlich für den radiaktiven Zerfall bestimmter Atomkerne galt.

Die entscheidende Idee von Lee und Yang war also, daß die Natur die Parität zwar in vielen ihrer Gesetze respektieren mag, aber nicht in den Gesetzen, welche die schwache Wechselwirkung zwischen Teilchen bestimmen. Man stelle sich vor, daß ein fundamentales Prinzip unserer Rechtsordnung – daß ein Angeklagter solange als unschuldig zu gelten hat, solange nicht das Gegenteil erwiesen ist – nur noch für bestimmte Verbrechen Gültigkeit haben soll, während für andere Taten das Umgekehrte gilt! Genauso wie sich ein Jurist bei einer solchen Festsetzung vor Unbehagen winden würde, empfanden auch die Physiker die selektive Paritätsverletzung der Natur aus philosophischen Gründen als äußerst irritierend.

In den nächsten Wochen befaßten sich Lee und Yang mit einer detaillierten Analyse der vielen bereits durchgeführten Experimente zur schwachen Wechselwirkung und kamen zu dem Schluß, daß in keinem dieser Versuche eine mögliche Paritätsverletzung zutage getreten war. Ihre nächste Aufgabe bestand daher im Entwurf eines Experimentes, das gegenüber der Paritätsverletzung empfindlich war. Im Juni veröffentlichten sie ihre historische Abhandlung, in der sie die Paritätsinvarianz der schwachen Wechselwirkung in Frage stellten und Versuche zur Klärung dieser Frage vorschlugen.

Ist die Spiegelwelt der unseren gleich?

Eines der von Lee und Yang vorgeschlagenen Experimente betraf einen rotierenden Atomkern.

Es gibt viele Atome, deren Kerne sich in permanenter Rotation befinden. Wie jedermann weiß, ähnelt ein Atom einem Miniatur-Sonnensystem, wobei der Atomkern die Sonne vertritt, die anstelle von Planeten von Elektronen umkreist wird. Der Radius der Elektronenbahnen ist so viel größer als der des Kernes, daß die Elektronen in der folgenden Diskussion keine Rolle spielen: Sie befinden sich in weiter Entfernung vom Ort des Geschehens.

Bevor wir jedoch in unserer Erörterung fortfahren, muß noch erklärt werden, wie die Physiker die Drehrichtung (die Richtung des "Spins") für ein rotierendes Objekt festlegen. Stellen Sie sich vor, daß Sie Ihre linke Hand um ein rotierendes Objekt herum krümmen, so daß die Finger in die Richtung weisen, in der die Oberfläche des rotierenden Objektes umläuft. Dann wird diejenige Richtung, in die der Daumen weist, als die Richtung des Spins definiert. Ein Physiker würde daher sagen, daß der Spin der Ballerina in Abb. 8 A nach "oben" und in Abb. 8 B nach "unten" weist. (In diesem Fall sind oben und unten in Bezug auf die Erdoberfläche festgelegt, die Definition ist aber natürlich auch auf ein rotierendes Objekt weit draußen im Weltraum anwendbar.) Die Benutzung der linken Hand bei der Festlegung der Drehrichtung ist eine reine Konvention ähnlich derjenigen, nach der man in manchen Ländern rechts und in anderen links fährt. Wichtig ist nur, daß man eine bequeme Methode besitzt, um die Drehrichtung eines Körpers festzulegen. Man könnte auch von Drehungen im Uhrzeigersinn oder gegen denselben sprechen; dies

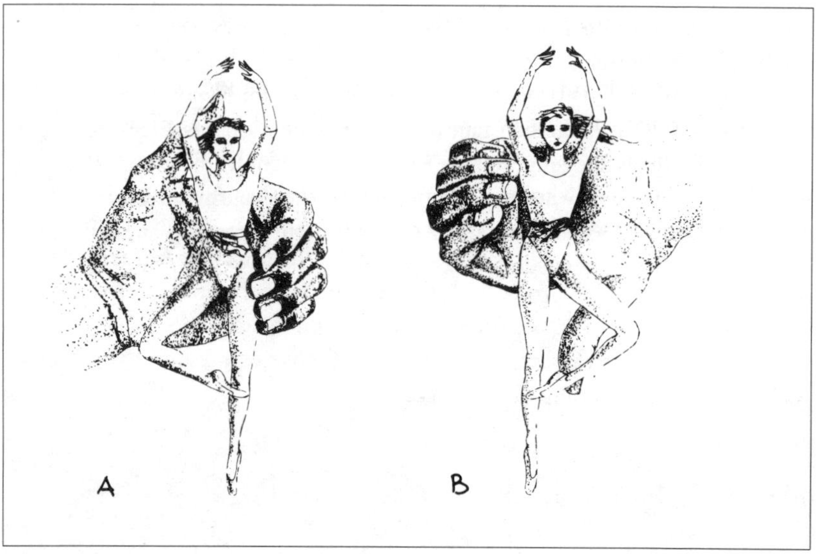

Abb. 8
Ein künstlerischer "Fingerzeig" zur Veranschaulichung der Richtung, in der die Ballerina ihre Pirouette dreht: Nach der im Text erläuterten Konvention weist die Drehrichtung der linken Ballerina nach oben (A), während die der rechten nach unten zeigt (B).

würde jedoch davon abhängen, von welcher Seite aus man das rotierende Objekt betrachtet. Stellen wir uns zur Illustration einen Angriffszug beim Fußball vor. Sollte der Ball sich drehen, so werden Stürmer und Verteidiger verschiedener Ansicht darüber sein, ob er im Uhrzeigersinn oder entgegengesetzt rotiert. An allen diesen etwas langwierigen Erläuterungen ist absolut nichts besonders Tiefgründiges; sie sind jedoch nötig, damit wir im folgenden genau wissen, wovon wir reden.

Lee und Yang schlugen die Untersuchung des Zerfalls rotierender Kerne vor. Man kann sich einen solchen Kern als eine Zusammenballung von Protonen und Neutronen vorstellen. In einem radioaktiven Kern ist diese Anordnung nicht vollkommen stabil, so daß eine gewisse Wahrscheinlichkeit für den Zerfall des Kernes besteht. Ist die schwache Wechselwirkung für den Zerfall verantwortlich, so ist die Wahrscheinlichkeit für einen Zerfall in einer bestimmten Zeiteinheit sehr klein. Das ist genau der Grund, warum die Kraft als "schwach" bezeichnet wird. Der zerfallende Kern sendet ein Elektron und ein weiteres Teilchen – ein Neutrino – aus, das bei dem Experiment aber nicht entdeckt werden kann. Das Elektron, das mit hoher Geschwindigkeit davonfliegt, hat wie gesagt nichts mit den Elektronen zu tun, die den Kern irgendwo in großer Entfernung umkreisen.

Wie vorhin erläutert, legt der rotierende Kern im Raum eine bestimmte Richtung fest. Man kann sich nun die Frage stellen, ob das Elektron eher in dieser oder in der entgegengesetzten Richtung aus dem Kern herausgeschossen wird. Um zu verstehen, warum die Antwort auf diese Frage enthüllt, ob die Natur die Parität verletzt, wenden wir das zuvor erläuterte Kriterium an und vergleichen das Geschehen in unserer Welt mit dem, was in der Spiegelwelt passieren würde.

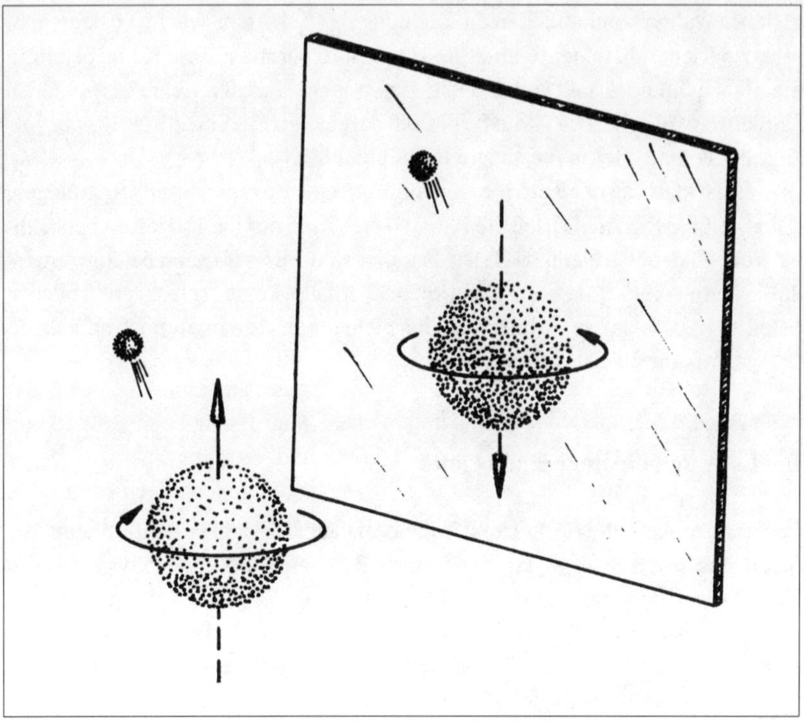

Abb. 9
Ein rotierender Kern (die große Kugel) sendet ein Elektron aus (die kleine Kugel). In unserer Welt tritt das Elektron mehr oder weniger in Richtung des Kernspins aus, in der Spiegelwelt in der hierzu entgegengesetzten Richtung. Bei dem real durchgeführten Experiment wurde die Richtung der austretenden Elektronen relativ zur Kernspinrichtung für eine große Anzahl von Kernen aufgezeichnet und statistisch analysiert. Tritt das Elektron – wie in der Abbildung angedeutet – bevorzugt in Richtung des Kernspins aus, können wir den Schluß ziehen, daß die Natur die Paritätsinvarianz verletzt, da ein in der Spiegelwelt lebender Physiker das Elektron überwiegend in der Richtung davonfliegen sehen würde, die dem Kernspin entgegengesetzt ist. Unsere Welt und die Spiegelwelt würden dann von unterschiedlichen physikalischen Gesetzen regiert werden.

Nehmen wir an, das Elektron entweicht in die Richtung des Kernspins, und betrachten wir das Ganze in einem Spiegel (Abb. 9). Ebenso wie die Zeiger einer Uhr in einem Spiegel entgegen dem Uhrzeigersinn herumlaufen, rotiert auch der Kern im Spiegel in der entgegengesetzten Richtung. In der Spiegelwelt entweicht das Elektron in die dem Kernspin entgegengesetzte Richtung. Ein Physiker, der den Zerfall beobachtet, und sein Kollege, der den gleichen Vorgang in der Spiegelwelt überwacht, werden in diesem Fall also zu völlig verschiedenen Schlüssen hinsichtlich des Gesetzes kommen, das über das Verhalten des Elektrons entscheidet, das bei dem radioaktiven Zerfall ausgesandt wird. Respektiert die Natur die Parität, so entweicht das Elektron mit gleicher Wahrscheinlichkeit in die Richtung des Kernspins wie in die entgegengesetzte Richtung. In der Realität sind an dem Experiment viele Kerne beteiligt; die Beobachtung erfaßt daher viele Elektronen, die aus vielen zerfallenden Kernen entweichen. Die Aufgabe besteht darin, festzustellen, ob sie dies bevorzugt in die eine oder in die andere Richtung tun.

Es ist klar, daß der Kern rotieren muß, um eine Bezugsrichtung festzulegen. (Dies heißt jedoch nicht, daß die Paritätsverletzung nur bei Prozessen beobachtet wird, an denen rotierende Kerne beteiligt sind.) Es muß auch betont werden, daß an dem vorgeschlagenen Experiment überhaupt keine "seltsamen" Teilchen beteiligt sind, so daß seine Interpretation nicht durch die damals noch unbekannte Dynamik dieser Partikel erschwert wird.

Die Lady und die linke Hand Gottes

Die nächste Aufgabe für Lee und Yang bestand darin, jemanden zu finden, der bereit und in Lage war, das Experiment durchzuführen. Die physikalischen Fachzeitschriften sind voller Vorschläge für die verschiedensten Experimente; ein Experimentator muß jedoch davon überzeugt werden, daß der erforderliche enorme Aufwand durch die Bedeutung des Experimentes gerechtfertigt wird.

Für Ptolemäus bedeutete es keine Anstrengung, darüber zu spekulieren, ob die Quelle des Nils in Zentralafrika liegen könnte; eine ganz andere Sache dagegen war es für Burton und Speke, zur Lösung dieser Frage Leben und Gesundheit aufs Spiel zu setzen.

Lee und Yang nahmen zu einer Reihe von Experimentatoren Kontakt auf, von denen viele der Angelegenheit skeptisch gegenüber standen. Schließlich gelang es ihnen, Chien-Shiung Wu, eine der führenden Autoritäten für Experimente mit der schwachen Wechselwirkung, zu einem kühnen Experiment zu überreden.

Die der Physikgemeinde allgemein als "Madame Wu" bekannte Physikerin ist eine bemerkenswerte Figur in der Geschichte dieser Wissenschaft. Geboren 1912 in China – nur ein Jahr nach der Machtergreifung der berüchtigten Manchu-Dynastie – erwarb sie sich den Ruf als amtierende Königin der experimentellen Kernphysik. Sie war der erste weibliche Präsident der Amerikanischen Physikalischen Gesellschaft und wirkte bahnbrechend für andere weibliche Experimentatoren auf einem von Männern dominierten Gebiet. Ihre Experimente zeichneten sich durch besonders peinliche Sorgfalt und elegante Einfachheit aus, Eigenschaften, die von ihren männlichen Kollegen als "typisch weiblich" charakterisiert wurden. Madame Wu war von dem, was ihr Lee und Yang erzählten, so fasziniert, daß sie kurzerhand ihren Sommerurlaub strich und sofort mit der Arbeit begann. So kam es, daß die Natur ihre "Händigkeit" erstmals einer Dame enthüllte.

Genau wie Alice schaute auch Madame Wu in den Spiegel. Dabei hatte sie allerdings eine ganze Reihe von Schwierigkeiten zu überwinden, denn obwohl die Dinge für einen Theoretiker sehr einfach erscheinen (Abb. 9), hat ein Experimentalphysiker bei seinen Versuchen mit Komplikationen von beträchtlichem Ausmaß zu kämpfen. So gab es zum Beispiel niemanden, der Madame Wu mit einem einzelnen rotierenden Atomkern versorgt hätte. Von den in einer experimentellen Probe in enormer Anzahl enthaltenen Kernen rotiert jeder in einer anderen Richtung. Das Experiment funktioniert aber nur dann, wenn man alle Kerne auf irgendeine Weise dazu bringt, in der gleichen Richtung zu rotieren. Bei Raumtemperatur regen sich die Atome jedoch gegenseitig zu Schwingungen an, so daß die Kernspins, auch wenn sie einmal einheitlich ausgerichtet worden wären, bald wieder in verschiedene Richtungen weisen würden. Madame Wu mußte das Experiment daher bei extrem niedrigen Temperaturen durchführen, um die thermische Anregung der Atome so klein wie möglich zu halten. Dazu mußten raffinierte Kühlanlagen und Pumpen installiert werden. Die Störanfälligkeit solcher Anlagen ist allgemein bekannt. (Theoretische Physik und Experimentalphysik ziehen ganz unterschiedliche Charaktere mit sehr verschiedenen Temperamenten und Fähigkeiten an – für Soziologen ein ergiebiges Feld für interessante Studien.) Madame Wu nahm daher zum Zwecke der Zusammenarbeit Kontakt zu einem Team von Tieftemperaturphysikern des National Bureau of Standards in Washington auf, wo die erforderliche Kühlanlage verfügbar war.

Bis zum Dezember 1956 hatten sie und ihre Mitarbeiter starke Beweise dafür gefunden, daß die Parität tatsächlich verletzt ist: Bei Zerfällen, die von der schwachen Wechselwirkung bestimmt werden, ziehen die entweichenden Elektronen eine bestimmte Richtung allen anderen Richtungen vor. Unabhängig davon war eine von Valentine Telegdi geleitete Gruppe der Universität von Chikago bei einem anderen von Lee und Yang vorgeschlagenen Experiment zum gleichen Ergebnis gekommen.

Am 4. Januar 1978, einem Freitag, schilderte Lee einer Gruppe von Kollegen das endgültige Resultat des Wu'schen Experimentes. Besonders lebhaft wurde die Diskussion nach dem Mittagessen, als Leon Lederman, ein Experimentalphysiker aus Columbia, plötzlich zu der Erkenntnis gelangte, daß er die Paritätsverletzung mit etwas Glück auch bei dem Zerfall des Pi-Mesons entdecken könnte, eines subnuklearen Teilchens, das damals erst seit einigen Jahren bekannt war. Am Abend rief er deswegen Richard Garwin, einen bekannten Experimentator, an. Um 2 Uhr nachts hatten die beiden aufgeregten Physiker das Experiment entworfen und aufgebaut und sogar schon die ersten Daten erhalten. Aber gerade als sie glaubten, buchstäblich die "linke Hand Gottes" gesehen zu zu haben, versagte der experimentelle Aufbau. Mit der Hilfe eines weiteren Experimentators gelang die Reparatur, und die Arbeit rund um die Uhr konnte weitergehen. Am Dienstagmorgen um 6 Uhr rief Lederman T.D. Lee an, um ihm mitzuteilen, daß die Natur tatsächlich unzweifelhaft "händig" ist.

Bei den modernen Teilchenexperimenten handelt es sich im Regelfall um Mammutunternehmen, die multinationale Anstrengungen erfordern, an denen manchmal Hunderte von Physikern beteiligt sind und die sich über viele Jahre hinziehen können. Das Experiment von Lederman ist mit Sicherheit das kürzeste seiner Art, das jemals bekannt geworden ist. Heute ist Leon Lederman Direktor der gigantischen "Fermi-Beschleunigungs-Laboratorien" in Batavia im Staat Illinois. Man kann sich vorstellen, wie er die Dinge dort in Schwung bringt.

Die Nachricht von der Paritätsverletzung erschütterte die Gemeinde der Physiker: Es war, als hätte la plus grande dame der Etikette einen unaussprechlichen faux pas begangen. Auch die Öffentlichkeit war fasziniert. So wurde Madame Wu zum Beispiel von dem israelischen Premierminister Ben Gurion gefragt, was die Parität mit Yoga zu tun hätte. Die "New York Times" widmete der Parität einen Leitartikel. Die Nachricht von der Verletzung der Parität verbreitete sich in der ganzen Gesellschaft, wobei sie – wie nicht anders zu erwarten – vollständig mißverstanden und verstümmelt wurde. Als ich Kind war, erzählte mir ein Geschäftsfreund meines Vaters, daß zwei chinesisch-amerikanische Physiker Einsteins Relativitätstheorie gestürzt hätten – was immer er auch darunter verstanden haben mag.

Der Miesmacher und sein Gespenst

Die Entdeckung der Paritätsverletzung hat uns dazu gezwungen, unsere vorgefaßte Meinung über die Natur gründlich zu revidieren. Sie hatte aber auch eine unmittelbare und weitreichende Konsequenz für unser Verständnis der physikalischen Welt: Die Paritätsverletzung stellte sich nämlich gerade als die für die Konstruktion einer Theorie der schwachen Wechselwirkung erforderliche, noch fehlende Zutat heraus.

Um den Stand der Theorie der schwachen Wechselwirkung im Jahre 1956 zu verstehen, müssen wir bis in die frühen 30er Jahre zurückgehen, in denen der englische Physiker C.D. Ellis sorgfältige Geschwindigkeitsmessungen an Elektronen vorgenommen hatte, die bei dem Zerfall radioaktiver Kerne ausgesandt wurden. Die Messungen betrafen also den gleichen physikalischen Prozeß, den auch Madame Wu und ihre Mitarbeiter untersucht hatten. In der Physik ist es jedoch häufig der Fall, daß unterschiedliche physikalische Größen mit verschiedenen Experimenten gemessen werden. So hatte Ellis nicht die schwierige Aufgabe, die radioaktiven Kerne "in Reih und Glied" zu bringen; dafür mußte er die Energie der Elektronen genau ermitteln, was Madame Wu nicht zu tun brauchte.

Ellis war unter ungewöhnlichen Umständen Physiker geworden. Als Offizier im ersten Weltkrieg war er frühzeitig in Gefangenschaft geraten. Im Lager freundete er sich mit einem unglücklichen englischen Kameraden mit Namen James Chadwick an. Der junge Chadwick, dem wir in den folgenden Kapiteln in einer führenden Rolle wiederbegegnen werden, war nach Berlin gegangen, um bei Fritz Geiger – dem Erfinder des nach ihm benannten berühmten Zählers – an Untersuchungen der Radioaktivität zu arbeiten. Bei Kriegsausbruch wurde er von den Deutschen als Spion gefangen genommen. Aus reiner Langeweile brachte er Ellis Physik bei. Ellis war davon so fasziniert, daß er nach dem Kriegsende seine militärische Karriere an den Nagel hing und Physiker wurde.

Als Ellis sein Experiment unternahm, glaubten die Theoretiker zu wissen, welche Energie die ausgesandten Elektronen haben sollten. Schließlich hatte Albert Einstein ihnen mit seiner berühmten Formel $E = m \cdot c^2$ erklärt, wie man Masse in Energie umwandelt. Kennt man die Masse des radioaktiven Kerns und die Masse des "Tochterkerns", läßt sich unter Zuhilfenahme der Einsteinschen Formel nach einer einfachen Subtraktion die Energie ermitteln, mit der das Elektron austreten sollte. Nennen wir sie E*.

Doch siehe da! Wie Ellis herausfand, besaß das Elektron keinesfalls immer die gleiche Energie, sondern trat einmal langsamer, ein anderes Mal wesentlich schneller aus, fast immer jedoch mit einer Energie kleiner als E*. Wo war die restliche Energie geblieben? Sollte sich Einstein geirrt haben?

Die Lösung dieses Rätsels wurde von Wolfgang Pauli gefunden, einem jovialen, rundlichen Wiener Physiker, der im Drama der Physik des 20. Jahrhunderts die selbstgewählte Rolle des Miesmachers übernommen hatte. Pauli war ein Meister vernichtend geringschätziger Bemerkungen. Wie berichtet wird, pflegte er, wenn man ihm von einem neuen theoretischen Ergebnis erzählte, nur traurig zu sagen: "Es ist noch nicht einmal falsch." Ständig lamentierte er darüber, daß die Physik zu schwierig sei und daß er lieber Schauspieler hätte werden sollen. Von den vielen Geschichten, die in der physikalischen Gemeinde über Pauli kursierten, war die beliebteste die, daß Pauli nach seinem Tod Gott darum bittet, ihm seinen Weltentwurf zu enthüllen (unter Physikern eine Standardphantasie). Nachdem Gott ihm diesen verraten hat, ruft Pauli klagend aus: "Es ist noch nicht einmal falsch!"

Im Jahre 1933 schlug Pauli ein bis dahin unbekanntes Teilchen vor, das weder "stark" noch elektromagnetisch wechselwirken sollte und daher der Entdeckung entgehen mußte. Dieses Teilchen sollte die fehlende Energie mit sich tragen und wie ein Dieb in der Nacht damit verschwinden. Das mysteriöse Teilchen, das später auf den italienischen Namen "Neutrino" getauft wurde, war das erste Teilchen, das vor seiner experimentellen Entdeckung vorausgesagt wurde. Heutzutage – in einer Zeit, in der die Teilchenphysiker mit steigendem Übermut die Existenz experimentell unbekannter Partikel voraussagen – kann man die Kühnheit Paulis nur dann richtig würdigen, wenn man sie in ihrem historischen Kontext betrachtet.

Paulis Überlegungen zufolge mußte das Neutrino phantastische Eigenschaften besitzen. Da es – wie vorausgesetzt – nur über die schwache Kraft wechselwirken sollte, mußte die Wahrscheinlichkeit für eine Wechselwirkung bei seinem Zusammentreffen mit einem Elektron oder einem Kern sehr klein sein. (Das ist genau der Grund dafür, warum die schwache Kraft als "schwach" bezeichnet wird.) Wohl wissend, wie gering diese Kraft ist, schloß Pauli, daß ein Neutrino wie ein Geist die ganze Erde ohne jegliche Wechselwirkung durchdringen müßte. Im Gegensatz zu Neutrinos können wir nicht durch Wände gehen, da wir aus Fleisch und Blut bestehen und die Atome unseres Körpers mit an Sicherheit grenzender Wahrscheinlichkeit mit den Atomen der Wand in Wechselwirkung treten würden.

Wie immer ebenso kritisch sich selbst wie anderen gegenüber schrieb Pauli einem Freund, er hätte den schlimmsten Fehler begangen, den ein Physiker machen könnte: Ein Teilchen vorauszusagen, das nie einem experimentellen Nachweis zugänglich sein würde. Mit dieser Einschätzung war er jedoch zu pessimistisch: Im Jahre 1955 gelang es den Physikern F. Reines und C. Cowan, ein Neutrino "sichtbar" zu machen. Heute erzeugen Teilchenbeschleuniger routinemäßig Strahlen aus Neutrinos, von denen einige bei ihrer Wechselwirkung mit anderer Materie beobachtet werden konnten. (Um einen solchen Neutrinostrahl zu produzieren, erzeugen die Experimentatoren zuerst einen Strahl subnuklearer Partikel, die im Flug in Neutrinos zerfallen.) Es mag verwunderlich erscheinen, daß es überhaupt möglich ist, Neutrinos nachzuweisen. Die Wahrscheinlichkeit für die Wechselwirkung eines Neutrinos mit einem Kern ist jedoch zwar nahezu unmeßbar klein, aber nicht gleich Null. Um diese sehr kleine Wahrscheinlichkeit zu kompensieren, bringt man eine enorme Anzahl von Kernen in einen Neutrinostrahl und wartet geduldig ab, was passiert. Als die US-Marine einmal ein paar alte Kriegsschiffe verschrottete, schenkte sie den Eisenschrott einigen Experimentatoren. Sogar unter Verwendung dieser riesigen Menge von Eisen mußten die Experimentatoren Monate warten, bis sie ein Neutrino bei seiner Wechselwirkung mit einem Atom erwischt hatten.

Pauli schloß weiter, daß das Neutrino masselos sein muß, da das Elektron in Ellis' Experiment ab und zu auch die Energie E* besaß. Besäße das Neutrino Masse, würde nach Einstein ein kleiner Teil der Energie E* zur Produktion der Neutrinomasse benötigt, wodurch dem Elektron ein kleinerer Betrag als E* verbliebe. Aus der Kenntnis der Rotation des Elektrons, des radioaktiven Kerns und des Tochterkerns – das heißt des Kerns, in den der radioaktive Kern zerfällt – schloß Pauli ferner, daß das Neutrino eine konstante innere Rotation – einen "Spin" – besitzt. Der amerikanische Schriftsteller John Updike war von dem Neutrino so fasziniert, daß er ihm ein Gedicht widmete. Soweit bekannt ist, handelt es sich dabei um das einzige Gedicht über ein subatomares Teilchen aus der Feder eines führenden Vertreters der Weltliteratur.

Neutrino – Teilchen aus dem All,
Ganz ohne Masse, ohne Maß,
Mißachtend den Zusammenprall
Durchquerst du unsern Erdenball –
Für dich ein lächerlicher Fall.
Ein Dunstgebilde, dünn und blaß
Wie Licht durch eine Wand aus Glas.
Verschmähst das allerfeinste Gas,
Passierst den allerdicksten Wall,
Stahl, Messing ohne Widerhall.
Du kränkst den Hengst in seinem Stall,
Die Klassenschranken – dir egal.

Du infiltrierst uns ohne Wahl,
Dringst messerscharf, doch ohne Qual
Durch unsre Köpfe in das Gras,
Triffst nachts die Erde bei Nepal.
Hat man mit seinem Liebchen Spaß,
Fährst du durchs Bett, und alles das
Soll komisch sein? Ich nenns brutal.
John Updike: "Cosmic Gall"
(Übersetzung von H.-P. Herbst)

Der Missetäter

Paulis schwer faßbares Teilchen war genau das, was Enrico Fermi benötigte, um 1934 eine Theorie der schwachen Wechselwirkung aufzustellen, in der er die damals bekannten experimentellen Tatsachen in einer präzisen mathematischen Synthese zusammenfaßte. Während der nächsten zwanzig Jahre versuchten andere Physiker immer wieder, seine Theorie zu verbessern. Da sie dabei jedoch stets die Paritätsinvarianz voraussetzten, kam die Sache nie ganz in Ordnung.

Nachdem die Verletzung der Parität akzeptiert worden war, stand es den Theoretikern frei, vormals verbotene Gleichungen aufzuschreiben, und so formulierten Richard Feynman und Murray Gell-Mann und unabhängig von ihnen auch Robert Marshak und George Sudarshan 1957 eine grundsätzlich korrekte Theorie der schwachen Wechselwirkung. Nach weiterer Detektivarbeit konnten die Theoretiker schließlich das flüchtige Neutrino als den für die Paritätsverletzung verantwortlichen Missetäter überführen. Sehen wir, wie ihnen dies gelang.

Wenn sich ein rotierendes Teilchen längs einer Geraden bewegt, können wir danach fragen, ob sein Spin gemäß unserer vorangegangenen Definition in die Bewegungsrichtung oder in die entgegengesetze Richtung weist. Die Physiker sprechen davon, daß das Teilchen entweder "links-" oder "rechtshändig" ist. (Die Theoretiker hatten für diese "Händigkeit" ursprünglich den Begriff "Schraubensinn" vorgeschlagen; doch die Herausgeber der führenden amerikanischen Fachzeitschrift für Physik, des "Physical Review", bestanden auf den etwas würdevolleren Ausdrücken "Helizität" beziehungsweise "Chiralität". Als Gralshüter der Sprache den vierzig "Unsterblichen" der Academie Francais nur unwesentlich nachstehend, trugen sie bei ihrem fortgesetzten Kampf mit der Gemeinde der Physiker sowohl Siege als auch Niederlagen davon.)

Die Chiralität oder Händigkeit kann als innere Eigenschaft nur für masselose Teilchen definiert werden. Warum nicht für Teilchen mit Masse? Nehmen wir an, wir würden ein massebehaftetes Teilchen in eine bestimmte Richtung fliegen sehen, sagen wir ostwärts. Für einen Beobachter, der sich schneller als das Teilchen bewegt, würde sich das Teilchen dann scheinbar nach Westen bewegen. Da die Händigkeit beschreibt, welchen Winkel die Spinrichtung mit der Bewegungsrichtung bildet, würde dieser Beobachter hinsichtlich der Händigkeit des Teilchens nicht mit uns übereinstimmen. Ein masseloses Teilchen wie das Neutrino hingegen bewegt sich immer mit Lichtgeschwindigkeit, die nach Einsteins Relativitätstheorie die höchstmögliche Geschwindigkeit überhaupt darstellt. Da sich also kein Beobachter schneller als ein masseloses Teilchen bewegen kann, ist dessen Händigkeit eine "innere" Eigenschaft. So kann beispielsweise das masselose Lichtteilchen – das Photon – entweder links- oder rechtshändig sein. Sollte die Natur die Parität respektieren, sollte dies für jedes Teilchen gelten. Die Experimente lassen jedoch eindeutig auf eine weitere bizarre Eigenschaft des Neutrinos schließen: Es tritt stets linkshändig in Erscheinung. Fast dreißig Jahre lang haben die Experimentatoren in allen Richtungen nach einem rechtshändigen Neutrino gesucht, aber vergebens.

Interessanterweise experimentierte auch der deutsche Mathematiker Herman Weyl, dem wir später noch einmal begegnen werden, bereits 1928 mit der Gleichung, die wir heute für die Beschreibung des Neutrinos verwenden; die physikalische Interpretation seiner Arbeit stieß jedoch auf Ablehnung, weil sie offensichtlich die Parität verletzte. Im Jahre 1956 erfuhren Weyls Gleichungen dann eine Wiederbelebung.

Wie bereits erwähnt, waren die Physiker nicht nur durch die Verletzung der Parität an sich geschockt, sondern mehr noch durch die Tatsache, daß die Natur die Parität selektiv verletzt. Nach der Überführung des Neutrinos wurde die Selektivität bis zu einem gewissen Grade verständlich, da das Neutrino sich nur an der schwachen Wechselwirkung und an der Gravitation beteiligt. Pauli jedoch blieb weiterhin verstört. In einem Brief an Madame Wu schrieb er: "Jetzt, nachdem der erste Schock vorüber ist, beginne ich mich wieder zu sammeln. Was mich nun bestürzt, ist, daß Gott links-rechts-symmetrisch ist, wenn Er sich 'stark' ausdrückt." Zwanzig Jahre mußten vergehen, bis die Physiker begannen, ein tieferes Verständnis des Problems zu gewinnen, von dem Pauli geplagt wurde. Wie sich erwiesen hat, müssen die drei anderen Wechselwirkungen eine spezielle Struktur besitzen, damit die Paritätsverletzung auf die schwache Wechselwirkung beschränkt bleibt.

Der Spiegel im Spiegel

Die Handlung unserer Geschichte verdichtet sich. Im Sommer 1956 erhielten Lee und Yang einen Brief von Reinhard Oehme, einem Physiker an der Universität von Chikago, in dem die Frage nach der Symmetrie zwischen Teilchen und Antiteilchen aufgeworfen wurde. Schon 1929 hatte der brilliante englische Physiker Paul Adrian Maurice Dirac die physikalische Welt mit der Voraussage von Antiteilchen überrascht. Um 1956 war die Existenz von Antiteilchen mit Sicherheit bewiesen: Das Antielektron – genannt "Positron" – und das Antiproton waren entdeckt worden.

Trifft ein Teilchen auf sein Antiteilchen, so vernichten sich beide gegenseitig, wobei eine enorme Energiemenge frei wird, aus der sich andere Teilchen materialisieren. Diese "Annihilation" von Teilchen mit Antiteilchen wird heute in Beschleunigern in aller Welt routinemäßig beobachtet und analysiert. So kann beispielsweise ein Strahl aus Antiprotonen erzeugt und zur Kollision mit einem Protonenstrahl gebracht werden. Die Tatsache, daß Antiprotonen existieren und mit Protonen zerstrahlen, erweckt schon lange kein grundsätzliches Interesse mehr. Die Physiker sind heute stärker daran interessiert, welche neuen Teilchenarten sich bei dieser Zerstrahlung bilden.

Ein Teilchen und sein Antiteilchen haben genau die gleiche Masse, aber die entgegengesetzte Ladung. So hat das Elektron eine negative elektrische Ladung, das Positron eine positive. Wenn aber nun das flüchtige Neutrino keine elektrische Ladung trägt, wie unterscheidet es sich dann von einem Antineutrino? Die eine Möglichkeit ist folgende: Das positiv geladene Pi-Meson zerfällt manchmal in ein Positron und ein Neutrino. Sein Antiteilchen, das negativ geladene Pi-Meson, zerfällt in ein Elektron und ein flüchtiges Teilchen, das wir als Antineutrino definieren können.

Wie aus Diracs Arbeit hervorging, wird die Materie gegenüber der Antimaterie von der Natur nicht bevorzugt. Man definiert eine Operation als "Ladungsumkehr", bei der man alle Teilchen, die an einem bestimmten physikalischen Prozeß beteiligt sind, durch ihre jeweiligen Antiteilchen ersetzt. So erscheint der Zusammenstoß zweier Protonen bei Ladungsumkehr beispielsweise als Kollision zweier Antiprotonen. Definitionsgemäß verändert die Ladungsumkehr weder die Bewegung noch den Spin der Teilchen: Ein linkshändiges Teilchen zum Beispiel wird durch sein linkshändiges Antiteilchen ersetzt.

Wenden wir die Ladungsumkehr nun auf einen bestimmten physikalischen Prozeß an und beobachten den sogenannten "ladungskonjugierten" Vorgang. Tritt dieser Vorgang mit der gleichen Wahrscheinlichkeit wie der Originalprozeß auf, so sagt man, daß die physikalischen Gesetze, durch die er beschrieben wird,

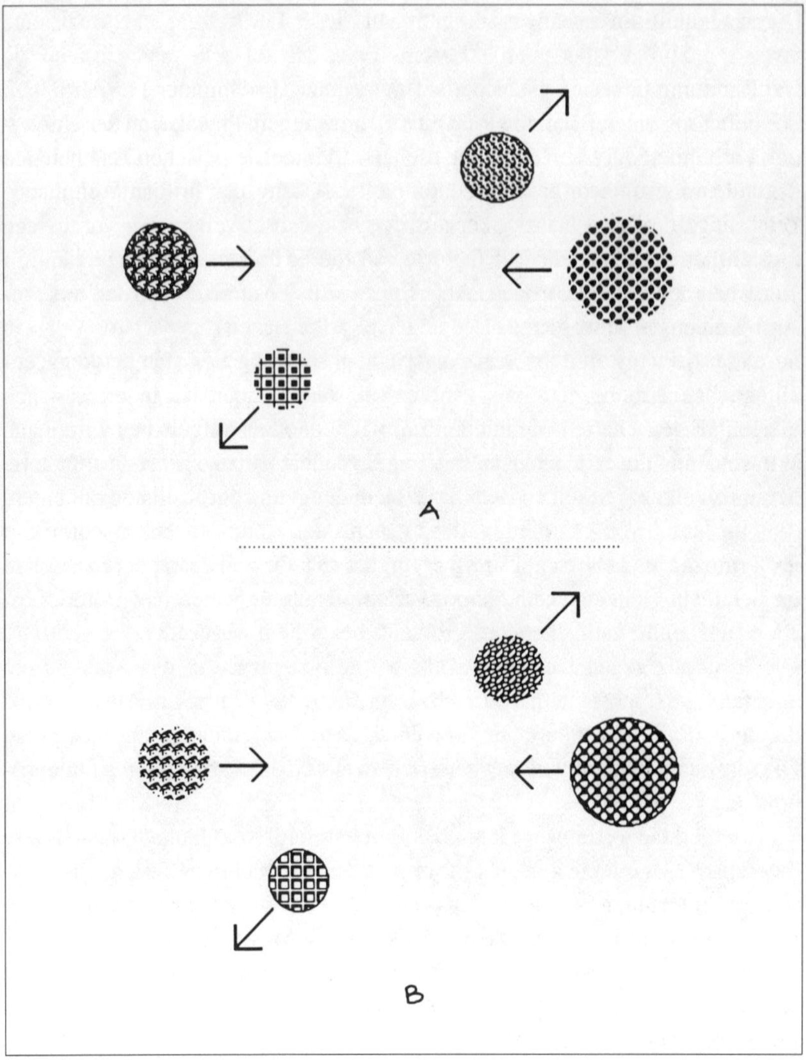

Abb. 10
A) Schematische Darstellung eines physikalischen Prozesses, bei dem zwei Teilchen (größere Kreise) zusammenstoßen und in zwei andere Teilchen umgewandelt werden (kleinere Kreise). B) Der ladungskonjugierte Prozeß zum Prozeß in Abbildung A. Der Zeichner hat das zu einem bestimmten Teilchen gehörende Antiteilchen durch die Umkehrung des Schwarz-Weiß-Musters gekennzeichnet. Die Invarianz gegen Ladungsumkehr behauptet, daß die in den Abbildungen A und B dargestellten Prozesse mit der gleichen Wahrscheinlichkeit auftreten. Diese Aussage beschreibt die Tatsche, daß es zwischen unserer Welt und der "Antiwelt" keinen Unterschied gibt.

gegen Ladungsumkehr invariant sind. Mit dieser Feststellung haben wir eine etwas langatmige, aber präzise Beschreibung der Tatsache gegeben, daß die Natur in ihren Gesetzen die Materie der Antimaterie nicht vorzieht (Abb. 10).

Ebenso, wie wir über die Welt hinter den Spiegeln spekulieren, können wir uns auch eine Antiwelt vorstellen, die aus Antimaterie besteht. Die Invarianz gegen Ladungsumkehr bedeutet, daß – sollte ein Physiker unserer Welt jemals Erfahrungen mit einem Physiker aus der Antiwelt austauschen – die beiden hinsichtlich der physikalischen Gesetze vollständig übereinstimmen werden. So würde ein aus Antielektronen, Antiprotonen und Antineutronen aufgebautes Anti-Kohlenstoffatom genau die gleichen physikalischen Eigenschaften wie ein normales Kohlenstoffatom besitzen. Aber auch alle möglichen Gegenstände des alltäglichen Lebens besäßen – sollten sie aus Antimaterie bestehen – die gleichen Eigenschaften wie ihre aus normalen Atomen aufgebauten Originale. Wir sind nur deshalb nicht in der Lage, größere Brocken von Antimaterie herzustellen, weil es keinen Behälter gibt, in dem wir sie aufbewahren könnten.

Im Jahre 1956 galt die Invarianz gegen Ladungsumkehr durch zahlreiche Experimente als bewiesen. Natürlich fragten sich Oehme und andere Forscher, ob sich nicht vielleicht auch diese Invarianz als ungültig erweisen würde.

Zur Veranschaulichung des Problems betrachten wir wieder das Neutrino. Die Invarianz gegen Ladungsumkehr würde bedeuten, daß das Antineutrino ebenfalls stets linkshändig sein muß. Die genaue Inspektion des Antineutrinos durch die Experimentatoren ergab jedoch, daß es tatsächlich rechtshändig ist. Die schwache Wechselwirkung verletzt also auch die Invarianz gegen Ladungsumkehr!

Bemerkenswerterweise kann das Problem in diesem Fall auch durch rein theoretische Überlegungen geklärt werden: Mit Hilfe einiger Zeilen mathematischer Umformungen kann ein Theoretiker feststellen, daß die Invarianz gegen Ladungsumkehr durch die Theorie der schwachen Wechselwirkung von 1957 in der Tat verletzt ist. Dies illustriert den am meisten ehrfurchtgebietenden Aspekt der theoretischen Physik: Eine "gute" Theorie besitzt ein eigenständiges Leben voll geheimer innerer Logik. So stehen Paritäts- und Ladungsumkehr logisch a priori in keinem Zusammenhang. Sobald wir jedoch die Paritätsverletzung in unsere Theorie eingebaut haben (bei deren Konstruktion wir natürlich viele bekannte physikalische Fakten und Prinzipien berücksichtigt haben), meldet sich die Theorie sozusagen selbst zu Wort, um uns mitzuteilen, daß auch die Invarianz gegen Ladungsumkehr nicht gültig ist.

In den großen Theorien der Physik steckt viel mehr, als es auf den ersten Blick den Anschein hat. Vom philosophischen Standpunkt aus ist es in der Tat irreführend zu behaupten, ein oder mehrere Physiker würden eine Theorie "erfinden" oder "erschaffen". Zutreffender müßte man davon sprechen, daß sie eine Theorie "entdecken", die mit ihren Myriaden an mathematischen Verknüpfungen schon die ganze Zeit vorher existiert hat. Einige dieser Verbindungen mögen unmittelbar erkennbar sein, andere dagegen über Jahrzehnte hinweg verborgen bleiben, noch andere – wer weiß? – vielleicht für immer.

Eine schockierende Perversität

Die gleichzeitige Verletzung der Invarianz der Parität und der Ladungsumkehr legt folgende Vorstellung nahe: Wenn man einen magischen Spiegel konstruieren könnte, der nicht nur links und rechts, sondern gleichzeitig auch Teilchen und Antiteilchen vertauscht, könnte die Welt im Spiegel vielleicht durch die gleichen physikalischen Gesetze bestimmt werden, wie wir sie kennen. Mit anderen Worten: Die Natur verletzt zwar die Ladungsumkehr (kurz mit C für "charge" bezeichnet) und die Parität (P), könnte aber invariant gegenüber der kombinierten Operation CP sein. Eine künstlerische Illustration dieser Möglichkeit stammt von dem holländischen Maler Pieter de Hooch aus dem 17. Jahrhundert. Die Darstellung eines holländischen Hinterhofes in Abb. 11 ist nicht nur gegen Spiegelung invariant, sondern bleibt auch dann näherungsweise unverändert, wenn man die beiden Frauengestalten herumdreht, Hell und Dunkel vertauscht und einiges andere mehr mit dem Bild anstellt. Im 20. Jahrhundert hat der holländische Maler M.C. Escher die Physiker mit geometrischen Zeichnungen fasziniert, die invariant gegen Spiegelung und nachfolgende Vertauschung von Hell und Dunkel sind (Abb. 12).

Mit dem Zusammenbruch von P und C konfrontiert, fanden die Physiker ein Minimum an Trost in dem Glauben, daß wenigstens CP nicht verletzt sei. Einige Jahre später jedoch wurde ihnen auch dieses letzte Ruhepolster entrissen. Zusammen mit Lee und Yang arbeitete Oehme mögliche Experimente zu einem Test der CP-Invarianz aus, und 1964 gab ein Experimentatorenteam der Princeton-Universität unter Leitung von Val Fitch und James Conin bekannt, die Verletzung der CP-Invarianz durch die Natur beobachtet zu haben. Zu dieser Zeit hatte ich gerade meine Studien in Princeton begonnen und erinnere mich an einen Abend, an dem ein Professor eine Gruppe von uns Studenten zusammenrief und uns diese Neuigkeit mitteilte. Wir waren alle sehr aufgeregt und schockiert darüber, daß man die Natur erneut bei einer Ungehörigkeit ertappt hatte. Vielleicht hat die Tatsache, daß die Natur derart pervers sein kann, zu meinem Entschluß beigetragen, Physik statt Kunstgeschichte zu studieren.

Abb. 11
Pieter de Hooch: "Hof eines Hauses in Delft", 1658 (Nationalgalerie London). Dieses Gemälde erinnert mich an die Kombination aus Ladungskonjugation und Paritätsumkehr (CP). Die Frau rechts im Bild ist uns zugewandt, während die linke Frau uns den Rücken zukehrt. Die im Licht stehende Figur der rechten Frau befindet sich vor einem dunklen Hintergrund, während die dunkle Silhouette der linken Frau vor einem hellen Hintergrund erscheint (siehe auch Abb. 10).

Das historische Experiment von Cronin, Fitch und anderen schloß die Untersuchung des Zerfalls bestimmter Typen "seltsamer" Teilchen, der "K-Mesonen", ein. Wie eine quantenmechanische Analyse zeigt, sollte das K-Meson bei Erhaltung der CP-Invarianz in zwei Pi-Mesonen zerfallen. Wie bei CP-Invarianz zu erwarten, zerfällt das K-Meson tatsächlich in zwei Pi-Mesonen –

Abb. 12
M.C.Escher: Studie einer regelmäßigen Flächenfüllung mit Vögeln (© 1990 M.C. Escher Hews / Cordon Art – Baarn – Holland).

jedenfalls in den meisten Fällen. Wie die geduldigen Experimentatoren aus Princeton feststellten, zerfällt ein K-Meson jedoch in einem unter vielen tausend Fällen in drei Pi-Mesonen!

Als theoretischer Physiker bin ich nicht besonders an Details des Zerfalls des K-Mesons interessiert, der für sich betrachtet nicht aufregender ist als beispielsweise das Verhalten irgendeiner chemischen Verbindung mit einem unaussprechlichen Namen. Was mich interessiert, ist die Abweichung der Natur gegenüber dem, was man von ihr erwartet.

So schockierend die Paritätsverletzung auch ist – sie ist maximal und absolut in dem Sinne, daß jedes jemals registrierte Neutrino linkshändig und niemals rechtshändig ist. Die Natur verletzt die Parität also mit einer messerscharfen Konsequenz, was viele Physiker letzten Endes doch wieder tröstlich finden. Im Gegensatz dazu scheint die Natur uns ziemlich gelangweilt mitzuteilen, daß sie außerdem ab und zu auch ein bißchen CP-Verletzung zu betreiben gedenkt. Sie tut dies offenbar nur, um die eingebildeten Physiker zu verwirren.

Seit 1956 ist die Paritätsverletzung bei jedem Prozeß beobachtet worden, bei dem die schwache Wechselwirkung eine Rolle spielt. Nach zwanzig Jahren der Suche haben die Experimentatoren jedoch bei keinem anderen Prozeß als dem Zerfall des K-Mesons eine CP-Verletzung feststellen können. Vielleicht wird es aber auch in dieser Hinsicht bald Neuigkeiten geben.

Während wie bereits erwähnt schon 1957 eine allgemein akzeptierte Theorie der Paritätsverletzung formuliert wurde, gibt es unter den Theoretikern bis heute keine Übereinstimmung über eine Theorie der CP-Verletzung. Viele Theoretiker – darunter auch ich – glauben, daß die CP-Verletzung auf eine neue Wechselwirkung zurückzuführen ist, die noch schwächer als die schwache Wechselwirkung ist. Andere sind anderer Meinung.

Während bis heute also ein tieferes Verständnis der CP-Verletzung fehlt, haben kosmologische Betrachtungen erstaunliche Konsequenzen dieser Verletzung zutage gefördert. Vor einigen Jahren veröffentlichten einige Theoretiker eine Arbeit, nach der das Universum anfangs völlig leer gewesen sei, bevor es sich mit Materie und schließlich mit uns Menschen füllte. Das ist jedoch eine Geschichte für sich, die wir erst später weiter verfolgen werden. An dieser Stelle mag die Bemerkung genügen, daß ein solches Scenario nur dann möglich ist, wenn die Gesetze der Physik die Materie der Antimaterie gegenüber bevorzugen.

Wie es Ihr gefällt

Vielleicht hätte der Leser gern eine Antwort auf die Frage, warum die Natur die Parität eigentlich verletzt. Aber niemand weiß das genau. Die Natur tut, was ihr gefällt.

Ich gehöre zu den Physikern, die im tiefsten Inneren daran glauben, daß die Natur die Parität respektieren sollte. Der Leitartikel der New York Times über Parität trug den Titel "Schein und Realität". Wollte der Artikelschreiber mit diesem Motto andeuten, daß der geschätzten Meinung der Zeitung zufolge die Natur die Parität nur scheinbar verletzt? Hat der Schreiber am Ende wie Faust einen Pakt mit einer gewissen Macht geschlossen und weiß mehr, als er uns verraten darf?

Der österreichische Philosoph und Physiker Ernst Mach (1838 – 1916) gab einmal eine wunderbare Illustration von Schein und Wirklichkeit. Mach, ein extremer Positivist, dem die Ehre zuteil wurde, von Lenin angegriffen zu werden, rang schwer mit den von der Physik aufgeworfenen philosophischen Problemen. Neben vielen anderen wurde auch Einstein stark von seinen Gedanken beeinflußt. Mach schrieb, daß er als Kind tief verstört war, als er erfuhr, daß eine Kompaßnadel sich dreht, wenn man sie über einen stromdurchflossenen Draht hält (Abb. 13). Da die experimentelle Anordnung vollkommen symmetrisch ist, sollte die Nadel keine bestimmte Seite bevorzugen, sondern sich weigern, sich überhaupt zu bewegen.

Der junge Mach war also des Glaubens, daß bei dem beschriebenen Experiment die Parität verletzt worden sei. Wenn wir eine Magnetnadel jedoch mikroskopisch untersuchen, sehen wir, daß sie nichts anderes als ein Stück Metall ist, in dem die Elektronen alle in der gleichen Richtung kreisen, wobei die Richtung ihres Spins zur Nordspitze der Kompaßnadel weist. Stellen wir uns nun vor, daß wir senkrecht zu dem Draht einen Spiegel aufstellen und in die Spiegelwelt klettern. Dann würden wir sehen, daß die Spinrichtung in der Magnetnadel umgedreht ist, so daß bei der gespiegelten Kompaßnadel Nord- und Südpol vertauscht sind. Die sorgfältige Analyse der in Abb. 13 dargestellten Verhältnisse zeigt also, daß der Elektromagnetismus die Parität in Wirklichkeit doch respektiert. Die Paritätsverletzung, die den jungen Mach so irritierte, stellt sich als eine Täuschung heraus.

Sowohl Weyl wie später auch Yang interpretierten das Mach'sche Trauma als eine Analogie zur Paritätsverletzung und äußerten die Vermutung, bei einem tieferen Verständnis würde sich erweisen, daß die Natur die Parität in Wirklichkeit doch respektiert. Ich glaube, daß sie Recht haben. Tatsächlich haben verschiedene Theoretiker bereits plausible Konzepte vorgeschlagen, nach denen sich die Natur auf einer tieferen Ebene bezüglich rechts und links als unparteiisch erweist. Einige dieser Vorschläge werden wir in einem späteren Kapitel erörtern.

Wenn wir einen orientalischen Teppich betrachten, ist die Links- Rechts-Symmetrie sofort offenkundig. Wir wollen nun damit fortfahren, nach subtileren Symmetrien in dem Teppich zu suchen, den die Natur für uns gewoben hat. Und wie bei der Betrachtung von Werken der Kunst gilt auch hier: Je raffinierter die Symmetrie, umso größer unser Vergnügen.

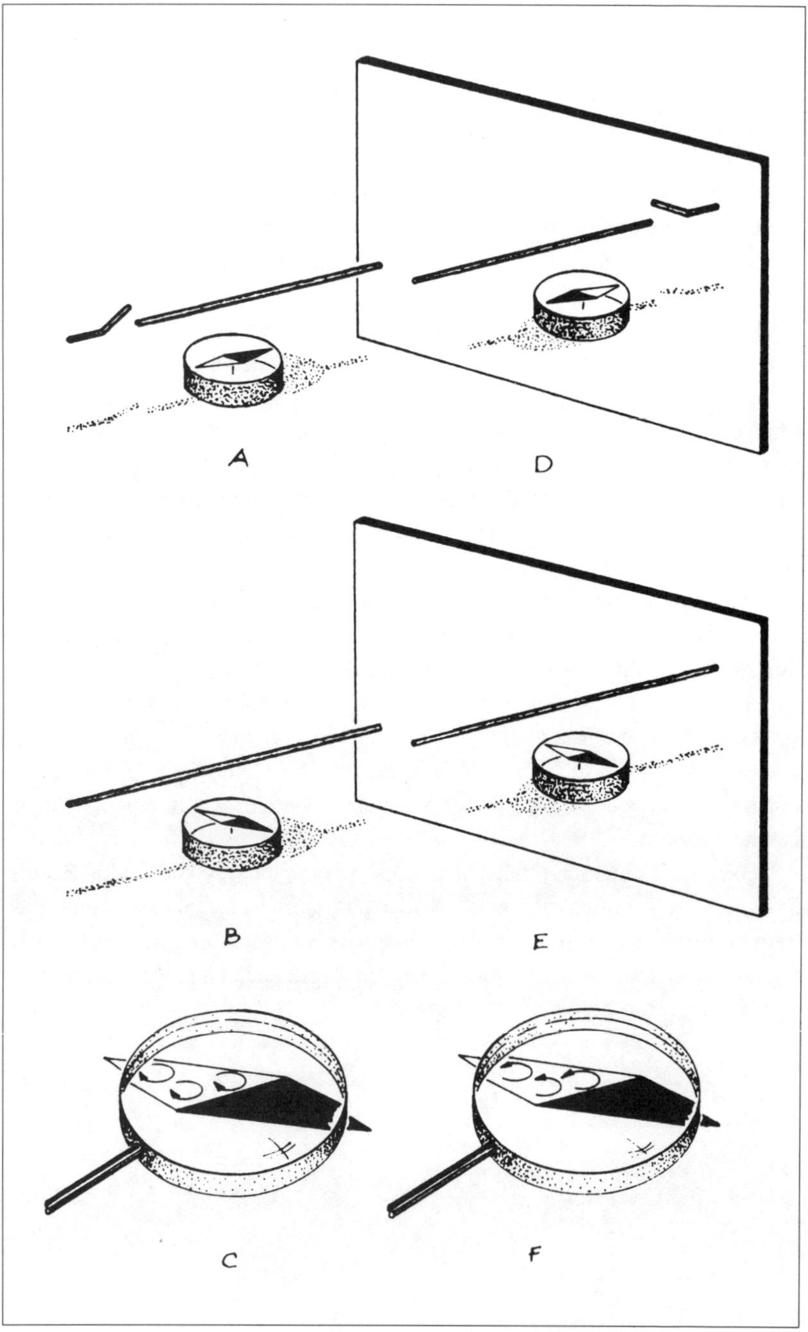
A
D
B
E
C
F

Abb. 13

Das Phänomen, das den jungen Mach tief verstörte. In Abbildung A ist ein Draht über einen Kompaß gespannt, so daß er parallel zur Kompaßnadel verläuft. Die beiden Drahtenden sind mit einer Batterie verbunden (im Bild nicht dargestellt). Der offene Schalter zeigt an, daß im Draht kein elektrischer Strom fließt. In Abbildung B ist der Schalter geschlossen; durch den Draht fließt ein Strom in die vom Spiegel fort führende Richtung. Mach war darüber schockiert, daß das durch den fließenden Strom erzeugte Magnetfeld die Kompaßnadel zu einer Drehung veranlaßt. Im festen Glauben daran, daß die Natur weder rechts vor links noch links vor rechts bevorzugen kann, kam er zu dem Schluß, daß sich die Nadel überhaupt nicht bewegen dürfte, da sie sonst die Bevorzugung der Natur für eine der beiden Seiten anzeigen würde. Die Problematik wird noch deutlicher, wenn man sich überlegt, was in der Spiegelwelt geschehen würde (siehe Abbildungen D und E). Kompaßnadeln werden traditionellerweise mit zwei verschiedenen Farben markiert, so daß das nach Norden weisende Ende von dem nach Süden weisenden unterschieden werden kann. Aus Gründen der Eindeutigkeit hat der Zeichner das südliche Ende weiß dargestellt. In unserer Welt fließt der Strom vom Spiegel fort; in der Spiegelwelt würde er daher in den Spiegel hinein fließen. Steht man vor dem Spiegel, so daß der Strom auf einen zu fließt, sieht man das Südende der Kompaßnadel nach links schwingen (B). Unser Spiegelbild dagegen würde beobachten, daß sich das Südende der Nadel nach rechts bewegt (E).

Bei dieser schockierenden Verletzung der Parität handelt es sich jedoch lediglich um eine Täuschung. Wenn wir die Kompaßnadel in Abbildung B "mikroskopisch" untersuchen würden (im Bild C durch die Lupe angedeutet), würden wir sehen, daß der Magnetismus der Nadel auf eine große Anzahl von Elektronen zurückzuführen ist, die alle in der gleichen Richtung kreisen, im Bild – wie vom Zeichner durch die drei Kreispfeile angedeutet – von oben betrachtet im Uhrzeigersinn. Welches Ende Norden und welches Süden ist, wird durch die Rotationsrichtung der Elektronen bestimmt. Das Paradoxon läßt sich nun auflösen, wenn man die Kompaßnadel in der Spiegelwelt untersucht (E). Wegen der Spiegelung kreisen die Elektronen in dieser Nadel – wie von dem Zeichner in Abbildung F angedeutet – von oben betrachtet entgegen dem Uhrzeigersinn. In der Spiegelwelt wäre das weiß gezeichnete Ende daher in Wirklichkeit das Nordende. Wir werden also durch die Schwarz-Weiß-Markierung so in die Irre geführt, daß wir das Nordende für das Südende halten! Um die Verhältnisse richtig darzustellen, müssen wir das Wort "Südende" im letzten Satz des vorhergehenden Absatzes daher durch das Wort "Nordende" ersetzen. Der Physiker im Spiegel sieht also in Wahrheit das Nordende der Kompaßnadel nach rechts ausschlagen.

Wird ein tieferreichendes Verständnis die gegenwärtig bei der schwachen Wechselwirkung beobachtete Paritätsverletzung ebenfalls als eine Täuschung entlarven?

II. Einsteins Vermächtnis

4. Die Vermählung von Raum und Zeit

Gedankenspiele mit erstaunlichen Konsequenzen

Beinahe 300 Jahre lang kannten die Physiker als Beispiele für Symmetrien nur die Spiegel- und die Rotationsinvarianz. Diese beiden Symmetrien erscheinen jedoch als so selbstverständlich, daß die Physiker ihnen nicht viel Beachtung schenkten und nicht erkannten, daß es sich bei der Symmetrie um ein grundlegendes Prinzip handelt. So wurde auch der Symmetriebegriff selbst vor dem 20. Jahrhundert explizit nur selten klar definiert.

Im Jahre 1905 revolutionierte Einstein mit der Speziellen Relativitätstheorie unser Verständnis von Raum und Zeit. In Form der Einsteinschen Theorie hatte die Physik zum ersten Mal eine Symmetrie entdeckt, mit deren Verschleierung sich die Natur einige Mühe gemacht hatte. Wie wir in diesem Kapitel sehen werden, bedurfte es eines beträchtlichen Scharfsinns, die Symmetrie der Relativität im Bauplan der Natur zu erkennen.

Der an Physik interessierte Laie wird von jeher durch die erstaunlichen, an Science Fiction erinnernden Folgerungen Einsteins fasziniert. In diesem Buch wollen wir jedoch scharf zwischen den physikalischen Konsequenzen und der intellektuellen Begründung einer Theorie unterscheiden.

Die intellektuelle Begründung der Einsteinschen Theorie beruht auf der tiefreichenden Wirkung der Symmetrie. Diese Grundlage bildet die Voraussetzung für die konkreten physikalischen Konsequenzen, die sich aus der Theorie ableiten lassen.

Die physikalischen Konsequenzen des Einsteinschen Nachdenkens sind in der Tat über alle Maßen verwunderlich: Masse und Energie sind äquivalent, Raum und Zeit untrennbar miteinander verbunden. Wer wäre darüber nicht erstaunt? Es ist nur natürlich, daß die meisten populären Darstellungen des Einsteinschen Werkes diesen seltsamen Aspekten besondere Aufmerksamkeit schenken. Dadurch versäumen sie es jedoch, einen anderen Punkt ausreichend zu behandeln, den ich als Einsteins eigentliches intellektuelles Vermächtnis ansehe: Sein Verständnis der Symmetrie. Er gehört zu denjenigen Forschern, die der Symmetrie den Weg zu ihrer Rolle als Star der modernen Physik bereitet haben.

Gemächlich den Fluß hinunter

Das Konzept der Relativität geht nicht auf Einstein zurück; es liegt vielmehr tief in unserer alltäglichen Wahrnehmung von Bewegungen begründet und ist bereits in der Newtonschen Mechanik enthalten.

Bischof Berkeley (1685–1753) – der Mann, der sich fragte, ob ein fallender Baum tief im Wald ein Geräusch erzeugt, wenn niemand in der Nähe ist, der es hören kann – machte sich auch Gedanken darüber, wie man von der Bewegung eines Objektes sprechen kann, wenn kein anderer Körper anwesend ist.

Jeder Reisende mit der Eisenbahn hat selbst schon einmal erfahren, was der Bischof damit meinte. In einem Zug, der im Dunkeln auf einer Station hält, bin ich zuweilen so in ein Buch vertieft, daß ich nicht bemerke, ob sich der Zug in Bewegung gesetzt hat. Bei einem Blick aus dem Fenster erblicke ich plötzlich direkt neben meinem eigenen Zug einen anderen in langsamer Fahrt. Bewegt sich nun dieser Zug oder meiner? Ohne irgendeinen Hinweis in Form von Motorengeräuschen oder rüttelnden Bewegungen kann es passieren, daß ich in große Verwirrung gerate und verzweifelt nach irgendwelchen "Landmarken" in Form von Gebäuden, Masten oder dem Stationsvorsteher Ausschau halte. Ähnliche Erfahrungen kann man auch in anderen allgemein bekannten Situationen machen, zum Beispiel in einem Flugzeug auf der Rollbahn oder in einem sanft stromabwärts treibenden Boot. Der Dichter Yu-Yee-Chen (1090–1138) aus der Sung-Dynastie beschreibt in einem Vierzeiler eine Bootsfahrt an einem windigen Tag:

Das Boot scheint rot inmitten tanzender Blumen,
Einhundert Li voll Ulmen im Nachmittagswind.
Zurückgelehnt seh ich die Wolken stille stehn,
Nicht wissend, daß sie so wie ich nach Osten treiben.
(Übersetzung von H.-P. Herbst)

In diesem Bild stimmt die Vorstellung des Dichters von Bewegung mit derjenigen der Physiker überein: Für den Dichter scheinen die Wolken in der Tat still zu stehen.

Wenn wir sagen, daß sich ein Objekt bewegt, so meinen wir wie Bischof Berkeley damit, daß sich der Abstand zwischen ihm und einem anderen Objekt mit der Zeit verändert: Der Zugpassagier weiß, daß er sich bewegt, wenn er den Stationsvorsteher zurückbleiben sieht.

Wenn wir in einer inflationären Volkswirtschaft leben, sind wir daran interessiert, ob unser Einkommen gegenüber dem unseres Nachbarn wächst. Wächst das Einkommen aller Personen mit der gleichen Rate, gewinnt niemand dabei einen materiellen Vorteil. Sind wir in der glücklichen Lage, daß unser Einkommen relativ zu dem unseres Nachbarn steigt, könnte dieser den berechtigten Eindruck haben, daß sein Einkommen relativ zu unserem fällt. Wenn wir daher sagen, daß sich ein Objekt bewegt, weil sich sein Abstand zu einem anderen Objekt verändert, warum können wir dann nicht genau so gut behaupten – so die Frage des Bischofs – daß sich das andere Objekt in die entgegengesetzte Richtung bewegt? Der Abstand zwischen zwei Objekten wird schließlich definiert, ohne ein Objekt gegenüber dem anderen zu bevorzugen. Vom physikalisch-philosophischen Standpunkt aus betrachtet könnte der Zugpassagier vollkommen zu Recht behaupten, der Stationsvorsteher samt Bahnsteig und der ganzen Erde würde sich in die entgegengesetzte Richtung wie der Zug bewegen.

Abb. 14
Die zeitgenössische künstlerische Interpretation einer Erklärung der Relativität der Bewegung aus dem 12. Jahrhundert.

Unter praktischen Gesichtspunkten ist es natürlich bequemer, sich vorzustellen, daß sich der Zug bewegt. Dabei dürfen wir jedoch nicht vergessen, daß diese "vernünftige" Beschreibung nur deswegen besser geeignet ist, weil die Erde um so vieles größer als der Zug ist. Dank des Fernsehens können wir heutzutage von unseren Wohnzimmern aus einen Astronauten beobachten, der sich an einem reparaturbedürftigen Satelliten zu schaffen macht. In diesem Fall sind die Massen von Astronaut und Satellit voneinander nicht allzusehr verschieden. Gibt der Astronaut dem Satelliten einen Stoß, so sehen wir ihn von dem Satelliten weg treiben; wir könnten jedoch genau so gut behaupten, daß sich der Satellit von dem Astronauten entfernt.

Bei unserer täglichen Wahrnehmung von Bewegungen können wir aus Motorengeräuschen oder Schwanken und Rütteln Schlüsse auf unseren Bewegungszustand ziehen. Stellen wir uns jedoch vor, wir würden in ferner Zukunft in einem Raumschiff weit hinaus in die Tiefen des Alls reisen, weitab von jeder Galaxie. Die Technik soll eine so hohe Perfektion erreicht haben, daß dabei keinerlei Motorengeräusche mehr auftreten. Wir blicken aus dem Fenster und sehen nichts weiter als die Dunkelheit des Alls. Wie können wir dann sagen, ob wir uns gleichförmig bewegen oder still stehen? Nach Bischof Berkeley können wir es nicht: Es ist nicht möglich, eine Absolutbewegung festzustellen.

Nehmen wir aber weiter an, bei unserem Blick durchs Fenster sehen wir, wie sich ein anderes Raumschiff nähert. Bewegen wir uns auf dieses Raumschiff zu, oder bewegt es sich in unsere Richtung? Auch auf diese Frage gibt es keine Antwort; sie ist daher bedeutungslos. Wir können nur sagen, daß sich unser Raumschiff relativ zu dem anderen bewegt.

In gewissem Sinne reisen wir alle gerade jetzt ebenfalls mit einem Raumschiff: Man weiß, daß sich unsere gesamte Galaxie mit einigen hundert Kilometern pro Sekunde auf den "Virgo"-Haufen – eine Ansammlung von Galaxien – zu bewegt, viel schneller als eine Gewehrkugel, und doch spüren wir kaum etwas davon: Es gibt keine nennenswerten Motorengeräusche. Aber bewegen wir uns nun selbst oder nähert sich "Virgo" unserem Milchstraßensystem?

Der entscheidende Punkt bei der ganzen Sache ist die konstante Geschwindigkeit der Relativbewegung. Sobald der Pilot "Gas gibt", wissen wir, daß wir unsere Geschwindigkeit erhöhen. Auch dies ist eine alltägliche Erfahrung: Wenn ein Auto plötzlich beschleunigt, werden die Insassen nach hinten in die Sitze gedrückt.

Dies alles hatte übrigens auch Galilei bereits erkannt, wenn er zur Veranschaulichung der Verhältnisse anstelle von Raumschiffen auch die guten alten Segelschiffe benutzte.

Die Relativität der Bewegung als Ausdruck einer Symmetrie

Man kann die Unmöglichkeit der Definition einer absoluten Bewegung als Ausdruck einer bestimmten Symmetrie betrachten, die als "relativistische Invarianz" bekannt ist. Genauso wie die Paritätsinvarianz dafür verantwortlich ist, daß wir die Spiegelwelt nicht von unserer Welt unterscheiden können, sorgt die relativistische Invarianz dafür, daß wir keinen Unterschied zwischen dem Ruhezustand und einer gleichförmigen Bewegung feststellen können. Um mögliche spätere Verwirrungen auszuschließen, wollen wir uns auf eine präzise Definition dieses Prinzips festlegen.

Wir nehmen an, daß sich zwei Beobachter mit unveränderlicher Geschwindigkeit vollkommen gleichförmig relativ zueinander bewegen. Wir wollen eine solche Bewegung als eine "Bewegung mit konstanter Geschwindigkeit" bezeichnen. Als Beispiel können wir uns einen Zug vorstellen, der sich mit 10 Metern pro Sekunde gleichförmig relativ zum Bahnsteig bewegt. Stellen wir uns vor, ein Passagier wirft einen Ball mit einer Geschwindigkeit von 3 Metern pro Sekunde in Richtung des vorderen Wagenteils. Mit welcher Geschwindigkeit würde sich der Ball vom Standpunkt des Stationsvorstehers aus bewegen? Die meisten Menschen werden intuitiv die Ansicht vertreten, daß sich der Ball für den Stationsvorsteher scheinbar mit 10 + 3 = 13 Metern pro Sekunde nach vorn bewegt. Ganz allgemein läßt sich jede physikalische Größe, die von zwei Beobachtern gemessen wird, die sich mit konstanter Geschwindigkeit zueinander bewegen, durch eine Formel darstellen – egal ob es sich dabei um die

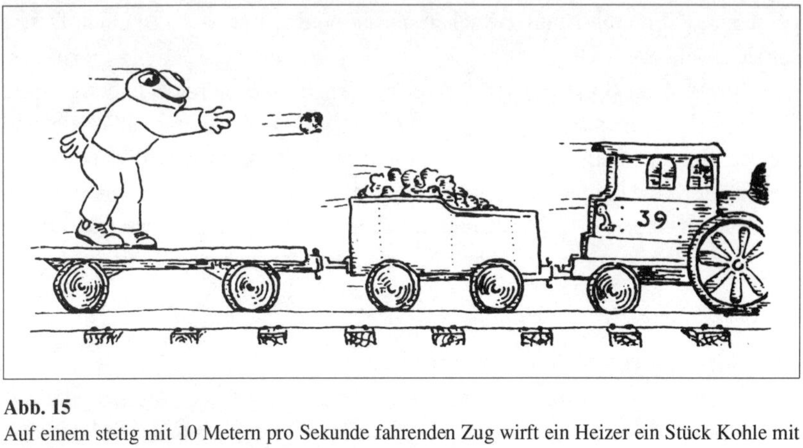

Abb. 15
Auf einem stetig mit 10 Metern pro Sekunde fahrenden Zug wirft ein Heizer ein Stück Kohle mit 3 Metern pro Sekunde in Fahrtrichtung. Als neben dem Zug stehende Beobachter sehen wir die Kohle mit 13 Metern pro Sekunde nach vorn fliegen.

Geschwindigkeit eines Balles oder die Temperatur einer Tasse Kaffee handelt. Wenn wir in unserem Beispiel die Geschwindigkeit des Balles nach der Messung des Passagiers beziehungsweise der des Stationsvorstehers mit v beziehungsweise v' und die Geschwindigkeit des Zuges relativ zum Bahnsteig mit u bezeichnen, so lautet unsere Folgerung $v' = v + u$. (Für unser spezielles Zahlenbeispiel wäre $u = 10$ m/s, $v = 3$ m/s und $v' = 13$ m/s.) Die Gesamtheit aller Formeln dieser Art, mit deren Hilfe die von zwei verschiedenen Beobachtern vorgenommenen Messungen von Geschwindigkeit, Energie, Impuls, Temperatur usw. miteinander verknüpft werden, wird als "Galilei-Transformation" bezeichnet.

Nun nehmen wir an, die beiden Beobachter seien Physiker, welche die Gesetze der Physik bestimmen wollen. So könnten sich der Passagier und der Stationsvorsteher zum Beispiel verabreden, die Gesetze zu ermitteln, welche die Bewegung des Balles regieren. Die relativistische Invarianz besagt nun, daß zwei Beobachter, die sich relativ zueinander mit konstanter Geschwindigkeit bewegen, zu den gleichen physikalischen Gesetzen gelangen müssen, obgleich sich ihre Messungen verschiedener physikalischer Größen voneinander unterscheiden werden. So müssen in unserem Beispiel sowohl der Passagier als auch der Bahnhofsvorsteher zum Newtonschen Gesetz gelangen, obwohl sich ihre Wahrnehmungen hinsichtlich der Geschwindigkeit des Balles unterscheiden.

Diese Definition der relativistischen Invarianz ist eine präzise Beschreibung der Tatsache, daß es unmöglich ist, zu entscheiden, welcher von zwei Beobachtern sich "wirklich" bewegt. Würden zwei mit konstanter Geschwindigkeit relativ zueinander bewegte Beobachter nicht zu den gleichen Gesetzen gelangen, würde die Natur zwischen diesen beiden Beobachtern einen Unterschied machen.

In den vorangegangenen Kapiteln sind wir Beobachtern begegnet, die ihre Köpfe relativ zueinander geneigt hatten, sowie Beobachtern außerhalb und innerhalb eines Spiegels. In diesem Kapitel ist von relativ zueinander bewegten Beobachtern die Rede. Der zugrundeliegende Symmetriebegriff jedoch ist in allen Fällen derselbe: Es geht immer um die Frage, ob verschiedene Beobachter die gleiche Struktur der physikalischen Realität wahrnehmen.

Über die Elektrodynamik bewegter Körper

Viele populäre Darstellungen der Einsteinschen Theorie lassen das Relativitätsprinzip mysteriöser erscheinen als es in Wirklichkeit ist, indem sie die bizarren Aspekte der Theorie übermäßig betonen. Tatsächlich stellt die Relativität eine logische und geradezu unvermeidliche Weiterentwicklung von Ideen dar, die dem Verständnis der Elektrizität und des Magnetismus im 19. Jahrhundert entsprangen.

Man kann Einsteins Theorie nicht richtig verstehen, wenn man ihre Wurzeln im Elektromagnetismus nicht kennt. Mit einer heutzutage nicht mehr anzutreffenden Bescheidenheit hatte Einstein seiner epochalen Arbeit den schlichten Titel "Über den Elektromagnetismus bewegter Körper" gegeben. Daher erscheint an dieser Stelle eine kurze Rückschau auf die Entwicklung der Theorie des Elektromagnetismus angebracht.

Frösche und Magnetsteine

Elektrische und magnetische Phänomene sind seit langer Zeit bekannt. Schon die Menschen des Altertums waren von Bernstein und Magneteisen fasziniert. Reibt man ein Stück Bernstein mit einem Lappen aus flauschigem Material, kann man mit ihm anschließend Haare oder Papierschnitzel aufheben. (Wie schon Kinder wissen, funktioniert das auch mit einem Plastikkamm.) Was den geheimnisvollen Magnetstein betrifft, so wissen wir heute, daß es sich dabei um Eisenerz handelt, das auf natürlichem Wege magnetisiert wurde. Die Chinesen des Altertums verstanden bereits genug von seinen Eigenschaften, um einen Magnetkompaß zu konstruieren.

Der erste Forscher, der den Unterschied zwischen elektrischen und magnetischen Kräften feststellte, war William Gilbert (1544–1603), der Königliche Physiker Elisabeths der Ersten. Durch seine Arbeiten wurde ein großer Teil der Verwirrung hinsichtlich der elektrischen und magnetischen Phänomene beseitigt, so daß beide Kräfte getrennt voneinander untersucht werden konnten.

Der weitere Fortschritt ging langsam und sporadisch vonstatten. So amüsierte Charles Francois de Cisternay du Fay, ein schwadronierender Höfling Ludwigs des Vierzehnten und gleichzeitig einer der führenden Wissenschaftler seiner Zeit, den königlichen Hof mit Versuchen, bei denen er Leute elektrisierte und ihnen Funken aus den Fingern zog. Offenbar waren die Physiker in jenen Tagen größere Spaßvögel als heute.

Im Jahre 1785 ermittelte Charles Augustin Coulomb (1736–1806), daß sich die Kraft zwischen zwei elektrisch geladenen Körpern proportional zum Kehrwert des Quadrates des Abstandes zwischen den beiden Körpern verändert. Diese quantitative Beschreibung der elektrischen Kraft wurde als das "Coulombsche Gesetz" bekannt.

Weitere Fortschritte ließen auf sich warten, bis der Anatom Luigi Galvani (1737–1798) eine zufällige Entdeckung machte, als er im Jahre 1789 einen Frosch sezierte. Er stellte fest, daß der Frosch jedesmal zuckte, wenn er zwei verschiedene Metalle mit dem Froschschenkel in Berührung brachte, wobei – wie wir heute wissen – der Schenkel von einem elektrischen Impuls durchlaufen wurde: Tiere sind in der Lage, elektrischen Strom zu erzeugen. Tatsächlich werden ja auch unsere Nerven und Muskeln durch elektrische Impulse gesteuert.

Dem Biologen Graf Alessandro Volta (1745–1827) gelang der entscheidende Schritt der Trennung von Biologie und Physik. Er demonstrierte, daß man zur Erzeugung von Elektrizität nicht auf einen Frosch angewiesen ist, sondern daß dieser auf recht prosaische Weise durch eine Chemikalie ersetzt werden kann. Eine Anordnung von Metallplatten, die in ein Bad mit einer geeigneten Lösung eingetaucht werden, erzeugt Elektrizität: Die Batterie war erfunden.

Nachdem sie mit Hilfe von Batterien kontrollierte elektrische Ströme erzeugen konnten, waren die Physiker in der Lage, systematisch mit Elektrizität und Magnetismus zu experimentieren. Im Jahre 1819 entdeckte Hans Christian Oersted (1777–1851) – vermutlich durch einen Zufall – daß sich eine Kompaßnadel in der Nähe eines stromdurchflossenen Drahtes bewegt (Abb. 13). Wie wir bereits gesehen haben, war die scheinbare Verletzung der Parität bei diesem Oerstedschen Versuch Ursache der tiefen Verunsicherung des jungen Mach. Ein elektrischer Strom kann also ein Magnetfeld erzeugen! Elektrizität und Magnetismus sind demnach verwandte Phänomene. Bald tauchte in der Physik daher ein neuer Begriff auf: "Elektromagnetismus".

Oersteds erstaunliche Entdeckung markiert den Beginn einer aufregenden Zeit, in der sich Wissenschaft und Technik in atemberaubendem Tempo entwikkelten. Man mache sich klar, daß man schon weniger als hundert Jahre nach dem Ableben des Galvanischen Frosches über den Atlantik telegraphieren konnte! Innerhalb eines Zeitraums von fünfzig Jahren – ungefähr zwischen 1825 und 1875 – wurden Erfindungen wie der Telegraph, der Elektromotor und der elektrische Generator gemacht, die die Grundlagen der modernen Welt bilden.

Kehren wir zur Physik zurück. Zwei geheimnisvolle Phänomene hatten sich als verwandt herausgestellt, und viele neue Fragen konnten gestellt werden.

Bei dem Oerstedschen Experiment bewegt ein elektrischer Strom einen Magneten. Wie steht es mit der Umkehrung des Versuches? Kann ein feststehender Magnet einen stromdurchflossenen Draht in Bewegung setzen? Die Antwort lautet Ja. Die Ausnutzung dieses Phänomens erlaubt die Konstruktion des Elektromotors.

Wenn aber nun – wie Oersted gezeigt hatte – die Elektrizität eine magnetische Kraft hervorrufen kann, kann Magnetismus dann auch Elektrizität erzeugen? Würde ein elektrischer Strom fließen, wenn man einen Magneten um einen Draht herum bewegt? Wiederum lautet die Antwort ja: Ein bewegter Magnet erzeugt tatsächlich Elektrizität.

Damit war der Startschuß gefallen. Wir können uns unschwer vorstellen, wie die viktorianischen Physiker in ihren Laboratorien in fieberhafter Erregung alle möglichen Konfigurationen aus Drähten, Magneten und primitiven Batterien – "Voltaschen Zellen" – ausprobierten, um der Natur ein Geheimnis nach dem anderen zu entreißen.

Möge das Kraftfeld mit dir sein

Von den zahlreichen herausragenden Experimentatoren jener Zeit wird Michael Faraday (1791 – 1867) oft als der bedeutendste angesehen. Sein Genie zeigte sich nicht nur bei der Arbeit im Laboratorium; er war auch derjenige, der das wichtige und fruchtbare Konzept des "Kraftfeldes" oder kurz des "Feldes" in die Physik einführte.

Im Gegensatz zu den meisten Physikern vor ihm entstammte Faraday keiner wohlhabenden Familie. In beinahe Dickens'sche Armut geboren, begann er seine Karriere als Laufbursche in einem Buchladen, in dem er später zum Lehrling aufstieg. Während des Bindens einer Ausgabe der "Encyclopaedia Britannica" stieß er zufällig auf einen Artikel über Elektrizität und war augenblicklich davon fasziniert.

Im viktorianischen London wurden öfter öffentliche Lehrveranstaltungen angeboten, für die üblicherweise eine Gebühr von einem Schilling erhoben wurde – eine Summe, die ein junger Mann wie Faraday nur schwer aufbringen konnte. Glücklicherweise hatte gerade zu dieser Zeit der berühmte Sir Humphrey Davy begonnen, Vorlesungen an der neu gegründeten "Royal Institution" zu halten, die sehr populär waren. Das gebildete Publikum zeigte ausgeprägtes Interesse an der Wissenschaft und war besonders von der Elektrizität "elektrisiert". (Die löbliche Tradition gebührenfreier Vorlesungen hat in manchen Ländern bis zum heutigen Tag überlebt, und die meisten der mir bekannten physikalischen Forschungszentren können sich rühmen, einen oder zwei Angestellte von oft etwas wildem Äußeren zu besitzen, die in Seminaren und Kolloquien einen regelmäßigen Dienst versehen.)

Faraday verfolgte die Vorlesungen mit religiöser Inbrunst und wagte es schließlich, sich Sir Davy zu nähern. Wie es der Zufall wollte, benötigte Davy gerade zu dieser Zeit einen Assistenten für sein Labor. Außerdem trug er sich mit der Absicht, in einigen Monaten eine Rundreise durch verschiedene euro-

Abb. 16
Michael Faraday (Zeichnung nach einem Originalportrait). Das Kraftfeld wird durch Pfeile dargestellt, welche die Richtungen andeuten, in die sich geladene Teilchen bewegen würden, wenn man sie an den Ort des jeweiligen Pfeiles bringen würde.

päische Forschungszentren anzutreten und bot Faraday an, ihn dabei zu begleiten. So erhielt Faraday schließlich eine beneidenswerte Ausbildung. Dennoch blieb er im Dickens'schen Milieu verhaftet, da Lady Davy von einem schauderhaften Snobismus war. Sie bestand darauf, daß er mit den Dienstboten zu speisen habe und machte ihm auch sonst das Leben schwer. Oft wurde er einfach nur als eine Art Diener benutzt. Trotzdem führte er ein aufregendes Leben: Die Napoleonischen Kriege waren in vollem Gange; und als "Feindwissenschaftler" gelangte er zusammen mit Davy oft nur mit Hilfe eines Geleitbriefes durch die Linien.

Davys junger Assistent wurde schnell selbständig. Er machte eine Entdekkung nach der anderen und übertraf bald seinen Meister. Bekanntlich stellt jedoch die Eifersucht eine starke menschliche Regung dar, und so gestaltete sich das Verhältnis zwischen den beiden Männern denn auch bald zunehmend unerfreulicher. Sir Davy versuchte unter anderem – allerdings vergeblich – Faradays Mitgliedschaft in der Royal Society zu hintertreiben. Auf dem Höhepunkt seines Ruhmes wurde Faraday mit Ehrungen überhäuft. Er blieb jedoch immer der bescheidene Lehrling, der er einmal gewesen war, und lehnte sowohl die Verleihung der Ritterwürde als auch die Präsidentschaft der Royal Institution und der Royal Society ab. Sogar Sir Davy gab schließlich zu, daß Faraday von allen seinen Entdeckungen die beste war.

Was hat es nun aber mit dem von Faraday entdeckten Feld auf sich, das heute jedem Kind aus Filmen über interstellare Kriege geläufig ist?

Unserer täglichen Erfahrung folgend neigen wir dazu, anzunehmen, daß eine Kraft nur bei dem direkten Kontakt zwischen zwei materiellen Körpern wirken kann, wenn man zum Beispiel eine Tür aufstößt. Aber schon mit Newtons Gravitationsgesetz war die Vorstellung verknüpft, daß eine Kraft über eine räumliche Distanz hinweg wirken könnte. Diese Idee einer "Fernwirkung" bereitete vielen Denkern Schwierigkeiten. Nach ihr muß die Erde beispielsweise in jedem Augenblick über die Position der Sonne "Bescheid wissen" und die entsprechende Kraft "fühlen". Das Phänomen des Elektromagnetismus demonstrierte diese Fernwirkung sogar auf noch drastischere Weise. Daß Magnete, obwohl durch den leeren Raum voneinander getrennt, Kräfte aufeinander ausüben, ist für Kinder und Physiker gleichermaßen faszinierend.

Wie viele seiner Vorgänger und Zeitgenossen rang auch Faraday mit diesem Problem und gelangte schließlich zu folgendem Bild: Eine elektrische Ladung erzeugt ein elektrisches Kraftfeld um sich herum. Wenn eine andere Ladung in dieses elektrische Kraftfeld gebracht wird, wirkt das Feld auf diese Ladung und übt eine Kraft auf sie aus, die dem Coulombschen Gesetz gehorcht.

Der entscheidende Punkt besteht darin, daß diesem elektrischen Feld eine eigenständige Existenz zugeschrieben wird: Das von einer elektrischen Ladung erzeugte Feld ist immer vorhanden, gleichgültig ob eine andere Ladung eingebracht wird, welche die Wirkung des Feldes spürt, oder nicht. In ähnlicher Weise hat man sich auch das durch einen elektrischen Strom erzeugte Magnetfeld vorzustellen. Faraday hatte in Form des Feldes also eine Art "Vermittler" eingeführt: Zwei Ladungen wirken nicht direkt aufeinander, sondern erzeugen ein elektrisches Feld, das auf die jeweils andere Ladung wirkt.

Ein pragmatischer Physiker könnte das alles als bloßes Gerede abtun, das unsere Kenntnisse kein Stück vorantreibt. Tatsächlich liefert Faradays Vorstellung keine Erklärung des Coulombschen Gesetzes – sie scheint nicht mehr als eine andere Methode der Beschreibung dieses Gesetzes zu sein. Nach Faraday nimmt die Stärke des von einer Ladung erzeugten Feldes ab, je weiter man sich von dieser Ladung entfernt, und zwar genau so, daß sich dabei das Coulombsche Gesetz ergibt.

Eine solche Interpretation verkennt jedoch den entscheidenden Punkt. Als wahrer Gehalt des Faradayschen Bildes erweist sich nämlich die Aussage, daß das elektromagnetische Feld nicht nur als separates Gebilde gedacht werden kann, sondern als solches tatsächlich existiert. So lernten die Physiker beispielsweise, daß es physikalisch vollkommen sinnvoll ist, von der "Energiedichte" in einem elektrischen Feld zu sprechen. Wie wir im weiteren sehen werden, sollten jedoch erst die Arbeiten des Schotten James Clerk Maxwell (1831 – 1879) die ganze Fruchtbarkeit des Feldkonzeptes erweisen.

Fernsprecher, französische Philosophen und Brieftauben

Bedingt durch seine ärmliche Herkunft besaß Faraday einen von ihm selbst eingestandenen "blinden Fleck" – die Mathematik – und war daher nicht in der Lage, seine intuitiven Vorstellungen in eine präzise mathematische Beschreibung umzusetzen. Ganz im Gegensatz dazu hatte Maxwell als Sproß einer vornehmen Familie die beste denkbare Ausbildung auf diesem Gebiet, die ihn in den Stand setzte, die Theorie des Elektromagnetismus in Gestalt einer großartigen mathematischen Synthese aufzustellen. Bevor er jedoch mit seinen Forschungen begann, faßte Maxwell einen Entschluß, nämlich "keine Mathematik im Zusammenhang mit dem Gebiet (des Elektromagnetismus) zu lesen, bevor ich nicht Faradays 'Experimentelle Forschungen über Elektrizität' studiert habe."
Viele der heutigen jungen Physiker sind so versessen auf Mathematik, daß man ihnen nur empfehlen kann, sich den Maxwellschen Vorsatz zu Herzen zu

nehmen. Tatsächlich betrachtete Maxwell Faradays Defizit sogar als einen Vorteil. Er schrieb:

> *So war es Faraday mit seinem durchdringenden Intellekt, seiner Hingabe an die Wissenschaft und seinem experimentellen Geschick verwehrt, den Gedankengängen zu folgen, die zu den Errungenschaften der französischen Philosophie geführt hatten, und er war gezwungen, die Phänomene mit Hilfe einer ihm verständlichen Symbolsprache zu erklären, anstatt die bis dahin einzig gültige Sprache der Gebildeten zu übernehmen.*

Mit "Symbolsprache" bezog sich Maxwell auf das Feldkonzept, das in Faradays Vorstellung von "Feldlinien" zum Ausdruck kam. Bereits früher hatte Maxwell bemerkt:

> *Die Abhandlungen der französischen Philosophen Poisson und Ampere (über Elektrizität) sind derart speziell, daß ein Student eine gründliche Mathematikausbildung besitzen muß, um irgendeinen Nutzen daraus zu ziehen; und es ist sehr zweifelhaft, ob man sich einer solchen Ausbildung noch als Erwachsener mit Aussicht auf Erfolg unterziehen kann.*

Tatsächlich hat die Einführung hochkomplizierter Mathematik in die theoretische Physik in den letzten Jahren ein solches Ausmaß erreicht, daß viele Physiker "in den besten Jahren" dieser Maxwellschen Ansicht von ganzem Herzen zustimmen dürften.

In der amerikanischen Schule der theoretischen Physik wurde die Betonung traditionellerweise stärker auf die physikalische Intuition gelegt – auf Kosten der Mathematik, die manchmal abfällig als "fancy-shmancy-Mathematik" bezeichnet wird. Ich will davon absehen, den historischen und soziologischen Ursprung dieser Philosophie zu ergründen, die ihre Stärken und Schwächen hat. Allgemein erhalten die europäischen Physiker eine viel intensivere Ausbildung in moderner Mathematik als ihre amerikanischen Kollegen. Das Werk der französischen Philosophen – wir würden sie heute eher als Physiker bezeichnen – gilt vielen Menschen noch heute als unverständlich. Natürlich wird vieles, was von der einen Generation als absurd betrachtet wird, von der nächsten als selbstverständlich angesehen. So ist auch die von Poisson und seinen Zeitgenossen benutzte Mathematik heute jedem Physikstudenten vertraut und erscheint ihm geradezu als ein Kinderspiel.

Es werde Licht – aber was ist Licht?

Mitte des 19. Jahrhunderts nahm Maxwell eine Bestandsaufnahme des bis dahin angehäuften Wissens über den Elektromagnetismus vor. Ein ganzes Jahrhundert mühsamer Experimente war bereits "destilliert" und in verschiedenen Gesetzen zusammenfassend beschrieben worden, die nach den jeweiligen Entdeckern benannt worden waren. Maxwell faßte alle diese Gesetze noch einmal in vier mathematischen Gleichungen zusammen, die als die "Maxwellschen Gleichungen" bekannt sind. Diese Gleichungen legen fest, wie sich das elektromagnetische Feld in Raum und Zeit verändert. So beschreibt die eine Gleichung, wie sich das elektrische Feld räumlich verändert, wenn ein zeitlich veränderliches Magnetfeld in der Nähe ist, und ist damit inhaltsgleich mit dem Faradayschen Induktionsgesetz: Bewegt man einen Magneten um einen Draht herum, so entsteht ein elektrisches Feld, das die elektrischen Ladungen im Draht vorwärts treibt und so einen elektrischen Strom erzeugt. Eine andere Gleichung legt fest, wie das elektrische Feld in der Umgebung einer Ladung mit der Entfernung von der Ladung abnimmt und umschreibt damit das Coulombsche Gesetz.

Stellen wir uns einen Detektiv vor, der einen komplizierten Kriminalfall untersucht. Nachdem er wochenlang Beweisstücke zusammengetragen hat, setzt er sich schließlich hin und prüft nach, ob die Beweise widerspruchsfrei zusammenpassen. Hm, der Butler könnte nicht ganz die Wahrheit gesagt haben. Doch halt! Hätte er 12 Uhr Mittags statt 12 Uhr Mitternacht gesagt, würde alles zusammenpassen. So setzte sich auch Maxwell hin und stellte sich die Frage, ob die vier Gleichungen, die er aufgeschrieben hatte, widerspruchsfrei zusammenpaßten. Hm, diese eine kann nicht richtig sein – sie widerspricht den drei anderen. Wie Maxwell jedoch weiter feststellte, ließen sich alle vier Gleichungen bemerkenswerterweise in einen harmonischen Zusammenhang bringen, wenn er die eine nicht passende Gleichung leicht modifizierte.

Mit den korrekten Gleichungen ausgerüstet, konnte Maxwell nun weiter voranschreiten. In einer blitzartigen Einsicht gelang ihm dabei eine der wahrhaft wundersamen Entdeckungen der Physik: Die Existenz elektromagnetischer Wellen. Etwas vereinfacht dargestellt handelt es sich dabei um folgendes: Wenn sich in einem bestimmten Raumbereich ein elektrisches Feld zeitlich ändert, so wird im benachbarten Raumbereich ein Magnetfeld erzeugt. Allein aus der Tatsache seiner Erzeugung folgt, daß sich dieses Feld ebenfalls zeitlich ändert und dadurch ein elektrisches Feld erzeugt. Und so wie ein Kieselstein, der in einen Teich geworfen wird, eine Welle hervorruft, pflanzt sich auch ein elektromagnetisches Feld in Form einer Welle fort, in der elektrische und magnetische Energie wechselweise an- und abschwellen.

Maxwell war in der Lage, aus seinen Gleichungen die genaue Geschwindigkeit dieser elektromagnetischen Wellen zu berechnen. Der theoretisch berechnete Wert für die Geschwindigkeit der Maxwellschen Wellen lag in der Nähe der Lichtgeschwindigkeit, deren Wert zu dieser Zeit sowohl durch erdgebundene als auch durch astronomische Beobachtungen recht genau bestimmt worden war. So konnte Maxwell erklären, daß es sich bei dem mysteriösen Phänomen des Lichtes um nichts anderes als um eine besondere Form elektromagnetischer Wellen handelte. Damit war die Optik von einem vormals speziellen Gebiet der Physik auf einen Schlag zu einem Zweig des Elektromagnetismus geworden.

Sämtliche Gesetze der Optik, die die Physiker seit Newton und Huygens der Natur abgerungen hatten, ließen sich nun aus den Maxwellschen Gleichungen ableiten. War vorher die menschliche Sicht auf ein enges Fenster im elektromagnetischen Spektrum begrenzt gewesen, so standen nun alle Arten elektromagnetischer Wellen einer Nutzung zur Verfügung: Die Telekommunikation war geboren.

Die Entdeckung der Telekommunikation wird von Physikern oft herangezogen, um die Bedeutung der Förderung der Grundlagenforschung zu demonstrieren. Man kann sich gut vorstellen, daß Beamte der Königlichen Marine, denen man den Auftrag zur Verteilung von Forschungsmitteln gegeben hätte, es für töricht befunden hätten, die eigenartigen Gesellen zu unterstützen, die in ihren finsteren Laboratorien mit Drähten und Froschschenkeln herumexperimentierten. Vermutlich hätten sie beschlossen, das Geld stattdessen lieber für die Zucht einer schnelleren Brieftaubenrasse auszugeben.

Maxwells Entdeckung war der schlüssige Beweis für die physikalische Realität des Feldes und seinen Anspruch auf selbständige Existenz. Tatsächlich ist der Raum um uns herum buchstäblich vom Summen hin und her rasender elektromagnetischer Felder erfüllt. Im Geiste Faradays als Gedankenfunke geboren, ist der Feldbegriff heute zu einem allumfassenden Konzept geworden. In den vergangenen Jahrzehnten sind die Physiker sogar zu der Ansicht gelangt, daß sich die gesamte physikalische Realität mit Hilfe des Feldkonzeptes beschreiben läßt – eine Idee, auf die wir später zurückkommen werden. Es ist jedenfalls sehr interessant, daß dieses Konzept seinen Ursprung in dem unklaren philosophischen Unbehagen hat, das die Physiker über die “Fernwirkungshypothese” empfanden.

Die entscheidende Frage

Kehren wir aber nun wieder zu Einstein und der relativistischen Invarianz zurück. Wir befinden uns am Ausgang des 19. Jahrhunderts, und die Physiker sind von berechtigtem Stolz auf ihre Erfolge beim Verständnis des Elektromagnetismus erfüllt. Die Bühne, auf der man Einstein und seinen Mitbewerbern die 10 000-Mark-Frage stellen wird, steht bereit.

Wie wir gesehen haben, ist Newtons Theorie der Mechanik gegenüber der Galilei-Transformation invariant, oder – wie man kürzer sagt – "Galilei-invariant". Ist auch Maxwells Theorie des Elektromagnetismus Galilei-invariant?

Um diese Frage zu beantworten, erinnern wir uns an den Zug, der sich mit 10 m/s gleichförmig vorwärts bewegt und stellen uns vor, daß der Fahrgast anstelle des Balles einen Lichtstrahl nach vorn schießt. Die von einem mitfahrenden Physiker gemessene Lichtgeschwindigkeit bezeichnen wir mit c. Nach der Galilei-Transformation sollte ein außerhalb des Zuges befindlicher Physiker eine Lichtgeschwindigkeit von c + 10 m/s messen.

Aber halt! Wir erinnern uns, daß Maxwell den Wert für die Lichtgeschwindigkeit aus seinen Gleichungen berechnen konnte, aus Gleichungen also, die auch die Messungen von Oersted und anderen mit einschlossen. Die eine Gleichung beschreibt beispielsweise die Stärke eines magnetischen Feldes, das von einem elektrischen Feld erzeugt wird, das sich in einem bestimmten Rhythmus verändert. Ein Physiker, der Oersteds Experiment im Zug ausführt, muß zu dem gleichen Resultat wie ein Physiker außerhalb des Zuges gelangen, denn andernfalls würden die beiden Physiker zwei unterschiedliche Strukturen der physikalischen Realität ermitteln. Die beiden Experimentatoren könnten sich nun an ihre jeweiligen Kollegen von der Theorie wenden und sie bitten, die Maxwellsche Berechnung der Lichtgeschwindigkeit vorzunehmen. Besitzen beide Theoretiker die erforderliche Qualifikation, so sollte sich für die beiden Beobachter innerhalb und außerhalb des Zuges genau der gleiche Wert der Lichtgeschwindigkeit ergeben! Dieses eigenartige Verhalten des Lichtes bedeutet, daß die Physik nicht Galilei-invariant sein kann.

Maxwells Ergebnis zwingt uns also zu einem Schluß, der in eklatantem Widerspruch zu unserer alltäglichen Intuition steht: Die beobachtete Lichtgeschwindigkeit ist unabhängig davon, wie schnell sich der Beobachter bewegt! Nehmen wir an, wir sähen ein Photon vorbeisausen und würden beschließen, ihm nachzujagen. Wir besteigen unser Raumschiff und geben Gas, bis unser Tachometer 9/10 der Lichtgeschwindigkeit anzeigt. Wenn wir jedoch aus dem Fenster blicken, sehen wir das Photon zu unserem Erstaunen nach wie vor mit Lichtgeschwindigkeit vorbeifliegen – ein uneinholbares Ziel.

Der springende Punkt dabei ist, daß die Lichtgeschwindigkeit eine "Naturkonstante" ist, die allein von der Art und Weise abhängt, in der ein zeitlich veränderliches Feld ein Magnetfeld erzeugt und umgekehrt. Im Gegensatz hierzu hängt die Geschwindigkeit eines geworfenen Balles beispielsweise von der Muskelkraft und der Körperhaltung des Werfers ab.

Einstein und die Zeit

Die Physik ist also nicht Galilei-invariant. Und nun?

Um weiter voranzukommen, erinnern wir uns daran, daß man bei einer Symmetrie zwei logisch getrennte Komponenten unterscheidet: Invarianz und Transformation. Um behaupten zu können, bestimmte physikalische Gesetze seien invariant, muß man die Transformation angeben, der gegenüber diese Gesetze invariant sind. Für den Fall der Rotationssymmetrie schließt die Transformation eine Drehung ein, für den der Spiegelsymmetrie eine Reflexion. Im Falle von Drehungen oder Spiegelungen stehen die zugehörigen Transformationen außer Frage, deswegen pflegen wir die beiden unterschiedlichen Komponenten auch nicht besonders hervorzuheben. Genaugenommen müßte man jedoch beispielsweise sagen, daß man vor 1956 glaubte, die Physik sei invariant gegenüber der gewöhnlich als "Spiegelung" bezeichneten Transformation.

Bei unserer Diskussion der relativistischen Invarianz gingen wir davon aus, daß es die Galilei-Transformation ist, die dabei von Bedeutung ist. Angesichts der Tatsache, daß der Elektromagnetismus der Galilei-Transformation gegenüber nicht relativistisch invariant ist, wäre ein weniger guter Physiker vielleicht versucht gewesen, den Begriff der relativistischen Invarianz preiszugeben. Eine solche Position erscheint jedoch unhaltbar, da die Lichtgeschwindigkeit eine Konstante ist. Angesichts dieser verwirrenden und paradoxen Situation hielt Einstein unbeirrt an der relativistischen Invarianz fest und war demzufolge zur Aufgabe der Galilei-Transformation gezwungen. Es ist also die spezielle Transformation, die über Bord geworfen werden muß, und nicht der Begriff der relativistischen Invarianz.

Die Kühnheit des Einsteinschen Vorgehens wird offenkundig, wenn wir uns klar machen, daß die Galilei-Transformation der Geschwindigkeit auf unserem grundlegenden Verständnis von der Natur der Zeit beruht. Denken wir wieder an unser Beispiel! Wenn wir davon sprechen, daß sich der Zug mit 10 m/s bewegt, so meinen wir damit, daß er sich um 10 Meter vorwärts bewegt hat, wenn für den Stationsvorsteher eine Sekunde vergangen ist. Wenn wir sagen, daß der Ball mit 3 m/s nach vorn geworfen wird, so meinen wir damit, daß sich der Ball relativ zum Zugpassagier um 3 Meter nach vorn bewegt hat, wenn für diesen eine Sekunde vergangen ist. Newton ging wie jedermann sonst stillschweigend von der außerordentlich plausiblen Annahme aus, daß dann, wenn für den Passagier eine Sekunde vergangen ist, das gleiche auch für den Stationsvorsteher gilt. Bei einer derartigen Zeitvorstellung spricht man von der "absoluten Newtonschen Zeit". Unter Zugrundelegung dieses Zeitbegriffes würde der Stationsvorsteher den Schluß ziehen, daß sich der geworfenene Ball während einer Sekunde um 10 + 3 = 13 Meter durch den Raum bewegt hat.

Aufgrund der geschilderten Tatsachen war Einstein gezwungen, den Begriff der absoluten Zeit zu verwerfen. Beobachter, die sich mit konstanter Geschwindigkeit relativ zueinander bewegen, erleben das Verstreichen der Zeit also auf unterschiedliche Weise!

Da die Geschwindigkeit von Zügen klein im Vergleich zur Lichtgeschwindigkeit ist, können die Passagiere schwerlich feststellen, daß es so etwas wie absolute Zeit nicht gibt. In Teilchenbeschleunigern jedoch, in denen sich subnukleare Teilchen mit Geschwindigkeiten nahe der Lichtgeschwindigkeit bewegen, wird Einsteins revolutionäres Konzept der Zeit heute tagtäglich bestätigt. Nachdem er die mathematische Beschreibung der relativistischen Invarianz ausgearbeitet hatte, war Einstein in der Lage vorauszusagen, daß ein Experimentator für die Lebensdauer schnell bewegter subnuklearer Teilchen größere Werte messen müßte als für die Lebensdauer gleichartiger Teilchen, die sich im Laboratorium in Ruhe befinden. Wenn wir davon sprechen, daß sich ein Teilchen mit hoher Geschwindigkeit bewegt, könnten wir ja genau so gut sagen, daß der Experimentator eine hohe Geschwindigkeit relativ zu diesem Teilchen besitzt. Die Zeit, die ein Teilchen bis zu seinem Zerfall lebt, ist eine charakteristische Eigenschaft der speziellen Teilchenart; wie lange es jedoch nach der Uhr des Experimentators lebt, hängt davon ab, wie schnell sich der Experimentator relativ zu dem Teilchen bewegt: Je höher die Relativgeschwindigkeit, desto größer die gemessene Lebensdauer.

Unglücklicherweise – vielleicht auch glücklicherweise – eröffnet Einsteins Theorie keinerlei Möglichkeiten für eine echte Verlängerung des Lebens. Zwar wird die Lebensdauer des Zugpassagiers vom Stationsvorsteher als länger ermittelt, aber die vom Passagier erfahrene Lebensdauer – wie sie auch von einer Uhr im Zug gemessen wird – bleibt die gleiche. Tatsächlich wird allein deswegen, weil der Begriff der Relativität verlangt, daß weder der Passagier noch der Stationsvorsteher gegenüber dem jeweils anderen einen bevorzugten Status besitzt, vom Passagier auch eine Verlängerung der Lebensdauer des Stationsvorstehers beobachtet. Jeder der beiden stellt also fest, daß der andere länger gelebt hat!

Angesichts dieser merkwürdigen Eigenschaft der Zeit erscheint es zweckmäßig, eine "Eigenzeit" einzuführen. Dabei stellt man sich vor, daß jedes Teilchen im Universum eine eigene Uhr mit sich herumträgt. Die Eigenzeit eines bestimmten Objektes wird nun als diejenige Zeit definiert, die von der Uhr angezeigt wird, die von diesem Objekt mitgeführt wird. Natürlich ist die Eigenzeit das einzige Zeitmaß, das für das Objekt selbst von Bedeutung ist. Wenn ein Physiker beispielsweise in einem Lehrbuch die Lebensdauer eines bestimmten subnuklearen Teilchens angibt, so ist das die Lebensdauer, die die Uhr des Teilchens anzeigt und nicht etwa diejenige, die von der Uhr des Experimentators ermittelt wird. Wollte man die Lebensdauer des Teilchens angeben, wie sie vom Experimentator gemessen wird, müßte man die Relativgeschwindigkeit zwischen ihm und dem Teilchen angeben, die keine für das Teilchen selbst charakteristische Größe darstellt und von Experiment zu Experiment verschieden ist.

Wie bereits erwähnt, ist die Eigenzeit stets kleiner als die von einem anderen Beobachter ermittelte Zeit. Der Physiker spricht davon, daß die Zeit durch die Bewegung "gedehnt" wird. Für jeden von uns ist die eigene Wahrnehmung der Zeit stets kürzer als für irgendjemand anders. In unserem Beispiel erscheint dem Zugpassagier seine eigene Lebenszeit kürzer, als sie von dem Stationsvorsteher wahrgenommen wird. Je höher die Relativgeschwindigkeit zwischen Beobachter und Beobachtetem, umso größer das Verhältnis zwischen beobachteter Zeit und Eigenzeit. Ein Photon, das sich mit der größten überhaupt möglichen Geschwindigkeit bewegt, durchquert die Unendlichkeit in einem Augenblick – der Traum eines jeden Rennfahrers. Die von dem Photon mitgeführte Uhr aber steht tatsächlich still – die Eigenzeit eines Photons ändert sich nie.

Natürlich war das Publikum von diesem Verhalten der Zeit verblüfft und fasziniert. Das bekannteste Gedicht über die Relativität der Zeit ist vermutlich ein Limerick, der von A.H.R. Buller verfaßt und in dem Comic-Magazin "Punch" veröffentlicht wurde.

There was a young lady named Bright
Whose speed was far faster than light;
She went out one day,
In an relative way,
And returned the previous night.

Der Dichter hat sich ein gewisses Maß an künstlerischer Freiheit erlaubt: Einsteins Gleichungen verbieten definitiv, daß man zurückkehrt, bevor man gestartet ist! Das Äußerste, was man erreichen kann – vorausgesetzt, man ist ein Photon – ist, zum gleichen Zeitpunkt der Eigenzeit zurückzukehren, zu dem man aufgebrochen ist.

Zeit und Bewegung im 17. Jahrhundert

Fräulein Brights merkwürdiger Ausflug erinnert mich an eine andere berühmte Reise, in der die Zeit ebenfalls einen unerwarteten Sprung machte – der von Magellan. Nachdem sie drei Jahre lang den Erdball umsegelt hatte, sichtete die Magellansche Expedition schließlich eine portugiesische Insel. Nach dem Schiffstagebuch geschah das am Mittwoch, dem 9. Juli 1513. Wie groß waren jedoch die Überraschung und Verwirrung des Landungskommandos, als die Inselbewohner darauf beharrten, daß es in Wirklichkeit Donnerstag war! Dieses Phänomen, das heutigen Flugreisenden als "Zeitverschiebung" nur allzu gut bekannt ist, war für die damaligen Gelehrten lange Zeit ein großes Rätsel. Natürlich handelt es sich dabei nur um eine Konsequenz bestimmter menschlicher Konventionen der Zeitrechnung und hat nichts mit der Relativität zu tun. Zwischen der von Magellan und der von den Inselbewohnern erfahrenen Eigenzeit gab es nach menschlichen Maßstäben keinen meßbaren Unterschied. (In Wahrheit wurde Magellan übrigens auf den Philippinen durch einen Speer getötet; wir folgen hier jedoch der akademischen Tradition und sprechen ihm die Ehre des Erfolges zu, auch wenn er mitten in dem durch ihn ins Leben gerufenen Projekt verstarb.)

Eine neue Transformation von Raum und Zeit

Die Physiker sprechen gern davon, daß Einstein Raum und Zeit zur "Raumzeit" veschmolzen hat. Um zu verstehen, was damit gemeint ist, müssen wir wissen, wie die Physiker das merkwürdige Verhalten der Zeit beschreiben.

In der gleichen Art und Weise, in der Historiker Daten der Geschichte aufzeichnen, beschreiben auch die Physiker ein Ereignis der physikalischen Welt, indem sie seine Lokalisation in Raum und Zeit festlegen. Dies geschieht dadurch, daß dem Ereignis vier Zahlen t, x, y, z zugeordnet werden. Die Zeit t wird von einem bestimmten vereinbarten Ereignis ab gemessen, so wie sich die westlichen Historiker allgemein auf die Geburt Christi als den Nullpunkt ihrer Zeitrechnung geeinigt haben. Die anderen drei Zahlen x, y, z legen den Ort des Ereignisses relativ zu einem vereinbarten Bezugspunkt fest.

In unserem Beispiel würde der Passagier feststellen, daß ein bestimmtes Ereignis bei t, x, y, z stattgefunden hat, während es für den Stationsvorsteher bei t', x', y', z' stattfand. Um die Gesetze der Transformation von Raum und Zeit zu ermitteln, muß man sich die mathematischen Gleichungen beschaffen, die t, x, y, z mit t', x', y', z' verknüpfen. Die Galilei-Transformation behauptet, daß die Zeit eine absolute Größe ist, das heißt t = t'. Wie wir gesehen haben, war Einstein gezwungen, die Galilei-Transformation aufzugeben. Unter dieser Voraussetzung war es für ihn jedoch nur dann sinnvoll, auf der relativistischen Invarianz zu beharren, wenn er eine andere Transformation finden konnte, bei der die Physik tatsächlich relativistisch invariant blieb.

Nachdem dieser Punkt geklärt war, konnte die fragliche Transformation durch eine einfache mathematische Ableitung gefunden werden. Man macht die Dinge einfach dadurch passend, daß man verlangt, daß die Beziehung zwischen t, x, y, z und t', x', y', z' so beschaffen ist, daß zwei Beobachter, die sich mit konstanter Geschwindigkeit relativ zueinander bewegen, den gleichen Wert für die Lichtgeschwindigkeit ermitteln. Es ist bemerkenswert, daß für diese Berechnung nicht mehr als schlichte Schulmathematik benötigt wird. Die Bestimmung der Transformation von Raum und Zeit stellt sich als eine der leichtesten Berechnungen in der Geschichte der Physik heraus! Die Physiker bezeichnen diese Transformation zu Ehren des holländischen Physikers Hendrik Antoon Lorentz (1853–1928) als "Lorentz-Transformation".

Bei der Lorentz-Transformation ist t' nicht einfach gleich t wie im Falle der Galilei-Transformation, sondern durch einen Ausdruck gegeben, der t, x, y, z und natürlich auch die Geschwindigkeit u zwischen den Beobachtern enthält. Wenn u klein im Vergleich zur Lichtgeschwindigkeit ist, so erwarten wir, daß t annähernd gleich t' ist; allgemein jedoch hängt die transformierte Zeit t' von t und von den Raumkoordinaten x, y, z ab. Die transformierte Zeit ist also vom Raum abhängig und im gleichen Sinne der Raum von der Zeit. Die Zeit ist mit dem Raum "vermählt" und der Raum mit der Zeit. Deswegen sprechen die Physiker seither von Raum und Zeit als von einer Einheit, der "Raumzeit".

Die Revision der Mechanik

Die Entdeckung der Lorentz-Transformation wurde durch einen speziellen Aspekt der elektromagnetischen Theorie angeregt – der besonderen Art und Weise, in der sich Licht ausbreitet.

Es dürfte kaum überraschen, daß sich die ganze Maxwellsche Theorie als relativistisch invariant gegenüber der Lorentz-Transformation oder – kürzer ausgedrückt – als "Lorentz-invariant" erweist. Nun aber kommt der wichtigste Punkt: Da die Mechanik die Bewegung von Teilchen in der Raumzeit beschreibt, zwingt uns unsere neue Konzeption der Raumzeit offensichtlich dazu, auch die Mechanik so zu revidieren, daß sie Lorentz-invariant ist. Das neuartige Phänomen des Elektromagnetismus zwang die Physiker also zu der Modifizierung eines der ältesten Gebiete der Physik, das zuvor als absolut gesichert angesehen wurde, so ähnlich wie in einem Kriminalroman, in dem eine frische Spur, die zunächst mit der Geschichte nichts zu tun zu haben scheint, den Detektiv am Ende zur Revision einer zuvor als gesichert betrachteten Hypothese zwingt.

Einstein fuhr fort, an der Newtonschen Mechanik herumzubasteln und gelangte dabei zu einem erstaunlichen Schluß hinsichtlich der Natur der Ener-

Abb. 17
Wie kam Einstein auf seine berühmte Formel (mit freundlicher Genehmigung von Sidney Harris.)?

gie. Heute kennt jedermann die Gleichung $E=m\cdot c^2$, wie aber kam Einstein darauf? Er fand heraus, daß er – wollte er die Gesetze der Mechanik invariant gegen die Lorentz-Transformation machen – gezwungen war, die Definitionen von Energie und Impuls sowie die Beziehung zwischen diesen beiden Größen zu modifizieren.

In der Newtonschen Mechanik ist die Energie dem Quadrat des Impulses proportional: Je schneller sich ein Objekt bewegt, umso mehr Energie enthält es. Für ein ruhendes Objekt ist der Impuls und damit auch die Energie Null. Einstein veränderte diese Beziehung derart, daß ein Objekt auch dann, wenn es sich in Ruhe befindet, einen Energiebetrag besitzt, dessen Wert gleich seiner Masse multipliziert mit dem Quadrat der Lichtgeschwindigkeit ist: $E=m\cdot c^2$. Da c um so vieles größer als jede andere unter normalen Umständen erreichbare Geschwindigkeit ist, ist auch diese sogenannte "Ruhe-Energie" um einen phantastischen Betrag größer als die Newtonsche Energie. Die Details der Einsteinschen Begründung sind nicht so wichtig. Entscheidend ist die Tatsache, daß der menschliche Intellekt durch logische Überlegungen Schritt für Schritt die tiefsten Geheimnisse der Natur entschleiern kann.

Wie man sieht, sagt Einsteins Formel nichts darüber aus, wie man die in einer Masse enthaltene Energie aus ihr herausholen kann. Daß dies jedoch in der Tat möglich ist, wurde im Jahre 1938 auf dramatische Weise demonstriert, als zwei deutschen Wissenschaftlern – Otto Hahn und Fritz Strassmann – die Spaltung eines Atomkernes gelang. Die Menschheit hatte gelernt, die gewaltige in der Materie schlummernde Ruhe-Energie frei zu setzen. Die Aussichten, die sich daraus für uns ergeben, sind ebenso begeisternd wie erschreckend. Werden wir Einsteins Formel zur Reise zu den Sternen oder zur Zerstörung unseres Planeten benutzen? Werden die politischen Führer den Mut aufbringen, die Kernwaffenarsenale zu reduzieren oder ganz zu eliminieren? Werden wir die Ruhe-Energie dazu verwenden, die menschliche Rasse von den unsäglichen Plagen zu befreien, die viele Menschen der ärmeren Länder immer noch auf sich nehmen müssen?

In populären Darstellungen wird die Einsteinsche Formel oft in irreführender Weise mit der Kernenergie gleichgesetzt. Einstein gelangte zu dieser Formel über das Studium der Bewegung von Objekten; die Kernenergie spielte in seinen Überlegungen dagegen niemals eine Rolle. Seine Betrachtungen betreffen die Eigenschaften der Raumzeit und müssen sich daher universell auf alle möglichen Prozesse anwenden lassen. Wenn wir ein Stück Holz verbrennen und seine Masse sowie die Masse der Asche, der Schlacke und der Verbrennungsgase genau bestimmen, so werden wir feststellen, daß ein winziger Massenbetrag verschwunden ist: Er wurde in Energie umgewandelt. Einsteins Formel ist also nicht nur hinsichtlich der Kernenergie von Bedeutung, sondern ebensogut auf das Alltagsleben anwendbar. Man kann durchaus behaupten, daß die Menschheit schon immer wußte, wie sie die in der Masse verborgene Energie befreien konnte. Vor 1938 galt dies allerdings nur für äußerst geringe Bruchteile dieser Energie.

Von entscheidender Bedeutung ist Einsteins Entdeckung bei der Erforschung der subnuklearen Welt. Wir hörten bereits davon, daß Pauli in der Lage war, die Masse des Neutrinos mit Hilfe der Einsteinschen Formel zu berechnen. Beim Zusammenstoß von Teilchen ist die wechselweitige Umwandlung von Masse und Energie ein völlig normales Phänomen. So können beim Zusammenprall zweier energiereicher Protonen zusätzlich 17 andere Teilchen erzeugt werden, die "Mesonen" genannt werden. Der Betrag der Masse bleibt also nicht erhalten; ein Teil der Energie ist in die Masse der Mesonen umgewandelt worden. Die Newtonsche Mechanik ist vollkommen unfähig, solche Phänomene zu erklären, bei denen Energie in Materie umgewandelt wird. Wenn in der alltäglichen Newtonschen Welt zwei Billiardkugeln zusammenstoßen, kann eine davon in Stücke gehen; wir wären jedoch äußerst erstaunt, wenn wir neben den Bruchstücken dieser Kugel 17 Kreidestückchen auftauchen sehen würden!

Die Möglichkeit einer Umwandlung von Masse in Energie stellt auch die Antwort auf ein Rätsel dar, das lange Zeit ohne Lösung geblieben war. Die Physiker des 19. Jahrhunderts konnten nicht verstehen, wie Sterne genug "Treibstoff" enthalten konnten, um Äonen hindurch zu leuchten. Heute wissen wir, daß dieses Sternenfeuer allein durch die enorme Masse der Sterne am Brennen gehalten wird.

Geheime Verbindungen: Die Kraft der Symmetrie

So wichtig Einsteins Formel auch ist: Vom intellektuellen Standpunkt aus betrachtet ist sie doch weniger interessant als die große Kraft der Symmetrie, aus der sie hervorgegangen ist. Für mich gehört Einsteins Formel zum "Libretto" der Relativität, während die relativistische Invarianz die Musik verkörpert.

Die Revision der Newtonschen Mechanik war keine Erfindung Einsteins; sie wurde vielmehr durch die Lorentz-Invarianz erzwungen. Wir sprachen bereits in einem früheren Kapitel über das innere Leben physikalischer Theorien und das Labyrinth geheimer Verknüpfungen, das es dabei zu entdecken gilt. Das Thema, das wir gerade behandeln, liefert eine gute Illustration dieser Vorstellung. Als ich mit dem Physikstudium begann, war ich am meisten davon beeindruckt, wie viele vollkommen unterschiedliche und anscheinend unzusammenhängende Phänomene sich auf einer tieferen Ebene als miteinander verknüpft erwiesen.

Vielleicht sind die von anderen Wissenschaften untersuchten Phänomene unserer Wahrnehmung leichter zugänglich und deswegen beeindruckender oder leichter überschaubar. Bei meinen Wanderungen im Gebirge bin ich von den verschiedenen geologischen Formationen fasziniert, und es bereitet mir Vergnügen, die für ihre Entstehung verantwortlichen Kräfte zu verstehen. Wenn ich dabei erfahre, daß die Schluchten, deren wilde Schönheit mich so beeindruckt, in der Vorzeit von Flüssen aus dem Fels heraus gemeißelt wurden, bin ich allerdings nicht sonderlich überrascht. Ganz anders in der Physik! Daß die Langlebigkeit von Sternen, die Magie des Lichtes, die nach Norden weisende Kompaßnadel und ein zuckender Froschschenkel miteinander in Verbindung stehen und von denselben Symmetrien beherrscht werden – ist das nicht wirklich überraschend?

Diracs Voraussage der Antimaterie aus dem Jahre 1929 ist ein weiteres phänomenales Beispiel dafür, wie die Physiker durch die Symmetrie zu den innersten Geheimnissen der Natur geleitet werden. Ende der 20er Jahre hatten die Physiker bereits die sogenannte "Schrödinger- Gleichung" entdeckt, die das Verhalten der Elektronen im Atom beschreibt. Diese Gleichung war nicht Lorentz-invariant. Da sich die Elektronen im Atom jedoch mit Geschwindigkeiten weit unterhalb der Lichtgeschwindigkeit bewegen, reichte sie zur Beschreibung der bekannten Eigenschaften der Atome vollkommen aus. Dirac bestand jedoch wie schon Einstein vor ihm darauf, daß die gesamte Physik relativistisch invariant sein müßte, und machte sich daran, die Schrödinger-Gleichung Lorentz-invariant zu machen. Zu seiner Überraschung enthielt seine heute als "Dirac-Gleichung" bekannte Formel doppelt so viele Lösungen wie die Schrödinger-Gleichung. Nach einiger Verwirrung wurde ihm klar, daß die zusätzlichen Lösungen ein Teilchen beschrieben, dessen Eigenschaften denen des Elektrons genau entgegengesetzt waren. Drei Jahre später wurde das heute als "Positron" bekannte "Anti-Elektron" von Carl Anderson entdeckt.

Die Auffindung einer Symmetrie ist von viel größerer Bedeutung als die Entdeckung eines bestimmten Phänomens. Eine Symmetrie der Raumzeit wie die Rotationsinvarianz oder die Lorentz-Invarianz ist für die gesamte Physik von bestimmender Wirkung.

Wie wir gesehen haben, hatte die aus dem Elektromagnetismus hervorgegangene Lorentz-Invarianz eine Revolution der Mechanik zur Folge. Hat man aber erst einmal die Bewegungsgesetze für Teilchen abgeändert, muß auch das Konzept der Schwerkraft korrigiert werden, da diese Kraft die Ursache für die Bewegung von Teilchen ist. Im folgenden Kapitel werden wir erfahren, wie

Einstein versuchte, die Gravitation Lorentz-invariant zu machen und dabei zu noch erstaunlicheren Schlußfolgerungen kam.

Auf dem Weg zur Einheit

Die Physiker träumen von einer einheitlichen Beschreibung der Natur. Aufgrund ihrer Fähigkeit, scheinbar unzusammenhängende Aspekte der Physik zusammenzufassen, ist die Symmetrie eng mit dem Konzept der Einheitlichkeit verknüpft. Die Geschichte des Elektromagnetismus stellt ein gutes Beispiel für diese Tendenz zur Vereinheitlichung dar: Elektrizität und Magnetismus wurden als verschiedene Aspekte des Elektromagnetismus enthüllt; danach wurde auch die Optik zu einem Teil dieses neuen, umfassenderen Gebietes.

In der Oberschule las ich ein altes Physikbuch, nach dem die Physik aus sechs Gebieten bestand: Mechanik, Wärmelehre, Optik, Akustik, Elektromagnetismus und Gravitation. In Wirklichkeit gab es am Ende des 19. Jahrhunderts

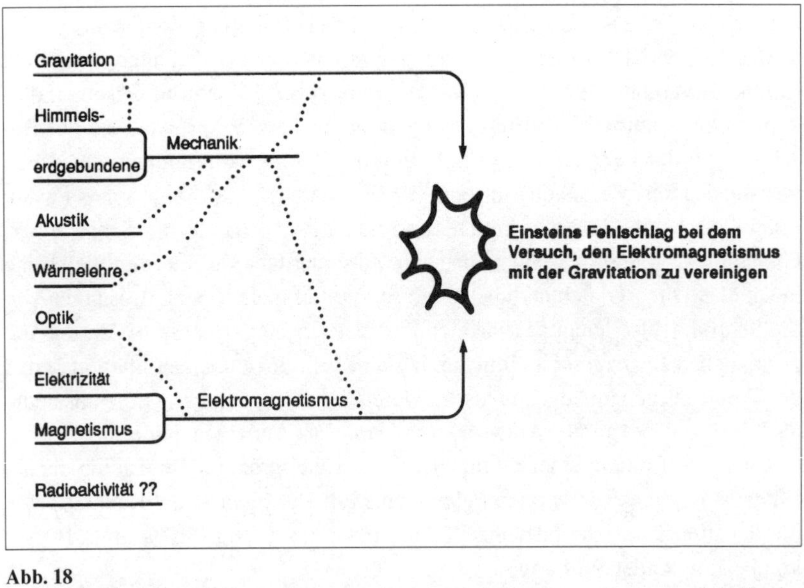

Abb. 18
Der Stand der Vereinheitlichung gegen Ende des 19. Jahrhunderts.
Gegen Ende des 19. Jahrhunderts war die gesamte Physik in zwei Wechselwirkungen vereinigt – dem Elektromagnetismus und der Gravitation. Die gerade entdeckte Radioaktivität schien nicht in dieses Bild zu passen. Naturgemäß versuchte Einstein, den Elektromagnetismus und die Gravitation zu vereinigen. Seine Bemühungen waren zum Scheitern verurteilt, da das Bild unvollständig war: Starke und schwache Wechselwirkung waren noch nicht bekannt.

in der Physik jedoch nur noch zwei eigenständige Gebiete: Den Elektromagnetismus und die Gravitation. Der damalige Stand der Vereinheitlichung ist in Abb. 18 dargestellt.

Das Verdienst, den ersten Schritt in diese Richtung getan zu haben, kann Newton zugesprochen werden, weil er darauf bestand, daß irdische und außerirdische Körper den gleichen Bewegungsgesetzen gehorchen sollten und damit die erdgebundene Mechanik mit der Himmelsmechanik vereinte. Etwas später wurde klar, daß der Schall auf der Wellenbewegung der Luft beruht und im Rahmen der Newtonschen Mechanik untersucht werden kann. Im 19. Jahrhundert konnte das geheimnisvolle Phänomen der Wärme durch die Bewegung von Molekülen erklärt werden. Die mechanischen Wechselwirkungen zwischen Körpern, wie sie zum Beispiel in Form von Reibung in Erscheinung treten, konnten auf die elektromagnetische Wechselwirkung zwischen den Atomen und Molekülen dieser Körper zurückgeführt werden. Wenn man daher unter Mechanik die Beschreibung der Bewegung von Teilchen versteht, kann der Inhalt dieses Teilgebietes der Physik unter die anderen Wechselwirkungsformen subsummiert werden.

In Kapitel 2 war davon die Rede, daß die Natur immer einfacher zu werden scheint, je tiefer die Ebene ist, auf der die Physiker sie erforschen. Die Geschichte der relativistischen Invarianz stellt ein gutes Beispiel für diese bemerkenswerte Tatsache dar. Der Leser wird überrascht sein, wenn er hört, daß Einsteins Mechanik ihrem Wesen nach einfacher als die Newtonsche Mechanik ist. Mir selbst erschienen die Gleichungen der Newtonschen Mechanik immer schon als mißgestaltet: Raum und Zeit werden nicht gleichrangig behandelt, ebensowenig ist dies für Energie und Impuls der Fall. Allgemein bieten sich die Newtonschen Gleichungen dem Auge nicht sehr gefällig dar – verständlicherweise, denn es sind nur Näherungen der Einsteinschen Gleichungen, und warum sollte sich die Natur darum sorgen, daß die Ergebnisse einer ihr aufgenötigten Näherung auch noch gut aussehen?

Unter Berücksichtigung der relativistischen Invarianz des Elektromagnetismus schreiben die heutigen theoretischen Physiker auch die Maxwellschen Gleichungen in kompakterer Form als eine einzige Formel. Als ich Student war, mußte ich die Maxwellschen Gleichungen vor jeder Prüfung auswendig lernen. Wie war das also: Ein Magnetfeld, das sich zeitlich verändert, erzeugt ein räumlich veränderliches elektrisches Feld – oder verändert sich dieses ebenfalls zeitlich? Bei Berücksichtigung der relativistischen Invarianz läßt sich die Änderung des elektromagnetischen Feldes in der Raumzeit durch eine einzige Gleichung beschreiben. An diese vollständig symmetrische Formel kann ich mich ebenso mühelos erinnern wie an die Form eines Kreises.

Die fortgeschrittene Physik ist ihrem Wesen nach einfacher als die elementare Physik – ein kleines Geheimnis, das dem Laien nicht oft preisgegeben wird. Viele Menschen schrecken vor der Oberschul- oder Hochschulphysik zurück, weil ihnen unförmige phänomenologische Gleichungen vorgesetzt werden, die wenig mit dem innersten Wesen der Natur zu tun haben: Mit ihrer Schönheit, Symmetrie und fundamentalen Einfachheit.

5. Ein glücklicher Einfall

Die invariante Struktur der Realität

Im Jahre 1905 hatte Einstein die physikalische Welt mit einem Lorentz-invarianten-System der Mechanik verblüfft – aber noch war seine Aufgabe nicht ganz erfüllt. Noch ein weiteres, seit langem etabliertes Gebiet der Physik mußte Lorentz-invariant gemacht werden: Die Gravitation.

Einsteins Arbeiten am Elektromagnetismus und an der relativistischen Mechanik, die unter der Bezeichnung "Spezielle Relativitätstheorie" bekannt geworden sind, waren so mühelos vorangeschritten, als ob man Butter mit einem heißen Messer schneidet – zumindest erscheint es uns im Rückblick so. Ganz im Gegensatz dazu erwies sich das Problem, die Newtonsche Gravitationstheorie Lorentz-invariant zu machen, für Einstein als eine harte Nuß. Erst nach zehn Jahren ununterbrochenen Mühens war er schließlich in der Lage, seine Theorie der Gravitation vorzulegen, die auch als "Allgemeine Relativitätstheorie" bekannt ist.

Die beiden Teile des Einsteinschen Werkes haben ein und denselben intellektuellen Ursprung – die Unterwerfung der Physik unter die Lorentz-Invarianz. Genau genommen stellt die Relativitätstheorie auch gar keine eigenständige Theorie dar, sondern eher eine Forderung, die von anderen physikalischen Theorien erfüllt werden muß.

Deswegen und aus einer Reihe anderer Gründe betrachten es viele Physiker als völlig verfehlt, von "spezieller" und "allgemeiner" Theorie zu sprechen. Einstein selbst wünschte später, er hätte besser den Ausdruck "invariante Theorie" gebraucht. Besonders verärgert war er über Darstellungen, die sich an das Wort "Relativität" klammerten und seine Theorie mit anderen Gebieten menschlicher Betätigung in Verbindung brachten. So erklärte der Schriftsteller Lawrence Durrell, er habe der "Vierschichtenform" seines Meisterwerkes "Das Alexandriner-Quartett" die relativistische Struktur von Raum und Zeit zugrunde gelegt. In "Balthazar" erklärte er, die Relativität sei direkt für die abstrakte Malerei, die atonale Musik und die Literatur der freien Form verantwortlich. Warum Durrell und andere Zeitgenossen ihre Errungenschaften auf dem Gebiet der Kunst nicht für sich selbst sprechen lassen, liegt jenseits meines und des Verständnisses vieler anderer theoretischer Physiker. Zuweilen begegnet man auch absurden Feststellungen schlecht informierter Schreiber, die zum Beispiel behaupten, Einstein habe bewiesen, daß die Wahrheit relativ sei. Wie wir gesehen haben, ist der springende Punkt des Einsteinschen Werkes in Wirklichkeit aber gerade der, daß verschiedene Beobachter die gleiche Struktur der physikalischen Realität wahrnehmen und daß es möglich ist, eine vom Beobachter unabhängige Wahrheit abzuleiten.

Ein glücklicher Einfall und ein merkwürdiges Gefühl

Im Jahre 1905 hatte die gleiche Abneigung gegen die Vorstellung von einer Fernwirkung, die Faraday und Maxwell zur Formulierung des elektromagnetischen Feldes bewogen hatte, die Physiker jener Zeit dazu veranlaßt, auch die Gravitation mit Hilfe des Feldbegriffes zu beschreiben. Nach dieser Vorstellung erzeugt ein massereiches Objekt wie die Erde in Analogie zum elektromagnetischen Feld um sich herum ein Gravitationsfeld. Eine andere Masse wie ein Ball oder der Mond "spürt" dieses Feld und reagiert entsprechend darauf.

Sieht man einmal von dieser neuen Formulierung mit Hilfe der Feldvorstellung ab, hatte Newtons Gravitationstheorie mehr als 200 Jahre ohne Schaden überdauert und leistete Einsteins Bemühungen, sie Lorentz-invariant zu machen, hartnäckigen Widerstand. Die entscheidende Idee kam Einstein 1907, zu einer Zeit, in der er als Angestellter des Patentamtes in Bern arbeitete. Als er im Büro wieder einmal seinen Tagträumen nachhing, hatte er plötzlich eine Vision, die er später als "den glücklichsten Gedanken meines Lebens" bezeichnete.

Bevor ich erkläre, was Einstein so glücklich machte, muß ich den Leser an eine wohlbekannte Tatsache hinsichtlich der Gravitation erinnern. Als Galilei – wie berichtet – zwei Eisenkugeln verschiedener Masse vom Schiefen Turm von Pisa fallen ließ und sie zur gleichen Zeit am Boden auftreffen sah, versuchte er damit zu beweisen, daß Körper mit unterschiedlichen Massen alle gleich schnell fallen. Die Behauptung, eine Feder und eine Eisenkugel würden in Abwesenheit des Luftwiderstandes mit der gleichen Geschwindigkeit fallen, erschien den Zeitgenossen Galileis und Newtons natürlich als verrückt; sie war und ist jedoch unbestreitbar wahr.

Nach Galilei haben viele andere Experimentatoren, darunter der Ungar Roland Lorand Baron Eötvös von Vasarosnameny gegen Ende des 19. Jahrhunderts sowie in neuerer Zeit der Amerikaner Robert Dicke und der Russe Wladimir Braginski diese Eigentümlichkeit der Gravitation mit immer größerer

Genauigkeit verifiziert. Newton hatte diese Tatsache in seine Theorie eingebaut, indem er die Annahme machte, daß die auf ein Teilchen wirkende Gravitationskraft proportional zur Masse dieses Teilchens ist. In der Newtonschen Mechanik ist die Beschleunigung a (für "acceleration"), die ein Teilchen der Masse m erfährt, auf das die Kraft F wirkt, durch die wohlbekannte Formel $F = m \cdot a$ gegeben, so daß die Masse bei der Ermittlung der Beschleunigung eines fallenden Körpers herausfällt. Mit anderen Worten: Die Frage, warum alle Körper gleich schnell fallen, wurde von Newton auf die Frage zurückgeführt, warum die Schwerkraft proportional zur Masse ist. Als sich Einstein an die Konstruktion einer relativistischen Theorie der Gravitation machte, bestand er darauf, daß diese Theorie der entscheidenden Tatsache Rechnung tragen mußte, daß alle Körper gleich schnell fallen.

Wie viele tiefgründige Ideen in der theoretischen Physik ist auch Einsteins "glücklicher Einfall" erstaunlich einfach. Er beruht auf der alltäglichen Erfahrung, die unser Magen in einem schnell bewegten Fahrstuhl macht. Beschleunigt der Fahrstuhl nach oben, so werden unsere Körper durch den Fahrstuhlboden nach oben gedrückt. Da unser Magen jedoch nur relativ lose mit unserem Skelett verbunden ist, kann er dabei nicht Schritt halten, und wir fühlen ihn einen Augenblick lang "absacken". (Man könnte natürlich auch behaupten, daß nicht unser Magen in Richtung auf den Fußboden absinkt, sondern der Fußboden

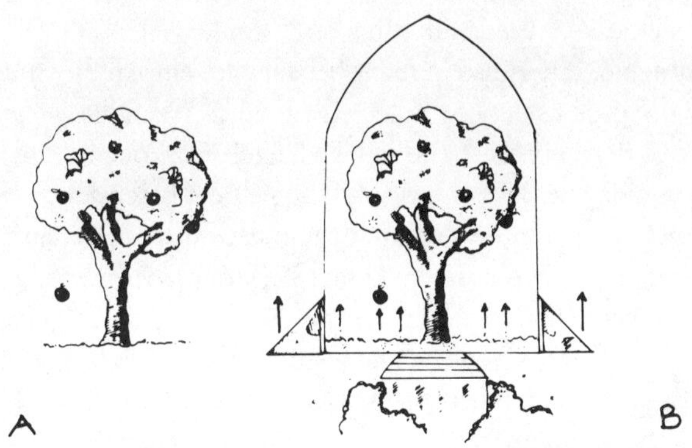

Abb. 19
A) Ein Apfel fällt von einem Baum.
B) Ein verrückter Physiker hat einen Apfelbaum in eine Rakete gepflanzt, die Rakete tief in den Weltraum gebracht – weit entfernt von irgendeinem Gravitationsfeld – und der Rakete durch Betätigung des Gaspedals eine konstante Beschleunigung erteilt. Ein außerhalb der Rakete schwebender Beobachter würde behaupten, daß sich der Boden der Rakete nach oben – dem Apfel entgegen – bewegt, ein Beobachter im Innern der Rakete jedoch sieht den Apfel fallen. Nach Einsteins Behauptung ist es nicht möglich, eine physikalische Messung vorzunehmen, mit deren Hilfe man zwischen den Bewegungen des fallenden Apfels in A und B unterscheiden könnte.

unserem Magen nach oben "entgegenfällt".) Ähnliche Erfahrungen machen Passagiere in einem stark beschleunigten Auto und – im Zeitalter der Raumfahrt – natürlich Astronauten.

Einstein stellte sich einen fahrstuhlähnlichen Kasten vor, der weitab von jedem Gravitationsfeld im tiefen Schweigen des Weltalls schweben sollte. Im Innern des Kastens wiederum sollten verschiedene Objekte schweben, zum Beispiel Eisenkugeln. Nehmen wir nun an, der Kasten würde mit einer konstanten Rate beschleunigt. In glücklicher Unkenntnis des Umstandes, daß sich der Boden des Kastens ihnen mit ständig wachsender Geschwindigkeit nähert, verharren die Eisenkugeln weiter in ihrem Schwebezustand. Einem im Kasten sitzenden Beobachter jedoch kommt es so vor, als ob die Kugeln auf den Boden fallen. Am Ende werden die Kugeln in Übereinstimmung mit den Beobachtungen Galileis den Boden alle genau zur gleichen Zeit erreichen.

Dies also war die Idee, die Einstein zur Formulierung des "Äquivalenzprinzips" inspirierte: Innerhalb eines nicht zu großen Raumbereichs sind die von einem Gravitationsfeld bewirkten physikalischen Effekte für einen ruhenden Beobachter nicht von den Effekten zu unterscheiden, die ein anderer Beobachter wahrnimmt, der in Abwesenheit eines Gravitationsfeldes eine konstante Beschleunigung erfährt. Mit anderen Worten: Eine Beschleunigung kann uns so zum Narren halten, daß wir glauben, uns in einem Gravitationsfeld zu befinden. Die dazu erforderliche Beschleunigungsrate hängt natürlich von der Stärke des Gravitationsfeldes ab, das damit "simuliert" werden soll.

Man beachte, daß Einstein nicht behauptete, ein Apfel würde deswegen fallen, weil die Erde nach oben beschleunigt wird. Wenn dies so wäre, würden alle Äpfel auf der anderen Seite der Erdkugel nach oben "fallen". Einstein behauptete nur, daß der Fall eines Apfels äquivalent beschrieben werden kann, wenn man sich vorstellt, daß der Apfelbaum nach oben beschleunigt wird. An dieser Stelle ist die im vorherigen Absatz eingeführte Beschränkung auf nicht zu große Raumbereiche von entscheidender Bedeutung. Das Äquivalenzprinzip kann nur auf einen Bereich angewandt werden, in dem Stärke und Richtung des Gravitationsfeldes unverändert bleiben. In unserem Beispiel darf der Bereich um den Apfelbaum offensichtlich nicht so groß werden, daß die Erdkrümmung eine Rolle spielt. Wie sich in Kapitel 12 zeigen wird, hat dieser "lokale" Charakter des Äquivalenzprinzips einen weitreichenden Einfluß auf die gegenwärtigen Vorstellungen der theoretischen Physik.

Die Physiker waren von Einsteins Überlegungen begeistert. Das Äquivalenzprinzip stellt eine enorm leistungsfähige und arbeitssparende Methode dar, um im Verständnis der Natur voranzukommen. Nehmen wir beispielsweise an, wir wollten wissen, welche Gesetze des Elektromagnetismus bei Anwesenheit eines Gravitationsfeldes gelten, um das Verhalten von Photonen in der Nachbarschaft eines Schwarzen Loches zu studieren. Man könnte vermuten, daß man dazu das Vorgehen der Physik des 19. Jahrhunderts vollständig wiederholen müßte, indem man sorgfältige Messungen des Einflusses der Gravitation auf elektromagnetische Phänomene vornimmt. Glücklicherweise kommt uns jedoch das Äquivalenzprinzip zu Hilfe. Wir brauchen nur auszurechnen, wie die Maxwellschen Gleichungen einem Beobachter erscheinen, der einer konstanten Beschleunigung unterworfen ist.

Ganz allgemein ist es so, daß dann, wenn wir ein physikalisches Gesetz kennen, das bei Abwesenheit von Gravitation gültig ist – sei es ein Erfahrungsgesetz über das Fließen von Wasser oder das grundlegende Gesetz, das das Verhalten von Neutrinos beschreibt – durch die Anwendung des Äquivalenzprinzips herausfinden können, wie das Gesetz bei Anwesenheit eines Gravitationsfeldes aussieht.

Die allgemeine Kovarianz

Einsteins ursprüngliche Vorstellung vom Äquivalenzprinzip bezog sich auf die Verhältnisse in einem konstanten Gravitationsfeld von der Art, wie wir es täglich erfahren. Die meisten Gravitationsfelder sind jedoch nicht konstant. Das Gravitationsfeld der Erde nimmt mit dem Abstand vom Erdzentrum ab, und wir spüren im alltäglichen Leben nur deswegen ein näherungsweise konstantes Feld, weil wir unseren Abstand vom Erdzentrum nicht wesentlich verändern. Folgen wir Einstein nun weiter bei seinem Bemühen, herauszufinden, wie man das Äquivalenzprinzip auf ein räumlich und zeitlich veränderliches Gravitationsfeld anwenden kann.

Einstein verfolgte eine ausnehmend einfache Strategie: Er teilte die Raumzeit in genügend kleine Bereiche mit annähernd konstantem Gravitationsfeld ein. Vor einer ähnlichen Situation steht auch ein Geograph, der die gekrümmte Oberfläche der Erde auf einer Landkarte darstellen soll. Er unterteilt dazu die Erdoberfläche in viele kleine Gebiete, so daß die Oberfläche jedes Gebietes mit einer bestimmten Genauigkeit als flach angesehen werden kann, wobei ausschlaggebend ist, welchen Anspruch der Benutzer an die Exaktheit der Darstellung stellt. So muß der von einer Karte für militärische Zwecke überdeckte Bereich ziemlich klein sein. (Die Geographen benutzen natürlich noch andere Tricks wie die Verwendung von Konturlinien zur Kennzeichnung lokaler topographischer Details, die uns jedoch nicht weiter interessieren.)

Um zu verstehen, wie diese Strategie in der Praxis arbeitet, wollen wir uns vorstellen, daß wir uns in den Tiefen des Weltraums und weit entfernt von irgendeinem Gravitationsfeld befinden. Wenn wir ein konstantes Gravitationsfeld untersuchen wollen, so wissen wir, was wir zu tun haben: Wir stellen einen Assistenten ein, verfrachten ihn in ein Raumschiff und erteilen ihm eine konstante Beschleunigung. Dann soll er uns seine Beobachtungen mitteilen. Nehmen wir nun jedoch an, wir wollten die physikalischen Phänomene in der Anwesenheit eines veränderlichen Gravitationsfeldes studieren, wie es zum Beispiel zwei Schwarze Löcher umgibt, die sich gegenseitig umkreisen (Abb. 20 A).

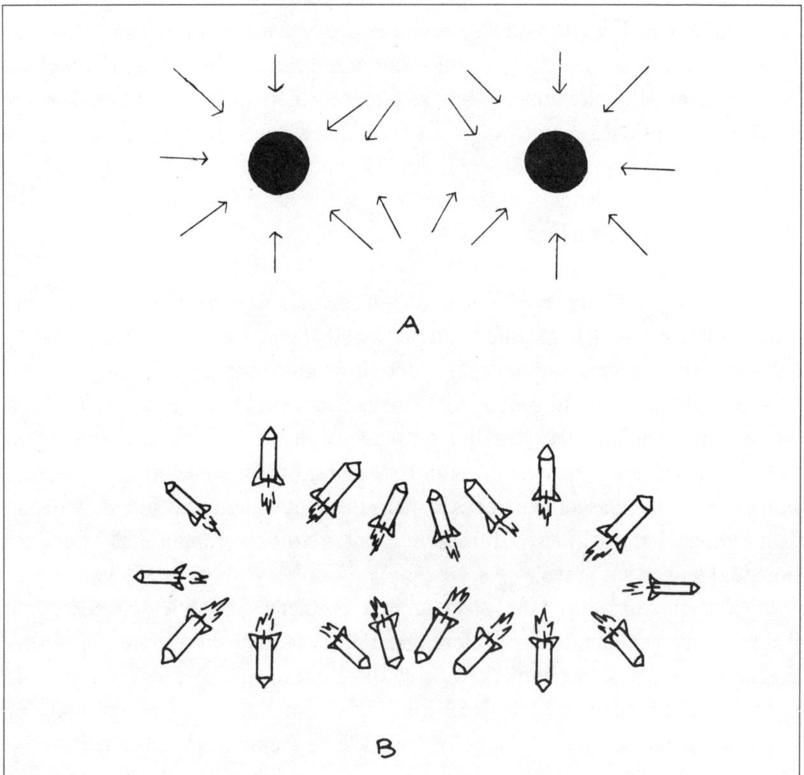

Abb. 20
A) Das Gravitationsfeld in der Umgebung zweier Schwarzer Löcher: Jeder Pfeil bezeichnet die Richtung, in die ein Objekt fallen würde, wenn es sich am Ort des jeweiligen Pfeiles befinden würde. B) Nach dem Äquivalenzprinzip können wir die Physik in der Umgebung zweier Schwarzer Löcher untersuchen, indem wir ein weit von allen Gravitationsfeldern entferntes Gebiet tief draußen im Weltraum aufsuchen und einer großen Zahl von Raketen, von denen jede mit einem Assistenten bemannt ist, geeignete Beschleunigungen erteilen.

Dank Einsteins glücklicher Idee brauchen wir dazu nicht den ganzen Kosmos auf der Suche nach einem Paar einander umkreisender Schwarzer Löcher zu durchqueren. Seinen Anweisungen folgend, brauchen wir uns vielmehr nur die Raumzeit um ein solches Paar herum in kleine Bereiche aufgeteilt zu denken, so daß das Gravitationsfeld in jedem dieser Bereiche nahezu konstant und gleichförmig ist. Dann lassen wir unserer Phantasie die Zügel schießen: In jeden Bereich bringen wir ein hypothetisches Raumschiff, heuern eine ganze Mannschaft von Assistenten an, stecken einen davon in jedes Raumschiff – wie in Abb. 20B angedeutet – und erteilen jedem eine bestimmte konstante Beschleunigung, die von der Stärke des Gravitationsfeldes in diesem Bereich abhängt. (Die Forderung, auch die Zeit in kleine Bereiche zu unterteilen, ist nichts anderes als eine etwas ausgefallene Beschreibung der Notwendigkeit, das Experiment schnell genug durchzuführen, so daß das Gravitationsfeld sich während des Experimentes nicht ändert.) Danach haben wir nichts weiter zu tun, als die Berichte unserer Assistenten zu studieren, um etwas über die Physik im Gravitationsfeld eines Paares Schwarzer Löcher zu lernen.

Eine Überlegung der Art, wie wir sie gerade angestellt haben, ist unter der Bezeichnung "Gedankenexperiment" bekannt. Für ein solches Experiment brauchen wir niemals unser Haus zu verlassen; alles, was wir in unserem Falle zu tun hatten, war zu ermitteln, wie die uns bekannte Physik einem Beobachter erscheinen würde, der eine konstante Beschleunigung erfährt. Ein hübscher Trick, nicht wahr? Die Berechnung selbst erfordert dann nur noch nur eine ziemlich unkomplizierte Koordinatentransformation.

Erinnern wir uns an die zwei Beobachter aus dem vorangegangenen Kapitel, die sich mit konstanter Geschwindigkeit relativ zueinander bewegen. Nehmen wir an, t', x', y', z' beziehungsweise t, x, y, z seien die Raumzeit-Koordinaten, die beide Beobachter einem bestimmten Ereignis zugeordnet haben. Wie wir gelernt haben, gibt es eine als "Lorentz-Transformation" bekannte Formelsammlung, die Auskunft darüber gibt, wie sich t', x', y', z' durch t, x, y, z ausdrücken läßt. Betrachten wir nun zwei Beobachter, die relativ zueinander eine konstante Beschleunigung erfahren. Dann sollte es auch eine Sammlung von Formeln geben, mit deren Hilfe die von dem einen Beobachter verwendeten Koordinaten t', x', y', z' in Beziehung zu den Koordinaten t, x, y, z gesetzt werden können, die von dem anderen Beobachter benutzt werden. Solche Formeln lassen sich in der Tat angeben, und es ist klar, daß sie von der Beschleunigung abhängig sind. Bemerkenswerterweise brauchen wir für die folgende Überlegung nicht zu wissen, wie diese Formeln im Detail aussehen.

In unserem speziellen Beispiel seien t', x', y', z' die von einem Assistenten und t, x, y, z die von uns selbst benutzten Raumzeit-Koordinaten. Da es sich bei unserem Experiment um ein Gedankenexperiment handelt, wollen wir nicht knauserig sein und unsere Bereiche derart winzig machen, daß wir eine Zillion von Assistenten einstellen müssen. Wenn wir nun t, x, y, z variieren – mit anderen Worten, von einem Bereich zum anderen gehen – so gehen wir damit praktisch von einem Assistenten zum anderen. Dabei verändern sich die Koordinaten t', x', y', z' ebenso wie t, x, y, z auf eine Weise, die von dem speziellen Charakter des Gravitationsfeldes abhängt, das die sich umkreisenden Schwarzen Löcher umgibt.

Eine Theorie der Gravitation muß sich auf alle möglichen Gravitationsfelder anwenden lassen; wir müssen daher alle möglichen Arten in Betracht ziehen, in der die Raumzeit-Koordinaten t', x', y', z' von t, x, y, z abhängen können. Eine Änderung der Raumzeit-Koordinaten, bei der t, x, y, z von t', x', y', z' in allgemeiner und beliebiger Art und Weise abhängt – also auf jede Art und Weise, die uns gefällt – ist als "allgemeine Koordinatentransformation" bekannt. Im Gegensatz hierzu sind die beiden Koordinatensätze bei der Lorentz-Transformation in einer ganz speziellen Weise miteinander verknüpft.

Was folgt nun aus alledem? Nehmen wir an, wir sollen die physikalischen Gesetze untersuchen, die in einem bestimmten Gravitationsfeld gelten. Gemäß der vorangegangenen Erörterung können wir dann so vorgehen, daß wir diese Gesetze zunächst in Abwesenheit jeglicher Gravitation studieren und sie danach einfach einer allgemeinen Koordinatentransformation unterwerfen.

Die dargestellten Überlegungen führten Einstein zu der Forderung, daß die Gesetze der Physik bei einer allgemeinen Koordinatentransformation ihre strukturelle Form behalten müssen. Diese fundamentale Forderung ist als das Prinzip der "allgemeinen Kovarianz" bekannt.

Der Leser kann leicht ermessen, welche Einschränkung die allgemeine Kovarianz für eine Theorie über die physikalische Welt bedeutet. Um zu erkennen, wie sie sich in der Praxis auswirkt, nehmen wir an, wir hätten nach Jahren intensiven Nachdenkens und Experimentierens ein physikalisches Gesetz gefunden, das sich in Form einer Gleichung schreiben läßt, welche die Änderung verschiedener Größen wie t, x, y, z beschreibt. Nun könnte ein anderer Physiker kommen und sagen, daß ihm die von uns zur Beschreibung der Raumzeit benutzten Koordinaten nicht gefallen und er lieber Koordinaten seiner eigenen Wahl verwendet, welche die Raumzeit in Abhängigkeit von t', x', y', z' beschreiben, wobei seine Koordinaten mit unseren eigenen t, x, y, z auf jede beliebige Art und Weise verknüpft sein können. Und doch: Wenn wir unsere Gleichung unter Benutzung von t', x', y', z' umschreiben, so wäre die umgeschriebene Gleichung in struktureller Hinsicht die gleiche wie unsere ursprüngliche Gleichung! Sie muß einfach deswegen die gleiche Struktur aufweisen, weil sie sonst nicht gültig wäre. Die meisten Gleichungen dürften diesen Test nicht bestehen und müssen daher zurückgewiesen werden. Wenn die allgemeine Kovarianz gelten soll, brauchen wir also überhaupt nur noch eine eingeschränkte Klasse von Theorien über die Welt in Betracht zu ziehen.

Der feine Unterschied

Zwischen den beiden Symmetrien, die wir in dem vorangegangenen Kapitel kennengelernt haben – der Lorentz-Invarianz und der allgemeinen Kovarianz – besteht ein feiner Unterschied. Nach der Lorentz-Invarianz nehmen zwei Beobachter, die sich gleichförmig gegeneinander bewegen, die gleiche physikalische Realität wahr. Es handelt sich also um die gleiche Art von Symmetrie wie bei der Rotationsinvarianz. Natürlich stellt die allgemeine Kovarianz nicht etwa die absurde Behauptung auf, daß ein beschleunigter Beobachter die gleiche physikalische Realität wie ein nicht beschleunigter Beobachter wahrninmmt, sie besagt vielmehr, daß dieser Beobachter den Unterschied zwischen der von ihm und der von dem beschleunigten Beobachter erfahrenen physikalischen Realität so interpretieren kann, als würde er durch ein Gravitationsfeld hervorgerufen: Die allgemeine Kovarianz ist eine Aussage über die Natur der Gravitation. Der bedeutende Physiker Steve Weinberg hat vorgeschlagen, die allgemeine Kovarianz als "dynamische Symmetrie" zu bezeichnen, um ihre Sonderrolle gegenüber anderen Symmetrien zu unterstreichen. Wir werden in diesem Buch jedoch dem unter Physikern allgemein üblichen Brauch folgen und die allgemeine Kovarianz einfach als eine Symmetrie unter vielen anderen behandeln.

Wie eine Koordinatentransformation die Welt verändert

So treffend die Analogie zwischen der Wahl von Koordinaten zur Beschreibung der Raumzeit und der Koordinatenwahl zur Darstellung der Erdkugel in vieler Beziehung auch sein mag, führt sie in anderer Hinsicht doch beträchtlich in die Irre. In der Standardversion der Mercator-Projektion der Erdoberfläche erscheinen die Gebiete um die beiden Pole herum von übertriebener Ausdehnung, und viele Menschen wuchsen mit der Vorstellung auf, daß es im Nordatlantik einen riesigen Kontinent mit Namen Grönland gäbe. Durch Anwendung des Konzeptes der Koordinaten-Invarianz auf die Kartographie kann man die offenkundige Tatsache beweisen, daß die tatsächliche Größe Grönlands unmöglich davon abhängen kann, wie groß es in einem Atlas erscheint. Analog dazu beharren auch die Physiker darauf, daß die physikalische Realität nicht von dem benutzten Koordinatensystem abhängen kann.

In einer bemerkenswerten Arbeit hat der westdeutsche Historiker Arno Peters in jüngster Zeit hervorgehoben, wie die "eurozentrische" Mercatorprojektion unsere geographischen Vorstellungen verzerrt. Betrachten wir die geopolitische Teilung der Welt in den "reichen Norden" und den "armen Süden". Da sich viel vom "armen Süden" um den Äquator herum erstreckt (wobei ein Ökonom hinzufügen würde, daß dieses geographische Faktum bereits ein Grund für diese Armut ist), erscheint der arme Süden nach der Argumentation Peters' auf einer Mercatorkarte im Vergleich zum reichen Norden viel kleiner, als er tatsächlich ist. Peters veröffentlichte eine neue Weltkarte, in der die Nationen nach dem Verhältnis ihrer wahren Größe vertreten sind. Auf dieser sogenannten "Peters-Karte" sieht die Welt vollkommen verändert aus. Es dürfte nicht besonders überraschen, daß die Veröffentlichung der Peters'schen Karte nach den Worten ihres Erfinders "eine vehemente öffentliche Diskussion provoziert hat, wie sie in der Geschichte der Kartographie bisher unbekannt war."

Die Theorie der Gravitation

Die allgemeine Kovarianz stellt eine sehr strenge Bedingung dar, und gerade diese extreme "Stringenz" war es, die es Einstein ermöglichte, die korrekte Theorie der Gravitation zu finden. Dank seines "glücklichen Einfalls" entdeckte Einstein 1907, wie man die Physik in Anwesenheit der Gravitation beschreiben kann, wobei allerdings vorausgesetzt werden muß, daß die bei der Abwesenheit von Gravitation gültige Physik bereits bekannt ist. Wie steht es aber nun mit der Physik, die das dynamische Verhalten des Gravitationsfeldes selbst bestimmt?

Viele Jahre hindurch mühte sich Einstein mit dieser Frage ab. Es gab kein Experiment, das ihm eine Orientierungshilfe hätte geben können. Da die Gravitation eine so unvorstellbar schwache Kraft ist, ist es nicht möglich, direkte experimentelle Tests bezüglich der Dynamik des Gravitationsfeldes durchzuführen, wie sie für die Dynamik der Bewegungen von Materie in einem Gravitationsfeld ohne weiteres möglich sind.

Wie konnte Einstein also weiter vorankommen? Sein eigenes geistiges Kind – das Prinzip der allgemeinen Kovarianz – eilte schließlich zur Rettung herbei. Eine quälend lange Zeit war vergangen, bis Einstein die allgemeine Kovarianz verstanden hatte, aber sobald er dies erreicht hatte, war er fast unmittelbar darauf in der Lage, die physikalischen Gesetze aufzuschreiben, denen das Gravitationsfeld gehorcht.

Wir bedienen uns erneut einer etwas groben Analogie und nehmen an, ein Architekt erhielte den Auftrag, die geometrische Form eines großen Saales zu ermitteln. Er kann damit nicht beginnen, bevor er nicht etwas "experimentellen Input" erhalten hat, vielleicht in Form einiger Photographien mit Teilansichten des Saales. Nun aber wird ihm mitgeteilt, daß der Saal invariant gegenüber Drehungen um Vielfache von 60° um das Zentrum ist. Das ist eine wichtige Information. Der Architekt kann nun die mögliche Form des Saales auf ein Sechseck, Zwölfeck, Achtzehneck und so weiter verengen. Der einfachste Vorschlag wäre ein Sechseck. Auch in der Physik führt die Aufprägung einer Symmetrie zur Einengung der Möglichkeiten. Ein ungeschriebenes Gesetz der Physik besagt, daß man sich bei mehreren gleichwertigen Möglichkeiten immer für die einfachste entscheiden soll – eine Regel, die sich bemerkenswert gut bewährt hat.

Die Krümmung von Raum und Zeit

Vielleicht hat kein anderer Aspekt des Einsteinschen Werkes die Phantasie der Öffentlichkeit so sehr beflügelt wie die mysteriösen Verlautbarungen über eine Krümmung von Raum und Zeit. Tatsächlich stellt die gekrümmte Raumzeit jedoch eine direkte Konsequenz des Äquivalenzprinzips dar.

Erinnern wir uns an eine wohlbekannte Denksportaufgabe! Ein Jäger läuft eine Meile nach Süden, wendet sich dann nach Westen, läuft eine Meile in diese Richtung und schließlich eine weitere Meile nach Norden, worauf er wieder an seinem Ausgangspunkt angelangt ist und einen Bären schießt. Welche Farbe hat der Bär?

Aus den Entfernungen und Winkeln, die in diesem Rätsel angegeben werden, kann man sofort den Schluß ziehen, daß die Erdoberfläche gekrümmt sein muß. Allgemein ist es so, daß wir die Krümmung einer Oberfläche dann genau bestimmen können, wenn wir die kürzeste Distanz zwischen zwei beliebig wählbaren Punkten kennen. Natürlich ist dabei von der wirklichen Distanz die Rede, die unabhängig von der Art der benutzten Weltkarte ist. Der wirkliche Abstand zwischen Timbuktu und Katmandu ist diejenige Distanz, die ein Reisender ermittelt, der diese Strecke auf der kürzestmöglichen Route zurücklegt.

Auf analoge Weise wird auch der wahre kürzeste Abstand zwischen zwei Punkten der Raumzeit allein durch die Eigenzeit bestimmt, die ein Reisender benötigt, um von einem Punkt zu einem anderen zu gelangen. Nach dem Äquivalenzprinzip ist die Physik, die ein Beobachter in einem Gravitationsfeld feststellt, identisch mit der Physik, die von einem entsprechend beschleunigten Beobachter in Abwesenheit jeglicher Gravitationsfelder ermittelt wird. Wie wir bereits gesehen haben, können die von einem Zugpassagier und einem Stationsvorsteher erlebten Eigenzeiten völlig verschieden sein. Ein beschleunigter Beobachter würde in diesem Fall sogar noch eine andere Eigenzeit feststellen. Die Anwesenheit eines Gravitationsfeldes verändert also die gegenseitige Lage von Punkten der Raumzeit.

Nehmen wir an, jemand gibt uns einen Flugplan, auf dem sich alle Flugzeiten gegenüber dem regulären Plan verändert haben. Wenn wir feststellen, daß die Flugzeit zwischen Katmandu und Timbuktu kürzer als die zwischen Katmandu und Neu-Delhi ist, können wir daraus schließen, daß irgendjemand die Erdoberfläche derart verformt hat, daß sie keine Kugel mehr ist. Durch analoge Überlegungen gelangte Einstein zu dem Schluß, daß die Anwesenheit eines Gravitationsfeldes eine Krümmung der Raumzeit zur Folge hat.

Ein Lichtstrahl wird gebogen

Die Krümmung der Raumzeit führt zu dramatischen Konsequenzen. In der Euklidischen Geometrie ist der kürzeste Weg zwischen zwei Punkten eine Gerade. Ist der Raum jedoch gekrümmt, ist es nicht mehr möglich, eine Gerade zu definieren. Dagegen ist es immer noch sinnvoll, von einem kürzesten Weg zu reden. So wie ein Schiffsführer, der versucht, die kürzeste Route über die gekrümmte Meeresoberfläche zu finden, gezwungen ist, einer gekrümmten Raumkurve zu folgen, ist auch ein Photon, das von einem entfernten Stern ausgesandt wird, gezwungen, sich auf seinem Weg zur Erde bei der Passage des Gravitationsfeldes der Sonne auf einer gekrümmten Bahn zu bewegen.

Im Jahre 1911 sagte Einstein voraus, daß es möglich sein müßte, die Ablenkung des von einem Stern ausgesandten Lichtstrahls bei seinem streifenden Vorübergang an der Sonne während einer Sonnenfinsternis zu beobachten. (Um einen möglichst großen Effekt messen zu können, sollte das Photon die Sonne so dicht wie irgend möglich passieren. Da der Stern dazu jedoch – von der Erde aus gesehen – sehr nahe an der Sonne stehen muß und unter normalen Umständen von ihr überstrahlt würde, ist eine solche Beobachtung nur während einer Sonnenfinsternis möglich.) Wegen der extremen Schwäche der Gravitation beträgt die vorausgesagte Ablenkung des Lichtstrahls lediglich 2/1000 Grad. (Als theoretischer Physiker ist man sehr davon beeindurckt, daß die beobachtenden Astronomen um 1910 die Messung eines derart winzigen Betrages tatsächlich für möglich hielten.)

Es ist sehr instruktiv zu beobachten, wie das Äquivalenzprinzip seine Forderung nach der Beeinflussung von Licht durch die Gravitation durchsetzt, obwohl das Photon keine Masse besitzt. Versetzen wir einen unserer Assistenten mit Hilfe von Drogen in tiefe Bewußtlosigkeit, verfrachten ihn in ein Raumschiff und bringen wir das Schiff in die Tiefen des Weltraums. Erteilen wir dem Schiff eine geeignet gewählte konstante Beschleunigung, so daß dem Assistenten bei seinem Erwachen vorgetäuscht wird, er würde sich noch auf der Erde befinden. (Wie bereits erwähnt, brauchen wir bei solchen Gedankenexperimenten weder

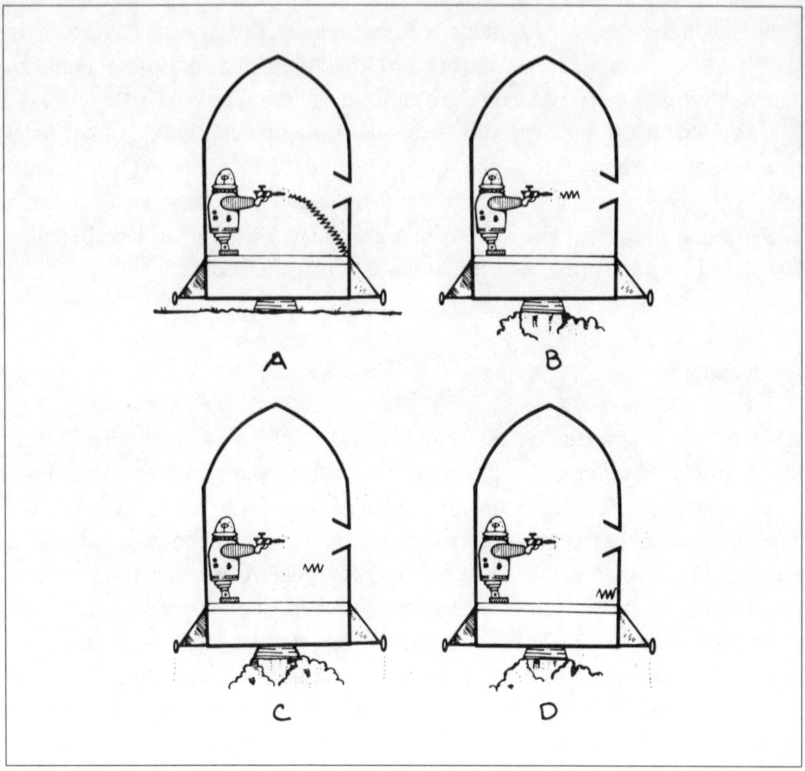

Abb. 21
A) Ein Roboter in einem Raumschiff, das auf einem außerordentlich massiven Planeten geparkt ist, zielt mit seiner Laserpistole auf ein Fenster. Um den Effekt deutlicher zu machen, hat der Zeichner die Stärke des Gravitationsfeldes, das den Lichtstrahl nach unten zieht, erheblich übertrieben. B) Das Raumschiff ist nun tief draußen im Weltraum in weiter Entfernung von jeglichem Gravitationsfeld und wird mit konstanter Rate beschleunigt. Der Roboter zielt wieder auf das Fenster. C) Der Lichtblitz durchquert das Raumschiff, ohne zu bemerken, daß sich der Boden des Raumschiffes mit ständig steigender Geschwindigkeit nähert. D) Anstatt aus dem Fenster zu entweichen, trifft der Lichtstrahl den unteren Teil der gegenüberliegenden Wand. Soweit der Roboter erkennen kann, ist die Flugbahn des Lichtes die gleiche wie in A), womit das Äquivalenzprinzip bewiesen ist: Der Roboter kann nicht entscheiden, ob er sich in einem Gravitationsfeld in Ruhe befindet oder in einem gravitationsfreien Raum beschleunigt wird.

Kosten noch Mühe zu scheuen; wir haben daher das Schiffsinnere genau so wie das Wohnzimmer des Assistenten ausstaffiert.) Nun erteilen wir dem armen Kerl den Auftrag, einen Lichtstrahl auf eine Wand zu richten. In der Zeit, die das Photon benötigt, um bis zur Wand zu gelangen, hat sich die Wand infolge der Beschleunigung des Schiffes ein Stück "nach oben" bewegt (wenn wir unter "oben" die Bewegungsrichtung des Schiffes verstehen) (Abb. 21). Der Lichtstrahl wird die Wand daher an einer Stelle erreichen, die unterhalb der Stelle liegt, an der er sichtbar würde, wenn sich das Schiff in Ruhe befände. Der Assistent dagegen – in seinem Glauben, er befände sich noch im Gravitationsfeld der Erde – kommt zu dem Schluß, daß die Gravitation den Strahl nach unten abgelenkt hat!

Wir erkennen nun, wie das Äquivalenzprinzip funktioniert: Man redet einem beschleunigten Beobachter ein, er befände sich in einem Gravitationsfeld. Die physikalischen Gesetze, die er herausfindet, werden gemäß Einstein dann zu den in diesem Gravitationsfeld geltenden Gesetzen erklärt. Behalten wir diese Idee als Aprilscherz für das nächste Jahr im Gedächtnis!

Die Krönung

Während die Überlegungen des Patentamtsangestellten Einstein um 1922 die physikalische Welt bereits in Aufruhr versetzt hatten, war sein Name der Öffentlichkeit zu dieser Zeit überhaupt noch nicht geläufig. Als sich die Astronomen dann anschickten, seine kühne Voraussage über die Ablenkung des Lichtes zu überprüfen, schienen sich historische Ereignisse gegen eine dramatische öffentliche Anerkennung Einsteins verschworen zu haben. Zuerst ertrank eine Expedition zur Beobachtung der Sonnenfinsternis in Argentinien 1912 in wolkenbruchartigen Regenfällen. Dann brach eine wohlausgerüstete deutsche Expedition zur Krim auf, um sich dort auf die für den 21. August 1914 vorausgesagte Sonnenfinsternis vorzubereiten, aber genau zu diesem Zeitpunkt begannen dort die Kanonen des Ersten Weltkriegs zu feuern. Erbost beklagte sich Einstein in einem Brief an einen Freund, daß lediglich die "Intrigen miserabler Menschen" einen Test seiner Ideen verhindern würden. In Wirklichkeit jedoch hatte er Glück gehabt: Er hatte bei seiner Berechnung ausgerechnet die speziellen Effekte vergessen, die durch die Krümmung des Raumes hervorgerufen werden. Die von ihm vorausgesagte Ablenkung betrug nur die Hälfte des korrekten Wertes.

Nach dem Ende des Krieges brachen im Jahre 1919 zwei englische Expeditionen nach Brasilien und Spanisch-Guinea auf. Ihre Beobachtung der Sonnenfinsternis bestätigten Einsteins Theorie auf eindrucksvolle Weise. Wäre die Geschichte anders verlaufen, wäre Einstein in einige Verlegenheit geraten.

So aber wurde eine kriegsmüde Welt von dem unbegreiflichen Geheimnis seiner Theorie und ihrer dramatischen Bestätigung durch ein allgemein verständliches Experiment in den Bann geschlagen. Die Presse stürzte sich begierig auf ein Thema, das nichts mit Hungersnöten, Bolschewismus und Reparationszahlungen zu tun hatte. Die Londoner "Times" brachte die Neuigkeit unter der Schlagzeile: "Wissenschaftliche Revolution/ Neue Theorie des Universums/ Newtons Vorstellungen verworfen/ Folgenschwere Erklärung/ Raum gekrümmt". Die New York Times wußte zu berichten, daß zwölf – man bedenke, ganze zwölf! – weise Männer in der ganzen Welt die neue Theorie verstünden. Auf einen Schlag war Einstein zu einem berühmten Mann geworden, der von Staatsmännern in aller Welt umworben wurde.

Die gekrümmte Zeit

Obgleich bereits seit 1919 bekannt, wird die Krümmumg der Raumzeit in populären Darstellungen oft mit einer gewissen Science-Fiction-Aura umgeben. Daß die Gravitation tatsächlich zu einer Krümmung der Zeit führt, wurde 1960 von R.V. Pond und G.A. Rebka von der Harvard-Universität mit Hilfe eines erdgebundenen Experimentes bewiesen. Sie zeigten, daß die Zeit in zwei verschiedenen Punkten eines Gravitationsfeldes – zum Beispiel am Fuß und an der Spitze eines Turmes – verschieden schnell verstreicht.

Nach einem geeigneten Gebäude brauchten Pond und Rebka nicht lange zu suchen. So wie die Stadt Pisa hat auch die physikalische Fakultät der Harvard-Universität ihren Turm. Eine einfache Berechnung unter Benutzung des Äquivalenzprinzips sagt voraus, daß zwei Uhren am Fuß beziehungsweise an der Spitze des Turmes in hundert Millionen Jahren einen Gangunterschied von einer Sekunde aufweisen sollten. Um eine derart unvorstellbar winzige Abweichung nachweisen zu können, mußten Pond und Rebka ihre Erfindungsgabe auf das Äußerste strapazieren.

Als "Uhr" benutzten die beiden Experimentatoren ein Photon. Wie wir wissen, oszillieren elektromagnetische Wellen mit einer bestimmten Frequenz – eine Tatsache, die es uns zum Beispiel erlaubt, unser Lieblingsprogramm in Radio und Fernsehen einzustellen. Ein Photon, das mit einer bestimmten Anzahl von Schwingungen pro Sekunde oszilliert, kann also als eine Art Uhr betrachtet werden. Pond und Rebka sandten Photonen den Harvard-Turm hinab und maßen die Frequenzen dieser Photonen an der Spitze und am Fuß des Turmes mit extremer Genauigkeit. Wenn die Zeit an beiden Punkten verschieden schnell verstreicht, sollte sich die Frequenz eines Photons bei seinem Flug den Turm hinunter geringfügig ändern. Genau das war auch der Fall. Die Einsteinsche Theorie wurde durch das Experiment also voll bestätigt. Einige Jahre danach spaßte Pond, er habe beim Hinauf- und Hinunterschleppen des schweren experimentellen Aufbaus die wahre Bedeutung der Gravitation verstanden.

Schwarze Löcher

Il est donc possible que les grands corps
... de l'universe, soient ... invisibles.
Pierre Simon, Marquis de Laplace

Viele geniale Experimentatoren fuhren fort, die Einsteinsche Sicht der Gravitation zu überprüfen und zu bestätigen. Unglücklicherweise bieten erdgebundene oder auf das Sonnensystem beschränkte Experimente nur begrenzte Möglichkeiten, Unterschiede zwischen der Newtonschen und der Einsteinschen Theorie zu entdecken. Dramatische Unterschiede zeigen sich nur in starken Gravitationsfeldern, wie sie in der Umgebung Schwarzer Löcher zu finden sind.

Schwarze Löcher haben die öffentliche Phantasie in den letzten Jahren stark gefesselt. Tatsächlich jedoch ist die Vorstellung der Existenz Schwarzer Löcher weder neu noch besonders geheimnisvoll. Schon 1795 bemerkte der Marquis de Laplace, daß sich möglicherweise sogar das Licht nicht schnell genug bewegen könnte, um extrem dichten astronomischen Objekten zu entkommen. Solche superdichten Objekte müßten fähig sein, das Licht an sich zu fesseln.

Daß Licht einem ausreichend dichten Objekt nicht entkommen kann, ist eine offenkundige Voraussage, der jedermann zustimmen wird; die Frage ist nur, wie sich ein solches Objekt bilden könnte. Die Standardvorstellung geht von dem Kollaps eines massereichen Sternes aus, der seinen Kernbrennstoff aufgebraucht hat. Im Jahre 1939 führten J. Robert Oppenheimer, G. Volkoff und H. Snyder aus, daß ein genügend massereicher Stern seinen Kollaps nicht aufhalten kann und schließlich die von Laplace angenommene kritische Dichte erreichen muß. In diesem Falle besteht zwischen Newton und Einstein ein entscheidender Unterschied: In der Newtonschen Physik ist es möglich, daß die Sternenmaterie starr genug wird, um dem Kollaps zu widerstehen, womit jedoch eine bestimmte Energie verknüpft ist. (Man denke an die Energie, die in einer zusammengepreßten Stahlfeder gespeichert ist.) Nach Einstein wäre diese Energie jedoch einer bestimmten Masse äquivalent und würde daher ein zusätzliches Gravitationsfeld erzeugen, das den Kollaps beschleunigen würde. Daher kann in der

Einsteinschen Theorie die Gefahr der Entstehung eines Schwarzen Loches nicht abgewendet werden.

Einsteins Versuch, die Welt anzuhalten

Für Abstände von einigen Kilometern kann man die Unterschiede zwischen einer Theorie, die von einer flachen Erde ausgeht, und einer anderen, die eine gekrümmte Erde annimmt, vernachlässigen. Reist man jedoch über größere Distanzen, werden die Unterschiede zwischen den beiden Theorien immer drastischer. Hat man schließlich die ganze Erde umrundet, erkennt man, daß die beiden Theorien völlig verschieden sind. Auf ähnliche Weise wird der totale Unterschied zwischen Newtons und Einsteins Theorie erkennbar, wenn man sie auf das ganze Universum anwendet. Da in Einsteins Theorie der Raum ebenso wie die Oberfläche der Erde eine Krümmung aufweist, wären wir insbesondere dazu in der Lage, genauso wie die Erdkugel auch das ganze Universum zu umrunden: Wir besteigen ein Raumschiff, fliegen einfach ständig geradeaus (mit anderen Worten, wir folgen der kürzesten Route) und kommen Äonen später an unseren Ausgangspunkt zurück. In diesem Fall wäre das Universum endlich und wie eine Kugeloberfläche gekrümmt. Man spricht dann von einem "geschlossenen" Universum. Es ist aber auch möglich, daß das Universum mehr nach Art einer Sattelfläche gekrümmt ist, wobei man sich allerdings einen bis ins Unendliche ausgedehnten Sattel vorzustellen hat. In diesem Falle wäre das Universum von unendlicher Ausdehnung, und ein Raumfahrer, der einer geraden Linie folgt, wäre für alle Zeiten unterwegs, ohne jemals wieder an einen bereits früher besuchten Ort zurückzukehren. In diesem Fall würde man sagen, daß das Universum "offen" ist.

Die Astronomen sind offensichtlich nicht in der Lage, durch direkte Beobachtungen zu entscheiden, ob das Universum offen oder geschlossen ist. So wie die Griechen der Antike vorgingen, als sie versuchten, die Frage zu entscheiden, ob die Erde flach oder rund ist, sind auch die Physiker und Astronomen zu einer Kombination direkter Beobachtungen mit indirekten physikalischen Überlegungen gezwungen, um eine entsprechende Aussage über das Universum machen zu können. Nach den im Augenblick vorliegenden Indizien scheint das Universum offen zu sein.

Im Februar 1917 – weniger als zwei Jahre nach der Bekanntgabe seiner Gravitationstheorie – führte Einstein ein aufregendes neues Gebiet in die Physik ein: Die moderne Kosmologie. Nach Millionen von Jahren der Evolution war der menschliche Geist endlich bereit, über die Sterne hinaus zu blicken und den Kosmos selbst zu begreifen. Einstein war klar, daß eine vollständige Theorie der Gravitation – da die Bewegung aller Himmelskörper von der Gravitation bestimmt wird – uns etwas über die Dynamik des gesamten Universums verraten muß.

Wie uns die heutigen Astronomen berichten, ist das Universum von Galaxien erfüllt, die annähernd gleichförmig im Raum verteilt sind. Im Jahre 1922 löste der Russe Alexander Friedman die Einsteinsche Gleichung für ein gleichförmig mit Materie erfülltes Weltall und wies nach, daß ein solches Universum entweder expandieren oder kontrahieren muß.

Man kann den Schock ermessen, den diese Behauptung auslöste. Zu allen Zeiten hatte das Universum als unveränderlich und ewigwährend gegolten. Einstein selbst war so in der Vorstellung eines statischen Universum befangen, daß er glaubte, seine Gravitationsgleichungen seien unvollständig. Tatsächlich änderte er in einer Arbeit aus dem Jahre 1917 seine Gleichungen so ab, daß sie ein stationäres Universum möglich machten, gab später allerdings zu, damit einen der größten Schnitzer seines Lebens begangen zu haben.

Bevor wir dem Gericht jedoch gestatten, Einstein der Taubheit gegenüber seiner eigenen Theorie zu bezichtigen, müssen wir die Geschworenen zu seiner Verteidigung sofort an die ziemlich begrenzten Kenntnisse der Astronomen des Jahres 1917 erinnern, die zu dieser Zeit noch nicht einmal mit Sicherheit von der Existenz anderer Galaxien neben unserem Milchstraßensystem wußten. Die Entwicklung machte allerdings rasche Fortschritte.

Im Jahre 1929 hatte der amerikanische Astronom Edwin Hubble, der eine Rechtsanwaltspraxis für das Studium der Astronomie aufgegeben hatte, nachgewiesen, daß sich die Galaxien voneinander entfernen, und um 1935 war das expandierende Universum endgültig zu einer Beobachtungstatsache geworden. Im Jahre 1946 entwarf George Gamow dann das Bild vom "Urknall" als modernen Mythos von der Erschaffung der Welt.

Die Idee des Urknalls ist sehr einfach. Stellen wir uns vor, ein Film über das expandierende Universum würde rückwärts vorgeführt. Er würde zeigen, wie die Galaxien aufeinander zu fliegen, bis schließlich alle Teilchen des Universums in einem Punkt zusammengeballt sind. An dieser Stelle bricht der Film ab. Zeigen wir den Film wieder im Vorwärtslauf, sehen wir alle Teilchen von einem Punkt ausgehend explosionsartig nach außen davonfliegen. Dieses Bild vom Urknall kann einige der beobachteten Eigenschaften des Universums erfolgreich erklären.

Bezüglich Einsteins "Schnitzer" gibt es eine kuriose Fußnote. Im Jahre 1917 "stoppte" Einstein die Expansion des Universums, indem er seiner Theorie einen neuen Ausdruck hinzufügte, die sogenannte "Kosmologische Konstante". Da das Weltall sich tatsächlich ausdehnt, sollte diese Konstante in der Theorie nicht auftreten. Bis heute jedoch konnte niemand ein theoretisches Argument dafür anführen, daß die Konstante gleich Null ist. Diese Schwierigkeit ist als das "Problem der Kosmologischen Konstanten" bekannt geworden und gehört zu den tiefgründigsten ungelösten Fragen der gegenwärtigen Physik.

Geheime Labyrinthe

Einsteins Fehler beweist aufs neue, daß in der inneren Struktur einer großen physikalischen Theorie Geheimnisse verborgen sind, an die selbst ihr Schöpfer nicht im Traum gedacht hat. Deswegen sollten eigentlich die Theorien bestimmen, was die Theoretiker tun, und nicht umgekehrt. Einsteins Theorie hat uns den ganzen langen Weg vom Magenkribbeln im Fahrstuhl bis zur Expansion des Universums geleitet und bildet damit einen eklatanten Gegensatz zu den sogenannten "phänomenologischen" Theorien, die einfach konstruiert werden, um ein bestimmtes Phänomen zu "erklären". Die Theoretiker basteln solche Theorien, um sie bestimmten Daten anzupassen, und können demzufolge auch nicht mehr aus ihnen herausholen, als sie dabei hineingesteckt haben. Sie bestimmen selbst stärker über ihre phänomenologischen Theorien als umgekehrt. Solche Theorien mögen von großer praktischer Bedeutung sein; sie können uns aber im allgemeinen nur wenig oder gar nichts über andere Phänomene erzählen und sind daher nicht von fundamentalem Interesse.

Es muß sein

Die Einsteinsche Theorie der Gravitation ist ein Beispiel für theoretische Physik allerbester Qualität. Der Ausgangspunkt der Theorie liegt im Bereich der alltäglichen Erfahrung; ihre Aussagen jedoch widersprechen auf unglaubliche Weise unseren gewohnten Vorstellungen. Ausgehend von der Beobachtung, daß alle Körper gleich schnell fallen, ist der menschliche Intellekt imstande, eine Theorie zu entwickeln, aus der sich dunkle, zuvor nur den Göttern bekannte Geheimnisse wie die Krümmumg der Zeit durch die Gravitation und die Entwicklung des Universums auf völlig natürliche Weise als logische Konsequenzen ergeben.

Einsteins Theorie der Gravitation ist von einer Aura des Unvermeidlichen umgeben. Die Vorstellung, eine bestimmte Theorie könnte die einzige überhaupt mögliche sein, war in der Physik etwas völlig Neuartiges. So erscheint Newtons Feststellung, daß die Gravitationsanziehung mit dem Quadrat des Abstandes

Abb. 22
Zwei Landsleute, die etwas von den Gesetzen der Kunst verstanden.

zwischen zwei Körpern abnimmt, vom rein logischen Standpunkt aus betrachtet als recht willkürlich. Warum nimmt die Kraft beispielsweise nicht mit der dritten Potenz des Abstandes ab?

Newton hätte diese Frage sicher für unbeantwortbar gehalten; für ihn war ein Gesetz einfach eine Formel, deren Konsequenzen mit der realen Welt in Einklang standen. In völligem Gegensatz dazu war die Theorie der Gravitation bereits in dem Augenblick vollständig festgelegt, in dem Einstein seine Forderung nach allgemeiner Kovarianz ausgesprochen hatte.

Abraham Pais, der führende Biograph Einsteins, hat treffend bemerkt, daß, wenn Einsteins Spezielle Relativitätstheorie in ihrer Perfektion an eine Komposition Mozarts erinnert, seine Theorie der Gravitation die volle Kraft einer Beethoven'schen Sinfonie besitzt. Der letzte Satz des Opus 135 von Beethoven trägt das Motto: "Muß es sein? Es muß sein." In ihrer vollkommensten Form müssen sowohl Kunst als auch Physik einem Gesetz gehorchen.

Perfekte Kunst ist unabänderlich. Wer würde es wagen oder auch nur wünschen, Beethovens Neunte umzuschreiben? Die Konstruktionen der theoretischen Physik aber sind noch strenger festgelegt. Allerdings besitzen Physiker weniger Respekt vor Autoritäten als Musiker, und so haben nachfolgende Physikergenerationen auch mit Einsteins Gravitationstheorie herumgespielt, um sie eventuell zu verbessern. Es gibt jedoch keinen Weg, die Theorie wesentlich zu verändern, ohne die allgemeine Kovarianz aufzugeben. Vielleicht kann man Einsteins Theorie in ästhetischer Hinsicht noch etwas aufpolieren, ihre Aussagen jedoch lassen sich nicht modifizieren.

6. Die Symmetrie bestimmt das Design

Ein weiser älterer Kollege erzählte mir einmal, er würde Tolstois “Krieg und Frieden” einmal alle zehn Jahre aufs neue lesen und jedesmal glauben, ein anderes Buch in Händen zu halten. Die größten literarischen Meisterwerke besitzen mehrere Bedeutungsebenen und sprechen Leser mit unterschiedlicher Vorbildung und Sensibilität auf ganz verschiedene Weise an. Als unschuldiger Teenager glaubte ich, daß “Der Tod in Venedig” ein Kriminalroman sei und war von dem Inhalt sehr enttäuscht, während ich später von dem reichen Symbolgehalt des Werkes überrascht war.

Ich war als Oberschüler jedoch nicht nur an Kriminalromanen interessiert. Eines Tages fiel mir eine populäre Darstellung der Einsteinschen Theorie in die Hände. Wie jeder Laie war auch ich von den fremdartigen und bizarren Aspekten des Einsteinschen Universums fasziniert. Nachdem ich mir auf der Universität genügend Physik und Mathematik angeeignet hatte, um Einsteins Arbeiten zu verstehen, erkannte ich diese seltsamen Schlußfolgerungen als vollkommen logische Konsequenzen der Theorie. Und als ich noch tiefer in die Physik eindrang und mit eigenen Forschungen begann, wurde mir das wahre intellektuelle Vermächtnis Einsteins für meine Generation bewußt: Nichts geringeres als eine völlig neue Art von Physik.

Ein Design für die Grundlagenphysik

Um Einsteins Vorstellungen würdigen zu können, wollen wir den Verlauf rekapitulieren, den die Entwicklung der vollkommensten physikalischen Theorie des 19. Jahrhunderts genommen hat – des Elektromagnetismus.

Beim Herumspielen mit Froschschenkeln und Drähten hatten die Physiker festgestellt, daß die Natur in ihrem Verhalten bestimmten Mustern folgt, die durch ein System von Gleichungen beschrieben werden konnten. Sind diese Gleichungen aufgeschrieben, beginnen sie eine Melodie zu summen und warten geduldig darauf, daß jemand kommt, der genügend feine Ohren hat, um ihr Lied zu hören. Schließlich kommt ein aufgeweckter junger Mann des Weges und hört, wie die Gleichungen erzählen, sie seien Lorentz-invariant, worauf ihm klar wird, daß diese Symmetrie eine Revision der gesamten Physik verlangt. (Das Schema der Entwicklung des Elektromagnetismus ist in Abb. 23 dargestellt.)

Nachdem Einstein die Spezielle Relativitätstheorie ausgearbeitet hatte, überkam ihn und seinen Zeitgenossen Hermann Minkowski die Ahnung, die Pfeile in dem Diagramm 23 könnten umgekehrt werden. Nehmen wir einmal an, jemand hätte uns im Schutz der Dunkelheit das Geheimnis enthüllt, daß die Welt Lorentz-invariant ist. Könnten wir mit diesem Wissen die Maxwellsche Theorie und damit die Tatsachen über den Elektromagnetismus ableiten, ohne auch nur einen Fuß in ein Laboratorium zu setzen?

Wir könnten es tatsächlich, jedenfalls zu einem erheblichen Teil! Die Forderung nach Lorentz-Invarianz legt der Natur eine sehr starke Beschränkung auf. Die Maxwellschen Gleichungen sind so innig mit dieser Invarianz verknüpft, daß man – sofern man eine einzige kennt – alle anderen ableiten kann. Hier eine kleine Kostprobe der dabei angewandten Logik:

Wir besitzen die Kenntnis einer Symmetrie, die Raum mit Zeit und elektrische mit magnetischen Phänomenen verknüpft. Nehmen wir an, wir kennen eine der Maxwellschen Gleichungen – sagen wir diejenige, die dem Coulombschen Gesetz zugeordnet ist. Wir erinnern uns, daß das Coulombsche

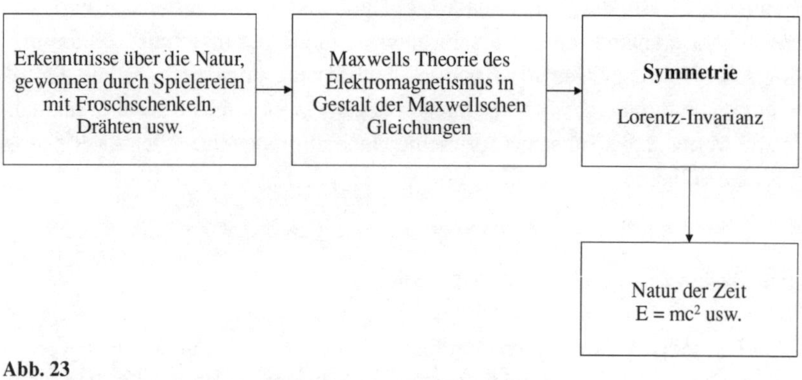

Abb. 23
Schematische Darstellung des Vorgehens der Physik im 19. Jahrhundert.
Eine große Anzahl experimenteller Ergebnisse wird in bestimmten Gleichungen zusammengefaßt, in denen die symmetrische Struktur des Bauplans der Natur zum Ausdruck kommt. Diese Symmetrie – einmal erkannt – erlaubt die Voraussage weiterer empirisch überprüfbarer Zusammenhänge, beispielsweise der Umwandlung von Masse in Energie. Daß zwischen Aussagen dieser Art und den bekannten Phänomenen des Elektromagnetismus ein innerer Zusammenhang besteht, ist alles andere als offensichtlich.

Gesetz beschreibt, wie das von einer Ladung erzeugte elektrische Feld abnimmt, wenn man sich von der Ladung entfernt. Es handelt sich also mit anderen Worten um eine Gleichung, die beschreibt, wie sich ein elektrisches Feld räumlich verändert. Unterzieht man diese Gleichung einer Lorentz-Transformation, so verändert sie sich in eine Gleichung, die beschreibt, wie sich ein elektrisches Feld in der Zeit und ein magnetisches Feld im Raum verändert und damit genau einer anderen Maxwellschen Gleichung entspricht.

Der wesentliche Gehalt des Symmetrieargumentes läßt sich in knapper Form wir folgt zusammenfassen: Da die Symmetrie Raum und Zeit in der Raumzeit vereinigt und elektrische und magnetische Felder im elektromagnetischen Feld verknüpft, können wir keine Gleichung finden, die nichts weiter als die räumliche Variation des elektrischen Feldes beschreibt. Wie bereits in Kapitel 4 bemerkt, kann eine solche Gleichung nur ein Teil einer allgemeineren Gleichung sein, welche die raumzeitlichen Veränderungen des elektromagnetischen Feldes beschreibt. Um unsere Analogie mit der Architektur zu gebrauchen: Wird einem Architekten mitgeteilt, daß ein Raum eine exakte Symmetrie besitzt, so kann er sofort den Bauplan des gesamten Raumes ableiten, wenn man ihm die Photographie einer einzigen Wand vorlegt. In der Physik ist die Situation zwar etwas komplizierter, aber das Prinzip ist das gleiche.

In Philip Roths Roman "Der Ghostwriter" erzählt ein berühmter Schriftsteller einer anderen Person, er würde vor dem Mittagesssen immer nur einen einzigen Satz schreiben. Nach dem Mittagessen würde er den Satz wieder und wieder umstellen und so sein ganzes Leben damit verbringen, Sätze im Kopf umzuformen. Auf ganz ähnliche Weise beschäftigen sich theoretische Physiker damit, logische Strukturen in ihren Köpfen wieder und wieder hin und her zu wenden. So kamen auch Einstein und Minkowski schließlich darauf, daß man die Pfeile in Abb. 23 umdrehen und mit der Symmetrie beginnen kann.

Auf einen Schlag

Nachdem er die Kraft der Symmetrie erkannt hatte, nahm Einstein sie auch bei der Entwicklung seiner Gravitationstheorie in Dienst. Anstatt die Theorie in mühevoller Kleinarbeit aus einem Gemisch bestimmter experimenteller Fakten herauszudestillieren und daraus eine Symmetrie abzuleiten, formulierte er eine Symmetrie, die stark genug war, die Theorie festzulegen. Das Schema, dem er dabei folgte, ist in Abb. 24 dargestellt.

Durch die Anwendung der Symmetrie war Einstein in der Lage, die Theorie der Gravitation auf einen Schlag aufzuschreiben. Um zu ermessen, was das

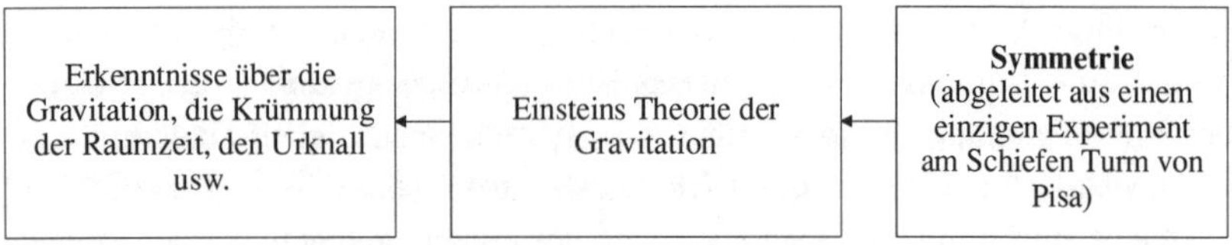

Abb. 24
Das Vorgehen der Physik im 20. Jahrhundert.
Der logische Prozeß, dem Einstein bei der Entdeckung seiner Theorie der Gravitation folgte, steht in völligem Kontrast zu dem Vorgehen, das zur Entwicklung des Elektromagnetismus und der Speziellen Relativitätstheorie geführt hat (vergleiche Abbildung 23).

bedeutet, wollen wir uns vorstellen, was geschehen wäre, wenn die Physiker beim Studium der Gravitation dem Schema des 19. Jahrhunderts gefolgt wären, wie es einige von ihnen auch tatsächlich versuchten. Nach jahrelangen sorgfältigen Untersuchungen von Planetenbahnen hätten die Astronomen absolut winzige Abweichungen dieser Bahnen gegenüber den von Newton gemachten Voraussagen festgestellt. Um diese Abweichungen zu berücksichtigen, hätten die Physiker winzige Korrekturen an dem Newtonschen Gesetz angebracht. Noch sorgfältigere Studien hätten enthüllt, daß auch dies noch nicht ausgereicht hätte, und die Physiker wären gezwungen gewesen, das Newtonsche Gesetz um einen noch winzigeren Betrag zu korrigieren. In der Praxis hätte sich dieses Programm bald totgelaufen. Aber selbst unter der Annahme, die Physiker wären in der Lage gewesen, so viele Korrekturausdrücke zu bestimmen wie sie wollten, hätte es des Gedankenblitzes eines mathematischen Genies bedurft, um zu erkennen, daß die Kombination aller dieser Korrekturen eine ganz andere Theorie ergibt. In der Zwischenzeit hätte die Theorie die Form eines komplizierten Durcheinanders von Gleichungen besessen, so als ob ein Architekt ein quadratisches Gebäude entwirft, während der Bauherr ein rundes möchte. Jedesmal, wenn der Architekt seine Zeichnung vorlegt, verlangt der Auftraggeber von ihm einige kleinere Änderungen, weigert sich jedoch, ihm mitzuteilen, worauf er letzten Endes hinauswill. Der Architekt fährt fort, seinen quadratischen Entwurf zu modifizieren. Nachdem der Entwurf immer runder und runder erscheint, kommt er vielleicht endlich darauf, daß der Bauherr von Anfang an auf einen runden Entwurf aus war.

Stimmen in der Nacht

Einsteins Einsicht in die Art und Weise, in der die Symmetrie den Bauplan der Natur bestimmt, gehört zu den wahrhaft tiefsinnigen Erkenntnissen in der

Geschichte der Physik. In der Grundlagenphysik hat die Einsteinsche Methode das Vorgehen der Physik im 19. Jahrhundert heute weitgehend ersetzt. Bei ihrer Suche nach einem fundamentalen Konzept beginnen die Physiker mit einer bestimmten Symmetrie und überprüfen dann, ob die Konsequenzen, die sich daraus ergeben, mit den Beobachtungen in Einklang gebracht werden können.

Wie aber findet ein Physiker bei diesem Einsteinschen Spiel den ersten Zug? Es ist nicht sehr wahrscheinlich, daß ihn jemand in der Nacht besucht und ihm den Namen der Symmetrie zuflüstert, die die Natur in ihren Teppich gewoben hat. Wenn der Bauherr vom Architekten einen symmetrischen Entwurf verlangt, ihm aber nicht sagen will, welche Symmetrie er dabei im Sinn hat – wie kann der Architekt diese Symmetrie herausfinden?

Nun, offenbar kann man versuchen, die Symmetrie aus bekannten experimentellen Tatsachen abzuleiten. Das war auch der Weg, den Einstein verfolgte. Das Schwierige dabei ist, eine Entscheidung darüber zu treffen, welches die wichtigste Tatsache ist, die für die Wahl der Symmetrie ausschlaggebend sein soll. So wählte Einstein aus den vielen über die Gravitation bekannten Fakten die Tatsache aus, daß alle Körper unabhängig von ihrer Masse gleich schnell fallen, wogegen er beispielsweise den Umstand, daß die Gravitationsanziehung zwischen zwei Körpern mit dem Quadrat des Abstandes zwischen ihnen abnimmt, außer Betracht ließ: Diese und alle übrigen Gesetzmäßigkeiten ergeben sich als Konsequenzen aus der Symmetrie, der die Gravitation genügt.

Ein anderer Versuch der Annäherung, der von den Physikern bei ihren Entwicklungen mit zunehmender Kühnheit benutzt wird, besteht darin, der für Ästhetik zuständigen Gehirnhälfte zu lauschen. Um Seine Gedanken in Erfahrung zu bringen, durchforschen die Physiker ihre eigenen Hirne nach dem, was Symmetrie und Schönheit ausmacht. Im Dunkel der Nacht horchen sie auf Stimmen, die ihnen von bisher ungeträumten Symmetrien erzählen.

Kehren wir zu der zuvor benutzten Analogie zurück, so können wir uns vorstellen, daß der Architekt angespannt nach irgendwelchen Hinweisen bezüglich der von seinem Auftraggeber gewünschten Symmetrie sucht, indem er über dessen Worte nachgrübelt. Diese Art der Annäherung entspräche dem Vorgehen eines Physikers, der versucht, die Symmetrie aus Beobachtungen abzuleiten. Der Architekt kann jedoch auch einen mutigeren Versuch unternehmen, indem er einfach den harmonischsten Bauplan entwirft, den er sich ausdenken kann. Danach kann er nur hoffen, daß sein Auftraggeber seinen Sinn für Ästhetik teilt.

Im Teil 4 des Buches werden wir erfahren, mit welchem erstaunlichen Erfolg beide Methoden von den Physikern angewandt worden sind.

Im Dickicht der Nacht

In seiner Arbeit über die Relativität beschäftigte sich Einstein mit zwei Wechselwirkungen – dem Elektromagnetismus und der Gravitation –, die sich in der makroskopischen Welt unserer alltäglichen Erfahrung bemerkbar machen und von denen wir daher eine recht ausgeprägte intuitive Vorstellung erworben haben. Aber noch während Einstein an seinen Theorien arbeitete, stand die alte Ordnung in der Welt der Physik kurz vor ihrem Zusammenbruch. Wie sich herausstellte, tanzte die mikroskopische Welt der Atome und Atomkerne nach einer anderen Musik als die klassische Physik, deren feierlicher Walzer vom Jitterbug der Quantenmechanik abgelöst wurde. Diese seltsame mikroskopische Welt wurde von neuen Arten der Wechselwirkung regiert, für die die Physiker kein intuitives Einfühlungsvermögen besaßen. Das war nicht mehr die schöne deterministische Welt der Physik des 19. Jahrhunderts, in der sie sich bereits so selbstzufrieden eingerichtet hatten. Sie waren in das nächtliche Dickicht gera-

Abb. 25
Der Brennende Tiger im Dickicht der Nacht.

ten, in dem der gesunde Menschenverstand dem Gesang der Sirenen gleicht und zu tödlichen Paradoxien verleitet.

In diesem Dunkel erscheint der Brennende Tiger mit seiner magischen Symmetrie dem theoretischen Physiker als Leuchtfeuer der Hoffnung, dem immer mehr Forscher folgen, und so spielen heute Symmetriebetrachtungen in den Arbeiten vieler Grundlagenphysiker – meine eigenen mit eingeschlossen – eine zentrale Rolle.

III. Ins volle Rampenlicht

7. Mit dem geringsten Aufwand

In der Wissenschaft versucht man, etwas zu formulieren, was zuvor noch niemals ausgesprochen wurde; in der Literatur dagegen versucht man, etwas auszudrücken, was beinahe jeder vorher schon einmal gesagt hat, nur auf bessere Weise. Das erklärt, warum gute Literatur ebenso selten ist wie gute Wissenschaft.

Auf den ersten Blick scheinen Wissenschaft und Dichtkunst extreme Gegensätze darzustellen. Es gibt jedoch außer Poeten auch theoretische Physiker, die ihre kreative Energie darauf verwenden, etwas neu zu formulieren, was schon einmal anders gesagt wurde. Von ihren mehr pragmatisch orientierten Kollegen wird ihre Arbeit oft aus dem gleichen Grund mißachtet, aus dem auch die Literatur zuweilen geringgeschätzt wird: Große Teile der Physik werden umformuliert, ohne daß unser Wissen durch die neue Fassung um ein Jota erweitert wird. In der Mehrzahl der Fälle – in der Poesie ebenso wie in der theoretischen Physik – ist die neue Version nur komplizierter oder geschwollener als die alte. So ist die rüde Ablehnung solcher Neufassungen im allgemeinen auch vollkommen gerechtfertigt. Hin und wieder jedoch gelingt es einem Gedicht, durch gekonnte Verdichtung und Rhythmisierung der geeigneten Worte ein Thema klarer zu behandeln als andere Gedichte davor; und auch in der Physik tauchen von Zeit zu Zeit Formulierungen auf, die mit der inneren Logik der Natur besser im Einklang stehen. Vielleicht das beste Beispiel dafür ist das sogenannte "Wirkungsprinzip", das im 18. Jahrhundert als Alternative zu Newtons "differentieller" Formulierung der Physik entwickelt wurde.

Bei der Newtonschen Formulierung wird das Verhalten eines Teilchens in jedem beliebigen Augenblick beschrieben. Wirkt auf das Teilchen eine Kraft, so ändert sich seine Geschwindigkeit nach dem Newtonschen Gesetz $F = m \cdot a$. Aus dieser Beziehung lassen sich die Geschwindigkeit und die Position des Teilchens für den darauffolgenden Augenblick ableiten. Durch fortlaufende Wiederholung dieser Prozedur kann man Position und Geschwindigkeit des Teilchens für jeden zukünftigen Zeitpunkt bestimmen. Soweit in Kürze die Standardformulierung der Newtonschen Theorie, mit der sich jeder Studienanfänger der Physik auseinandersetzen muß. Sie wird als "differentielle" Formulierung bezeichnet, da sie mit den Differenzen physikalischer Größen arbeitet, die sich von einem Zeitpunkt zum anderen ergeben. Die Gleichungen, die diese Veränderungen beschreiben, sind als "Bewegungsgleichungen" bekannt.

Bei der Formulierung mit Hilfe des Wirkungsprinzips verschafft man sich einen Überblick über den Weg des Teilchens und fragt nach einem Kriterium, das dafür verantwortlich ist, daß das Teilchen diesen speziellen Weg gegenüber anderen bevorzugt.

Lange Zeit hindurch wurde das Wirkungsprinzip lediglich als eine elegante Alternative zur Newtonschen Darstellung betrachtet und die Physik nach wie vor unter Verwendung von Differentialgleichungen formuliert. Erst die heutige Generation theoretischer Physiker hat der differentiellen Formulierung zugunsten des Wirkungsprinzips endgültig den Laufpaß gegeben. Dieser Gesinnungswandel liegt überwiegend darin begründet, daß eine Formulierung mit Hilfe des Wirkungsprinzips unsere Suche nach Symmetrie im fundamentalen Entwurf der Natur wesentlich vereinfacht.

Das Licht in Eile

Steht ein Schwimmer in einem Wasserbecken, erscheinen seine Beine verkürzt. Das gleiche Phänomen kann man beobachten, wenn man einen Löffel in ein Glas mit Wasser hält. Es läßt sich auf einfache Weise durch die Brechung des Lichtes bei seinem Durchgang durch die Trennfläche zwischen zwei durchsichtigen Medien – in unserem Beispiel Wasser und Luft – erklären. In Abb. 26 verläuft ein Lichtstrahl von den Zehen des Schwimmers zum Punkt A der Wasseroberfläche, wird dort gebrochen und erreicht schließlich das Auge des Beobachters E. Bei der Beurteilung der Richtung, aus der der Lichtstrahl kommt, entscheidet sich das Gehirn des Beobachters für den Punkt T'. Aus diesem Grund erscheint das Bein des Schwimmers kürzer als normal.

Um ein vertieftes Verständnis davon zu gewinnen, warum Licht beim Übergang von Wasser zu Luft gebrochen wird, schlug der Mathematiker Fermat (1601 – 1665) in seinem Todesjahr ein ziemlich mysteriöses Prinzip vor. Das "Fermatsche Prinzip" behauptet, daß das Licht einen Weg einschlägt, der ihm gestattet, seinen Zielpunkt in der kürzestmöglichen Zeit zu erreichen.

In der Abb. 26 ist der geradlinige Weg TBE zwar kürzer als der tatsächlich zurückgelegte Weg TAE. Wir müssen jedoch berücksichtigen, daß sich Licht in Wasser langsamer als in Luft ausbreitet. Beim Durchlaufen von TAE legt das Photon ein kurzes Stück TA in Wasser zurück. Die dadurch eingesparte Zeit steht ihm nun für das in Luft zurückgelegte Teilstück AE zur Verfügung. Und

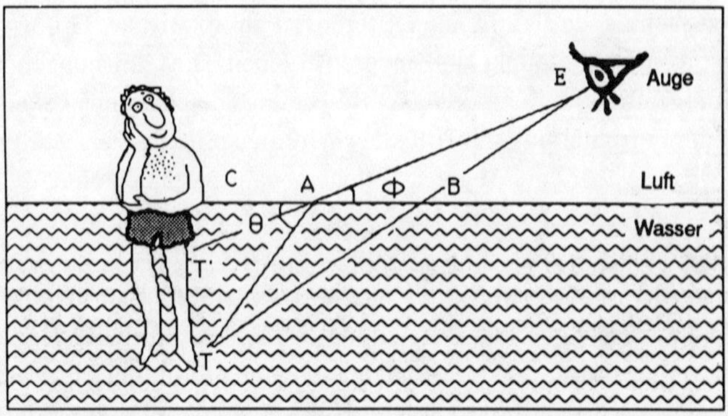

Abb. 26
Das Licht in Eile. Bei seinem Flug von dem Zeh T des Schwimmers zum Auge E des Beobachters wählt das Licht diejenige Bahn, die es ihm gestattet, seinen Bestimmungsort in der kürzesten Zeit zu erreichen. Da sich Licht schneller in Luft als in Wasser bewegt, gibt es dabei dem Weg TAE gegenüber dem geraden Weg TBE den Vorzug. Für den Beobachter erscheint der Zeh bei T'.

was ist mit dem Weg TCE? Das Teilstück in Wasser TC ist jetzt noch kürzer, dafür ist jedoch das in Luft zurückgelegte Stück CE wesentlich länger. Es ist klar, daß es irgendeinen optimalen Weg geben muß.

Auch Autofahrer müssen ähnliche Entscheidungen treffen wie das Photon im Fermatschen Prinzip. Im Zeitalter der Autobahnen ist die kürzeste Verbindung zwischen zwei Orten oft nicht die schnellste. Für eine Reise von Paris nach Venedig beispielsweise sind verschiedene Routen möglich. Ein Autofahrer könnte sich zum Beispiel dafür entscheiden, die Schweiz zu durchqueren und über Zürich zu fahren. Abhängig von den Wetterbedingungen könnte es für ihn aber auch günstiger sein, den Weg über Südfrankreich zu wählen.

Da wir gerade von Autofahrern sprechen, möchte ich an dieser Stelle eine andere häufig beobachtete optische Illusion erwähnen, die sich gleichfalls durch den Hang des Lichtes zur Eile erklären läßt. An heißen Tagen kann man oft "Spiegelungen" entfernter Autos an der Straßenoberfläche beobachten, woraus unser leicht zu täuschendes Gehirn den Schluß zieht, daß die Straße feucht ist. Dieses Phänomen tritt auf, weil die Luftschicht direkt über der Straßenoberfläche heißer als die umgebende Luft ist und die Geschwindigkeit des Lichtes in Luft von der Temperatur abhängt.

Fermats Zeitgenossen waren von seinem Prinzip so beeindruckt, daß sie begierig nach einem analogen Prinzip für die Mechanik suchten. In der Optik befreit uns das Prinzip der schnellsten Ankunft von der Notwendigkeit, uns

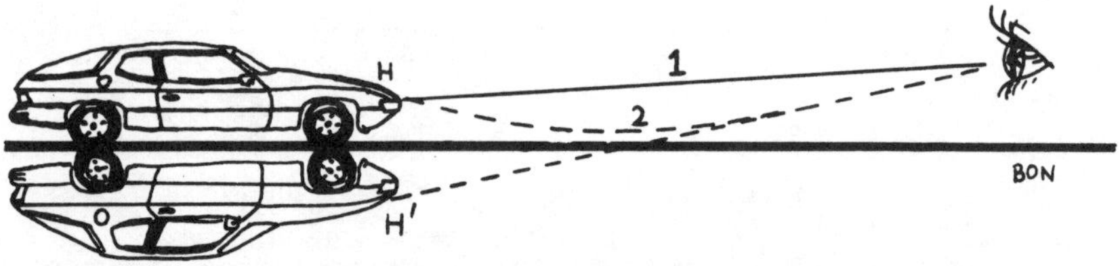

Abb. 27
Sommerliche Trugbilder: Ein von der Frontseite H eines Autos ausgehender Lichtstrahl trifft auf seinem leicht nach unten führenden Weg auf eine heiße Luftschicht unmittelbar über dem Straßenbelag und wird nach oben abgelenkt. Der Bahn 2 folgend, erreicht er schließlich das Auge des Beobachters. Bei seinem Versuch, die Richtung zu ermitteln, aus welcher der Lichtstrahl gekommen ist, kommt das Gehirn des Beobachters zu dem Schluß, daß er von H' ausgegangen sein muß. Ein anderer Lichtstrahl läuft auf der Bahn 1 direkt vom Auto zum Auge des Beobachters. Der gleiche Vorgang wiederholt sich für jeden beliebigen anderen Punkt des Autos. Im Endeffekt erscheint der ganze Wagen an der Straße gespiegelt, woraus das Gehirn – sonst unbestritten ein wunderbares Organ – den Schluß zieht, daß die Straße feucht sein muß.

einige nicht besonders einleuchtende Formeln zu merken, die die Winkel θ und ϕ in Abb. 26 miteinander verknüpfen. So hegte man die Hoffnung, daß auch die Bewegungsgleichungen Newtons durch ein einfaches Prinzip ersetzt werden könnten. Tatsächlich wurde das korrekte Prinzip, das als "Prinzip der kleinsten Wirkung" oder "Wirkungsprinzip" bekannt ist, bald von Pierre Louis Moreau de Maupertius (1698 – 1759), Joseph Louis, Comte de Lagrange (1736 – 1813) und anderen gefunden.

Mit dem geringsten Aufwand

Die Bedeutung des Wirkungsprinzips wird klar, wenn man den Prototyp eines für seine Anwendung geeigneten Prozesses betrachtet, bei dem ein Teilchen zur Zeit t_A von Punkt A aus startet und zur Zeit t_B den Punkt B erreicht. Wenn wir die "Wirkungsformel" anwenden wollen, müssen wir nicht nur alle möglichen Wege zwischen A und B, sondern auch alle möglichen Umstände betrachten, unter denen das Teilchen den jeweiligen Weg zurücklegen kann. So könnte das Teilchen einen bestimmten Weg zu Beginn langsam durchlaufen, danach für eine Weile schneller werden, dann auf Kriechgeschwindigkeit heruntergehen und schließlich wieder beschleunigen. Die Physiker pflegen die spezielle Art und Weise, auf die ein Weg in einer bestimmten Zeit zurückgelegt werden kann, als "Verlauf" zu bezeichnen. Bei der Formulierung des Wirkungsprinzips müssen alle möglichen "Verläufe" in Betracht gezogen werden. (Anders als Photonen, die in einem bestimmten Medium eine fest vorgegebene Geschwindigkeit besitzen, kann sich ein massebehaftetes Teilchen mit einer variablen Geschwindigkeit bewegen, die von den äußeren Umständen abhängt. Das entsprechende Wirkungsprinzip ist daher allgemeiner als das Fermatsche Prinzip und besitzt auch eine andere Formulierung. Tatsächlich verstanden die Physiker das Fermatsche Prinzip später als einen Sonderfall des Wirkungsprinzips.)

Fahren wir jedoch mit der Formulierung des Wirkungsprinzips fort. Wir ordnen jedem möglichen Verlauf einen bestimmten Zahlenwert zu, der als "Wirkung" bezeichnet werden soll. So könnte ein bestimmter Verlauf zum Beispiel durch 95,6, ein anderer durch 123,45 charakterisiert werden. Das Prinzip besagt, daß das Teilchen in der Realität dem Verlauf mit der kleinsten Wirkung folgt. Sobald wir die Form der Wirkung festgelegt haben, ermittelt das Prinzip für uns also die tatsächliche Bahn des Teilchens, genau so wie das Fermatsche Prinzip die Bahn des Lichtes bestimmt.

Man kann die Physik also auch unter Verwendung des Wirkungsprinzips formulieren. Ein bestimmter Bereich der Physik wird vollständig beherrschbar, wenn wir eine Formel finden, die uns in die Lage versetzt, die in diesem Bereich gültige Wirkung für jeden beliebigen Verlauf zu ermitteln. Die Wirkung für einen bestimmten Verlauf, dem ein Newtonsches Teilchen folgt, wird zum Beispiel wie folgt berechnet: Man subtrahiert die potentielle Energie des Teilchens von seiner kinetischen Energie und summiert diese Größe über eine Zeitspanne von t_A bis t_B.

In der Newtonschen Mechanik ist die kinetische Energie einfach die mit der Teilchenbewegung verknüpfte Energie, während die potentielle Energie eine Art gespeicherter Energie darstellt, die für eine Umwandlung in kinetische Energie bereit steht. So besitzt ein Körper in der Nähe der Erdoberfläche aufgrund seiner Anziehung durch die irdische Gravitation eine bestimmte potentielle Energie. Beim Fall des Körpers wird diese potentielle Energie in kinetische Energie umgewandelt. Beim Ski-Abfahrtslauf bezahlen wir den Lift dafür, daß er uns mit einer Menge potentieller Energie versorgt, die wir dann beim Abfahren wieder in kinetische Energie umwandeln.

Bei der Berechnung der Wirkung geht man so ähnlich vor wie ein Fabrikant, der sich vorgenommen hat, den für ein Geschäftsjahr zu erwartenden Nettogewinn für jede mögliche Produktionsstrategie zu ermitteln: Er zieht die gesamten wöchentlichen Produktionskosten von den wöchentlichen Bruttoeinnahmen ab und summiert die so gewonnene Größe über die 52 Wochen des Rechnungsjahres. Natürlich versucht ein Geschäftsmann, den Gesamtgewinn durch Anwendung des vorteilhaftesten "Verlaufs" zu einem Maximum zu machen.

Ein böser Sturz

Versuchen wir uns nun klar zu machen, wie das Wirkungsprinzip auf ein fallendes Teilchen anzuwenden ist! Wie in Abb. 28 angedeutet, muß Humpty Dumpty in einer bestimmten Zeit vom Punkt A zum Punkt B gelangen, wobei seine Wirkung einen minimalen Wert annehmen soll. Es ist klar, daß es sich für Herrn Dumpty nicht auszahlt, nicht auf einer geraden Linie nach unten zu fallen. Um die größere Entfernung längs der gekrümmten Bahn in der gleichen Zeit zurückzulegen, müßte sich Dumpty schneller bewegen und dabei seine kinetische Energie und damit auch seine Wirkung erhöhen. Aber auch wenn sich Dumpty dazu entschlossen hat, direkt nach unten zu fallen, sieht er sich immer noch einer unendlichen Anzahl möglicher Verläufe gegenüber. Um sich das Ganze etwas zu vereinfachen, könnte Dumpty damit beginnen, zwei entgegengesetzte Strategien in Erwägung zu ziehen: Er könnte zunächst langsam fallen und dann schneller werden oder zuerst schnell fallen und dann langsamer werden. Erinnern wir uns daran, daß die Wirkung gleich der über den ganzen

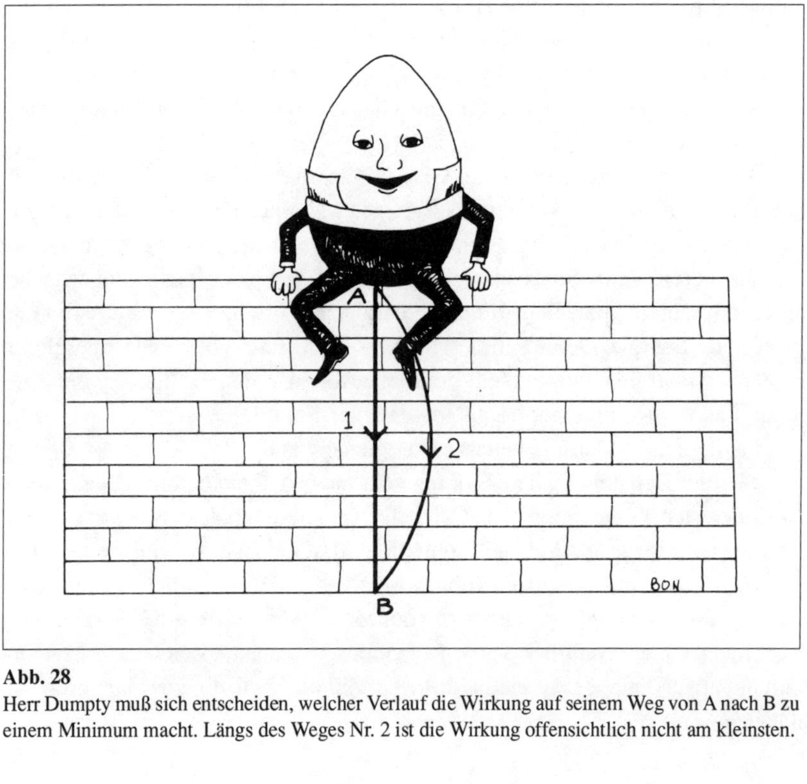

Abb. 28
Herr Dumpty muß sich entscheiden, welcher Verlauf die Wirkung auf seinem Weg von A nach B zu einem Minimum macht. Längs des Weges Nr. 2 ist die Wirkung offensichtlich nicht am kleinsten.

Verlauf summierten Differenz zwischen der kinetischen und der potentiellen Energie ist. Da die potentielle Energie mit der Entfernung vom Erdboden anwächst, ist es offensichtlich vorteilhaft, mehr Zeit in größerer Höhe zu verbringen, so daß eine größere potentielle Energie abgezogen werden kann. Dumpty beginnt daher zunächst langsam und beschleunigt dann seinen Fall. Mit Hilfe elementarer Mathematik kann man zeigen, daß die beste Strategie für Dumpty tatsächlich darin besteht, mit konstanter Beschleunigung zu fallen.

Der Leser mag das Gefühl haben, daß die Formulierung mit Hilfe des Wirkungsprinzips in diesem Fall komplizierter als die differentielle Formulierung ist. Das ist in der Tat der Fall: Unter Verwendung der letzteren Form der Darstellung läßt sich Dumptys Beschleunigung unmittelbar aus dem Newtonschen Gesetz bestimmen. Die Überlegenheit des Wirkungsprinzips über die Newtonsche Mechanik wurde erst in dem Maße deutlich, in dem das physikalische Wissen über die Newtonsche Mechanik hinaus fortschritt.

Unter himmlischer Führung

Es sei noch einmal hervorgehoben, daß das Wirkungsprinzip der Mechanik nicht mehr und nicht weniger aussagt als die Newtonschen Bewegungsgesetze. Die Wirkungsformulierung ist – obwohl kompakter und ästhetisch ansprechender – in physikalischer Hinsicht der Newtonschen Formulierung vollkommen gleichwertig.

Und doch sind die Perspektiven beider Formulierungen gänzlich unterschiedlich. Die Formulierung als Wirkungsprinzip bedeutet eine Betrachtung unter strukturellen Gesichtspunkten, bei der die verschiedenen möglichen Wege verglichen werden, auf denen ein Teilchen von "hier" nach "dort" gelangen kann.

Für den Geist des 17. oder 18. Jahrhunderts bedeuteten die Prinzipien der kürzesten Zeit und der kleinsten Wirkung den tröstlichen Beweis für eine göttliche Lenkung des Weltgeschehens: Eine weise Stimme wies jedes Teilchen im Weltall an, dem vorteilhaftesten Weg und dem günstigsten Bewegungsablauf zu folgen. Es ist daher auch nicht überraschend, daß das Prinzip der kleinsten Wirkung eine Reihe quasi-philosophischer und quasi-theologischer Schriften inspirierte, die zwar interessant zu lesen sind, sich letzten Endes aber als steril erwiesen. Die heutigen Physiker vertreten in dieser Hinsicht einen konservativeren und pragmatischeren Standpunkt, nach dem das Prinzip der kleinsten Wirkung nicht mehr als die kürzere Formulierung physikalischer Grundgesetze und die von ihm nahegelegte quasi-theologische Interpretation weder angemessen noch von tieferer Bedeutung ist.

Die ganze Welt auf einer Serviette

Es hat sich herausgestellt, daß das Wirkungsprinzip von universeller Gültigkeit ist und in der gesamten Physik angewandt werden kann. Alle seit Newton aufgestellten physikalischen Theorien lassen sich unter Zuhilfenahme des Wirkungsbegriffes formulieren. So können zum Beispiel auch die vier elektromagnetischen Gleichungen Maxwells durch ein einfaches Wirkungsprinzip in Gestalt einer Formel ersetzt werden, die uns die Berechnung einer einzigen Zahl für jede mögliche Art und Weise gestattet, auf die sich das elektromagnetische Feld verändern kann. Auch die zehn Gleichungen, mit denen Einstein seine Theorie der Gravitation beschrieb, können in eleganter Weise in einem einfa-

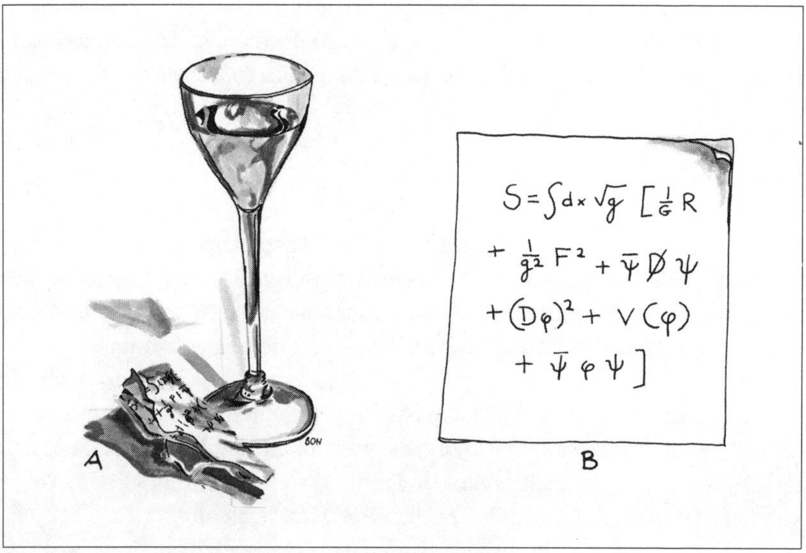

Abb. 29
A) Ein Grundlagenphysiker träumt davon, den Weltenplan auf einer Serviette aufzuschreiben. Die Formulierung unter Verwendung der Wirkung erlaubt eine außerordentlich knappe Beschreibung.
B) Die meisten Physiker glauben zur Zeit, daß die Wirkung ungefähr so aussieht, wie sie auf die Serviette gekritzelt ist. Um zu verstehen, was jedes Symbol bedeutet, muß man ein jahrelanges Studium an einer Universität absolviert haben. Man erkennt jedoch an den Pluszeichen, daß die Wirkung aus vielen Teilen besteht, die einfach addiert werden.
So beschreibt das erste Glied $\frac{1}{G}$ R die Gravitation, das zweite $\frac{1}{g2}$ F^2 die anderen drei Wechselwirkungen. Man erkennt aus der Form der Wirkung, daß die Physiker noch nicht in der Lage sind, die Natur vollkommen einheitlich zu beschreiben. Wie in Kapitel 16 geschildert, ringen die Physiker darum, einen noch knapperen Ausdruck für die Wirkung zu finden, in dem die sechs in dieser Formel auftretenden separaten Glieder zu einem einzigen Ausdruck zusammengefaßt sind.

chen Wirkungsprinzip zusammengefaßt werden. (Einstein und der deutsche Mathematiker David Hilbert entdeckten unabhängig voneinander die korrekte Formulierung des Prinzips, kurz nachdem Einstein seine Gleichungen gefunden hatte.) Der entscheidende Punkt ist der, daß das Wirkungsprinzip in einer einzigen Formel geschrieben werden kann, während man es sonst mit zahlreichen komplizierten Bewegungsgleichungen zu tun hat.

Um es noch einmal klar zu sagen: Die gesamte physikalische Welt kann offenbar durch ein einziges Prinzip – das Wirkungsprinzip – beschrieben werden. Sobald die Physiker ein neues Gebiet der Physik wie den Elektromagnetismus verstanden haben, fügen sie der Formel, mit der dieses Prinzip beschrieben wird, ein zusätzliches Glied hinzu, das dieses neue Gebiet beschreibt. In bestimmten Stadien der Entwicklung der Physik stellt das Wirkungsprinzip daher einen "Flickteppich" aus völlig verschiedenen Teilausdrücken dar – hier einen, der den Elektromagnetismus, dort einen, der die Gravitation beschreibt und so weiter. Das Ziel der Grundlagenphysik besteht nun darin, diese ganzen Teile zu einem organischen Ganzen zu vereinigen. So wie ein Mechaniker an einem Motor und ein Architekt an einem Bauplan herumbasteln, werkelt der Grundlagenphysiker an dem Wirkungsprinzip des Universums herum, indem er hier einen Teil ersetzt und dort einen anderen modifiziert.

Der Extrakt unserer Suche nach physikalischer Erkenntnis sollte sich schließlich in einer einzigen Formel darstellen lassen. Wenn ein Physiker davon träumt, eine für die gesamte physikalische Welt gültige Theorie in einer einzigen Formel zusammenzufassen, die auf einer Serviette Platz hat, so wäre diese Formel gleichbedeutend mit dem Wirkungsprinzip des Universums. Um alle möglichen Bewegungsgleichungen aufzuschreiben, würde man dagegen wesentlich mehr Platz benötigen.

Die invariante Wirkung

Es stimmt schon, daß die Würze in der Kürze liegt; es gibt jedoch noch einen anderen, entscheidenden Grund für die Bevorzugung des Wirkungsprinzips. Wir kommen damit zu unserem zentralen Thema zurück – der Symmetrie.

Bei der Erörterung des Konzeptes der Symmetrie habe ich großen Wert darauf gelegt, klar zu machen, daß die physikalische Realität verschiedenen Beobachtern zwar unterschiedlich erscheinen mag, daß ihre Struktur jedoch stets die gleiche bleiben muß. Das Wirkungsprinzip erlaubt uns nun, den Ausdruck "Struktur der physikalischen Realität" zu präzisieren.

Zur Veranschaulichung wollen wir uns an die Diskussion von Kapitel 6 erinnern, in der danach gefragt wurde, wie sich das Coulombsche Gesetz bei Anwendung einer Lorentz-Transformation verändert. Die mathematische Gleichung für das Coulombsche Gesetz hat die Form "Elektrisches Feld = Funktion der Ladung". Bei einer Lorentz-Transformation verändern sich die Größen auf beiden Seiten des Gleichheitszeichens, aber so, daß beide nach wie vor einander gleich sind: Was dem Stationsvorsteher wie ein elektrisches Feld vorkommt, erscheint dem Zugpassagier als eine Kombination aus einem elektrischen mit einem magnetischen Feld: Coulombs Gesetz hat sich in das Oerstedsche Gesetz verwandelt!

Im Jargon der Physiker sagt man, die Gleichungen seien "kovariant". Im Unterschied zu "invarianten" Gleichungen, bei denen beide Seiten unverändert bleiben, verändern sie sich bei kovarianten Gleichungen in gleicher Weise. Im Endergebnis bleibt die strukturelle Beziehung zwischen ihnen daher die gleiche, obwohl sich die beteiligten physikalischen Größen ändern. In einer etwas vereinfachenden Analogie kann man sich eine Ehe vorstellen, in der beide Partner im Lauf der Jahre "wachsen". In den seltenen Fällen, in denen Mann und Frau mit gleicher Geschwindigkeit wachsen, bleibt die Beziehung zwischen ihnen unverändert, obwohl keiner der beiden der gleiche bleibt. Nach den Feststellungen der Psychologen sind die meisten menschlichen Beziehungen allerdings nicht nur mit Sicherheit nicht zeitlich invariant, sondern leider nicht einmal kovariant.

Im Gegensatz zu den Bewegungsgleichungen bleibt das Wirkungsprinzip gegenüber der Lorentz-Transformation invariant; die Wirkung bleibt dabei also unverändert. Wenn man davon spricht, daß die Physik eine bestimmte Symmetrie aufweist, so meint man damit, daß die Wirkung invariant gegenüber einer mit dieser Symmetrie verknüpften Transformation ist. Als Resultat ergibt sich, daß der von verschiedenen Beobachtern festgestellte Verlauf durch ein und dieselbe Zahl, zum Beispiel 95,6 charakterisiert wird. Es kann also keine Diskussionen mehr darüber geben, welcher Verlauf durch das Wirkungsprinzip bevorzugt wird. Man kann daher tatsächlich davon sprechen, daß das Wirkungsprinzip die Struktur der physikalischen Realität beschreibt.

Um die Symmetrie im Bauplan der Schöpfung nachzuweisen, müßte man bei Verwendung der differentiellen Darstellung die Kovarianz jeder einzelnen der zahlreichen Bewegungsgleichungen überprüfen. Bei Verwendung des Wirkungsprinzips hingegen steht man vor der beträchtlich leichteren Aufgabe, die Invarianz der Wirkung nachzuweisen.

Es kommt auf die Wirkung an

Einen weiteren wichtigen Grund für die Bevorzugung des Wirkungsprinzips lieferte die Entwicklung der Quantenmechanik. Wie sich herausgestellt hat, läßt sich die Quantenphysik mit Hilfe dieses Prinzips nämlich auf völlig natürliche Weise beschreiben. Wir werden in Kapitel 9 näher darauf eingehen.

Aus diesen und anderen Gründen hat sich das Wirkungsprinzip auf dem Gebiet der Grundlagenphysik gegen die Beschreibung mit Hilfe von Bewegungsgleichungen durchgesetzt. In meiner eigenen Arbeit hatte ich nur sehr selten – wenn überhaupt – mit Bewegungsgleichungen und den damit verknüpften Begriffen wie "Kraft" und "Beschleunigung" zu tun.

Es gibt viele Physiker, die der Ansicht sind, daß der Schöpfer aller Dinge in Begriffen der Wirkung denkt.

8. Die Lady und der Tiger

Die Natur gibt ihren Bauplan nicht bekannt

Im Gegensatz zu einem Architekten geht die Natur mit der wunderbaren Symmetrie ihres Bauplanes nicht hausieren; sie überläßt es vielmehr den theoretischen Physikern, etwas darüber herauszufinden. Dabei sind einige ihrer Symmetrien wie die Parität und die Rotationssymmetrie unserer Intuition unmittelbar zugänglich. Wir erwarten ganz einfach, daß die Natur diese Symmetrien enthält und sind schockiert, wenn dies nicht der Fall ist. Andere Symmetrien wie die Lorentz-Invarianz und die allgemeine Kovarianz sind von raffinierterer Art und nicht in unserer alltäglichen Wahrnehmung begründet. Um herauszufinden, ob die Natur eine bestimmte Symmetrie verwendet, müssen wir in jedem Fall die Konsequenzen, die sich aus dieser Symmetrie ergeben, mit den Beobachtungen vergleichen.

Der Versuch, beobachtbare Konsequenzen einer Symmetrie abzuleiten, kann je nach Art der Symmetrie verschieden große Schwierigkeiten bereiten. Die Aufgabe wird insbesondere durch die Begrenztheit der dem Experimentator zugänglichen Phänomene erschwert, die unter Umständen so weit gehen kann, daß Folgerungen aus einer bestimmten Symmetrie niemals direkt zu beweisen sein werden.

Im vorangegangenen Kapitel hatten wir gesehen, daß eine physikalische Theorie in einer Größe zusammengefaßt werden kann, die man als "Wirkung" bezeichnet, und daß die Symmetrie der Theorie sich in der Invarianz dieser Größe gegenüber verschiedenen Transformationen manifestiert.

Nach Einstein ist es die Symmetrie, welche die Form der Wirkung bestimmt. Nun befinden sich die Physiker jedoch oft in einer Situation, in der sie nicht alle beteiligten Symmetrien kennen und diejenigen Symmetrien, die ihnen bekannt sind, nicht "restriktiv" genug sind. Dann kann es passieren, daß sie die mögliche Form der Wirkung zwar sehr stark einzuschränken vermögen, daß aber trotzdem noch viele Möglichkeiten offen bleiben. Man schreibe einem Architekten für seinen Bauplan eine bilaterale Symmetrie vor: Er kann doch noch eine grenzenlose Vielfalt an Gebäuden entwerfen.

In dieser Situation bleibt dem Physiker nichts anderes übrig, als jeden Kandidaten für die gesuchte Wirkung der Reihe nach zu untersuchen, um seine physikalischen Konsequenzen zu bestimmen – in der Tat ein mühsames Verfahren. In extremen Fällen kann es Jahre, ja sogar Jahrzehnte dauern, bis alle Folgerungen aus einer Wirkung ermittelt sind, die man buchstäblich mit ein paar Handbewegungen zu Papier bringen kann.

Man stelle sich daher vor, es käme jemand des Weges, der behauptet, auf der Stelle einige Konsequenzen einer bestimmten Wirkung angeben zu können, gleichgültig wie die Wirkung im Detail aussieht. Die Physiker müßten überglücklich sein!

Einstein in spiritueller Ekstase

Am Anfang dieses Jahrhunderts kam tatsächlich jemand des Weges: Die Mathematikerin Emmy Noether, deren tiefgründige Erkenntnisse bis heute die allgemeinsten Aussagen über invarinate Wirkungen geblieben sind, über die die Physiker verfügen. Nach ihrem Tode schrieb Einstein über Noether in der New York Times:

> *Reine Mathematik ist die Poesie logischer Ideen. Man sucht nach den allgemeinsten Prinzipien, welche die größtmögliche Menge formaler Beziehungen in einfacher, logischer und einheitlicher Form zusammenführen. Bei diesem Bemühen um logische Schönheit stößt man auf spirituelle Formeln, die für ein tiefes Eindringen in die Naturgesetze erforderlich sind.*

Wer war Emmy Noether, und worin bestand ihre “spirituelle” Entdeckung? Vor der Beantwortung dieser Fragen muß zunächst erklärt werden, was man in der Physik unter “Erhaltungssätzen” versteht.

Keine freie Verpflegung

Die Erhaltungssätze der Physik besagen, daß man aus einer Sache immer nur genau das herausbekommt, was man hineingesteckt hat, und kein bißchen mehr. Die Natur hat nichts zu verschenken: Es gilt der Satz von der Erhaltung der Energie – ein perpetuum mobile ist unmöglich.

Bis zur Jahrhundertwende waren solche Geräte sehr in Mode und wurden auf Ausstellungen gezeigt. Viele Möchtegern-Erfinder waren von der Idee besessen, man könnte eine Maschine bauen, die in alle Ewigkeit laufen würde, ohne irgendwelchen Treibstoff zu verbrauchen. Da eine reale Maschine unvermeidlich von Reibungsverlusten geplagt wird, muß ständig Energie aufgebracht werden, um sie am Laufen zu halten. Die Apparaturen, die wirklich ohne Energiezufuhr zu laufen schienen, erwiesen sich letzten Endes sämtlich als betrügerische Konstruktionen mit verborgenen Hilfsquellen, Drähten für externe Energiezufuhr und so weiter.

Sowohl in der Buchhaltung als auch in der Physik ist das Prinzip der "Erhaltung" bestimmter Größen von Wichtigkeit. Ein Buchhalter addiert zur Ausgangsbilanz alle Einzahlungen, subtrahiert alle Auszahlungen und überprüft dann, ob die Summe gleich der Schlußbilanz ist. Die Natur bewerkstelligt ihre Buchhaltung in Blitzesschnelle und hat dies seit der Entstehung der Welt unzählige Male getan. Als unbestechliche Rechnungsprüfer haben die Experimentalphysiker die Bilanz der Natur den genauesten Prüfungen unterzogen, die nach dem jeweiligen Stand der Technik möglich waren, und niemals einen Fehler gefunden. Bis heute ist kein Fall bekannt, in dem das Gesetz von der Erhaltung der Energie verletzt worden wäre.

Stellen wir uns den Zusammenstoß von zwei Milliarden Billardkugeln vor. Mißt man die Geschwindigkeit der Kugeln vor und nach ihren Zusammenstößen und berechnet die entsprechende Bewegungsenergie (das heißt die kinetische Energie) vor und nach den Kollisionen, so ist der Gesamtbetrag der Energie vorher und nachher der gleiche, obwohl sich die Energie der einzelnen Kugeln bei den Zusammenstößen vollkommen verändert hat.

Verbessert ein Experimentator nun die Genauigkeit seiner Messungen an den Billardkugeln, so wird er am Ende doch eine sehr kleine Diskrepanz feststellen: Ein winziger Betrag an kinetischer Energie ist verlorengegangen! Hat die Natur etwa ähnlich einem Computerdieb bei einer Bank die letzte Stelle in jedem Guthaben zu ihrem eigenen Vorteil aufgerundet? Nein, sie hat den winzigen Betrag einfach nur auf andere Konten transferiert. Mit immer feineren Instrumenten mißt unser unermüdlicher Buchprüfer nun die Energie, die von den Schallwellen davongetragen wurde, die bei dem Zusammenprall entstanden sind. Er stellt auch fest, daß die Billardkugeln um einen Hauch wärmer geworden sind; sogar der Tisch hat sich geringfügig erwärmt. Nachdem der Experimentator alle möglichen Energieformen berücksichtigt hat, ist die Bilanz tatsächlich wieder ausgeglichen.

Das Prinzip der Erhaltung der Energie stellt für die Physiker bei ihren Berechnungen eine große Hilfe dar. Betrachten wir ein ebenso einfaches wie faszinierendes Beispiel: Die Bewegung eines Pendels. Kennt man für jeden beliebigen Zeitpunkt die auf das Pendel wirkende Gravitationskraft, kann man über Newtons Gesetz berechnen, wie sich die Geschwindigkeit des Pendels verändert. Durch Voranschreiten von einem Zeitpunkt zum anderen läßt sich die Bahn des Pendels bestimmen. Man kann sich aber auch einfach klar machen, daß beim Hin- und Rückschwingen des Pendels eine Umwandlung zwischen kinetischer und potentieller Energie im Rhythmus des Pendelschlages stattfindet. Aus Kapitel 7 erinnern wir uns, daß das Pendel umso mehr potentielle Energie besitzt, je höher es sich über dem Boden befindet. Am höchsten Punkt, wenn das Pendel für einen Augenblick unbeweglich verharrt, ist seine kinetische Energie gleich Null, während seine potentielle Energie ihren maximalen Wert besitzt. Im niedrigsten Punkt ist seine kinetische Energie maximal, während seine potentielle Energie ihren Minimalwert annimmt. Die Gesamtenergie jedoch bleibt immer gleich groß, wenn wir von kleinen Effekten wie dem Luftwiderstand absehen. Die Geschwindigkeit des Pendels läßt sich für jeden Punkt seiner Bahn auf einfache Weise aus seiner kinetischen Energie ermitteln, die man durch Subtraktion der potentiellen Energie von seiner Gesamtenergie erhält. Diese Methode ist gänzlich verschieden von dem differentiellen Verfahren, bei dem man versucht, das Pendel von einem Augenblick zum nächsten zu verfolgen. Die Benutzung des Energieerhaltungssatzes für die Bestimmung der Bewegung ist nicht nur einfacher, sondern in vieler Hinsicht auch intellektuell befriedigender.

Jeder, dem man in der Schule eine Portion Physik verabreicht hat, weiß, daß es noch eine Anzahl weiterer Erhaltungssätze gibt. So bleibt beispielsweise auch der Impuls stets in gleicher Größe erhalten.

Energie- und Impulserhaltung sind besonders in der modernen Physik von großer Bedeutung. In riesigen Beschleunigeranlagen werden Teilchen wie Elektronen und Protonen von den Physikern auf enorme Energien beschleunigt und aufeinander geschossen, um aus ihrem Zusammenprall Rückschlüsse auf die Geheimnisse der Natur zu ziehen. Bei solchen Kollisionen fliegen zahlreiche Teilchen in verschiedene Richtungen davon. Auf diese Weise wurden viele bis dahin unbekannte subnukleare Partikel entdeckt, von denen einige nur für kurze Zeit überleben. Ihre Lebensdauer kann derart gering sein, daß sie sogar bei lichtschneller Bewegung keine meßbare Spur hinterlassen, bevor sie in stabilere und bekanntere Teilchen zerfallen.

Stellen wir uns vor, ein Experimentator entdeckt ein Elektron und ein Proton, die mit hoher Geschwindigkeit voneinander weg fliegen. Er hat Grund zu der Annahme, daß beide Teilchen der gleichen Quelle – einem zerfallenden "Mutterteilchen" – entstammen. Er kann dann aus den Meßwerten für Energie und Impuls von Elektron und Proton unter Zuhilfenahme der Erhaltungssätze die Energie und den Impuls des unsichtbaren, unbekannten Mutterteilchens bestimmen. Kennt er des weiteren auch die erstmals von Newton formulierten und durch Einstein verallgemeinerten grundlegenden Beziehungen zwischen Energie, Impuls und Masse eines Teilchens, so kann er schließlich die Masse des unsichtbaren zerfallenden Teilchens bestimmen.

Übrigens ist die in diesem Kapitel benutzte Analogie zur Buchhaltung nicht ganz zutreffend. Daß ein Konto ausgeglichen sein sollte, stellt eine selbstverständliche Forderung dar, auch wenn sie zuweilen nur unter verzweifelten Bemühungen zu erfüllen ist. Wir stellen damit nicht mehr als unsere Fähigkeit des korrekten Zählens unter Beweis. Die Tatsache jedoch, daß Energie und Impuls erhalten bleiben, ist von tieferer Bedeutung und verrät uns etwas über den inneren Aufbau der Natur.

Was aber ist nun eigentlich Energie? Wenn wir einen Satz von Gleichungen haben, die festlegen, wie sich ein physikalisches System zeitlich ändert, versuchen wir, eine Größe zu finden, die dabei erhalten bleibt. Dabei wüßten wir a priori jedoch nicht zu sagen, ob beispielsweise die kinetische Energie eines frei beweglichen Teilchens seiner Geschwindigkeit, dem Quadrat seiner Geschwindigkeit oder deren dritter Potenz proportional ist. Allgemein stellt sich also die Frage: Wie bestimmt man, welche Größe für eine bestimmte Wirkung erhalten bleibt?

Bevor Noether des Weges kam, hatten die Physiker Zuflucht bei der als "Versuch und Irrtum" bekannten Methode gesucht, indem sie mit den jeweiligen Gleichungen jonglierten, bis sie eine Kombination von Größen gefunden hatten, die sich zeitlich nicht änderte. Nehmen wir den einfachsten Fall zweier Newtonscher Teilchen, deren Wechselwirkung auf eine Kraft zurückgeht, die von ihrem gegenseitigen Abstand abhängt. Bei den beiden "Teilchen" könnte es sich zum Beispiel um die Erde und die Sonne handeln. Hinsichtlich der Form, in der die Energie in diesem Falle darzustellen wäre, könnte ein Physiker zuerst zu der folgenden Vermutung gelangen: Man multipliziere die Masse jedes Teilchens mit dem Quadrat seiner Geschwindigkeit und addiere diese beiden Zahlenwerte.

Nach Newton verändert sich die Geschwindigkeit eines Teilchens mit einer Rate, deren Wert sich ergibt, wenn man die wirkende Kraft durch die Masse des Teilchens dividiert. Ist unserem Physiker dies bekannt, kann er sich unschwer ausrechnen, ob seine Versuchsgröße sich ändert: Sie tut es in der Tat. Ist unser Physiker jedoch clever genug, so wird er bemerken, daß dann, wenn er zu seiner Kombination eine Größe hinzuaddiert, die vom Abstand zwischen den Teilchen abhängt – voila! – sich die Gesamtsumme nicht verändert. Er hat also eine Erhaltungsgröße gefunden und entscheidet sich dafür, sie auf den Namen "Energie" zu taufen. Unser Physiker hat Glück gehabt, daß seine erste Vermutung richtig war. Hätte er die Geschwindigkeit zur dritten statt zur zweiten

Potenz erhoben oder nicht mit der Teilchenmasse multipliziert, wäre er durch kein noch so langes Jonglieren auf seine Erhaltungsgröße gekommen. Manche Leser werden sich daran erinnern, daß man in Schulbüchern einfach definiert, was Energie ist und erst hinterher beweist, daß sie wirklich erhalten bleibt. Das entspricht jedoch nicht der Methode, mit der die Physik vorgeht.

Es wäre eine äußerst mißliche Angelegenheit, müßten die Physiker zur Ermittlung von Erhaltungsgrößen wirklich nach der Methode von Versuch und Irrtum vorgehen – insbesondere bei den viel abstrakteren Wirkungen, die man heutzutage in Erwägung zieht – zumal man a priori auch gar nicht weiß, wie viele Erhaltungsgrößen eine bestimmte Wirkung beinhaltet.

Leben und Zeit der Emmy Noether

Nun aber kommt uns Emmy Noether zu Hilfe! Amalie Emmy Noether (1882 – 1935) war eine große Mathematikerin, die schwer um ihr Recht kämpfen mußte, das zu werden, was sie sein wollte. Während Frauen in Frankreich schon 1861, in England 1878 und in Italien 1885 zum Universitätsstudium zugelassen waren, gab es in Deutschland um die Jahrhundertwende immer noch einen enormen Widerstand gegen das Streben von Frauen nach höherer Bildung. Ein bekannter Gelehrter dieser Zeit traf die donnernde Prophezeihung, die Zulassung von Frauen an Universitäten würde zu einer "schändlichen Zurschaustellung von Unmoral" führen. Dessen ungeachtet beharrte Noether auf ihrem Verlangen und schaffte es tatsächlich, den Doktortitel zu erwerben. Es stand jedoch außer Frage, daß man ihr keinerlei akademische Position zugestehen würde.

Im Jahre 1915 wurde der bedeutende Mathematiker David Hilbert, dem wir bereits als Mitentdecker des Wirkungsprinzips für Einsteins Gravitationstheorie begegnet sind, auf Noethers Fähigkeiten aufmerksam und lud sie zu sich nach Göttingen ein – in eine Stadt, die damals ein führendes Zentrum der deutschen Wissenschaft war. Seine Versuche, für sie das Recht auf kostenlose Vorlesungen zu erwirken, waren vergebens. Man glaubt noch heute den entrüsteten Aufschrei zu hören: "Erst wollen sie studieren, und jetzt wollen sie sogar noch Vorlesungen halten!" Offiziell wurde das Ersuchen wegen "unzureichender gesetzlicher Regelungen" zurückgewiesen. Nach einem Gesetz aus dem Jahre 1908 war das Recht, Vorlesungen zu halten, allein Männern reserviert. Nach einer Fakultätssitzung, bei der Philologen und Historiker keinen Millimeter von diesem Standpunkt abgewichen waren, stürmte der erbitterte Hilbert mit dem Ruf: "Wir sind schließlich eine Universität und keine Badeanstalt!" aus dem Sitzungssaal.

Obwohl der Erste Weltkrieg für Deutschland nicht viel Gutes brachte, veränderte er doch die deutsche Gesellschaft. Im Jahre 1918 wurde der rechtliche Status der Frau verbessert, und so erhielt auch Emmy Noether nach einer mündlichen Prüfung durch die Fakultät das Recht, Vorlesungen zu halten. Unter der alten Garde gab es vernehmliches Gemurre darüber, daß den Soldaten, die bereits bei der Verteidigung des Vaterlandes so viel erlitten hatten, nun auch noch zugemutet wurde, einer Frau zuzuhören.

Symmetrie und Erhaltungsgrößen

Emmy Noether präsentierte ihr berühmtes Ergebnis während ihrer Prüfung durch die Fakultät. Diese Prüfung mußte sie zum Nachweis ihrer Qualifikation ablegen, Vorlesungen halten zu können. Sie hatte sich mit Wirkungen beschäftigt, die gegenüber Symmetrietransformationen invariant waren. Es war klar, daß solche Wirkungen besondere Eigenschaften haben mußten, aber welche?

Zunächst ist es sinnvoll, zwischen kontinuierlichen Symmetrien wie Drehungen und diskreten Symmetrien wie der Parität zu unterscheiden. Wie der Name sagt, kann man die einer kontinuierlichen Symmetrie zugehörige Transformation kontinuierlich vornehmen: Im Falle einer Drehung zum Beispiel kann der Drehwinkel kontinuierlich verändert werden. Bei der Parität hingegen gibt es entweder eine Spiegelung, oder es gibt keine.

In einem Gedankenblitz wurde Noether klar, daß jeder kontinuierlichen Symmetrie in der Wirkung eine bestimmte Erhaltungsgröße entspricht. Die beiden von den Physikern so innig geliebten Konzepte der Symmetrie und der Erhaltung bestimmter Größen sind also tatsächlich miteinander verknüpft!

Wie bereits erwähnt, ist diese Verbindung nicht nur von tiefreichender theoretischer, sondern auch von immenser praktischer Bedeutung. Der experimentelle Nachweis einer Erhaltungsgröße zeigt sofort, daß der Bauplan der Natur eine kontinuierliche Symmetrie enthält. So war beispielsweise seit dem Ende des 18. Jahrhunderts bekannt, daß die elektrische Ladung eine Erhaltungsgröße ist. Die Entdeckung Noethers veranlaßte die Physiker, die Theorie des Elektromagnetismus erneut zu überprüfen und nach der für die Ladungserhaltung verantwortlichen Symmetrie zu fahnden. Auf diese Weise wurde ein vertieftes Verständnis einer beinahe hundert Jahre alten Theorie erreicht. Die vorausgesagte Symmetrie wurde schnell gefunden und als "Eichsymmetrie" bekannt. In den folgenden Kapiteln werden wir sehen, daß der Begriff der Eichsymmetrie sich als der Schlüssel erwiesen hat, der den Physikern Zugang zu den Geheimnissen des Universums verschafft hat.

Die Noethersche Entdeckung half den Physikern auf verschiedene Weise. Als sie begannen, die nukleare und später die subnukleare Welt zu erforschen, hatten sie keine Ahnung von der in diesem Bereich gültigen Wirkung; sie stellten jedoch fest, daß bestimmte Größen erhalten blieben. Nach der Erkenntnis Noethers mußte die Wirkung also einer zugehörigen Symmetrie genügen. Heute sind die Physiker in der Lage, eine erste Vermutung darüber zu äußern, worum es sich bei dieser Wirkung handeln könnte. Wir werden später die erfolgreiche Anwendung dieser Strategie noch genauer beschreiben. Glichen die Physiker bei ihrem Versuch, die Symmetrie im Teppich der Natur zu erkennen, früher noch halbblinden Kunstkritikern, so hat ihnen Emmy Noether das volle Sehvermögen verliehen.

Weiß man nun umgekehrt, welche Symmetrietransformationen eine bestimmte Wirkung ungeändert lassen, so weiß man auch sofort, wieviele zugehörige Erhaltungssätze es geben sollte. Erinnern wir uns an die mühsame Schinderei der Physiker mit der Methode "Versuch und Irrtum"! Sie ist nicht mehr nötig, seitdem Emmy Noether herausfand, wie man die Erhaltungsgrößen bestimmt.

Das Wunderbare an der Noetherschen Regel ist, daß sie von den Einzelheiten der Wirkung unabhängig ist. Daher genügen verschiedene Wirkungen, die gegen die gleiche Symmetrietransformation invariant sind, notwendigerweise alle den gleichen Erhaltungssätzen. Die Physiker müssen also nicht länger alle Wirkungen der Reihe nach durcharbeiten, um die Erhaltungssätze herauszufinden.

Plus ça change

Die Erhaltung von Energie und Impuls war seit Jahrhunderten bekannt, ohne daß die Physiker sie jemals explizit mit Symmetrien in Verbindung gebracht hätten. Es ist sehr instruktiv, im Lichte der Erkenntnis Emmy Noethers danach zu fragen, welche Symmetrien für diese beiden Erhaltungssätze verantwortlich sind. Da Energie und Impuls von derart grundlegender Bedeutung sind, müssen auch die zugehörigen Symmetrien von universeller Gültigkeit sein. Welche sind es?

Wendet man das Noethersche Theorem an, so findet man, daß die Energie erhalten bleibt, weil sich die physikalischen Gesetze zeitlich nicht ändern. Präziser ausgedrückt führt das Theorem auf die Forderung, daß die Wirkung invariant gegen eine "Verschiebung" in der Zeit ist. Das ist aber gerade das, was wir von physikalischen Gesetzen erwarten! Wir möchten, daß die Physik gestern, heute und morgen die gleiche ist.

Welche Bedeutung das Gesetz von der Energieerhaltung besitzt, können wir uns auf einfache Weise verständlich machen, indem wir ein Beispiel betrachten, bei dem es scheinbar nicht erfüllt ist. Dazu stellen wir uns eine Schaukel auf einem Spielplatz vor. Ein Erwachsener gibt einem Kind auf der Schaukel einen festen Stoß. Das Kind könnte den Eindruck gewinnen, die Gesetze der Physik würden sich mit der Zeit verändern; es "fühlt", wie die Kraft auf die Schaukel scheinbar geringer wird. Die Energie bleibt also offenbar nicht erhalten, jedoch nur deswegen nicht, weil wir uns auf die Bewegung der Schaukel konzentriert haben. Untersuchen wir das aus Schaukel, Eltern und Erde bestehende größere System, so geht natürlich keine Energie verloren.

Was sagt das Noethersche Theorem über die Erhaltung des Impulses? Es stellt sich heraus, daß der Impuls erhalten bleibt, weil die Wirkung invariant gegen eine Verschiebung im Raum ist. Anders gesagt: Die Impulserhaltung ist eine Folge der Tatsache, daß die Physik hier, dort und überall sonst die gleiche ist! Betrachten wir auch hierfür ein einfaches Beispiel. Nehmen wir an, wir lassen eine Kugel auf einen Hügel zu rollen. Beim Hinaufrollen auf den Hügel verliert die Kugel offensichtlich an Geschwindigkeit, der Impuls scheint also nicht erhalten zu bleiben. Wiederum jedoch haben wir unsere Aufmerksamkeit auf die Kugel eingeengt. Die von ihr "erfahrenen" physikalischen Gesetze scheinen sich räumlich zu verändern, je nachdem ob sich die Kugel auf dem Abhang des Hügels befindet oder nicht. In Wirklichkeit ist es jedoch so, daß wir, wenn wir die Kugel in die eine Richtung rollen, die ganze Erde zwingen, sich in die andere Richtung zu bewegen, was deswegen möglich ist, weil wir mit der Erde über die Gravitation und die Reibungskraft verbunden sind. Sobald die Kugel den Abhang hinaufrollt und dabei an Geschwindigkeit verliert, verlangsamt sich auch die Bewegung der Erde in die andere Richtung: Der Impuls des gesamten Systems bleibt unverändert.

Ein anderer grundlegender Erhaltungssatz besagt, daß der Drehimpuls erhalten bleibt – ein Gesetz, das am elegantesten im Vortrag einer Eiskunstläuferin zum Ausdruck kommt. Sobald die Läuferin ihre Arme anzieht, bewirkt die Erhaltung des Drehimpulses, daß sie sich schneller dreht. Noethers Theorem enthüllt, daß die Drehimpulserhaltung aus der Invarianz gegen Rotation herrührt: Die physikalischen Gesetze sind immer die gleichen, egal in welche Richtung die Läuferin sieht.

Die Erhaltungssätze für Energie, Impuls und Drehimpuls gehören zu den ersten Gesetzen, die man während des Physikstudiums kennenlernt. Gemeinsam regieren sie die Bewegung aller Körper im physikalischen Universum, von den Kollisionen der Galaxien bis hinunter zum Wirbel der Elektronen im Atom. Viele Jahre lang kam ich niemals auf die Idee, mich nach der Herkunft dieser

Gesetze zu fragen. Sie erschienen mir als derart fundamental, daß sie keiner weiteren Erklärung bedurften. Als ich dann von der Noetherschen Idee hörte, war ich davon auf das Tiefste beeindruckt. Die Erkenntnis, daß diese grundlegenden Erhaltungssätze eine Konsequenz der Forderung sind, daß die Physik gestern, heute und morgen, hier, dort und irgendwo anders, in Osten, Westen, Norden und Süden ein und dieselbe ist, war für mich ebenso wie für Einstein von wahrhaft spiritueller Natur.

Der Noethersche Satz gehört zu den physikalischen "Offenbarungen", an die ich mich noch heute sehr deutlich erinnere. Ich war schon immer von der Fähigkeit des menschlichen Geistes fasziniert, das Universum zu begreifen; nur selten jedoch bin ich auf solche wahrhaft genialen Einblicke wie die der Emmy Noether gestoßen. Entdeckungen dieser Art erfüllen mich mit Entzücken, Rührung und Ehrfurcht. Als absolute Wahrheiten sind sie ebenso tiefgründig wie einfach. Obwohl ich Physiker bin, finde ich das Verhalten eines Atomkerns oder eines Kristalls unter diesen oder jenen Bedingungen im Vergleich dazu nicht besonders interessant. Was die phänomenologische Beschreibung des Universums betrifft, wird das, was uns heute interessiert, für spätere Generationen von geringem Interesse sein. Bereits die gegenwärtige Generation von Grundlagenphysikern betrachtet die phantastischen Entdeckungen der Teilchenphysik vor zwanzig Jahren nur noch als "dieses oder jenes Phänomen" – um mit Einsteins Worten zu sprechen. Die Verknüpfung zwischen Symmetrie und Erhaltungssätzen jedoch wird für immer von fundamentaler Bedeutung bleiben.

9. Das Große Buch des Universums

Niemand kann das Große Buch des Universums lesen, wenn er nicht die Sprache versteht, in der es geschrieben ist: Die Sprache der Mathematik.
Galilei

Die Mathematik der Symmetrie

Wie wir sahen, führt die Suche nach fundamentalen Symmetrien letztlich auf die Untersuchung von Transformationen, welche die grundlegenden physikalischen Wirkungen nicht verändern - Transformationen wie Spiegelung, Drehung, die Lorentz-Transformation und ähnliche.

Um die strukturellen Eigenschaften von Transformationen zu beschreiben, haben Mathematiker und Physiker eine besondere Sprache entwickelt: Die "Gruppentheorie". Im folgenden wollen wir für den späteren Gebrauch einige Grundbegriffe der Gruppentheorie erläutern. Die nächsten beiden Abschnitte sind daher notwendigerweise stärker mathematischer Natur und die "mathematischsten" des Buches überhaupt. Glücklicherweise muß man keine komplizierten Details durcharbeiten, um den Rest des Buches zu verstehen. Es kommt nur darauf an, ein gewisses Verständnis von bestimmten Begriffen zu erwerben, die später benutzt werden sollen. Die entscheidenden Punkte werden am Ende dieser Erörterungen noch einmal zusammengefaßt.

Hat man erst einmal seine anfängliche Angst überwunden und sich mit dem Fachjargon angefreundet, erscheint die Gruppentheorie als eine ganz natürliche und verständliche Angelegenheit. Nehmen wir an, wir sollten eine Reihe verschiedener Transformationen untersuchen - welche Fragen würden uns dann interessieren? Im wesentlichen hätte man gern zwei Informationen: Zum einen möchte man wissen, wie das Endergebnis zweier aufeinanderfolgender Transformationen aussieht. Auf diese Weise erhält man eine Auskunft darüber, wie verschiedene Transformationen miteinander verknüpft sind. Zum zweiten ist man daran interessiert, wie die Transformationen selbst verschiedene Objekte miteinander verknüpfen. Diese beiden Fragen werden daher auch die Leitmotive in der folgenden Diskussion darstellen.

Kombinierte Transformationen

Hat man zwei Transformationen T_1 und T_2, so kann man sich überlegen, was geschieht, wenn man zuerst T_1 und danach T_2 anwendet. Die Physiker bezeichnen diese Kombinination von Transformationen symbolisch durch $T_1 \times T_2$. In der "Lektion des Bibers" beispielsweise wählt Lewis Carroll als Transformationen "Dämpfen" und "Salzen". Wenn T_1 Dämpfen und T_2 Salzen bedeutet, so wäre die $T_1 \times T_2$ diejenige Operation, bei der zuerst gedämpft und dann gesalzen wird. In einem etwas seriöseren Beispiel könnte T_1 eine Drehung von 17° um eine bestimmte Achse sein und T_2 eine Drehung von 21° um eine andere Achse. Dann wäre $T_1 \times T_2$ die Drehung, die man erhält, wenn man zuerst die Drehung T_1 und danach die Drehung T_2 ausführt.

Eine Operation, bei der zwei Transformationen miteinander kombiniert werden, können wir uns als eine Art von Multiplikation vorstellen. Man kann die gewöhnliche Multiplikation von Zahlen in der Tat als einen Sonderfall dieses Kombinationsverfahrens ansehen. Wenn beispielsweise ein Anleger sein Kapital in einem Jahr verdreifacht, könnte man sagen, daß er jede Mark in 3 Mark "transformiert" hat. Nehmen wir weiter an, er würde sein Geld im darauffolgenden Jahr verfünffachen. Dann hätte die kombinierte Operation, die wir mit 3×5 bezeichnen wollen, jede Mark in 15 Mark transformiert.

Eine besondere Rolle bei der gewöhnlichen Multiplikation spielt die Zahl 1: Multipliziert man eine beliebige Zahl mit 1, so ist das Ergebnis gleich der Zahl selbst. Auch für andere Transformationsarten existiert eine spezielle Transformation, die bei einer Kombination mit anderen Transformationen alles unverändert läßt. Sie wird als "identische Transformation" bezeichnet und durch den Buchstaben I symbolisiert. So ist die I-Transformation für Rotationen nichts anderes als die Rotation um 0° - das heißt überhaupt keine Rotation.

Die Multiplikation von Transformationen gehorcht den gleichen Gesetzen wie die gewöhnliche Multiplikation bis auf einen entscheidenden Unterschied: Während $3 \times 5 = 5 \times 3$ ist, ist das Produkt $T_1 \times T_2$ nicht notwendigerweise das gleiche wie $T_2 \times T_1$. Es kommt auf die Reihenfolge an. Das ist jedoch nicht besonders überraschend. Im alltäglichen Leben gibt es viele Handlungen, die in einer bestimmten Reihenfolge ausgeführt werden müssen, um wirksam zu sein. Was Carrolls Beispiel anbetrifft, so ist zu vermuten, daß man etwas unterschied-

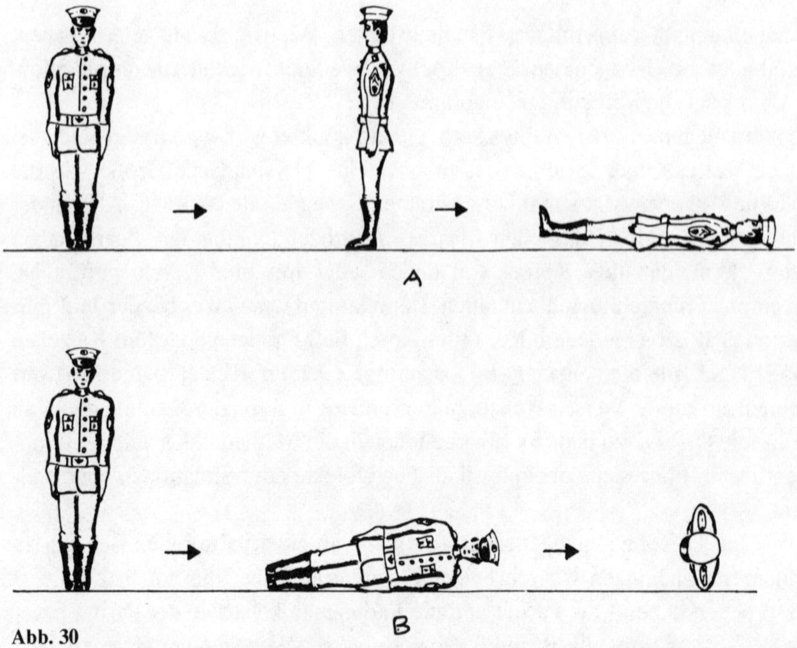

Abb. 30
A) Ein Rekrut in einem Ausbildungslager versucht, zwei Kommandos eines Feldwebels zu befolgen.
B) Was wäre geschehen, wenn der Feldwebel die beiden Kommandos in umgekehrter Reihenfolge gegeben hätte?

liche Ergebnisse erhält, je nachdem ob man zuerst dämpft oder zuerst salzt. Kehren wir jedoch bei unserer Diskussion zum wissenschaftlichen Ernst zurück und illustrieren diesen Punkt wieder am Beispiel von Drehungen.

Stellen wir uns dazu einen Marinesoldaten in einem Ausbildungslager vor. Ruft der Feldwebel "Drehung um 90° ostwärts um die vertikale Achse!" (wie ich vermute, gibt es beim Militär für dieses Manöver eine etwas anderslautende spezielle Formulierung), so wendet sich unser Rekrut nach Osten. Nehmen wir an, der Ausbilder ruft als nächstes: "Drehung um 90° ostwärts um die Nord-Süd-Achse!" Nach Befolgung dieses Befehls findet sich unser Rekrut auf dem Rücken liegend vor, wobei sein Kopf nach Westen und seine Füße nach Osten weisen. Was aber, wenn der Ausbilder seine Kommandos in umgekehrter Reihenfolge gibt? Man überzeugt sich leicht davon, daß unser Rekrut dann am Ende auf dem linken Ellenbogen ruht, während sein Kopf nach Norden weist. Es kommt eben auf die Reihenfolge an. Aus diesem Grund war die Untersuchung von Drehungen für Generationen von Physikern auch ein wahrer Greuel.

Zum Glück für die Physiker hat sich herausgestellt, daß die Mathematiker die Multiplikation von Transformationen bereits im 19. Jahrhundert unter der

Bezeichnung “Gruppentheorie” studiert hatten. Wie wir gerade gelernt haben, beinhaltet die Gruppentheorie eine Art von weiterentwickelter Multiplikation, in der es auf die Reihenfolge ankommt.

Im Gegensatz zu den Physikern, die auf konkretere Dinge fixiert sind - sei es ein reales Objekt wie ein Atom oder eine physikalische Größe wie die Wirkung - geben Mathematiker abstrakten Systemen den Vorzug. Als Kinder haben wir alle einen ähnlichen Abstraktionsprozeß durchlaufen. Zuerst haben wir gelernt, daß drei Körbe, von denen jeder mit fünf Äpfeln gefüllt ist, zusammen fünfzehn Äpfel enthalten. Dann lernten wir, daß es bei der Multiplikation egal ist, ob in jedem Korb fünf Äpfel, fünf Orangen oder fünf Kätzchen sind. Nach meinen eigenen Beobachtungen lernen Kinder bemerkenswert schnell, in dieser Weise zu abstrahieren und zu multiplizieren, ohne dabei an konkrete Objekte zu denken. So arbeitet auch ein Mathematiker mit der Gruppentheorie, ohne sich dabei physikalische Objekte oder Situationen vorzustellen.

Um die vorangegangenen Erörterungen an einem abstrakten Beispiel zu illustrieren, benutzen wir die beiden Symmetrien, über die wir in Kapitel 3 gesprochen haben - die Parität und die Ladungsumkehr. Die der Parität zugeordnete Transformation ist die Reflexion unserer Welt in eine “Spiegelwelt”; bei der Ladungsumkehr ersetzt die Transformation Teilchen durch ihre jeweiligen Antiteilchen. Für einen Mathematiker sind die Regeln für die Multiplikation der Transformationen für diese beiden Symmetrien in struktureller Hinsicht identisch: Zwei aufeinanderfolgende Spiegelungen bringen uns in unsere eigene Welt zurück, und eine zweimalige Ladungsumkehr überführt ein Teilchen wieder in sich selbst. Ein Mathematiker würde sagen, daß es sich in beiden Fällen um eine Transformation handelt, für die $T \times T = I$ gilt; mit anderen Worten: Eine zweimalige Transformation führt uns in beiden Fällen dahin zurück, wo wir hergekommen sind. Diese Beziehung ist alles, was einen Mathematiker interessiert. Es ist ihm vollkommen gleichgültig, ob der Physiker dabei an die Parität und die Ladungsumkehr oder den Austausch von Yin und Yang denkt, so wie auch die meisten Menschen multiplizieren lernen, ohne dabei an Körbe mit Äpfeln zu denken.

Nach dieser Einführung sind wir endlich bereit, eine Gruppe zu definieren: Eine Gruppe ist nichts anderes als eine Menge von Transformationen, die man miteinander multiplizieren kann. Will uns jemand eine bestimmte Gruppe beschreiben, so muß er uns sagen, welche Transformationen die Gruppe enthält, und uns darüber informieren, wie wir die Transformationen miteinander multiplizieren sollen. So wie die normale Multiplikation vollständig durch das Kleine Einmaleins festgelegt wird, wird eine Gruppe durch ihre Transformationen und durch eine Multiplikationstabelle bestimmt. Die einfachste Gruppe besteht zum Beispiel nur aus zwei Transformationen, I und T. Die Multiplikationstabelle enthält nur vier Eintragungen: $I \times I = I$, $I \times T = T$, $T \times I = T$ und $T \times T = I$.

Wie man sieht, laufen die ersten drei Eintragungen auf nichts anderes als auf die Definition von I als "Identität" hinaus. Die ganze Sache könnte nicht einfacher sein. Die dergestalt definierte Gruppe ist als Z(2) bekannt und für theoretische Physiker wichtig, die sich mit der Parität oder der Ladungsumkehr beschäftigen. Ein anderes Beispiel ist die Gruppe SO(3), die alle möglichen Rotationen im dreidimensionalen Raum als Elemente enthält. Die Multiplikationsregeln werden durch das Ergebnis zweier aufeinanderfolgender Rotationen bestimmt.

Das Ganze erinnert mich etwas an die Geschichte von der Versammlung von Witze-Erzählern. Ein Teilnehmer ruft "C-46!", worauf die anderen in anerkennendes Gelächter ausbrechen. Dann steht ein anderer auf und ruft "S-5!", was wieder allgemeines Gelächter zur Folge hat. Der verwunderte Besucher fragt einen Bekannten, was das zu bedeuten hat, worauf dieser erklärt: "Wir haben die Witze klassifiziert und numeriert und kennen sie alle auswendig." So ähnlich haben auch die Mathematiker alle möglichen Gruppen klassifiziert und numeriert. Besucht mich ein Kollege in meinem Büro, kann es passieren, daß er oder sie "SO(3)" oder "E(6)" vor sich hin murmelt und damit ein verständnisvolles Nicken meinerseits provoziert. Er oder sie hat dann gerade eine Vermutung über die Gruppe geäußert, die die Natur in ihrem Bauplan verwendet haben könnte.

Da wir schon einmal dabei sind, will ich auch die Pointe der Geschichte nicht verschweigen: Schließlich steht ein Teilnahmer auf und ruft "G-6!" woraufhin alle vor Gelächter fast zusammenbrechen. Der Besucher erkundigt sich, warum gerade dieser Witz so außerordentlich komisch sei und erhält die Antwort: "Ach, das ist Rudi Ratlos, der ist so blöd, daß er nicht weiß, daß es G-6 überhaupt nicht gibt!" So würden auch meine Kollegen überrascht die Stirn runzeln, wenn ich in einem Seminar G(6) erwähnen würde, denn eine solche Gruppe existiert nicht. Wir halten also fest, daß die Mathematiker alle möglichen Gruppen klassifiziert und mit bestimmten Bezeichnungen versehen haben.

Nun gut, was hat das Ganze aber mit Physik zu tun? Wie bereits erläutert, sind die Physiker an Transformationen interessiert, die die Wirkung unverändert lassen. Solche Transformationen werden "Symmetrietransformationen" genannt. Wenn nun sowohl T_1 als auch T_2 eine Symmetrietransformation ist, so ist auch $T_1 \times T_2$ eine solche. Daß diese Feststellung richtig ist, ergibt sich einfach aus der Definition. Wenn weder T_1 noch T_2 die Wirkung verändern, so wird sie auch nicht verändert, wenn wir zuerst T_1 und dann T_2 anwenden. Mit anderen

Worten: Symmetrietransformationen bilden eine Gruppe, und wenn sich ein Physiker mit Symmetrien befaßt, stößt er irgendwann automatisch auf die Gruppentheorie. Natürlich ist die Gruppe Z(2) so einfach, daß man keinen Kurs in Höherer Mathematik benötigt, um ihre Struktur vollkommen zu verstehen. Wenn Physiker jedoch auf kompliziertere Gruppen stoßen, sind sie sehr dankbar dafür, daß diese bereits von den Mathematikern ausgearbeitet worden sind.

Wie bereits erwähnt, kann ein Mathematiker Z(2) als eine abstrakte Gruppe studieren, ohne sich dabei auf die Parität oder die Ladungsumkehr beziehen zu müssen. Natürlich ist dieses Beispiel recht trivial; es illustriert jedoch die wichtige Tatsache, daß viele mögliche Gruppenstrukturen, die für physikalische Theorien in Vergangenheit, Gegenwart und Zukunft von Bedeutung waren, sind und sein werden, bereits von den Mathematikern untersucht worden sind: Die Mathematik braucht nicht auf die Physik zu warten.

Darstellungen

Wie in der Einleitung zu diesem Kapitel angekündigt, wollen wir nun untersuchen, wie die Transformationen einer bestimmten Gruppe verschiedene Objekte miteinander verknüpfen. Man spricht davon, daß die derart zusammengefaßten Objekte eine "Darstellung" der Gruppe bilden.

Vereinfacht gesagt stellt die Darstellung einer Gruppe ein Modell der Gruppe dar, ähnlich dem Architekturmodell für ein bestimmtes Gebäude. Von einem solchen Modell erwarten wir, daß es die strukturellen Eigenheiten des realen Gebäudes zutreffend repräsentiert, wobei die Betonung auf dem Wort "strukturell" liegt. So muß zum Beispiel die relative Größe zweier Gebäudeteile im Modell genau die gleiche wie bei dem wirklichen Gebäude sein, während die Farbe des für das Modell verwendeten Kartons von der Farbe des tatsächlich benutzten Baumaterials völlig verschieden sein kann.

Um eine Vorstellung davon zu gewinnen, was mit dem Begriff der Darstellung einer Gruppe gemeint ist, wollen wir uns der Einfachheit halber auf SO(3) konzentrieren, die Gruppe der Drehungen im dreidimensionalen Raum.

Wir wollen die drei Raumrichtungen durch drei Pfeile von bestimmter Länge charakterisieren, von denen der eine nach Osten, der zweite nach Norden und der dritte nach oben weist (Abb. 31). Zur Vereinfachung der Darstellung wollen wir diese drei Pfeile durch $\vec{x}$, $\vec{y}$ und $\vec{z}$ symbolisieren. Dann können wir jede beliebige andere Richtung durch einen Ausdruck der Form $a{\cdot}\vec{x} + b{\cdot}\vec{y} + c{\cdot}\vec{z}$ charakterisieren, wobei a, b und c drei Zahlenwerte darstellen. Wie können diese drei Zahlen als Instruktionen für einen Roboter interpretieren: Wenn er sich um

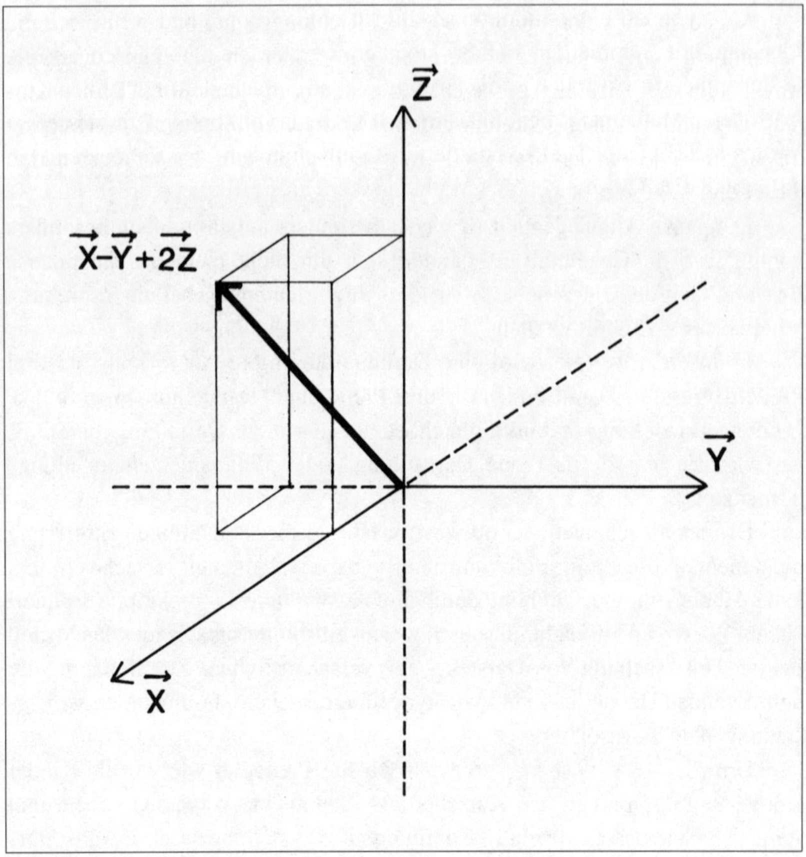

Abb. 31
Die Addition und Subtraktion von Pfeilen. Die drei Pfeile $\vec{X}$, $\vec{Y}$ und $\vec{Z}$ weisen in drei Richtungen – nach Osten, nach Norden und nach oben. Um die Richtung zu ermitteln, die durch die Linearkombination $\vec{X} - \vec{Y} + 2 \cdot \vec{Z}$ beschrieben wird, bewege man sich um eine Einheit nach Osten, um eine negative Einheit nach Norden (das heißt um eine positive Einheit nach Süden) und um zwei Einheiten nach oben. Die Richtung, in der man sich dabei insgesamt bewegt hat, ist gleich der gesuchten Richtung.

a cm nach Osten bewegt hat, soll er sich gleichzeitig um b cm nach Norden und um c cm nach oben bewegt haben. Dann wird die Richtung, in der er sich insgesamt bewegt hat, durch den Ausdruck $a \cdot \vec{x}+b\cdot\vec{y}+c\cdot\vec{z}$ beschrieben. So weist der Richtungspfeil $\vec{x}-\vec{y}$ nach Südosten. Der Pfeil $\vec{x}-\vec{y}+2\cdot\vec{z}$ weist gleichfalls nach Südosten, ist aber um etwa 55° gegen die Horizontale nach oben geneigt. Ein Pfeil von der Form $a\cdot\vec{x}+b\cdot\vec{y}+c\cdot\vec{z}$ wird als eine “Linearkombination” der drei Pfeile $\vec{x}$, $\vec{y}$ und $\vec{z}$ bezeichnet.

Nachdem wir gelernt haben, wie man Richtungen angibt, sind wir auf die Behandlung von Drehungen vorbereitet. Wir können eine Drehung durch die Angabe der drei Richtungspfeile charakterisieren, in die die drei "Basisvektoren" $\vec{x}$, $\vec{y}$ und $\vec{z}$ dabei gedreht werden. Mit anderen Worten: Eine Drehung transformiert jeden der drei Pfeile $\vec{x}$, $\vec{y}$ und $\vec{z}$ in eine Linearkombination dieser drei Vektoren.

Die ganze Angelegenheit ist weder besonders tiefsinnig noch besonders kompliziert, im Gegenteil: Es handelt sich um nicht mehr als die präzise Beschreibung der Tatsache, daß die drei Raumrichtungen bei einer Drehung miteinander verknüpft werden.

In unserem Beispiel wird eine Drehung durch ihre Auswirkung auf drei Pfeile dargestellt. Damit bilden die drei Pfeile eine "Darstellung" von SO(3). Da diese Darstellung praktisch gleichbedeutend mit der Definition von SO(3) ist, wird sie als "definierende Darstellung" oder "Fundamentaldarstellung" bezeichnet.

Es mag so scheinen, als ob wir mit Hilfe dieser langatmigen Erörterung nicht mehr als die Umformulierung einer selbstverständlichen Tatsache erreicht hätten, indem wir eine Drehung durch ihre Auswirkung auf drei Pfeile definiert haben. Wir haben uns dadurch jedoch gleichzeitig einen entscheidenden Vorteil bei der Untersuchung von Darstellungen verschafft: Unter Zuhilfenahme der definierenden Darstellung sind wir in der Lage, weitere, umfangreichere Darstellungen zu konstruieren.

Um dies zu verstehen, vergessen wir die Pfeile, so wie wir als Kinder Körbe, Äpfel, Orangen und Kätzchen als Zählobjekte vergessen haben, und stellen uns statt dessen vor, daß die definierende Darstellung durch drei abstrakte "Elemente" bestimmt wird. Eine Drehung transformiert jedes dieser Elemente in eine Linearkombination der drei Elemente. Zur eindeutigen Festlegung der Elemente ist es erforderlich, sie mit Namen zu versehen, zum Beispiel Tick, Trick und Track oder Rot, Gelb und Blau.

Aus drucktechnischen Gründen wollen wir die Elemente in diesem Buch durch die Symbole (R), (G) und (B) bezeichnen. (Wenn es ihm hilfreich erscheint, kann sich der Leser vorstellen, die Farbe der Elemente sei rot, gelb und blau.) Nehmen wir an, wir hätten drei weitere Elemente, die sich ebenfalls nach der definierenden Gruppe transformieren und die wir im Unterschied zu den anderen Elementen durch [R], [G] und [B] kennzeichnen. Zur Vereinfachung des Sprachgebrauchs wollen wir die beiden Elemente als "runde" beziehungsweise "eckige" Elemente bezeichnen.

Nun sind wir in der Lage, eine umfassendere Darstellung zu konstruieren, indem wir die beiden Versionen der definierenden Darstellung miteinander verknüpfen. Dazu verbinden wir jeweils ein rundes mit einem eckigen Element, also: (R) [R], (R) [G], (R) [B], (G) [R], (G) [G], (G) [B], (B) [R], (B) [G] und (B) [B]. Man beachte, daß wir zwischen der Kombination eines runden roten mit einem eckigen gelben Element - (R) [G] - und der eines runden gelben mit einem eckigen roten Element - (G) [R] - unterscheiden. Nach einer Drehung ist jedes dieser neun Elemente offensichtlich in eine Linearkombination dieser Elemente transformiert.

Es sieht also so aus, als hätten wir eine Darstellung konstruiert, die neun Elemente enthält. Aber halt! Wir haben zwar neun Elemente, die bei einer Drehung miteinander verknüpft werden. Das heißt jedoch nicht notwendigerweise, daß jedes Element in jedes der anderen acht Elemente transformiert werden kann.

Betrachten wir eine etwas sonderbare Analogie. Nach der gelegentlichen Lektüre irdischer Märchenbücher könnte ein Außerirdischer zu dem Eindruck gelangen, daß sich vier Objekte, nämlich ein Frosch, ein Prinz, ein Kürbis und eine Kutsche, ineinander umwandeln können. Ein genaueres Studium zeigt ihm jedoch, daß die vier Objekte in zwei voneinander verschiedene Paare eingeteilt werden können. Frosch und Prinz können zwar ineinander, aber nicht in einen Kürbis oder eine Kutsche umgewandelt werden. Im Falle der Drehung können wir die neun Elemente durch passende Kombinationen in drei getrennte Familien einteilen: Die eine Familie enthält fünf Elemente, eine andere drei und die dritte ein Element. Die Einteilung geschieht auf folgende Weise: Nach einer Rotation transformieren sich die fünf Elemente der ersten Familie nur untereinander, mit anderen Worten: Sie gehen in Linearkombinationen ihrer selbst über, bilden also eine Darstellung mit fünf Elementen. Auf ähnliche Weise bilden die drei Elemente der anderen Familie eine Darstellung mit drei Elementen und das einzelne Element eine Darstellung mit einem Element.

Die Situation erinnert an die Verhältnisse in einem schottischen Dorf: Wenn wir alle Leute, die miteinander verwandt sind, darum bitten, sich zusammenzustellen, teilt sich die Bevölkerung in Clans auf. Allerdings ist die Analogie insofern nicht ganz zutreffend, als der Begriff der Transformation dabei keine Rolle spielt.

Warum sich die neun Elemente auf unterschiedliche Familien aufteilen, ist leicht zu verstehen. Schon aus rein logischen Gründen ist nicht einzusehen, warum es anders sein sollte: Es gibt a priori keinen Anlaß für die Erwartung, jedes der neun durch Verknüpfung erzeugten Elemente müßte in jedes andere derart gebildete Element transformierbar sein. Eine genauere Erklärung der Verhältnisse findet der interessierte Leser im Anhang zu diesem Kapitel auf Seite 341–343.

Anstatt von einer "Darstellung mit fünf Elementen" sprechen die Mathematiker von einer "fünfdimensionalen Darstellung", wobei der Gebrauch des Begriffes der Dimension in diesem Zusammenhang allerdings Anlaß zu Verwirrung geben könnte. Wir sprechen gerade über die Darstellung von SO(3), das heißt die der Drehgruppe im dreidimensionalen Raum. Diese Gruppe SO(3) hat eine eindimensionale, eine dreidimensionale und schließlich auch eine siebzehndimensionale Darstellung. Die Mathematiker benutzen den Begriff der Dimensionalität also sowohl in Zusammenhang mit dem Raum als auch in Verbindung mit Darstellungen. Daß eine Drehgruppe im dreidimensionalen Raum fünf oder siebzehn Elemente ineinander transformieren kann, gehört zu den Tatsachen, deren Verständnis einem Mathematiker sicherlich keine Schwierigkeiten bereiten, Leuten wie Ihnen und mir dagegen nicht so ohne weiteres einleuchten dürften.

Zusammenfassend können wir feststellen, daß sich die neundimensionale Darstellung, die wir durch Verknüpfung zweier dreidimensionaler Darstellungen konstruiert haben, in eine eindimensionale, eine dreidimensionale und eine fünfdimensionale Darstellung aufspalten läßt. Diese Tatsache wird durch die Gleichung $3 \otimes 3 = 1 \oplus 3 \oplus 5$ ausgedrückt. Dabei wird eine Darstellung einfach durch die Zahl ihrer Dimensionen charakterisiert; die Verknüpfung wird durch das Zeichen $\otimes$ angedeutet. (Man beachte, daß - da sich die Elemente nicht in Luft auflösen können - die Zahlengleichung $3 \times 3 = 1 + 3 + 5$, die man unter Weglassen der Kreise aus der Gleichung $3 \otimes 3 = 1 \oplus 3 \oplus 5$ erhält, ebenfalls erfüllt sein muß.)

Durch Verknüpfung zweier definierender Darstellungen gelangen wir zu einer anderen, fünfdimensionalen Darstellung, in der Drehungen durch ihre Wirkung bezüglich der gegenseitigen Umwandlung von fünf Elementen dargestellt werden. Durch wiederholte Verknüpfung von Darstellungen erzeugen die Mathematiker alle Darstellungen einer bestimmten Gruppe. Sobald $3 \otimes 3$ bekannt ist, kann man sich auch $3 \otimes 5$, $5 \otimes 5$ und so weiter beschaffen. So ist zum Beispiel $3 \otimes 5 = 3 \oplus 5 \oplus 7$, $5 \otimes 5 = 1 \oplus 3 \oplus 5 \oplus 7 \oplus 9$ usw. Wir stoßen dabei also auf eine siebendimensionale und eine neundimensionale Darstellung.

Es gibt Leute, die viel Zeit und Mühe darauf verwenden, die Regeln für die Verknüpfung von Darstellungen zu erlernen. Für uns sind diese detaillierten Regeln nicht so wichtig, wichtig ist nur die Tatsache, daß die Gruppe bestimmt, welche Darstellungen erlaubt sind. So hat SO(3) zum Beispiel eine drei- und eine fünfdimensionale, aber keine vierdimensionale Darstellung. Es hat also für einen Physiker keinen Sinn zu versuchen, eine vierdimensionale Darstellung von SO(3) zu konstruieren.

Was wir für die Gruppe SO(3) erörtert haben, kann für beliebige andere Gruppen übernommen werden. Wenn wir später auf die "Große Vereinigung" zu sprechen kommen werden, werden wir von der Vermutung der Physiker erfahren, daß der "Letztgültige Entwurf" der Welt auf SO(10) - der Drehgruppe im zehndimensionalen Raum - basieren könnte. Verknüpfen wir zwei zehndimensionale definierende Darstellungen miteinander, so stellt sich heraus, daß $10 \otimes 10 = 1 \oplus 45 \oplus 54$ ist.

Gruppentheorie im Überblick

Fassen wir nun die wichtigsten Punkte zusammen, die wir in den vorangegangenen zwei Abschnitte erarbeitet haben:
1.) Die Multiplikation von Symmetrietransformationen ist keine Laune der Physiker, sondern eine Operation, die sich auf ganz natürliche Weise und quasi von selbst ergibt.
2.) Die Struktur der Multiplikation einer Gruppe kann durch die Transformation einer Anzahl von Elementen dargestellt werden. Die Zahl der beteiligten Elemente wird als die "Dimension" der Darstellung bezeichnet.
3.) Die Dimensionen der möglichen Darstellungen sind durch die Struktur der Gruppe eindeutig festgelegt. So hat die Gruppe SO(10) zum Beispiel eine 45dimensionale und keine 44- oder 46dimensionale Darstellung.
4.) Man kann zwei Darstellungen miteinander verknüpfen, wobei man weitere Darstellungen erhält.

Welches Mathematikbuch hat Er gelesen?

Bei ihrem tiefen Eindringen in die Natur sind die Physiker auf verschiedene charakteristische ganze Zahlen gestoßen. In einem späteren Kapitel werden wir zum Beispiel erfahren, daß das Proton sieben "Neffen" besitzt. Wie sich herausstellt, bilden das Proton und seine Neffen die achtdimensionale Darstellung einer Symmetriegruppe. Traditionellere Zweige der Mathematik wie die Differential- und Integralrechnung sind vollkommen außerstande, das Auftreten solcher spezieller Zahlen zu deuten. Innerhalb des Rahmens der gegenwärtigen Mathematik kann nur die Gruppentheorie erklären, warum bestimmte Zahlenwerte auftauchen und andere nicht.

Das Auftreten verschiedener ganzer Zahlen war für die Physiker der erste Hinweis darauf, daß die Natur in ihrem Bauplan die Gruppentheorie und damit auch bestimmte Symmetrieprinzipien benutzt. Eine der entscheidenden Aufgaben der Physik besteht darin zu bestimmen, um welche Gruppen es sich dabei handelt.

Der Laie nimmt gewöhnlich an, die theoretischen Physiker würden extrem komplizierte Mathematik verwenden. Auf Karikaturen werden Wissenschaftler oft vor einer Tafel dargestellt, die mit ellenlangen Formeln bedeckt ist. Es kann sein, daß dieses Bild auf Physiker zutrifft, die auf bestimmten Spezialgebieten arbeiten und sehr komplizierte Phänomene untersuchen. Wenn jemand aber zwei Grundlagenphysiker bei ihrer Arbeit belauscht, wird er wahrscheinlich viel eher Zeuge einer hitzigen Diskussion über andere, tiefgründige Probleme wie beispielsweise das, daß $10 \otimes 10 = 1 \oplus 45 \oplus 54$ ist.

Gegen Ende des letzten Jahrhunderts hatten viele Physiker das Gefühl, die mathematische Beschreibung der Physik würde immer verwickelter werden. Statt dessen wurde die erforderliche Mathematik jedoch eher abstrakter. Es scheint, als wäre der Geist Gottes zwar abstrakt, aber nicht kompliziert, und als besäße Er eine Vorliebe für die Gruppentheorie.

10. Der Triumph der Symmetrie

Ein neuer Stern geht auf

Um die Jahrhundertwende herum begannen die Physiker, beunruhigende Hinweise auf den Zusammenbruch der klassischen Physik in der Welt der Atome zu entdecken und stellten schließlich fest, daß die in unserer alltäglichen Wahrnehmung gründende klassische Physik nicht mehr als eine Näherung der tieferliegenden "Quantenphysik" darstellt. Mit dem Fortschreiten des Dramas der Entwicklung der Physik vom klassischen Akt zum "Quantenakt" trat die bereits von Einstein zum Star gekürte Symmetrie noch deutlicher als zuvor ins Rampenlicht. Nach einer Einführung in die Geheimnisse der Quantenwelt werde ich erklären, wie das Quantum der Symmetrie schließlich sogar zur Hauptrolle im Drama der Physik verhalf.

Die Stabilität der Welt

Verfolgen wir also einen der vielen Zweige in der historischen Entwicklung der Quantenphysik.

Um das Jahr 1911 herum stand fest, daß man sich ein Atom als eine Miniaturversion des Sonnensytems vorstellen kann, in dem eine Anzahl von Elektronen um einen Atomkern kreist. Nun sind Elektronen jedoch elektrisch geladen, und nach Maxwells Theorie strahlt eine bewegte Ladung bei Bewegungsänderung eine elektromagnetische Welle aus. So emittiert ein Elektron bei seinem Zickzacklauf durch den Faden einer Glühlampe zum Beispiel elektromagnetische Strahlung in Form von Licht. Die Maxwellsche Theorie erlaubt uns die Berechnung der Rate, mit der eine bewegte Ladung elektromagnetische Energie abstrahlt.

Da die in einem Atom kreisenden Elektronen ihre Bewegungsrichtung dauernd ändern, sollten sie ihre Bewegungsenergie durch das Aussenden elektromagnetischer Strahlung nach Maxwell sehr rasch verlieren und sich dem Kern auf einer Spiralbahn nähern. Nach der klassischen Physik sollten Atome daher in sehr kurzer Zeit zusammenstürzen. In Wirklichkeit sind Atome jedoch recht stabil – ein Umstand, auf dem letztlich die Existenz der ganzen Welt beruht.

Die Krise, in die die Physik durch die Entdeckung der Atome geraten war, wurde schließlich durch den dänischen Physiker Niels Bohr behoben. In völliger Abweichung von der etablierten Physik stellte Bohr 1913 die kühne Behauptung auf, daß ein Elektron in einem Atom nur ganz bestimmte Bahnen einnehmen kann. In der klassischen Physik hängt die Größe der von einem Elektron durchlaufenen Bahn in kontinuierlicher Weise von seiner Energie ab. Verringert sich die Elektronenenergie um einen kleinen Betrag, so bewegt es sich einfach auf eine etwas kleinere Bahn. Nach Bohrs Vorstellung kann ein Elektron jedoch nur ganz bestimmte Energiebeträge besitzen, die mit bestimmten Bahnen verknüpft sind, auf denen es sich bewegen darf. Man spricht davon, daß ein Elektron in einem Atom "quantisiert" ist.

Unter Beachtung der Bohrschen Vorschrift kann das Elektron seine Energie nicht mehr kontinuierlich verlieren; es muß sich stattdessen in einem "Quantensprung" auf eine Bahn mit niedrigerer Energie begeben. Nach der Vorstellung Bohrs wird der Kollaps der Welt einfach dadurch verhütet, daß das Elektron keinen Platz mehr hat, auf den es springen könnte, wenn es die Bahn mit der niedrigsten Energie erreicht hat.

Für Bohrs Zeitgenossen war es äußerst schwierig, dieses Bild zu akzeptieren; angesichts der überwältigenden experimentellen Tatsache, daß die Welt offenbar bereits eine ganze Weile existiert, blieb ihnen jedoch keine andere Wahl. Trotzdem blieben einige Rätsel ungelöst, zum Beispiel das folgende: Wenn das Elektron nur ganz bestimmte Bahnen einnehmen kann, wo hält es sich dann während des Quantensprunges von einer Bahn zur anderen auf? Den Physikern wurde schließlich klar, daß solche Fragen zwangsläufig wieder auf die intuitive klassische Vorstellung von einer kontinuierlichen Bewegung führten. Sie kamen daher überein, sie nicht mehr zu stellen.

Wenn das Elektron von einer Bahn zur anderen springt, sendet es einen elektromagnetischen Strahlungsstoß aus, dessen Energie – wie vom Energieerhaltungssatz gefordert – gleich der Differenz der Energien auf den beiden Bahnen ist. Daher können die Photonen der ausgesandten Strahlung auch nur ganz bestimmte charakteristische Energien besitzen – im Gegensatz zum klassischen Modell, nach dem man für die ausgesandte Strahlung ein kontinuierliches Energiespektrum erwartet. Die Experimente haben in der Tat bestätigt, daß die ausgesandte Strahlung nur ganz bestimmte, genau definierte Energien besitzen kann.

Eine französische Neue Welle

Wie läßt sich die rätselhafte Quantisierung der Energie erklären?

Im Jahre 1923 schlug Prinz Louis de Broglie von Frankreich eine brillante Lösung dieser Frage vor. Zum Verständnis seiner Idee wenden wir uns für einen Augenblick den physikalischen Grundlagen der Musik zu. Beim Spielen einer Geige vibriert die Geigensaite wie in Abb. 32 dargestellt und erzeugt dadurch

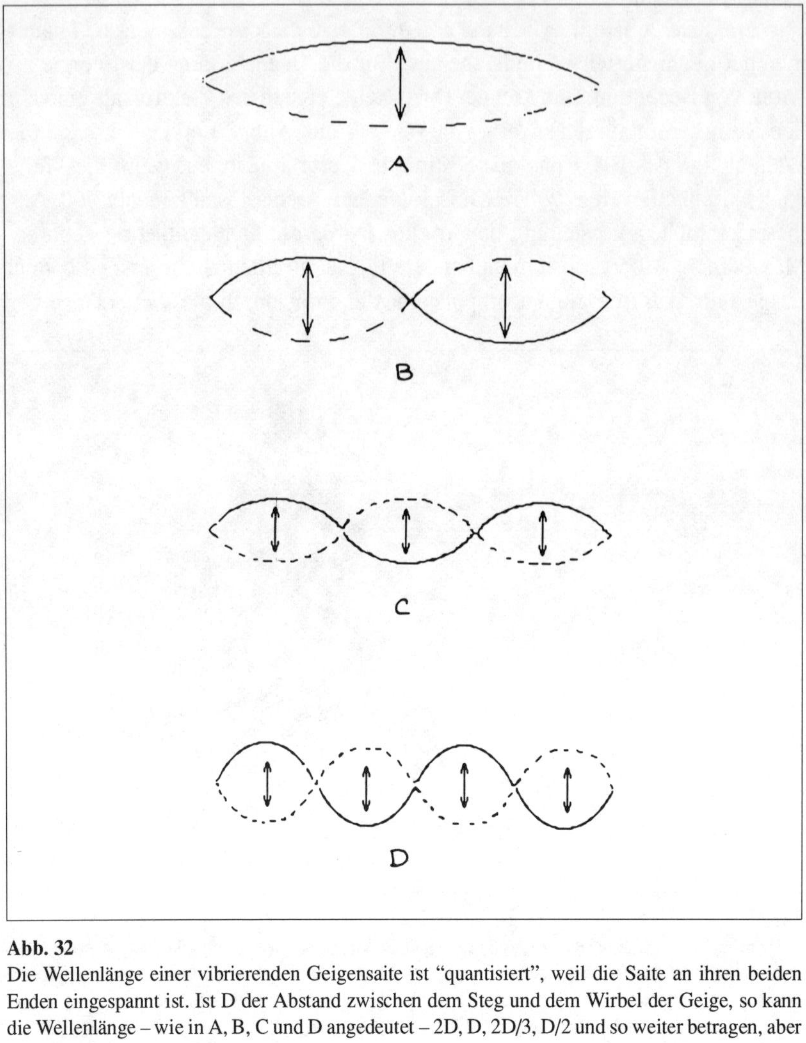

Abb. 32
Die Wellenlänge einer vibrierenden Geigensaite ist "quantisiert", weil die Saite an ihren beiden Enden eingespannt ist. Ist D der Abstand zwischen dem Steg und dem Wirbel der Geige, so kann die Wellenlänge – wie in A, B, C und D angedeutet – 2D, D, 2D/3, D/2 und so weiter betragen, aber beispielsweise nicht 1,76D.

einen Ton. Es ist klar, daß die Wellenlänge der Schwingung – definiert als der Abstand zwischen zwei benachbarten Wellenbergen – von dem Abstand D zwischen den beiden Punkten bestimmt wird, in denen die Saite eingespannt ist. Aus der Abbildung erkennen wir, daß die Wellenlänge nur 2D, D, 2/3D, 1/2D und so weiter betragen kann. Die Tatsache, daß nur ganz bestimmte Wellenlängen möglich sind, ist natürlich der Grund dafür, warum Musikinstrumente nur ganz bestimmte Töne erzeugen. Man könnte sagen, daß die Wellenlängen "quantisiert" sind.

Die Idee de Broglies bestand nun darin, daß dieses rein klassische Phänomen der quantisierten Wellenlänge auch für die Quantisierung der Energie im Atom von Bedeutung sein könnte. Dazu stellte er sich das Elektron als eine um den Kern herumlaufende Welle vor. Wie wir aus Abb. 33 erkennen, kann die Wellenlänge des Elektrons nur bestimmte Werte annehmen, wenn die Welle nach Durchlaufen eines vollen Kreises wieder in sich selbst übergehen soll. Aus dieser einfachen Vorstellung de Broglies wurde die Quantentheorie geboren. Max Planck, Albert Einstein und andere Physiker hatten zu dieser Zeit bereits festgestellt, daß Energie und Impuls eines Photons durch die Wellenlänge der

Abb. 33
Ein französischer Prinz bei der Beobachtung einer Elektronenwelle, die um einen Atomkern herum verläuft. Die Wellenlänge ist quantisiert, weil die Elektronenwelle nach einem Umlauf wieder in sich selbst übergehen muß (Zeichnung in Anlehnung an "Der kleine Prinz" von Antoine de Saint-Exupéry. Reproduktion mit freundlicher Genehmigung der Herausgeber Harcourt Brace Jovanovich Inc. 1943, 1971).

zugehörigen elektromagnetischen Welle bestimmt werden. Unter Anwendung dieses Ergebnisses auf das Elektron konnte de Broglie zeigen, daß seine Vorstellung exakt auf die Bohrsche Regel der Energiequantisierung führte.

Die Physiker zeigten sich von den Eigenschaften der "Prinzenwelle" verblüfft. De Broglie schlug auch die Existenz einer "Führungswelle" vor, welche das Elektron nach Art eines Schutzengels leiten sollte. Der österreichische Physiker Erwin Schrödinger, der die Gleichung formuliert hatte, welche die Bewegung der de Broglieschen Welle beschrieb, stellte sich vor, das Elektron würde gewissermaßen "gedehnt" und zur Welle verformt, ähnlich wie ein Wassertropfen genügender Größe, den man über ein zur Kreisform gebogenes Rohr verteilt hat, zu Wellenbewegungen angeregt werden kann.

Abb. 34
Künstlerische Darstellung eines würfelnden Gottes (nach William Blake).

Der deutsche Physiker Max Born gab schließlich eine Interpretation, die mit den Experimenten am besten in Einklang stand. Nach seinem Vorschlag sollte die de Brogliesche Welle die Wahrscheinlichkeit dafür beschreiben, das Elektron in einem bestimmten Punkt anzutreffen. Am wahrscheinlichsten sollte es dort gefunden werden, wo die Amplitude der Welle am größten ist, das heißt in den Wellenbergen und -tälern. Dabei hat man sich das Elektron jedoch immer noch als punktförmiges Objekt und nicht – wie durch Schrödinger nahegelegt – als eine über ein bestimmtes Volumen verteilte Flüssigkeit vorzustellen.

Dieser revolutionäre Vorschlag war das Signal für das Ende der Herrschaft des absoluten Determinismus in der modernen Physik. Auf ihrer fundamentalsten Ebene wird die Physik nun von den Gesetzen der Wahrscheinlichkeit regiert – ein Umstand, der keinen geringeren als Einstein zu dem klagenden Ausruf veranlaßte: "Gott würfelt nicht!" Tatsächlich weigerte sich Einstein bis zu seinem Tode beharrlich, an die Quantentheorie zu glauben, obwohl alle Beweise für sie sprachen und er selbst einer ihrer maßgebenden Architekten gewesen war.

Von hier nach dort

Zur Verdeutlichung des Wahrscheinlichkeitscharakters der Quantenwelt wollen wir uns wieder unserem Autofahrer zuwenden, der von Paris nach Venedig fährt. Nehmen wir an, er wäre in Venedig angekommen und würde erklären, er wäre der Route gefolgt, die ihn in der kürzesten Zeit hierher gebracht hätte. Setzen wir weiter voraus, wir besäßen die gleiche vollständige Kenntnis der Straßenbedingungen wie er selbst. Dann könnten wir die genaue Route bestimmen, die er genommen hat. Diese Situation entspräche der klassischen Physik: Das Prinzip der kleinsten Wirkung sagt uns genau, welchem Weg ein Teilchen gefolgt ist, um vom Punkt A zum Punkt B zu gelangen.

Stellen wir uns nun jedoch vor, unser Autofahrer wäre den Quantengesetzen unterworfen, so ändert sich die Situation auf dramatische Weise. Bei seiner Ankunft in Venedig kann der Autofahrer nicht länger erklären, er wäre der schnellsten Route gefolgt; er kann uns nur berichten, daß er mit einer Wahrscheinlichkeit von so und so viel Prozent über München und von so und so viel Prozent über Marseille gekommen ist. In einer ähnlichen Lage befände sich auch Humpty Dumpty, wäre er den Quantengesetzen unterworfen: Auch er würde bei seiner verhängnisvollen Begegnung mit dem Erdboden nicht notwendigerweise den Weg mit der kleinsten Wirkung nehmen. Es besteht vielmehr eine gewisse Wahrscheinlichkeit dafür, daß er dabei eine Methode wählt, die unserer alltäglichen Erfahrung auf schockierende Weise widerspricht, indem er seinen Fall zum Beispiel mit großer Geschwindigkeit beginnt und bei der Annäherung an den Boden immer langsamer wird. Er könnte sogar den Erdboden nicht im geraden Fall nach unten, sondern auf einer gekrümmten Bahn erreichen. Anders als die klassische Physik kann uns die Quantenphysik nur die Wahrscheinlichkeit angeben, mit der ein Körper einer bestimmten Bahn folgt. Für einen Körper makroskopischer Größe geht die Wahrscheinlichkeit selbstverständlich in die Gewißheit über, daß er den durch die klassische Physik bestimmten Weg einschlägt.

Der Glaube der Physiker an die Wahrscheinlichkeitsinterpretation der Quantenphysik beruht darauf, daß diese Interpretation durch eine riesige Anzahl von Experimenten bestätigt worden ist. Bei einem dieser Experimente wird zum Beispiel ein Elektron aus einer "Elektronenkanone" abgeschossen, einem Gerät, in dem Elektronen aus einem erhitzten Draht freigesetzt und auf eine bestimmte Geschwindigkeit beschleunigt werden. (Eine ähnliche Anordnung kann man im hinteren Teil jedes Fernsehgerätes finden. Wie man weiß, werden die Elektronen in diesem Fall auf den Bildschirm gelenkt, wo sie bei ihrem Auftreffen Licht erzeugen.) In einigem Abstand von der Kanone stellt der Experimentator eine Reihe von Detektoren auf, die beim Auftreffen eines Elektrons ein Signal erzeugen. Ferner wird ein Schirm mit zwei Löchern zwischen die Elektronenkanone und die Detektoren gebracht. Seine Anwesenheit dient nur dem Zweck, die Diskussion des Experimentes etwas zu vereinfachen. Nun warten wir darauf, daß ein Elektron von einem der Detektoren nachgewiesen wird, und stellen uns dann die Frage, durch welches Loch dieses Elektron geflogen ist.

Wie in Abb. 35 angedeutet, hat der Detektor Nr. 5 gerade einen Treffer angezeigt. Wäre das Elektron ein klassisches Objekt, zum Beispiel eine Gewehrkugel, so könnte man leicht bestimmen, welches Loch es passiert hat. Durch Berechnungen dieser Art verdienen ja Ballistikexperten der Polizei ihren Lebensunterhalt. Gehorcht das Elektron jedoch den Quantengesetzen, wie dies tatsächlich der Fall ist, so gibt es prinzipiell keine Möglichkeit zu ermitteln, welches Loch es wirklich passiert hat. Die Quantenphysik legt nur die Wahrscheinlichkeit dafür fest, daß das Elektron durch das eine oder das andere der beiden Löcher geflogen ist.

Versuchen wir uns diesen wichtigen Punkt noch einmal ganz klar machen. Nach unserer dem klassischen Bild zugrundeliegenden Alltagserfahrung können wir uns sehr leicht ein Verfahren ausdenken, mit dessen Hilfe wir herausfinden können, welche Route unser Autofahrer tatsächlich genommen hat: Wir brauchen nur längs aller möglichen Routen Spione am Straßenrand zu postieren. Warum können wir also nicht einfach an jedem der beiden Löcher eine Meß-

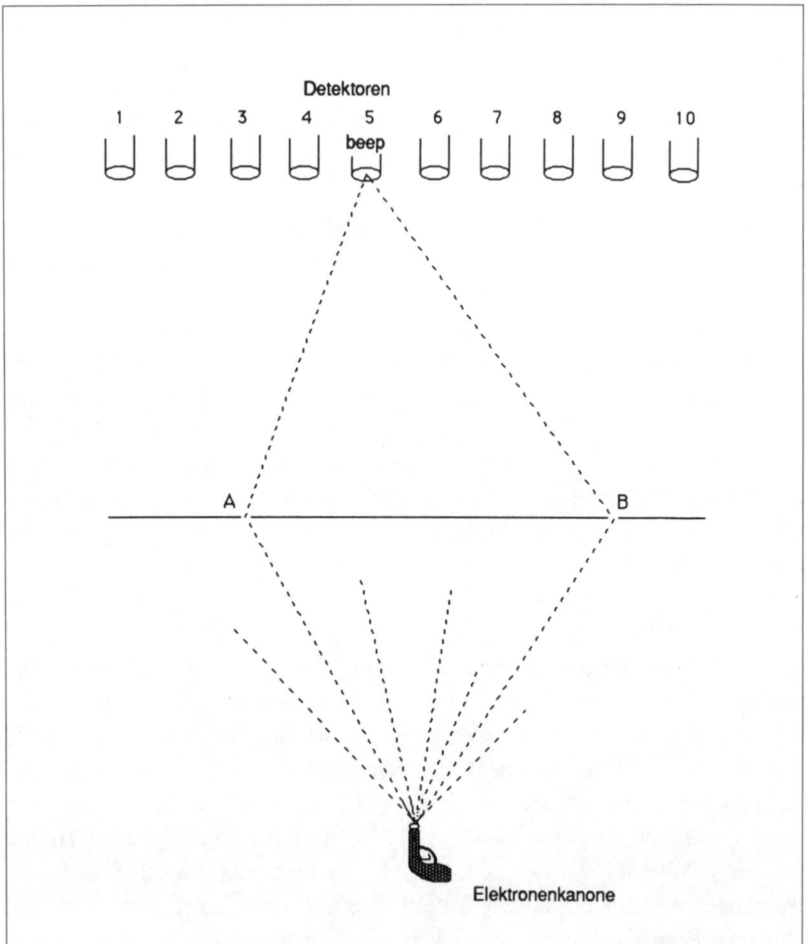

Abb. 35
Ein ballistisches Experiment mit Elektronen: Ein Schirm mit zwei Schlitzen A und B trennt eine Elektronenkanone von einer Reihe von Elektronendetektoren. Der Detektor Nr. 5 hat gerade einen Treffer registriert. In der Welt der klassischen Physik kann man bestimmen, durch welchen Schlitz das Elektron gegangen ist; in der Quantenwelt jedoch kann man das nicht mit Sicherheit sagen.

vorrichtung installieren, die uns signalisiert, wenn sie von einem Elektron passiert wird? Die Antwort lautet, daß im Quantenbereich bereits der bloße Akt der Beobachtung das Elektron derart beeinflußt, daß es in unserem Beispiel nicht mehr den Detektor Nr. 5 erreichen, sondern irgendeine völlig andere Bahn einschlagen würde.

Sicher ist nur die Unsicherheit

Die ebenso drastische wie unvermeidliche Störung des Elektrons ist ein Beispiel für die sogenannte "Unschärferelation", die oftmals durch die Feststellung beschrieben wird, daß jede Beobachtung eine Störung des beobachteten Systems zur Folge hat. In dieser Formulierung stellt das Prinzip jedoch eine ziemlich triviale Aussage dar, die von jedem Kind verstanden wird, das sein Spielzeug kaputt gemacht hat. Man könnte daher annehmen, daß es auch für die klassische Physik Gültigkeit besitzt. Das ist jedoch nicht der Fall. In Wirklichkeit ist die Unschärferelation wesentlich subtilerer Natur.

In der klassischen Physik kann uns niemand daran hindern, die Störung eines Systems so klein zu machen, wie wir wollen. Um diese Behauptung zu verdeutlichen, kehren wir zu unserem Beispiel mit dem Autofahrer zurück. Um herauszufinden, welche Route er tatsächlich genommen hat, könnten Detektive, die wir zu diesem Zweck ausgesandt haben, sämtliche Straßen verminen und später feststellen, welche Minen hochgegangen sind. Es hindert sie aber auch niemand daran, eine wesentlich feinere Methode anzuwenden, indem sie sich so aufstellen, daß Photonen nach der Reflexion am Auto des Reisenden in ihre Augen gelangen.

Bei Untersuchungen im mikroskopischen Bereich ist der Aufprall eines Photons auf ein Elektron notwendigerweise von beträchtlicher Wirkung. Dies folgt aus dem Umstand, daß jedes Teilchen als eine Welle beschrieben werden kann. Wir erinnern uns, daß Prinz de Broglie zur Erklärung der Energiequantisierung die Hypothese aufstellte, daß die Wellenlänge der Wahrscheinlichkeitswelle eines Elektrons im Atom mit dem Impuls und damit mit der Energie des Elektrons verknüpft ist: Je kürzer die Wellenlänge, desto größer der Impuls des Elektrons. In diesem Umstand liegt der entscheidende Punkt der Unschärferelation.

Um herauszufinden, wo sich ein Elektron befindet, müssen wir es beobachten, mit anderen Worten: Wir brauchen eine experimentelle Anordnung, bei der ein anderes Teilchen, zum Beispiel ein Photon, vom Elektron reflektiert und von irgendeinem Detektor nachgewiesen wird. Die Genauigkeit, mit der wir den Ort des Elektrons bestimmen können, ist durch die Wellenlänge der dem Photon zugeordneten Wahrscheinlichkeitswelle begrenzt: Je genauer wir die Position des Elektrons bestimmen wollen, desto kürzer müssen wir die Wellenlänge des Photons machen, was nach de Broglie aber auch einen größeren Impuls des Photons bedeutet. Eine genaue Messung des Elektronenortes hat daher unvermeidlich zur Folge, daß wir nach der Messung nur eine sehr schlechte Kenntnis von dem Impuls des Elektrons besitzen. Die Unschärferelation besagt also nicht, daß wir den Ort oder den Impuls nicht so genau messen können, wie wir wollen; sie besagt vielmehr, daß wir nicht beide gleichzeitig genau messen können. Je genauer wir den Ort des Teilchens ermitteln, desto ungenauer können wir den Impuls bestimmen und umgekehrt. Es ist bemerkenswert, daß die Quantenphysik in der Lage ist, diese ihr innewohnende Ungenauigkeit selbst in präziser mathematischer Form auszudrücken.

Kein Würfel wie der andere

Willkommen also in der seltsamen Welt der Quanten, in der man nicht feststellen kann, wie sich ein Teilchen von hier nach dort bewegt und in der die Physiker zu Buchmachern degradiert werden, die unterschiedliche Möglichkeiten nur durch Wahrscheinlichkeitswerte kennzeichnen können!

Daß dynamische Vorgänge keinen deterministischen Regeln, sondern Wahrscheinlichkeitsgesetzen unterliegen, stellt jedoch keinesfalls die einzige seltsame Eigenschaft der Quantenwelt dar. Als Physiker bin ich oft darüber erstaunt, daß populäre Darstellungen der Quantenwelt mit ihren Erklärungsversuchen schon nach der Behandlung dieser Besonderheit am Ende sind. Aber Gott würfelt nicht nur – er benutzt darüber hinaus auch sehr merkwürdige Würfel, wie im folgenden erklärt werden soll.

Die Wahrscheinlichkeit, beim Würfeln eine Eins zu werfen, beträgt 1/6, die Wahrscheinlichkeit für eine Zwei natürlich ebenfalls 1/6. Wie groß ist die Wahrscheinlichkeit, bei einem Wurf entweder eine Eins oder eine Zwei zu erzielen? Die Antwort auf diese Frage dürfte für Profis wie für Amateure des Glücksspiels gleichermaßen selbstverständlich sein: Die Wahrscheinlichkeit beträgt 1/6 + 1/6 = 1/3. Wenn wir im alltäglichen Leben ganz allgemein die Wahrscheinlichkeit dafür angeben sollen, daß entweder A oder B passiert, so addieren wir einfach die Wahrscheinlichkeit für das Auftreten von A und die für das Auftreten von B.

Der Quantenwürfel ist von einem normalen Würfel auf erstaunliche Weise verschieden. Nehmen wir an, man sagt uns, daß die Wahrscheinlichkeit für das Würfeln einer Eins 1/6 und die Wahrscheinlichkeit für das Würfeln einer Zwei gleichfalls 1/6 beträgt. Entgegen unserer Erfahrung mit gewöhnlichen Würfeln können wir daraus jedoch nicht den Schluß ziehen, daß die Wahrscheinlichkeit dafür, bei einem Wurf eine Eins oder eine Zwei zu würfeln, 1/3 beträgt. Es stellt sich vielmehr heraus, daß diese Wahrscheinlichkeit irgendwo zwischen 0 und 1/3 liegen kann!

Die Aussage, daß die Wahrscheinlichkeit für das Eintreten eines Ereignisses null beträgt, ist gleichbedeutend mit der Feststellung, daß das Ereignis niemals stattfindet. Unsere Vorstellung wird also auf das gröbste verletzt. Die Wahrscheinlichkeit für das Würfeln einer Eins beträgt 1/6, die für das Würfeln einer Zwei ebenfalls 1/6, aber die Wahrscheinlichkeit für das Würfeln von Eins oder Zwei kann null werden! Wie kann ein solches Ergebnis zustande kommen? Es erscheint uns völlig ohne Sinn, und das ist es auch, wenn wir dabei den Sinnbegriff zugrundelegen, den wir aus unserem Leben in der makroskopischen Welt abgeleitet haben. In der Quantenwelt geht es wirklich höchst eigenartig zu.

Um in der Quantenwelt die Wahrscheinlichkeit dafür zu finden, daß sich entweder A oder B ereignet, darf man also nicht einfach die Wahrscheinlichkeiten für das Auftreten von A und B addieren. Die Regel ist komplizierter. Obgleich der Leser diese Quantenregel natürlich nicht zu kennen braucht, möchte ich sie doch erklären, um ihm einen gewissen Eindruck von der ganzen Sache zu vermitteln. Was die Quantengesetze tatsächlich bestimmen, ist eine Größe, die als "Wahrscheinlichkeitsamplitude" für das Auftreten eines Ereignisses bezeichnet wird. Um die Wahrscheinlichkeit für das Auftreten des Ereignisses zu ermitteln, hat man die Wahrscheinlichkeitsamplitude zu quadrieren. Um Wahrscheinlichkeitsamplituden für den Fall zu bestimmen, daß entweder A oder B eintritt, muß man die Wahrscheinlichkeitsamplituden für A und B addieren. Schließlich erhält man die Wahrscheinlichkeit dafür, daß A oder B passiert, indem man die Wahrscheinlichkeitsamplitude für das Auftreten von A oder B quadriert. Im Quantenbereich addiert man also keine Wahrscheinlichkeiten, sondern Amplituden.

Die Wirkung wird sichtbar

Das Grundgesetz der Quantenphysik erlaubt die Berechnung der Wahrscheinlichkeitsamplitude für alle möglichen Ereignisketten. Betrachten wir wieder das grundlegende Problem der Bewegung eines Teilchens von einem Punkt – nennen wir ihn "hier" – zu einem anderen Punkt x während einer bestimmten Zeitspanne. (Ist dieses Grundproblem gelöst, kann man in der Physik zur Formulierung des allgemeineren Problems voranschreiten, das die Bewegung vieler Teilchen und Felder einschließt.)

Erinnern wir uns daran, daß sich der tatsächliche Weg in der klassischen Physik aus dem Prinzip der kleinsten Wirkung ergibt. In der Quantenphysik können wir nur die Wahrscheinlichkeitsamplitude für die Bewegung längs eines bestimmten Weges angeben. Bemerkenswerterweise bleibt das theoretische Konzept der Wirkung aber auch in der Quantenphysik von zentraler Bedeutung:

Das Grundgesetz der Quantenphysik besagt, daß die Wahrscheinlichkeitsamplitude für einen bestimmten Weg durch die zu diesem Weg gehörende Wirkung bestimmt wird.

Um die Wahrscheinlichkeitsamplitude und damit die Wahrscheinlichkeit dafür zu finden, daß das Teilchen auf irgendeinem Wege nach x gelangt, haben wir in Befolgung der im vorigen Abschnitt beschriebenen Instruktionen die Wahrscheinlichkeitsamplituden aller möglichen Wege zu addieren. Wissen wir dann, daß das Teilchen zu einem bestimmten Zeitpunkt "hier" ist, können wir die Wahrscheinlichkeitsamplitude dafür bestimmen, daß das Teilchen zu einem späteren Zeitpunkt bei x angekommen sein wird.

Während wir also im Gegensatz zur klassischen Physik nicht mehr genau voraussagen können, wohin das Teilchen sich wenden wird, können wir doch die Wahrscheinlichkeit dafür angeben, daß es zu einem bestimmten Punkt gelangt. Es ist daher genau genommen nicht ganz richtig, wenn man die Quantenphysik als nichtdeterministisch bezeichnet; vielmehr ist der absolute Determinismus durch eine Art Glücksspiel-Determinismus ersetzt. Ein Spieler kann zwar nicht voraussagen, welche Zahl beim nächsten Fall eines Würfels oben liegt, er kann jedoch voraussagen, daß nach einer großen Zahl von Würfen die Zahl Eins etwa in 1/6 der Fälle aufgetreten sein wird. In ähnlicher Weise kann auch ein Quantenphysiker den genauen Durchschnittswert vieler Messungen voraussagen.

Wir verstehen nun, wieso die Quantenphysik "klassische" Physiker wie Einstein so tief verstörte. Um die Bewegung eines Teilchens vorauszusagen, müssen wir alle denkbaren zukünftigen Entwicklungsmöglichkeiten in Erwägung ziehen und addieren. Die Wirklichkeit erweist sich erneut als merkwürdiger als unsere wildesten Phantasien.

Die Summe aller Wege

Die gerade beschriebene Formulierung der Quantenphysik ist als die "Pfadintegral-Formulierung" bekannt. (Die meisten Lehrbücher und allgemeinverständlichen Darstellungen folgen der durch Erwin Schrödinger eingeführten populären wellenmechanischen Formulierung oder der auf Werner Heisenberg zurückgehenden "Matrizen-Formulierung" aus den Jahren 1925 – 1926.) Die Pfadintegral-Formulierung wurde durch Paul Dirac eingeführt und um 1950 von Richard Feynman weiterentwickelt. Einer ihrer Vorteile besteht darin, daß die Wirkung dabei direkt in Erscheinung tritt und damit die Verbindung zwischen klassischer Physik und Quantenphysik deutlich macht.

Die Pfadintegral-Formulierung ist ideal für eine Diskussion der Symmetrie geeignet. Enthält die klassische Physik eine Symmetrie, so ist die Wirkung nach den Ergebnissen aus Kapitel 7 gegen bestimmte Symmetrietransformationen invariant. Da die Quantenphysik von dem gleichen Wirkungsprinzip beherrscht wird, besitzt sie auch die gleichen Symmetrien wie die klassische Physik. Aus diesen sowie aus anderen Gründen hat die Pfadintegral-Formulierung in den letzten zehn bis fünfzehn Jahre in der Grundlagenphysik die alten Formulierungen – die wellenmechanische und die Matrizenformulierung – weitgehend verdrängt.

Unter Verwendung der Pfadintegral-Formulierung läßt sich der wesentliche Inhalt der Quantenphysik in zwei grundlegenden Regeln zusammenfassen: 1.) Die Wahrscheinlichkeitsamplitude für das Auftreten einer bestimmten Ereigniskette wird durch das klassische Wirkungsprinzip bestimmt, und 2.) Die Wahrscheinlichkeit dafür, daß entweder die eine oder die andere von mehreren möglichen Ereignisketten auftritt, wird durch die den beiden Ereignisketten zugeordneten Wahrscheinlichkeitsamplituden bestimmt.

Das Auffinden dieser beiden Regeln durch die Begründer der Quantenphysik stellt eine überwältigende Leistung dar. Die geistigen Prozesse, die diese Entdeckung ermöglicht haben, muß man als wahre Quantensprünge der Genialität bezeichnen.

Das Quantengesetz ist weniger eine eigenständige Theorie als vielmehr eine Vorschrift für die Konstruktion von Theorien für den Quantenbereich. Wendet man diese Vorschrift auf Newtons Theorie der Mechanik an, so erhält man die "Quantenmechanik"; die Anwendung auf Maxwells Theorie des Elektromagnetismus führt zur "Quantenelektrodynamik" und die Anwendung auf Einsteins Gravitationstheorie zur "Quantengravitation". Die Wirkung der Quantenelektrodynamik beispielsweise bleibt jedoch die gleiche wie die Wirkung der Maxwellschen Theorie einschließlich aller ihrer Symmetrien.

Man kann manchmal die Meinung hören, die Quantentheorie sei nicht mehr als ein Rezept oder eine Vorschrift, um Voraussagen zu gewinnen, die man mit experimentellen Beobachtungen vergleichen kann. Diese Feststellung trifft jedoch nicht den Kern der Sache. Genausogut könnte man behaupten, die ganze Physik sei eine Sammlung von Rezepten zur Gewinnung experimentell überprüfbarer Voraussagen, gleichgültig ob es sich dabei um die Newtonschen Gesetze oder um die Quantengesetze handelt, wie wir sie weiter oben zusammengefaßt haben. Es wäre auch ein Fehlschluß, anzunehmen, Newtons Gesetze wären deswegen besser "verstanden", weil sie mehr mit der allgemeinen Erfahrung übereinstimmen. Es ist vielmehr so, daß wir die Newtonschen Gesetze heute als eine Näherung der Quantengesetze verstehen, die unter bestimmten

Umständen gültig ist. Vielleicht entdecken wir eines Tages, daß die Quantengesetze selbst Näherungen noch fundamentalerer Gesetze sind. Tatsächlich hoffen die Physiker, daß sich ihr gegenwärtiges Rezept eines Tages aus einem anderen ableiten läßt, das kürzer und eleganter in der Form und universeller in der Anwendung ist.

In unserem Dialog mit der Natur gibt es keine endgültigen Fragen und Antworten. Die theoretischen Physiker versuchen mit Erfolg, die Gedanken der Natur nachzuvollziehen; soweit sich jedoch erkennen läßt, werden sie niemals wissen, warum die Natur diese Gedanken denkt.

Hier und dort zur gleichen Zeit

Der tiefreichende Unterschied zwischen der klassischen Physik und der Quantenphysik wird durch die Art und Weise unterstrichen, in der wir den "Zustand" eines Systems zu einem bestimmten Zeitpunkt beschreiben. Bei der "Zustandsbeschreibung" eines Systems handelt es sich um eine durchaus gebräuchliche Angelegenheit. So gibt der deutsche Bundeskanzler vor dem Bundestag jedes Jahr eine Erklärung "zur Lage der Nation" ab. Der Einfachheit halber wollen wir hier jedoch nur ein einzelnes Teilchen betrachten.

In der klassischen Physik ist der Zustand eines Elektrons durch den Ort bestimmt, an dem es sich zu einem bestimmten Zeitpunkt aufhält. Befindet es sich zum Beispiel in Paris, so würde man sagen, es sei im Zustand | Paris >, wäre es in Rom, so wäre es im Zustand | Rom >. Die Physiker bezeichnen einen Zustand also durch das Symbol | Name >, wobei "Name" den jeweiligen Zustand bezeichnet.

Beim Übergang zur Quantenphysik läßt sich die Position des Elektrons nicht länger auf diese Weise angeben. Der Zustand des Elektrons wird stattdessen durch die Wahrscheinlichkeitsamplitude charakterisiert, die die Wahrscheinlichkeit angibt, das Elektron zu einem bestimmten Zeitpunkt in einem bestimmten Punkt des Raumes vorzufinden. So könnte das Elektron im Zustand | "Paris" > sein. Genauer könnte dies bedeuten, daß die Wahrscheinlichkeitsamplitude für einen Aufenthalt in Paris 1/2 und die für einen Aufenthalt in Rom 1/10 beträgt. Da das Elektron am wahrscheinlichsten in Paris gefunden wird, bezeichnen wir den Zustand weiterhin als "Paris", setzen ihn jedoch in Anführungszeichen, die uns daran erinnern sollen, daß wir den Ort des Elektrons zusätzlich durch bestimmte Zahlenwerte charakterisieren müssen. Ein anderer möglicher Zustand des Elektrons könnte mit | "Rom" > bezeichnet werden, was man durch die Angabe präzisieren müßte, daß die Wahrscheinlichkeitsamplitude für den Aufenthalt des Elektrons in Rom beispielsweise 1/2 und die für seinen Aufenthalt in Paris 1/10 beträgt. Die Aufgabe des Physikers besteht darin, alle möglichen Zustände zu klassifizieren und die Möglichkeiten des Elektrons zu ermitteln, von einem Zustand zum anderen zu springen.

Uns interessiert jedoch hier ein anderer Punkt. Im seltsamen Reich der Quanten kann man nämlich Zustände addieren! So kann man zum Beispiel von einem Zustand | "Paris" > + | "Rom" > sprechen und ihm eine Wahrscheinlichkeitsamplitude zuordnen, die beispielsweise 1/2 + 1/10 für den Fall beträgt, daß sich das Elektron in Paris befindet, 1/10 + 1/2 dafür, daß es sich in Rom aufhält und so weiter. Dabei können die beiden Zustände in einem vollkommen beliebigen Verhältnis zueinander stehen. Sind a und b zwei frei wählbare Zahlen, so entspricht a | "Paris" > + b | "Rom" > einem Zustand, bei dem die Wahrscheinlichkeit für einen Aufenthalt des Elektrons in Paris a × 1/2 + b × 1/10 beträgt, die für seinen Aufenthalt in Rom a × 1/10 + b × 1/2 und so weiter.

Die Möglichkeit, Zustände zu addieren, ist eine weitere bizarre Eigentümlichkeit der Quantenwelt. In der klassischen Physik ergibt die Addition zweier Zustände absolut keinen Sinn. Was könnte auch mit dem Zustand | Paris > + | Rom > gemeint sein? Nach dem klassischen Verständnis kann das Elektron unmöglich zur gleichen Zeit in Paris und in Rom sein.

Hinein in die Hauptrolle

Die Bühne steht nun bereit für den Auftritt der Symmetrie als Star der Quantenwelt. Gerade die Möglichkeit der Addition von Zuständen ist es, die Symmetriebetrachtungen in der Quantenwelt noch größere Bedeutung als in der klassischen Physik verleiht. Als konkretes Beispiel wollen wir die Rotationssymmetrie betrachten.

Stellen wir uns einen Planeten vor, der um einen Fixstern kreist. Welche Aussage läßt sich in diesem Fall aus der Rotationssymmetrie gewinnen? Nicht etwa die, daß die Umlaufbahn ein Kreis sein muß, sondern die, daß jede Umlaufbahn erlaubt ist, die durch eine Drehung der wahren Bahn um einen beliebigen Winkel entsteht. (Man vergleiche Abb. 3 auf Seite 25). Dies ist ein ziemlich naheliegender Schluß, der nicht von besonderem Interesse ist.

Betrachten wir dagegen ein Elektron, das einen Atomkern umkreist. Auch in diesem Fall erwarten wir die Gültigkeit der durch die Gruppe SO(3) beschriebenen Rotationsinvarianz. Da wir uns jetzt jedoch im Quantenbereich befinden, ist es verboten, von klar definierten Bahnen zu sprechen. Wir können stattdessen nur etwas über den Zustand des Elektrons sagen. Lassen wir also einen Quantentheoretiker die möglichen Zustände, die das Elektron um den Kern herum einnehmen kann, berechnen und nehmen wir an, er würde zu dem Ergebnis gelangen, das Elektron sei im Zustand $|1\rangle$.

Nun drehen wir das Atom um einen willkürlich gewählten Winkel und bezeichnen den neuen Zustand mit $|R1\rangle$. Nach der Definition der Rotationssymmetrie muß auch $|R1\rangle$ ein möglicher Zustand sein und darüber hinaus auch die gleiche Energie wie $|1\rangle$ besitzen. Um die Richtigkeit dieser Feststellung einzusehen, betrachten wir statt einer Drehung des Atoms eine Drehung des Beobachters, oder noch besser: Wie vergleichen die Wahrnehmungen zweier Beobachter, deren Standpunkte durch diese Rotation ineinander übergehen, wie in Kapitel 2 beschrieben. Der eine Beobachter sieht also den Zustand $|1\rangle$, der andere den Zustand $|R1\rangle$. Die Feststellung, die Physik sei rotationsinvariant, ist gleichbedeutend mit der Aussage, daß sie keinen Beobachter einem anderen gegenüber bevorzugt. Die Zustände $|R1\rangle$ und $|1\rangle$ müssen daher die gleiche Energie besitzen.

Nun gibt es zwei Möglichkeiten: Entweder ist der Zustand $|R1\rangle$ genau der gleiche wie $|1\rangle$, oder er ist es nicht.

Nehmen wir an, $|R1\rangle$ sei gleich $|1\rangle$. Dies bedeutet, daß das Elektron bei einer Drehung des Atoms im gleichen Zustand bleibt. Die Wahrscheinlichkeit für die Lokalisierung des Elektrons an einem bestimmten Ort bleibt durch die Drehung unverändert, mit anderen Worten: Die Wahrscheinlichkeitsverteilung des Elektrons im Zustand $|1\rangle$ ist kugelsymmetrisch: Alle Beobachter, deren Standpunkt gegeneinander gedreht werden, sehen den gleichen Zustand.

Der zweite Fall ist interessanter. Dabei ist $|R1\rangle$ nicht gleich $|1\rangle$. Im allgemeinen kann man $|R1\rangle$ dann als Summe aus $|1\rangle$ und irgendeinem anderen Zustand betrachten. Nehmen wir an, es wären noch vier weitere Zustände mit den Bezeichnungen $|2\rangle$, $|3\rangle$, $|4\rangle$ und $|5\rangle$ beteiligt, mit anderen Worten, $|R1\rangle$ sei gleich der Linearkombination $a|1\rangle + b|2\rangle + c|3\rangle + d|4\rangle + e|5\rangle$. Die Zahlenwerte a, b, c, d und e hängen natürlich von der jeweiligen Drehung ab.

Nehmen wir nun an, wir drehen den Zustand $|2\rangle$. Bei Benutzung der gleichen Argumentation wie oben könnten wir erwarten, der gedrehte Zustand $|R2\rangle$ sei gleich der Linearkombination $f|1\rangle + g|2\rangle + h|3\rangle + i|4\rangle + j|5\rangle$, wobei f, g , h, i und j wiederum von der ausgeführten Drehung abhängen. Wir können fortfahren und die Zustände $|3\rangle$, $|4\rangle$ und $|5\rangle$ drehen, und jeder der gedrehten Zustände wird gleich einer Linearkombination der fünf Zustände $|1\rangle$, $|2\rangle$, $|3\rangle$, $|4\rangle$ und $|5\rangle$ sein.

Es hat geklingelt

Nun sollte in unseren Köpfen eine Klingel ertönen: Kommt uns diese Erörterung nicht irgendwie bekannt vor? Tatsächlich ist die Situation genau die gleiche wie die, der wir während unserer Diskussion der Gruppendarstellung begegnet sind, nur daß es hier die Quantenzustände | 1 >, | 2 >, | 3 >, | 4 > und | 5 > sind, die in Linearkombinationen ihrer selbst transformiert werden und eine fünfdimensionale Darstellung der Drehgruppe SO(3) bilden.

Im vorigen Kapitel war davon die Rede, daß sich abstrakte Elemente oder Pfeile oder irgendetwas anderes als Liniearkombinationen transformieren. Nun zeigt sich, daß diese abstrakten mathematischen Überlegungen aus dem 19. Jahrhundert in der Physik des 20. Jahrhunderts bei der Transformation der Quantenzustände realisiert sind! Die zugrundeliegende mathematische Struktur hängt also tatsächlich nicht davon ab, ob wir von abstrakten Elementen oder Quantenzuständen, Äpfeln oder Kätzchen reden.

Aus Gründen der Eindeutigkeit haben wir bei unserer Erörterung angenommen, daß | 1 > zu einer fünfdimensionalen Darstellung gehört. Allgemein jedoch kann der Quantenzustand | 1 > zu der Darstellung irgendeiner beliebigen Dimension gehören, die von der Gruppe erlaubt ist. So könnte sie zum Beispiel zusammen mit acht anderen Zuständen zu einer neundimensionalen Darstellung gehören. Zu welcher Darstellung ein bestimmter Zustand tatsächlich gehört, hängt von den physikalischen Details ab.

Gruppentheorie und Quantenphysik

Was bedeutet diese Diskussion über Symmetrie und Gruppentheorie in der Quantenphysik nun für die experimentellen Beobachtungen?

Wie wir sahen, gehört der Quantenzustand eines Elektrons in einem Atom zu den Darstellungen der Drehgruppe. Aus der Rotationssymmetrie folgt, daß alle Zustände, die zu der gleichen Darstellung gehören, die gleiche Energie besitzen. Wie wir bereits festgestellt haben, ist dies eine Folge davon, daß diese Zustände durch Drehungen ineinander überführt werden können. So könnten wir in unserem Beispiel eine Drehung gewählt haben, durch die | 1 > in | 2 > gedreht wird, mit anderen Worten eine Drehung, bei der | R1 > gleich | 2 > ist. Tatsächlich haben die Experimentatoren in vielen Fällen auch beobachtet, daß unterschiedliche Quantenzustände genau die gleiche Energie besitzen.

Erinnern wir uns daran, daß die Dimensionen der erlaubten Darstellungen durch die Gruppentheorie festgelegt werden. Die Drehgruppe beispielsweise besitzt keine vierdimensionale Darstellung. Wenn die Experimentatoren daher an unserem Atom einen Satz von vier Quantenzuständen beobachten, so wissen sie aus der Gruppentheorie, daß es noch weitere Zustände der gleichen Energie geben muß.

Experimentell wird die Energie eines Elektronenzustandes in einem Atom aus der Energie der Strahlung abgeleitet, die bei dem Sprung eines Elektrons in einen Zustand niedrigerer Energie ausgesandt wird. Nehmen wir an, das Elektron würde von einem Zustand, der zu einer fünfdimensionalen Darstellung gehört, zu einem siebendimensionalen Zustand springen, dann gibt es dafür insgesamt $5 \times 7 = 35$ verschiedene Möglichkeiten. Ohne Gruppentheorie würde die Atomphysik zu einer extrem langweiligen Angelegenheit, bei der alle diese 35 möglichen Sprünge nacheinander untersucht werden müßten. Drehsymmetrie und Gruppentheorie jedoch verraten uns ohne langwierige Berechnungen sofort, welche relative Wahrscheinlichkeit für jeden der 35 Sprünge besteht. (Die Intensität der bei einem Sprung ausgesandten Strahlung ist der Wahrscheinlichkeit für diesen Sprung direkt proportional.) Wie wir aus Kapitel 2 wissen, erfordert die Feststellung der Drehsymmetrie im Grunde nur zwei Beobachter, von denen der eine seinen Kopf relativ zu dem anderen geneigt hat. Drehsymmetrie liegt dann vor, wenn beide Beobachter die gleiche Struktur der physikalischen Welt feststellen. Schon diese scheinbar so triviale Forderung ist also ausreichend, die relative Wahrscheinlichkeit für alle 35 möglichen Sprünge festzulegen.

Nach der Gruppentheorie ergibt sich die Wahrscheinlichkeit für manche Sprünge zu Null, das heißt, daß die Drehsymmetrie dem Elektron diesen speziellen Sprung verbietet. In einem solchen Fall sprechen die Physiker von einer "Auswahlregel". A priori scheint auf den ersten Blick stets eine größere Anzahl von Quantensprüngen möglich zu sein; eine tieferliegende Symmetrie erlaubt jedoch nur das Auftreten ganz bestimmter Übergänge: Alle anderen sind tabu.

Tatsächlich sind die Auswahlregeln Ausdruck der Verbindung zwischen Symmetrien und Erhaltungssätzen. Nach Emmy Noether zeigt das Auftreten einer Symmetrie einen Erhaltungssatz an. Genau so wie Prozesse verboten sind, bei denen die Energie nicht erhalten bleibt, sind auch bestimmte Quantensprünge verboten, weil sie die maßgebenden Erhaltungssätze verletzen.

Im Laufe der Zeit hatten die Physiker, die sich mit der Untersuchung der Atome beschäftigten, eine verwirrende Menge experimenteller Daten zusammengetragen. Viele atomare Zustände besaßen die gleiche Energie. Von den zahlreichen möglichen Sprüngen zwischen Zuständen verschiedener Energie traten manche häufiger als andere auf. Schließlich kam der hervorragende ungarisch-amerikanische Physiker Eugene Wigner auf die Idee, wie man mit Hilfe der Drehsymmetrie und der Gruppentheorie Ordnung in dieses Chaos bringen kann.

Der Triumph der Symmetrie im Quantenbereich

Wir wollen nun eine Pause einlegen und Bilanz ziehen, was wir gelernt haben. Sowohl in der klassischen Physik als auch in der Quantenphysik wird die Form der Grundgesetze durch die Symmetrie eingeschränkt. In der Quantenphysik hat die Symmetrie jedoch noch einschneidendere Konsequenzen. Während die Addition zweier verschiedener Bahnen in der klassischen Physik keinen Sinn ergibt, sind wir dank der Wahrscheinlichkeitsinterpretation der Quantenphysik zur Addition von Quantenzuständen berechtigt. Nach einer Symmetrietransformation läßt sich der transformierte Zustand als eine Linearkombination von Quantenzuständen darstellen.

In Form der Umkehrung eines Abstraktionsprozesses lassen sich die Ergebnisse des Nachdenkens der Gruppentheoretiker des 19. Jahrhunderts nun auf die Quantenwelt anwenden. (Dies ist so ähnlich, als ob eine Kultur die Theorie der Multiplikation von Zahlen gefunden hat, nur um später festzustellen, daß sich die Regeln dieser Theorie tatsächlich auf Situationen anwenden lassen, bei denen Körbe und Äpfel eine Rolle spielen.) Ist die Symmetrie ihren Namen wert, so müssen die Zustände, die zu ein und derselben Darstellung gehören, auch ein und dieselbe Energie besitzen. Die Quantensprünge zwischen den Quantenzuständen werden durch die Symmetrie bestimmt. So ist die Symmetrie in der Quantenphysik nicht nur für die grundlegenden Gesetze verantwortlich – sie informiert uns auch über den realen physikalischen Zustand.

IV. Auf der Suche nach dem Schöpfungsentwurf

11. Der Achtfache Weg im Dickicht der Nacht

Die Zwillinge im subnuklearen Forst

Als Alice im Wunderland auf die seltsamen Zwillinge Zwiddeldum und Zwiddeldei stieß, war sie gleichermaßen erstaunt wie erheitert. Im Jahre 1932 hatte ihr Landsmann James Chadwick bei seiner Wanderung durch den gerade eröffneten "nuklearen Forst" seine eigene Begegnung mit Zwiddeldum und Zwiddeldei. Dieses bemerkenswerte Treffen führte später dazu, daß er geadelt wurde.

Chadwick, dem wir bereits in Kapitel 3 als unglücklichem Kriegsgefangenen begegnet sind, entdeckte ein bis dahin unbekanntes Teilchen – das Neutron, das sich hinsichtlich der starken Kernkraft genau wie das Proton verhielt. In der Zeit nach Chadwicks Entdeckung fanden die Physiker heraus, daß die Bevölkerung der subnuklearen Welt nicht nur identische Zwillinge, sondern auch identische Drillinge, ja sogar Achtlinge enthält und waren darüber ebenso erstaunt wie Alice. Was will uns die Natur damit sagen?

Um 1930 hatten die Physiker mit dem Studium des Atomkerns begonnen. Diese Untersuchungen waren möglich, weil die Natur die außerordentliche Freundlichkeit besitzt, das dazu notwendige Material in Form natürlicher radioaktiver Substanzen zur Verfügung zu stellen. Die Radioaktivität war bereits 1896 durch Zufall von dem französischen Physiker Antoine Henri Bequerel entdeckt worden.

Wie man bald herausfand, enthalten radioaktive Substanzen instabile Atome, die im Verlauf ihrer Umstrukturierung Teilchen verschiedener Art aussenden. Wir sprachen bereits davon, daß die Beobachtung eines Objektes bedeutet, daß das Objekt mit Photonen beschossen wird, die wir nach ihrer Reflexion mit den wunderbaren optischen Detektoren auffangen, die wir in unseren Köpfen mit uns herumtragen. Teilchenbeschleuniger sind nichts anderes als riesige Maschinen, die zu dem Zweck gebaut werden, diesen Sehprozeß zu erweitern. Um die Struktur der Materie sichtbar zu machen, müssen wir sie mit Teilchen bombardieren, die energiereich genug sind, die äußeren Materieschichten zu durchdringen. Zu einer Zeit, als die Physiker noch nicht an den Bau von Beschleunigern dachten, stellten die radioaktiven Substanzen eine natürliche Quelle energiereicher Teilchen dar. Die Physiker nutzten diese natürlichen "Beschleuniger" und begannen damit, die Wirkung radioaktiver Quellen mit bestimmten Eigenschaften auf verschiedene Materialien zu untersuchen.

Im Jahre 1930 entdeckten die deutschen Physiker W. Bothe und H. Becker, daß bestimmte Materialien nach der Einwirkung radioaktiver Quellen eine mysteriöse Strahlung aussandten. Zu dieser Zeit glaubten die Physiker, die Welt bestünde aus Elektronen, Protonen, Photonen und Gravitonen. Man hatte herausgefunden, daß ein Atom der Materie aus Elektronen bestand, die einen Kern umkreisten, von dem man glaubte, er enthielte Protonen, vielleicht auch Elektronen. Verblüfft über die Nachricht aus Deutschland, führte Chadwick eine Reihe von Experimenten durch, die zeigen sollten, daß die mysteriöse Strahlung aus einem bis dahin unbekannten Teilchen bestand. Das Teilchen erwies sich als elektrisch neutral und wurde deswegen unter dem Namen "Neutron" bekannt.

Beobachten wir den Zusammenstoß eines Tennisballs mit einem Golfball, so können wir unter Verwendung der Erhaltungssätze von Energie und Impuls ohne Schwierigkeiten die Massen der beiden Körper bestimmen. Auf die gleiche Weise gelang es Chadwick, die Masse des Neutrons zu ermitteln, indem er sorgfältige Beobachtungen über die Zusammenstöße dieses Teilchens mit verschiedenen Atomkernen vornahm. Zu seiner Überraschung erwies sich die Masse des Neutrons als nahezu genau so groß wie die des Protons: Das Neutron spielt zusammen mit dem Proton Zwiddeldum und Zwiddeldei.

Nicht nur ein passiver Schlachtenbummler

Wie weitere Experimente zeigten, ist ein Atomkern aus einer bestimmten Anzahl von Protonen und Neutronen zusammengesetzt. Bei den Experimenten von Bothe und Becker hatte die energiereiche Strahlung der radioaktiven Quelle einige der Neutronen aus dem Kern herausgeschlagen.

Die chemischen Eigenschaften eines Atoms werden durch die Anzahl der Elektronen bestimmt, die sich auf Umlaufbahnen außerhalb des Kerns bewegen. Die Anzahl der Elektronen ist gleich der Anzahl der Protonen, so daß das Atom als Ganzes elektrisch neutral ist. Das Neutron spielt hinsichtlich der chemischen Eigenschaften des Atoms also keine Rolle. So enthalten Kohlenstoffatome zum Beispiel immer sechs Protonen. Die Tatsache, daß es immer sechs Protonen und niemals fünf oder sieben sind, ist für die "Kohlenstofflichkeit" des Kohlenstoffatoms maßgebend, die auch seine einmalige Bindungsfähigkeit mit einschließt, auf der wiederum seine entscheidende Rolle in der Biologie beruht. Wie man beobachtet hat, können Kohlenstoffatome jedoch zwischen vier und neun Neutronen besitzen. Welche Rolle spielt also das Neutron im Drama der Physik? Treibt es sich nur als passiver Schlachtenbummler in der Nähe des mächtigen Protons herum? Das ist kaum anzunehmen. Es hat sich vielmehr herausgestellt, daß es ohne Neutronen keine stabilen Atomkerne gäbe.

Ein Balanceakt

Die Stabilität der Atomkerne und darüber hinaus die der ganzen Welt hängt von einem wahren Drahtseilakt der Natur ab. Da Protonen elektrisch geladen sind, stoßen sie einander ab. Diese elektrische Abstoßung zwischen den Protonen des Kerns droht den Kern zu sprengen. Die Physiker wurden daher durch die bloße Tatsache der Existenz von Kernen zu dem Schluß gezwungen, daß Protonen und Neutronen im Innern der Kerne durch eine starke gegenseitige Anziehung zusammengehalten werden müssen. Protonen und Neutronen werden von den Physikern zusammen als "Nukleonen" bezeichnet. Die für die Anziehung zwischen zwei Nukleonen verantwortliche Wechselwirkung wird "starke Wechselwirkung" genannt, da sie sich als etwa hundertmal stärker als die elektromagnetische Wechselwirkung erwiesen hat.

Man sollte glauben, daß die um so vieles schwächere elektrische Kraft im Kern vollständig unterdrückt wird. Die Natur ist jedoch auf einen überraschenden Trick verfallen: Die elektromagnetische Wechselwirkung ist zwar viel schwächer, hat aber eine größere Reichweite. Wir erinnern uns daran, daß die elektrische Kraft zwischen zwei Ladungen mit dem Quadrat des Abstandes zwischen den beiden Ladungen abnimmt. Dagegen nimmt die starke Wechselwirkung zwischen zwei Nukleonen außerordentlich rasch ab, so daß sich zwei Nukleonen nur dann gegenseitig anziehen, wenn sie sich praktisch direkt nebeneinander befinden. Man bezeichnet die starke Wechselwirkung daher als "kurzreichweitig", die elektromagnetische als "langreichweitig". In einem dichten Partygedränge können wir uns vermittels der kurzreichweitigen akustischen Wechselwirkung nur mit den Personen unterhalten, die direkt neben uns stehen, einer weiter entfernten attraktiven Person jedoch nur unter Benutzung der langreichweitigen optischen Wechselwirkung über den ganzen Raum hinweg einen Wink zukommen lassen.

Man kann sich einen Kern wie einen mit Nukleonen gefüllten Sack vorstellen. Die Nukleonen sind stark aneinander gebunden, doch jedes Nukleon kann nur die Nukleonen an sich ziehen, die ihm am nächsten sind. Die elektrische Abstoßung hingegen kann, obwohl sie viel schwächer ist, von einem Proton zum anderen über den ganzen Kern hinweg reichen. Der Atomkern ist daher Schauplatz einer interessanten Paarung zwischen zwei Boxchampions. Der eine Boxer hat einen härteren Schlag, aber eine kürzere Reichweite, während sein Opponent eine längere Reichweite, aber einen schwächeren Schlag besitzt. In einem großen Kern hat offensichtlich die elektrische Abstoßung die größeren Aussichten, sich durchzusetzen. So neigt der Urankern mit seinen 92 Protonen und ungefähr 140 Neutronen dazu, beim geringsten Anlaß zu zerfallen: Die elektrische Abstoßung treibt den Kern auseinander. Bei diesem Prozeß wird ein bestimmter Energiebetrag freigesetzt, den wir Menschen für eine Vielzahl von mehr oder weniger vernünftigen Zwecken zu nutzen trachten. Am anderen Ende des Spektrums können zwei kleine Kerne dazu überredet werden, sich zu vereinigen. Nach Ansicht mancher Leute ist die Energie, die bei diesem als "Fusion" bekannten Prozeß freigesetzt wird, für die Zukunft der menschlichen Rasse von ausschlaggebender Bedeutung.

Abb. 36
Der Atomkern bildet die Arena für den Kampf zwischen zwei gleichwertigen Boxern.

Zum Glück für uns sind die Stärken der starken und elektrischen Kräfte so aufeinander abgestimmt, daß eine große Vielfalt vollkommen stabiler Kerne existiert, in denen keine der beiden Kräfte einen K.o.-Sieg über die andere Kraft davontragen kann. Für die Aufrechterhaltung dieser Patt-Situation spielt das Neutron eine wesentliche Rolle. In einem stabilen Kern leisten die elektrisch neutralen Neutronen der starken Kraft Beistand, ohne zur elektrischen Abstoßung beizutragen. Der Heliumkern zum Beispiel enthält zwei Protonen und zwei Neutronen. Wären die Neutronen nicht da, würde der Heliumkern zerfallen. Wie bereits in Kapitel 2 angedeutet, können wir nur dank des gerade geschilderten Balanceaktes der Natur im stetigen warmen Licht der Sonne baden.

Es ist bemerkenswert, daß die sichtbare Struktur der physikalischen Welt von der Existenz aller fundamentalen Wechselwirkungen abhängt. Ohne die starke Wechselwirkung gäbe es keine Kerne; das einzig mögliche Atom wäre das Wasserstoffatom, das von einem Proton und einem Elektron gebildet wird. Das Universum bestünde dann nur aus Wasserstoffgas und einer Anzahl frei umherfliegender Neutronen. Gäbe es keine elektromagnetische Wechselwirkung, so gäbe es keine Atome, und das Universum enthielte nur Zusammenballungen von Nukleonen, zwischen denen sich freie Elektronen tummeln würden. Würden zwei solche Brocken zusammentreffen, würden sie aneinander haften bleiben und einen größeren bilden, bis schließlich die gesamte Materie des Universums in einem einzigen, riesigen Klumpen zur Ruhe käme.

Die schwache Wechselwirkung

In den 30er Jahren wurde immer deutlicher, daß noch eine andere, bis dahin unbekannte Wechselwirkung, die “schwache Wechselwirkung”, für die Radioaktivität bestimmter Kerne verantwortlich war. Mit der Entdeckung der schwachen Wechselwirkung ist die Liste der in der Physik bekannten Wechselwirkungen abgeschlossen. Wir sind der schwachen Wechselwirkung bereits in Verbindung mit der Paritätsverletzung begegnet und werden sie in einem späteren Kapitel genauer erörtern. An dieser Stelle sei nur erwähnt, daß die Reichweite der schwachen Wechselwirkung noch tausendmal geringer als die der starken Wechselwirkung ist. Die kleinen Reichweiten der schwachen und der starken Wechselwirkung sind der Grund dafür, daß die beiden Kräfte im Gegensatz zu der elektromagnetischen Wechselwirkung und der Gravitation, die beide langreichweitig sind, in makroskopischen Phänomenen nicht in Erscheinung treten.

Die Natur enthüllt eine Symmetrie

Wir haben gerade die Selbstachtung des Neutrons wiederhergestellt, indem wir erläutert haben, wie wichtig es für das richtige Funktionieren des Weltalls ist. Geblieben ist das Rätsel, warum der Wert für seine Masse so nahe an dem Wert für die Protonenmasse liegt. Nichts von dem, was wir im vorangegangenen erörtert haben, schreibt vor, daß Proton und Neutron die gleiche Masse haben müssen. Man hat die Massen von Proton und Neutron zu etwa 938,2 MeV beziehungsweise 939,5 MeV bestimmt. Die Differenz beträgt also nur etwa 1/10 Prozent! (1 MeV bedeutet übrigens 1 Million Elektronenvolt und entspricht der Energie, die ein Elektron gewinnt, das von einem elektrischen Feld mit einer Spannung von 1 Million Volt beschleunigt wird. Viele Physiker geben Massen in Energieeinheiten an, seitdem Einstein den Unterschied zwischen Masse und Energie abgeschafft hat.)

Weitere Untersuchungen enthüllten eine andere überraschende Tatsache: Die Messungen ergaben, daß die starke Kraft zwischen zwei Protonen ungefähr ebenso groß wie die zwischen einem Proton und einem Neutron oder die zwischen zwei Neutronen ist. Das Neutron benimmt sich also genau so wie ein Proton bis auf den beinahe vernachlässigbaren Umstand, daß das eine Teilchen geladen ist und das andere nicht – vernachlässigbar deswegen, weil die elektromagnetische Kraft auf ein einzelnes Teilchen um so vieles schwächer als die anderen Kräfte ist.

Da hätten wir also unsere seltsamen Zwillinge Zwiddeldum und Zwiddeldei: Sie reden und handeln gleich, sie haben bis auf 1/10 Prozent das gleiche Gewicht – nur trägt der eine einen Schnurrbart und der andere nicht.

Im Jahre 1932 stellte Werner Heisenberg – alles andere als ein konservativer Physiker – die kühne Behauptung auf, daß das Neutronenrätsel als ein sehr deutlicher Hinweis der Natur darauf verstanden werden muß, daß sie in ihrem Bauplan eine fundamentale Symmetrie enthält. Am Beginn seiner Überlegungen stand die Frage, was passieren würde, wenn man die elektromagnetische, die schwache und die Gravitations-Wechselwirkung ausschalten könnte. Wir haben bereits in Kapitel 2 festgestellt, wie nützlich der Trick mit der Ausschaltung oder Vernachlässigung der schwächeren Effekte beim Studium einer bestimmten Wechselwirkung ist. Heisenbergs Vermutung war, daß Proton und Neutron unter der von ihm gemachten Voraussetzung genau die gleiche Masse besitzen würden. Seiner Vorstellung zufolge sollte der Elektromagnetismus für die winzige Massendifferenz zwischen Proton und Neutron verantwortlich sein – sicher keine unvernünftige Annahme, denn da die elektromagnetische Kraft etwa hundertmal schwächer als die starke Kraft ist, sollte man erwarten, daß auch die mit ihr verknüpften Effekte ungefähr bei 1% oder weniger liegen könnten.

Im vorigen Kapitel haben wir festgestellt, daß verschiedene atomare Zustände ineinander “gedreht” werden können. Die Rotationssymmetrie stellt sicher, daß diese Zustände genau die gleiche Energie besitzen. Wir erinnern uns daran, daß diese Aussage einfach aus der Forderung folgt, daß zwei Beobachter, deren Standpunkte gegeneinander gedreht worden sind, die gleiche Struktur der physikalischen Realität feststellen. Auf dieser ebenso einfachen wie gewichtigen Bedingung ruht letzten Endes das ganze Symmetrieargument. Inspiriert von der Idee der Rotationssymmetrie machte Heisenberg den Vorschlag, das Proton könnte durch eine “Drehung” in das Neutron überführt werden, wobei die starke Wechselwirkung invariant gegen diese Drehung wäre.

Heisenbergs Logik stellt die Umkehrung der Schlußfolgerung dar, der wir bei unserer Diskussion der Rotationssymmetrie und der atomaren Zustände gefolgt sind. Seit den Tagen Newtons ist die Rotationssymmetrie aus unserer Vorstellung praktisch nicht mehr wegzudenken. In der Quantenphysik hat die Rotationssymmetrie zur Folge, daß verschiedene atomare Zustände die gleiche Energie besitzen können. Heisenberg dagegen ging von der überraschenden Entdeckung Chadwicks aus, daß Proton und Neutron nahezu die gleiche Masse (und damit nach Einstein auch die gleiche Ruheenergie) besitzen und schloß daraus auf eine verborgene Symmetrie im Bauplan der Natur.

In Kapitel 6 fragten wir danach, wie die Physiker den ersten Zug in “Einsteins Spiel” herausfinden könnten. Hier haben wir nun ein Beispiel dafür, wie ein experimenteller Befund demjenigen, der Ohren hat zu hören, ein Liedchen über Symmetrie vorsummt.

Heisenbergs Symmetrie wird “Isospin” genannt. Dies hat verschiedene historische Gründe, die uns hier nicht weiter interessieren. Die zugehörige Gruppe wird von den Mathematikern als SU(2) bezeichnet, wobei die Zahl 2 daran erinnert, daß die Gruppe durch die Transformation zweier Objekte ineinander definiert wird.

Ich muß an dieser Stelle anmerken, daß ich bei der Schilderung der Einführung des Isospins die historische Genauigkeit der Kontinuität des Erzählflusses geopfert habe. Wie die meisten Entwicklungen in der Geschichte der Physik war auch die Einführung des Isospins von vielen Mißverständnissen und Unklarheiten begleitet, und es waren viele Forscher, die zu seiner endgültigen Deutung als Symmetrie beigetragen haben. Trotzdem erscheint es mir angemessen, den Isospin allein mit dem Namen Heisenbergs zu verbinden. Ich erlaube mir dabei die gleiche Art von Geschichtsvereinfachung, deren sich besonders Physiklehrbücher generell schuldig machen. Ein kurzer Abriß der Geschichte des Isospins wird in Form einer Anmerkung am Ende des Buches gegeben.

Ein Blick ins Innere der Natur

Heisenbergs Isospin-Rotation ist keine Drehung der Art, wie wir sie aus dem von uns bewohnten realen Raum kennen – deswegen auch die Anführungszeichen im vorigen Abschnitt. Heisenberg stellte sich vielmehr eine Rotation in einem abstrakten "inneren" Raum vor, wobei die Begriffe "Rotation" und "Raum" in einem übertragenen Sinne zu verstehen sind.

Die Einführung des Isospins stellt einen Markstein in der Entwicklung der Symmetrie zu einem grundlegenden Konzept der Physik dar. Sprachen die Physiker früher von Symmetrie, so dachten sie dabei stets an die Symmetrie der Raumzeit. Parität, Rotationen, die Lorentz-Invarianz und die allgemeine Kovarianz haben ihre Wurzeln alle mehr oder weniger in unserer direkten Wahrnehmung der realen Raumzeit. Nun hatte Heisenberg auf einen Schlag einen abstrakten inneren Raum erschlossen, in dem sich Symmetrieoperationen wie im normalen Raum durchführen lassen.

Für die alte Garde war Heisenbergs Vorschlag ein dicker Brocken. Niemals zuvor war die exakte Symmetrie der Raumzeit in Frage gestellt worden. Nun kam Heisenberg mit der Behauptung, es gäbe eine Symmetrie, die tatsächlich nicht exakt gültig ist. Die Symmetrien der Raumzeit sind von universeller Gültigkeit: Sie sind auf alle Wechselwirkungen anwendbar. Die Isospin-Symmetrie jedoch gilt nur für die starke Wechselwirkung: Protonen und Neutronen haben unterschiedliche elektromagnetische Eigenschaften.

Nachdem einige Zeit ins Land gegangen ist, erscheint Heisenbergs Vorstellung einer inneren Symmetrie nicht mehr ganz so revolutionär. Den nachfolgenden Physikergenerationen galt und gilt sie als ebenso natürlich wie die gute alte Raumzeit-Symmetrie.

Wie wir gesehen haben, besagen die Symmetrieprinzipien, daß die physikalische Realität, obgleich sie bei oberflächlicher Betrachtung von verschiedenen Beobachtern unterschiedlich wahrgenommen wird, in struktureller Hinsicht in Wirklichkeit ein und dieselbe ist. In dem gerade behandelten Fall bedeutet dies, daß dann, wenn der eine Beobachter ein Proton sieht, ein anderer, dessen Standpunkt gegenüber dem des ersten "Isospin-gedreht" ist, darauf bestehen wird, ein Neutron zu sehen. Beide haben in dem gleichen Sinne Recht, in dem der eine Beobachter als "oben" bezeichnet, was für den anderen "unten " ist. Damit wird auch unmittelbar verständlich, warum die Experimente ergeben, daß die starke Kraft zwischen zwei Protonen die gleiche wie die zwischen zwei Neutronen ist, denn was dem einen Beobachter als zwei Protonen erscheint, sieht für den anderen wie zwei Neutronen aus.

Die volle Kraft der Symmetrie

Sobald man das Verhältnis zwischen zwei physikalischen Zwillingen als ein Symmetrieproblem formuliert hat, kann sich die volle Kraft der Gruppentheorie entfalten. Die Darstellungen von SU(2) kann man sich entweder selbst ableiten oder einfach einem Mathematikbuch entnehmen. Wie aus den allgemeinen Erörterungen in Kapitel 7 hervorgeht, gehören alle Teilchen mit starker Wechselwirkung – von den Atomkernen bis hinunter zu den subnuklearen Teilchen – zur Darstellung SU(2). Die Teilchen, die zu ein und derselben Darstellung gehören, werden als Mitglieder eines "Multipletts" bezeichnet, genauer eines "Dubletts", "Tripletts", "Quartetts" usw. Dabei müssen alle Mitglieder eines Multipletts die gleiche Energie beziehungsweise die gleiche Masse besitzen, wie dies auch in der Tat beobachtet wird.

Nach Emmy Noether muß mit der Isospin-Symmetrie eine Erhaltungsgröße verknüpft sein. Sie wird einfach "Isospin" genannt. Teilchen mit starker Wechselwirkung sind Träger von Isospin, ganz ähnlich wie Teilchen mit elektromagnetischer Wechselwirkung eine elektrische Ladung tragen. Prozesse der starken Wechselwirkung, bei denen der Isospin nicht erhalten bleibt, sind verboten. Die relativen Wahrscheinlichkeiten der verschiedenen erlaubten Prozesse werden durch die Gruppentheorie bestimmt. Die Lage ist also vollkommen analog zu der Situation, der wir bei der Diskussion der Rotationssymmtrie im vorigen Kapitel begegnet sind, was einfach damit zu erklären ist, daß die Mathematik, von der das Ganze gesteuert wird, vollkommen unabhängig von der Physik ist.

Die starke Wechselwirkung ist zu stark

Nachdem wir die physikalische Idee des Isospins verstanden haben, sind die Details der physikalischen Anwendungen dieses Konzeptes für unsere Geschichte nicht mehr von besonderer Bedeutung, und wir können sie getrost den professionellen Kernphysikern überlassen. Der entscheidende Punkt ist der, daß sich die experimentell überprüfbaren Voraussagen hinsichtlich der starken Wechselwirkung, wie sie in der voranstehenden Erörterung beschrieben wurden, allein aus der Isospin-Symmetrie ableiten lassen. Wir sind bisher mit keinem Wort darauf eingegangen, wie die Theorie der starken Wechselwirkung aussehen könnte. Sie spielt dabei nämlich überhaupt keine Rolle!

Es stimmt zwar, daß der Isospin die Möglichkeiten für die Konstruktion einer Theorie der starken Wechselwirkung erheblich einschränken würde. Aber selbst wenn man eine solche Theorie besäße, wäre sie nur von geringem Wert, da die starke Wechselwirkung – wie bereits aus ihrer Definition hervorgeht – "zu stark" ist. Sehen wir, was damit gemeint ist!

Als Physikstudent gewinnt man oft den Eindruck, daß die Aufgabe der Physik im Auffinden exakter Lösungen besteht. Zur Illustration der verschiedenen physikalischen Prinzipien neigen Lehrbücher naturgemäß dazu, diejenigen einfachen und idealisierten Fälle zu behandeln, für die überhaupt exakte Lösungen möglich sind. In der Praxis jedoch müssen die Physiker zu einer als "Störungsrechnung" bekannten Methode Zuflucht nehmen. So würde ein Physiker bei dem Versuch, die Bewegung der Erde um die Sonne zu berechnen, die störenden Einflüsse der übrigen Planeten auf die Erdbahn zunächst vernachlässigen und sie erst nach einer Lösung des derart vereinfachten Problems näherungsweise berücksichtigen. Dieses Verfahren funktioniert deswegen so gut, weil die Einflüsse der anderen Planeten sehr gering sind.

Nach einer ähnlichen Methode geht auch die Quantenphysik vor. Streut man zwei Elektronen aneinander, so ist die Wahrscheinlichkeit für ihre Wechselwirkung nur etwa 1/137. Dieser empirisch ermittelte Zahlenwert ist ein Maß für die Stärke der elektromagnetischen Wechselwirkung und als "elektromagnetische Kopplungskonstante" bekannt. Nehmen wir an, zwei Elektronen sind miteinander in Wechselwirkung getreten. Während sie sich wieder voneinander entfernen, besteht eine gewisse Wahrscheinlichkeit dafür, daß sie erneut in Wechselwirkung treten. Die Wahrscheinlichkeit für eine solche zweifache Wechselwirkung ist $1/137 \times 1/137$ oder ungefähr 1/20 000. Wir können daher die Wirkung einer doppelten Wechselwirkung entweder vollständig vernachlässigen oder als eine kleine Korrektur behandeln. Zum Glück für die Physiker haben drei der vier fundamentalen Wechselwirkungen nur schwache Kopplungen, so daß die Störungsrechnung angewandt werden kann.

Die Natur ist uns gegenüber also recht höflich, aber doch nicht höflich genug. Für die starke Wechselwirkung ist die Kopplungskonstante praktisch gleich 1. Wenn wir daher zwei Nukleonen aneinander streuen, können doppelte, dreifache und unendlich viele weitere mehrfache Wechselwirkungen mit der gleichen Wahrscheinlichkeit wie eine einfache Wechselwirkung auftreten! Für diesen Fall versagt die Störungsrechnung vollkommen. So sind die Annalen der Physik denn auch mit vergeblichen Versuchen gefüllt, die Kraft zwischen zwei Nukleonen zu berechen. Schließlich gaben die Kernphysiker auf und begnügten sich mit einer Art von phänomenologischer Näherung, bei der sie die experimentell gemessene Kraft zwischen zwei Nukleonen als gegeben annahmen und daraus die Eigenschaften der Kerne abzuleiten suchten: Die starke Wechselwirkung hatte sich für die Physiker als zu widerspenstig erwiesen.

Eine Umgehungsstrategie

Kraft und Eleganz der Symmetrie machen es möglich, die Konstruktion von Theorien der starken Wechselwirkung zu umgehen, die aufgrund ihrer Unzulänglichkeiten ohnehin nur von zweifelhaftem Nutzen wären. Sie gestatten uns, unsere Unwissenheit über diese Wechselwirkung sozusagen einzugrenzen und zu isolieren.

Für die Entwicklung der Physik war diese Möglichkeit des "Eingrenzens der Unwissenheit" von enormer Bedeutung. Die meisten Teilchen beteiligen sich an mehr als einer Art von Wechselwirkung (zum Beispiel nimmt das Proton an allen vier fundamentalen Wechselwirkungen teil). Beim Studium der schwachen Wechselwirkung stießen die Physiker auf viele Prozesse, an denen auch stark wechselwirkende Teilchen beteiligt sind. Die Verwendung von Symmetrieprinzipien versetzte die Physiker, die sich auf die schwache Wechselwirkung konzentrierten, jedoch in die glückliche Lage, das Monstrum der starken Wechselwirkung "einzusperren". So gelang es, die Struktur der schwachen Wechselwirkung bis zum Beginn der 70er Jahre vollkommen aufzuklären, ohne daß man auf eine vollständig ausgearbeitete Theorie der starken Wechselwirkung warten mußte.

Die Situation, in der sich die Physiker durch ihre Probleme mit der starken Wechselwirkung befanden, ist in Abb. 37 dargestellt.

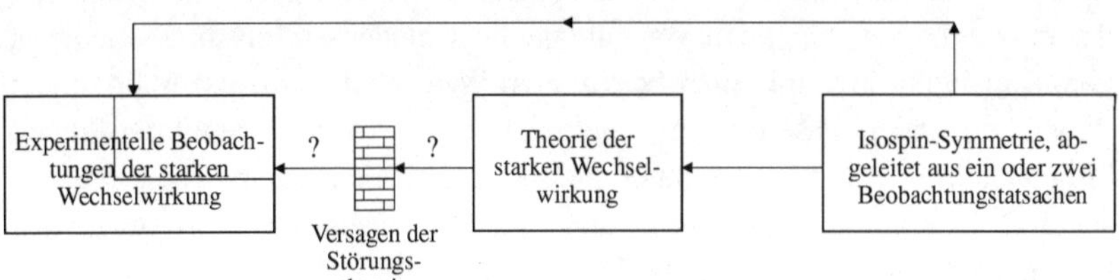

Abb. 37
Eine Umgehungsstrategie. Schematische Darstellung des Standes der Forschung auf dem Gebiet der starken Wechselwirkung von den 30er bis zu den frühen 70er Jahren. Weil die starke Wechselwirkung "zu stark" ist, wären die Physiker nicht in der Lage gewesen, experimentelle Voraussagen aus einer Theorie der starken Wechselwirkung abzuleiten, auch wenn sie imstande gewesen wären, eine solche Theorie aufzustellen, da die bewährte Methode der Störungsrechnung in diesem Fall versagt hätte. In dieser Situation gelang es ihnen mit Hilfe von Symmetriebetrachtungen, die durch das Scheitern der herkömmlichen Methode entstandene Blockierung des normalen Weges – in der Abbildung durch eine Mauer symbolisiert – zu umgehen.

Natürlich könnten wir von einer vollständigen Theorie mehr Ergebnisse erwarten, als wir aus reinen Symmetriebetrachtungen gewinnen können. Die Symmetrie fordert lediglich, daß Zustände, die zu dem gleichen Multiplett gehören, auch die gleiche Energie haben müssen, sie kann uns aber nicht verraten, welche Energie das ist. Strenggenommen kann uns der in Abb. 37 aus dem "Symmetriekasten" kommende und den "Theoriekasten" umgehende Pfeil daher nur zur Beschreibung einiger weniger der zahlreichen möglichen experimentellen Beobachtungen verhelfen, was durch den kleineren Kasten im "Beobachtungskasten" angedeutet werden soll.

Der Heiratsvermittler

Obgleich die Stärke der starken Wechselwirkung also die Konstruktion einer sinnvollen Theorie vereitelte, konnte sie die Physiker nicht daran hindern, die Natur dieser Wechselwirkung zu ergründen. Anfang der 30er Jahre fragte sich der japanische Physiker Hideki Yukawa, warum die starke Wechselwirkung im Gegensatz zu den beiden anderen, besser verstandenen Wechselwirkungen eine derart kurze Reichweite hat.

Wie wir in Kapitel 4 gesehen hatten, hatte der Feldbegriff die Vorstellung von einer Fernwirkung ersetzt. Danach kann man sich die elektrische Kraft zwischen zwei Ladungen als das Ergebnis einer "Verständigung" zwischen der einen Ladung und dem von der anderen Ladung ausgesandten Feld vorstellen. In der Quantenphysik ist die Energie des Feldes in "Paketen" konzentriert – im Falle des elektromagnetischen Feldes in Photonen, im Fall des Gravitationsfeldes in Gravitonen. Nach den Vorstellungen der modernen Physik würde eines von zwei Elektronen mit einer bestimmten Wahrscheinlichkeitsamplitude ein Photon aussenden, das von dem anderen absorbiert würde, worauf der Prozeß in umgekehrter Richtung verlaufen könnte und sich auf entsprechende Weise ständig wiederholen würde. Dieser dauernde Photonenaustausch zwischen den beiden Elektronen ist es, der die beobachtete elektrische Kraft erzeugt. Auf ähnliche Weise hält uns der ständige Austausch von Gravitonen zwischen unserem Körper und der Erde an die Erdoberfläche gebunden. Wie ein Heiratsvermittler aus alten Tagen oder ein Jet-Diplomat unserer Zeit fliegt das Photon ruhelos zwischen den beiden Parteien hin und her, um jedem die Absichten des anderen mitzuteilen.

Seit den frühen Tagen der Physik gehört der Begriff der Kraft zu den grundlegendsten und geheimnisvollsten überhaupt. Die Physiker waren daher auch von großer Befriedigung erfüllt, als sie schließlich herausgefunden hatten, daß der Ursprung einer Kraft im Quantenaustausch von Teilchen zu suchen ist.

Ausgehend von diesem Verständnis der Natur von Kräften kam Yukawa 1934 zu dem Schluß, daß es auch für die starke Wechselwirkung einen "Heiratsvermittler" geben müßte, und führte ein hypothetisches Teilchen ein, das später als "Pi-Meson" oder kürzer "Pion" bekannt wurde. Yukawa war sogar in der Lage, die Eigenschaften des Pions vorauszusagen – eine Leistung, die ihm den Nobelpreis eintrug.

Stellen wir uns zwei Nukleonen vor, die mehr oder weniger ruhig in einem Atomkern sitzen. Eines davon sendet mit einer bestimmten Wahrscheinlichkeitsamplitude ein Pion aus, das von dem anderen absorbiert wird. Wie ein Heiratsvermittler fliegt das Pion zwischen den beiden Nukleonen hin und her. Konzentrieren wir uns auf eines der beiden Nukleonen, das gerade ein Pion aussendet. Stop! Irgendetwas scheint bei diesem Emissionsvorgang nicht in Ordnung zu sein. Tatsächlich – er würde den Energieerhaltungssatz verletzen. Nach Einstein besitzt sogar ein in Ruhe befindliches Teilchen eine bestimmte Energie, die gleich seiner Masse m mal dem Quadrat der Lichtgeschwindigkeit c^2 ist. Wie kann ein Nukleon, das in einem Kern sitzt und eine Energie $m \cdot c^2$ besitzt, ein Pion aussenden, das sogar dann, wenn es sich kaum bewegt, mindestens eine Energie haben muß, die gleich seiner Masse mal c^2 ist, und trotzdem ein Nukleon bleiben?

Abb. 38
Das Pion als altmodische Heiratsvermittlerin in Gestalt einer korpulenten Dame, deren Reisefreudigkeit durch ihr Gewicht begrenzt wird.

Bemerkenswerterweise gelang es Yukawa nicht nur, diese Schwierigkeit zu meistern, sondern sie sogar zu seinem Vorteil auszunutzen. Durch eine geniale Anwendung der Unschärferelation war er in der Lage, die kurze Reichweite der starken Wechselwirkung zu erklären und die Masse des Pions vorauszusagen. Der Schlüssel dafür liegt in der Quantenphysik.

Der Veruntreuer

Wir erinnern uns an die Aussage der Unschärferelation, nach der es nicht möglich ist, sowohl den Ort als auch den Impuls eines Teilchens gleichzeitig mit beliebiger Genauigkeit zu ermitteln. Ganz ähnlich verhält es sich auch mit der Energie eines Prozesses und der Zeit, die er benötigt: Auch diese beiden Größen lassen sich nicht gleichzeitig beliebig genau bestimmen. (Erinnern wir uns an die Beziehung zwischen den physikalischen Größen in Einsteins Theorie: Der Ort eines Teilchens im Raum ist mit seiner Position in der Zeit verknüpft, sein Impuls mit seiner Energie. Es ist daher plausibel, daß in der Unschärferelation einerseits Impuls und Ort und andererseits Energie und Zeit als Paar in Erscheinung treten.) Yukawa stellte fest, daß wir bei dem Versuch, die genaue Zeit zu ermitteln, zu der das Nukleon das Pion aussendet, hinsichtlich der Energie dieses Prozesses in völlige Unsicherheit geraten und nicht mehr sagen können, ob die Energie dabei erhalten bleibt oder nicht. Die Unschärferelation erlaubt also die Verletzung des Energieerhaltungssatzes, allerdings nur für einen Augenblick.

Die ganze Sache erinnert an den Angestellten einer Firma, der Gelder veruntreut. Ein fundamentaler Grundsatz der Veruntreuung besagt, daß ein Diebstahl um so schneller bemerkt wird, je größer der gestohlene Geldbetrag ist. Das Pion verhält sich genau wie ein Veruntreuer, der versucht, sich aus dem Staub zu machen, allerdings nicht mit Geld, sondern mit Energie. Anders als ein Betrüger im realen Leben wird das Pion jedoch stets von der Natur erwischt und aufgefordert, seine Energie zurückzugeben. Die Natur – vertreten durch Emmy Noether – verlangt, daß die Gesamtenergie eines jeden Prozesses, in diesem Fall der Wechselwirkung zwischen zwei Nukleonen, erhalten bleibt. Das Pion muß daher sofort wieder von einem Nukleon absorbiert werden, und wie bei einer echten Veruntreuung erfolgt der Wiedereinfang um so schneller, je mehr Energie das Pion davonzutragen versucht.

Die Natur ist so aufmerksam, daß das Pion sogar dann, wenn es sich mit Lichtgeschwindigkeit bewegt, zwischen seinem Ausreißversuch und seinem Wiedereinfang nicht sehr weit kommen kann. Auf diese Weise erklärte Yukawa die kurze Reichweite der nuklearen Kraft. Sind zwei Nukleonen zu weit voneinander entfernt, so können sie sich gegenseitig nicht wahrnehmen. Um bei unserer Analogie mit dem Heiratsvermittler zu bleiben, könnte man sich das Pion als eine etwas korpulente Dame vorstellen, deren Reisefreudigkeit durch ihr Gewicht eingeschränkt wird. Leben die beiden Partner zu weit voneinander entfernt, verweigert sie ihre Beteiligung an der Kontaktaufnahme.

Die Reichweite der Kernkraft ist in eindeutiger Weise durch die Masse des Pions begrenzt. Die minimale Energie, welche das Pion zu stehlen versucht, ist die seiner Masse entsprechende Ruheenergie. Diese Minimalenergie legt die maximale Zeit fest, die dem Pion zur Verfügung steht, um von einem Nukleon zum anderen zu gelangen. Da Yukawa die Reichweite der Kernkraft kannte, konnte er die Masse des Pions zu ungefähr einem Zehntel derjenigen eines Nukleons voraussagen.

Nun verstehen wir auch, warum die elektromagnetische Wechselwirkung eine so große Reichweite besitzt: Dies hängt offensichtlich mit der Tatsache zusammen, daß das Photon keine Masse besitzt. Obwohl es noch niemals gelungen ist, ein Graviton nachzuweisen, glaubt man allgemein, daß es gleichfalls masselos ist, da auch die Gravitationswechselwirkung eine große Reichweite besitzt.

Ein arroganter Konservativer

Die Voraussage der Existenz eines fundamentalen Teilchens mit bestimmten Eigenschaften stellt eine überragende Leistung des menschlichen Verstandes dar. Einige Jahre nach Dirac und Pauli wurde diese Leistung nun auch von Yukawa vollbracht. Alle drei Voraussagen stellten Herausforderungen an das jeweils herrschende physikalische Weltbild dar. Wie Yukawa später schrieb, erforderte dieses Denken über die bekannten Grenzen der Physik hinaus "eine Arroganz, die keine Furcht vor dem Zorn der Götter kannte." Es gab "ein beinahe bis ins Unbewußte reichendes, strenges Verbot, solche Gedanken zu hegen".

Es liegt eine immense Befriedigung darin, der Natur mit arroganten Forderungen gegenüberzutreten und zu erleben, wie sie gehorcht. Unglücklicherweise ist dieses Gefühl für einen Physiker ein ebenso häufig ersehntes wie selten gewährtes Erlebnis. Heutzutage ist das von Yukawa erwähnte Verbot nicht mehr in Kraft; die Theoretiker haben bei der Voraussage neuer Teilchen inzwischen alle Hemmungen verloren. Die gegenwärtige Situation hat sich gegenüber der damaligen in der Tat so in ihr Gegenteil verkehrt, daß viele Theoretiker meiner Generation neue Teilchen vermutlich aus keinem anderen Grund postulieren, als aus dem, die Konsequenzen zu ergründen, die sich aus ihrer Existenz ergeben.

In Wirklichkeit gingen sowohl Paulis Neutrinohypothese als auch Yukawas Voraussage des Pions – so mutig sie uns auch erscheinen – sogar noch von einem relativ konservativen Standpunkt aus: Angesichts des ungelösten Rätsels der Atomkerne zogen einige bedeutende Physiker jener Zeit sogar die Aufgabe der Quantengesetze in Betracht! So wie die klassische Mechanik letztendlich im atomaren Bereich zusammengebrochen war, erschien auch ein Versagen der Quantenphysik im Bereich der Atomkerne durchaus als denkbar – in einem Bereich von einer Größenordnung, die immerhin mehrere zehntausendmal kleiner als diejenige der Atome ist. Mit einem in der Politik selten zu beobachtenden Eifer schmiedeten die Revolutionäre, die die klassische Physik entthront hatten, Pläne zum Sturz ihrer eigenen Revolution.

Der Nachkriegsboom

Bei unseren bisherigen Erörterungen war von zwei Nukleonen in einem Atomkern die Rede. Aus Energiemangel ist das Pion gezwungen, ständig zwischen beiden hin und her zu fliegen. Wenn wir jedoch zwei Nukleonen mit hohen Energien aufeinander schießen, könnte die von ihnen mitgeführte zusätzliche Bewegungsenergie zur Produktion eines Pions ausreichen, wobei die Gesamtenergie erhalten bleibt. Genau auf diese Weise wurde das Pion Ende der 40er Jahre auch gefunden.

Das Pion erwies sich jedoch nur als das erste aus einer ganzen "Teilchenhorde", die nach dem Krieg entdeckt wurde. Es gab also in der Nachkriegszeit nicht nur einen Babyboom – auch die Experimentalphysiker waren vollauf damit beschäftigt, ein Teilchen nach dem anderen zu produzieren. Im Jahre 1947 erschien das erste der berüchtigten "seltsamen Teilchen", die einfach deswegen so genannt wurden, weil ihr Auftreten für die Physiker völlig unerwartet kam. (Für die jetzige Physikergeneration gibt es an diesen seltsamen Teilchen nichts besonders Merkwürdiges mehr.)

Seltsame Teilchen entstehen bei dem Zusammenstoß von Nukleonen bei hohen Energien. Wie die Experimente zeigen, werden sie dabei niemals einzeln, sondern stets paarweise produziert. Entsteht zum Beispiel ein als K° bekanntes seltsames Teilchen, so wird es immer von dem Teilchen Σ^+ begleitet. Nukleare Zusammenstöße erzeugen niemals nur ein K° oder zwei K° allein, sondern immer die gleiche Anzahl von K° und Σ^+. Im Laufe der Zeit war eine ganze Liste solcher empirischer Regeln zusammengekommen.

Schließlich wurde klar, daß alle diese Regeln in einem Erhaltungssatz zusammengefaßt werden konnten. Als Erhaltungsgröße der starken Wechselwirkung wurde daher unter der Bezeichnung "Seltsamkeit" (englisch "strangeness") eine neue physikalische Größe eingeführt. Man kann sich die Seltsamkeit als etwas Ähnliches wie die elektrische Ladung vorstellen – eine physikalische Eigenschaft nämlich, die einigen, aber nicht allen stark wechselwirkenden Teilchen zukommt, so wie einige, aber nicht alle Teilchen eine elektrische Ladung tragen. Die Seltsamkeit des Protons, des Neutrons und des Pions wurde zu Null angenommen. Die neu entdeckten Teilchen erhielten unterschiedliche Seltsamkeitswerte wie +1, -1 und so weiter. Seitdem besitzt das Wort "Seltsamkeit" für Physiker also eine spezielle Bedeutung.

Sehen wir nun, wie die Erhaltung der Seltsamkeit mit den Beobachtungen übereinstimmt. Wir ordnen K° die Seltsamkeit +1 zu. Da die Nukleonen die Seltsamkeit Null haben, können sie weder ein einzelnes K° noch ein Paar davon erzeugen. Trägt das Σ^+ nun die Seltsamkeit –1, so können wir erklären, warum K° und Σ^+ immer zusammen gebildet werden.

Obwohl es sich bei der Erhaltung der Seltsamkeit um eine einfache Idee zu handeln scheint, war nicht von vornherein klar, ob diese Rechenregel immer gültig ist. Wenn die Sache funktionieren soll, wäre es beispielsweise besser, wenn sich bei den Experimenten keine einzeln oder paarweise erzeugten Σ^+ feststellen ließen. Zum Glück hielt das Konzept der Überprüfung durch zahlreiche Experimente stand.

In Hinblick auf die Noethersche Idee der Verbindung zwischen Symmetrie und Erhaltung interpretierten die Physiker die Erhaltung der Seltsamkeit sogleich wieder als Signal für eine über den Isospin hinausgehende Symmetrie. Wir werden gleich auf diesen Punkt zurückkommen.

Was hinter einem Namen steckt

Um mich an die Namen aller dieser Teilchen zu erinnern, müßte ich Botaniker sein.
E. Fermi

Den Physikern bereitete es beträchtliches Vergnügen, alle neuen Teilchen mit Namen zu versehen. Sie teilten sie in mehrere Klassen ein. Die stark wechselwirkenden Teilchen erhielten die Bezeichnung "Hadronen", ein Wort, dessen griechische Wurzel die Bedeutung von "mächtig" oder "stämmig" besitzt. (So ist zum Beispiel ein Hadrosaurus ein Saurier von besonders riesigen Ausmaßen.)

Nukleonen, Pionen und seltsame Teilchen sind sämtlich Hadronen. Teilchen wie Elektronen und Neutrinos, die keine starke Wechselwirkung zeigen, werden "Leptonen" genannt, nach dem griechischen Wort für "dünn", "zierlich", "klein". (So ist das Lepton in Griechenland die kleinste Münze, und eine Person mit einem dünnen, schmalen Gesicht wird als "leptoprosophisch" bezeichnet.)

Die Hadronen wurden noch weiter unterteilt. Das später kurz als Pion bezeichnete Pi-Meson erhielt seinen Namen, weil seine Masse zwischen der des Nukleons und der des Elektrons liegt. (Die Wurzel "meso", die "Mitte" bedeutet, ist aus Worten wie "Mezzosopran" oder "Mesopotamien" bekannt.) Im Gegensatz dazu nennt man die Nukleonen sowie andere, neu entdeckte Teilchen mit vergleichbaren Eigenschaften "Baryonen". (Aus der Musik kennt man den Bariton.) In einigen Fällen stellte sich die neue Klassifikation als zu ungenau heraus. So kennen wir heute einige Mesonen, die massereicher als manche Baryonen sind. Trotzdem erweist sich die Bezeichnung "Mesonen" als eine einfallsreiche Wortwahl, da sie auch für einen Mittler oder Vermittler stehen kann. In einem witzigen mehrsprachigen Wortspiel bezeichnen die chinesischen Physiker das Pion als 介子. Das chinesische Schriftzeichen 介 bedeutet "Mittler", erinnert jedoch auch an den griechischen Buchstaben π (Pi).

Da die Nukleonen in gewöhnlicher Materie vorkommen und somit eine wichtige Rolle spielen, erscheint es angebracht, sie von den anderen Baryonen zu unterscheiden. Die Baryonen werden daher in Nukleonen und Hyperonen unterteilt. Das oben erwähnte Σ^+ (Sigma plus) ist ein Hyperon. Es gibt auch ein Hyperon mit dem Namen Xi, das durch den griechischen Buchstaben Ξ symbolisiert wird. Angeblich wurden die Hyperonen nach dem Lied "The Sweetheart of Sigma Chi" benannt; ihre Bezeichnung geht also auf den etwas modifizierten Namen einer amerikanischen Studentenverbindung zurück.

Da gerade von Namen die Rede ist, soll erwähnt werden, daß derjenige des Neutrinos durch Anhängen des italienischen Diminuitivs "ino" (wie beispielsweise in "bambino") an das Neutron entstand. Als Paulis Neutrinovoraussage in einem Seminar in Italien diskutiert wurde, verwechselte jemand dieses ebenfalls neutrale Teilchen mit Chadwicks Teilchen – dem Neutron – und Fermi mußte erläutern, daß es sich bei Paulis Teilchen um "das kleine" handelte.

Natürlich braucht der Leser, um der Geschichte weiter folgen zu können, nicht diese ganze Namensliste auswendig zu lernen. Eine bequeme Übersicht soll die Abbildung 39.bieten. Zu dem Zeitpunkt, bis zu dem unsere Erzählung fortgeschritten ist, bilden die Teilchen des Lichtes und der Gravitation – das Photon und das Graviton – jeweils eine Klasse für sich.

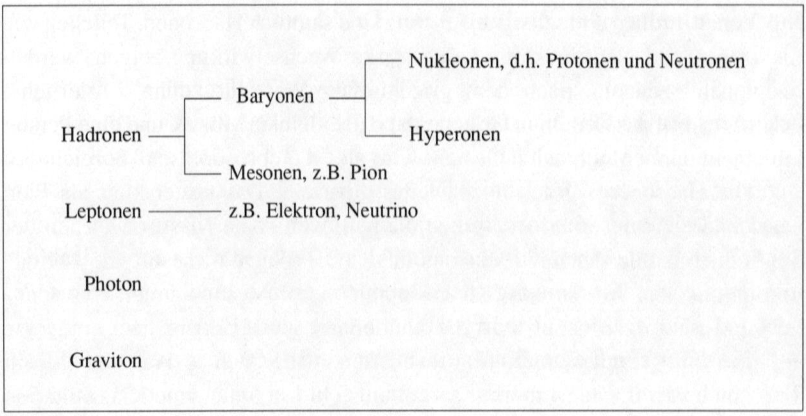

Abb. 39
Die um 1960 bekannten fundamentalen Teilchen.

Das Chaos wird geordnet

Ende der 50er Jahre war den Physikern also eine wahre "Ursuppe" von Teilchen bekannt, und es bestand ein dringender Bedarf an Prinzipien, die Ordnung in dieses ganze Durcheinander bringen konnten.

Eine enorme Hilfe leistete der Isospin. Wie bereits bemerkt, führt das Symmetrieprinzip aufgrund seiner großen Durchschlagskraft sofort zu der Aussage, daß alle Hadronen zu Isospin-Multipletts gehören müssen – eine Behauptung, die sich auch experimentell als zutreffend erwiesen hat. So wurden zum Beispiel drei Pionen entdeckt: π^+, π^0 und π^-. Wie durch die Bezeichnung nahegelegt, trägt das π^+ eine positive elektrische Ladung, π^0 ist elektrisch neutral und π^- elektrisch negativ geladen. Die drei Teilchen unterscheiden sich also hinsichtlich ihrer elektromagnetischen Eigenschaften, sind aber hinsichtlich der starken Wechselwirkung identisch. Wie erwartet haben alle drei fast die gleiche Masse: Die Massen von π^+ und π^- wurden zu 140 MeV bestimmt, die Masse von π^0 zu 135 MeV. Die Pionen bilden ein Triplett, so wie die beiden Nukleonen, das Proton und das Neutron, ein Dublett bilden. Analog dazu sind auch alle anderen Hadronen in Isospin-Multipletts angeordnet.

Wie bereits früher erwähnt, folgt aus der Erhaltung der Seltsamkeit unter Zuhilfenahme des Noetherschen Theorems sofort, daß die starke Wechselwirkung eine höhere Symmetrie als der Isospin besitzen muß.

Ein Versammlung von Zwillingen und Drillingen

Stellen Sie sich vor, Sie würden ein Treffen von Zwillingen und Drillingen besuchen. Sofort fällt Ihnen eine starke Ähnlichkeit zwischen den beiden Gruppen auf. Es stellt sich heraus, daß sie in der Tat aus der gleichen Familie stammen. Ende der 50er Jahre kam es auch den Physikern so vor, als hätte Chadwick sie einer Versammlung von Zwillingen und Drillingen vorgestellt. Schließlich wurde ihnen klar, daß subnukleare Teilchen nicht nur als Dubletts und Tripletts in Erscheinung treten, sondern ebenso eindeutig miteinander verwandt sind wie die Angehörigen einer biologischen Familie.

Fassen wir nun einmal zusammen, was um 1960 über die subnuklearen Teilchen bekannt war. Man hatte insgesamt acht Baryonen entdeckt: Zunächst die Nukleonenzwillinge – unsere alten Bekannten, das Proton und das Neutron, danach die Sigma- und Xi-Hyperonen. Wie das Pion tritt auch das Sigma-Teilchen in drei Varianten – einer positiven, einer neutralen und einer negativen – unter den Bezeichnungen Σ^+, Σ^0 und Σ^- auf. Die Sigma-Hyperonen gehören zu einem Isospin-Triplett, die Xi-Hyperonen stellten sich als Mitglieder eines Isospin-Dubletts heraus. Und schließlich bildet ein weiteres Hyperon, das Lambda genannt und durch den griechischen Buchstaben Λ symbolisiert wird, das einzige Mitglied eines Isospin-Singuletts.

Eine Zusammenfassung der Situation, die sich den Physikern damit bot, ist in Abb. 40 dargestellt, in der jedes der acht Baryonen durch einen Punkt in einem zweidimensionalen Gitter repräsentiert wird. Baryonen, die auf horizontalen Linien liegen, gehören zu ein und demselben Isospin-Multiplett und besitzen die gleiche Seltsamkeit. Die Nukleonen haben die Seltsamkeit 0, Σ und Λ die Seltsamkeit –1 und Ξ die Seltsamkeit –2.

Bezüglich der Mesonen herrschen ähnliche Verhältnisse. Die Physiker haben insgesamt acht davon entdeckt. Neben den drei Pionen gibt es vier "K-Mesonen" oder kürzer "Kaonen", die zu zwei Isospin-Dubletts gehören, sowie ein Meson mit dem Namen "Eta" und dem Symbol η als einziges Mitglied eines Isospin-Singuletts. (In Wahrheit waren zu jener Zeit nur sieben Mesonen bekannt, und Eta wurde erst 1961 entdeckt.)

In Abb. 40 stehen die Massen der einzelnen Baryonen und Mesonen in MeV-Einheiten in Klammern hinter dem Buchstaben, der das jeweilige Teilchen bezeichnet. Mitglieder des gleichen Isospin-Mutipletts haben fast alle die gleiche Masse, wie es die Isospin-Symmetrie verlangt. Überraschend ist, daß alle acht Baryonen auf 20 bis 30% genau die gleiche Masse besitzen und damit eine deutliche Familienähnlichkeit miteinander aufweisen. Auch die Mesonen haben annähernd ein und dieselbe Masse, die bei einigen 100 MeV liegt. Die Pionen

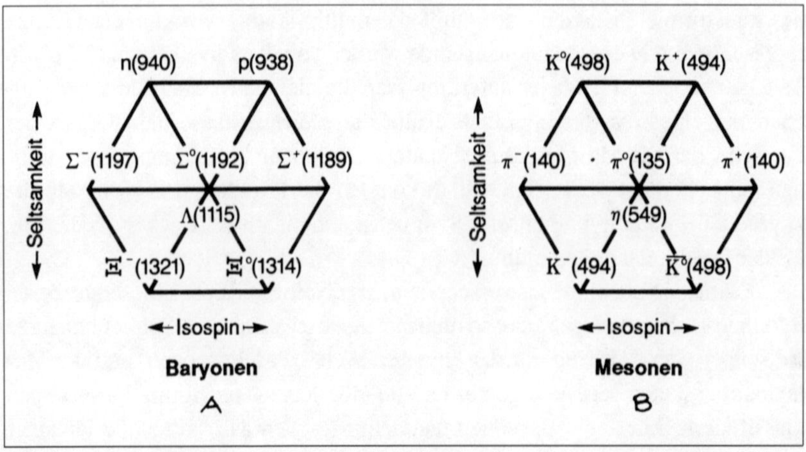

Abb. 40
A) Die acht Baryonen, das Proton, das Neutron und ihre sechs Vettern, sind nach ihrem Isospin und ihrer Seltsamkeit in einem Schema angeordnet, wodurch eine als "Oktett" bekannte geometrische Figur entsteht. B) Auch die acht Mesonen bilden ein Oktett.

allerdings scheinen anomal leicht zu sein. Nichtsdestoweniger könnte man die acht Mesonen in erster Näherung für Verwandte halten.

Noch einmal sei gesagt, daß es nicht erforderlich ist, sich diesen ganzen Zoo subnuklearer Teilchen einzuprägen, ebensowenig wie man das gute Dutzend der zur Klasse der Säugetiere gehörenden Ordnungen auswendig kennen muß. Wichtig ist nur, zu wissen, daß man die zahlreichen Säugetierarten systematisch klassifizieren kann und daß das Evolutionsprinzip alle diese Arten miteinander verbindet. So brauchen auch wir nicht mehr zu wissen, als daß die subnuklearen Teilchen miteinander verwandt zu sein scheinen.

Psychologie und Physik

Mit allen diesen, sich stark ähnelnden Teilchen schien uns die Natur einen Hinweis darauf zu geben, daß sie in ihrem Bauplan eine höhere Symmetrie als den Isospin enthält. Mitte der 50er Jahre war das Rennen um die Bestimmung dieser größeren Symmetrie in vollem Gange.

Die mit einer inneren Symmetrie wie der des Isospins verbundene Physik war mittlerweile gut verstanden: Ist die fundamentale Wirkung gegenüber einer Gruppentransformation invariant, so gibt es Quantenzustände, die sich ineinander transformieren lassen und damit die multiplikative Struktur der Gruppe repräsentieren. Diese Quantenzustände werden von den Physikern in Form von Teilchen beobachtet. Wie erläutert, müssen die ineinander überführbaren Teilchen bei einer exakten Symmetrie alle die gleiche Masse haben. Aus der Tatsache, daß die Massen der beobachteten Baryonen beziehungsweise Mesonen nur näherungsweise gleich sind, konnten die Physiker schließen, daß die zugrundeliegende hypothetische Symmetrie eine noch schwächere Näherung als der Isospin darstellen muß.

Es mag im nachhinein so erscheinen, als ob die Suche nach dieser größeren Symmetrie eigentlich gar nicht so mühsam gewesen sein kann. Schließlich hatte Heisenberg den Vorhang vor der "inneren Welt" zurückgezogen, und die Mathematiker hatten schon lange vorher alle möglichen Transformationsgruppen klassifiziert. Da es acht Baryonen und acht Mesonen gab, hatten die Physiker lediglich eine passende Gruppe mit einer achtdimensionalen Darstellung zu finden, und wie sich herausstellt, gibt es nur sehr wenige Gruppen mit einer solchen Darstellung.

Es wäre schön, wenn die Sache so einfach gewesen wäre! Leider geht es in der Wissenschaft aber nicht so zu wie in der Schule, in der man erst dann einen Schritt weiter vorangeht, wenn man alle Fakten gesammelt hat, die dafür von Bedeutung sind. In der Realität sind nicht alle wichtigen Fakten bekannt, und nicht alle bekannten Fakten sind wichtig. So zeigten beispielsweise Ende der 50er Jahre Experimente, die sich später als falsch herausstellten, daß sich das Λ-Teilchen bei einer Paritätstransformation anders als die anderen Baryonen verhält. Es schien daher, als würde die Baryonenfamilie sieben und nicht acht Mitglieder besitzen und das Λ-Teilchen eine Außenseiterrolle spielen – eine Ansicht, die von vielen Physikern geteilt wurde, da zu dieser Zeit – wie schon früher erwähnt – auch nur sieben Mesonen bekannt waren. So vertraten denn auch einige der bedeutendsten Physiker tatsächlich die Meinung, daß sowohl die Baryonen- als auch die Mesonenfamilie sieben Mitglieder besitzt, und viele Theoretiker wurden zu fruchtlosen Untersuchungen der Gruppen mit einer siebendimensionalen Darstellung verleitet.

Fehlerhafte Experimente sind eine der Geißeln im Leben eines Theoretikers. Heutzutage erfordern Experimente, die in der Lage sind, Licht auf das Konzept zu werfen, das der Natur zugrunde liegt, den Einsatz multinationaler Anstrengungen. Es ist verständlich, wenn viele Experimentatoren, welche die technischen Möglichkeiten für die Entdeckung äußerst schwacher Signale voll ausgereizt haben, zu falschen Ergebnissen kommen. So wird die Fähigkeit, zu entscheiden, welchen Experimenten man trauen kann, für einen Teilchentheoretiker immer mehr zu einem lebensnotwendigen Talent.

Die Suche nach einer höheren Symmetrie wurde aber auch durch verschiedene psychosoziale Faktoren behindert. Denjenigen Leuten, denen schon der Isospin im Vergleich mit den exakten Raumzeit-Symmetrien wenig attraktiv erschienen war, wurde nun eine Symmetrie zugemutet, die sogar noch komplizierter war. Der älteren Generation von Kernphysikern, die mit charakteristischen Energien in der Gegend von einigen MeV zu tun gehabt hatten, erschien die Massendifferenz zwischen den verschiedenen Baryonen und Mesonen, die in einigen Fällen mehrere 100 MeV betrug, als enorm. Die alte Garde konnte sich einfach nicht vorstellen, daß Pionen und Kaonen "Blutsverwandte" sein sollten. Doch was der einen Generation noch als riesig erscheint, kommt der nächsten schon winzig vor. Die heutige Physikergeneration ist an Experimente bei mehreren 100 000 MeV gewöhnt.

Aus diesem Grund und verschiedenen anderen Gründen verlief die Suche nach der größeren Symmetrie jedenfalls langsam und qualvoll. Tatsächlich waren einige Physiker damals im Prinzip bereits bei der Symmetriegruppe angelangt, die sich später als die richtige erweisen sollte: Sie wurde ihnen von älteren Kollegen nur wieder ausgeredet!

Ein Täuschungsversuch der Natur

So führte der Weg in viele Sackgassen, und es gab eine Menge falschen Alarm. Schon relativ früh hatte es der japanische Physiker Soichi Sakata mit der naheliegendsten Symmetriegruppe versucht, indem er von Heisenbergs SU(2) zu SU(3) – der nächsthöheren Gruppe auf der Liste der Mathematiker – voranging. (Wir erinnern uns daran, daß die Gruppe SU(2) in ihrer definierenden Darstellung zwei Objekte ineinander transformiert. Allgemein transformiert die Gruppe SU(n) in ihrer definierenden Darstellung n Objekte ineinander.)

Im Jahre 1956 schlug Sakata vor, daß das Proton, das Neutron und das Λ-Hyperon sich als ein Triplett in der definiernden Darstellung von SU(3) transformieren sollten. Natürlich stellt dieser Vorschlag eine Verallgemeinerung von Heisenbergs SU(2)-Gruppe dar, bei der sich Proton und Neutron als Dublett transformieren. Zu Zwiddeldum und Zwiddeldei gesellt sich also Zwiddeldie. Die anderen fünf Baryonen allerdings paßten nicht in dieses Schema. Alle Versuche, sie irgendwie mit hineinzuquetschen, schlugen fehl, so daß die SU(3)-Gruppe anscheinend aus dem Rennen war. Andererseits erschien es als sehr merkwürdig, daß die Natur sich nicht an die ordentliche Reihenfolge hielt und von zwei Nukleonen nicht zu drei, sondern gleich zu acht Baryonen voranschritt.

Der Durchbruch gelang 1961. Der bedeutende Physiker Murray Gell-Mann vom California Institute of Technology und Yuval Neeman, Militärattaché der israelischen Botschaft in London, kamen unabhängig voneinander zu dem Schluß, daß die gesuchte höhere Symmetriegruppe – welche Überraschung! – in der Tat keine andere als SU(3) ist. Der Witz ist nur, daß die Baryonen nicht zu der definierenden dreidimensionalen Darstellung, sondern zu einer achtdimensionalen Darstellung von SU(3) gehören. Die Natur hat also versucht, uns auszutricksen.

Von Panzern zur SU(3)

Wie war es möglich, daß ein Diplomat die höhere Symmetrie der starken Wechselwirkung entdeckte? Als Jugendlicher war Yuval Neeman stark an Physik interessiert, ging dann aufgrund der politischen Entwicklung jedoch zum Militärdienst. Wie berichtet wird, spielte er eine wichtige Rolle im israelischen Geheimdienst. Im Jahre 1957 wurde dem damals 32jährigen klar, daß er sich beeilen mußte, wollte er jemals Physiker werden. Er bat den Stabschef für Verteidigung Moshe Dayan, ihm einen zweijährigen Urlaub zu gewähren, um an der israelischen Universität Physik zu studieren. Dayan beförderte ihn stattdessen zum Militärattaché der israelischen Botschaft in London und damit auf einen Posten, der es Neeman erlaubte, einem Teilzeitstudium nachzugehen.

In London eingetroffen, machte sich Neeman auf den Weg zum Imperial College, um dort dem berühmten pakistanischen Physiker Abdus Salam seine diplomatischen Beglaubigungsschreiben und einen von Dayan unterzeichneten Brief vorzulegen. Er wurde von dem überraschten Salam tatsächlich prompt als Doktorand angenommen. Im Juli 1958 jedoch flammte der Konflikt im mittleren Osten erneut auf, und Neeman mußte die Physik wieder ruhen lassen. Heute ist bekannt, daß er die Lieferung von U-Booten der S-Klasse und von Centurion-Panzern an Israel organisierte. Als beurlaubter Oberst begann er schließlich im Mai 1960 im Alter von 35 Jahren als ältester Student in der Gruppe von Salam ein reguläres Studium. In seinen Memoiren bedankte er sich bei seiner Frau dafür, seinen Wechsel vom Diplomaten zum Doktoranden und den damit verbundenen Einkommensverlust gebilligt zu haben. Heute hat Neeman übrigens wieder weniger Zeit für die Physik als damals. Vor einigen Jahren gründete er in Israel eine eigene politische Partei und wurde später Mitglied des israelischen Kabinetts. Als ich ihn das letzte Mal sah, sprachen wir auch nicht über Physik; vielmehr erklärte er mir, wie man bei der Gründung einer Partei vorgehen muß – für den Fall, daß ich mich jemals mit einer solchen Absicht tragen sollte.

Der Achtfache Weg zum Nirwana

Nachdem Symmetriegruppe und Darstellung erst einmal feststanden, war es den Physikern möglich, unter Verwendung der Gruppentheorie – wie im vorigen Kapitel dargestellt – experimentelle Schlußfolgerungen abzuleiten: Manche subnuklearen Prozesse werden von der Symmetrie erlaubt, andere verboten. Da sich die relativen Wahrscheinlichkeiten für die verschiedenen erlaubten Prozesse berechnen lassen, waren die Physiker in der Lage, ähnlich Vertretern des Gesetzes im Wilden Westen Ordnung in die subnukleare Welt zu bringen.

Um die Baryonen und Mesonen in eine achtdimensionale Darstellung – ein "Oktett" – einzupassen, müssen wir prüfen, ob die Darstellung die korrekten Isospin-Multipletts enthält. Mit anderen Worten: Da die Symmetrie SU(3) den Isospin enthält, erhebt sich die Frage, welche Isospin-Darstellungen in dem Oktett enthalten sind. Eine analoge Frage wäre auch bei der erwähnten Versammlung von Zwillingen und Drillingen denkbar. Nehmen wir an, wir träfen acht Geschwister; dann können wir danach fragen, wie sie sich in Zwillinge, Drillinge oder Vierlinge aufteilen. So könnten sie sich beispielsweise in zwei Drillinge und ein Zwillingspärchen unterteilen lassen ($8 \rightarrow 3 + 3 + 2$), vielleicht aber auch in zwei Vierlinge ($8 \rightarrow 4 + 4$). Aus der SU(3)-Gruppentheorie kann man berechnen, daß das Oktett ein Triplett, zwei Dubletts und ein Singulett enthält ($8 \rightarrow 3 + 2 + 2 + 1$). Das entspricht jedoch genau den Beobachtungen: Von den acht Baryonen bilden die Σ-Hyperonen ein Isospin-Triplett, die Nukleonen und die Ξ-Hyperonen zwei Dubletts und das Λ-Hyperon ein Singulett. Das gleiche gilt auch für die Mesonen. Der entscheidende Punkt ist also der, daß der Nachweis einer achtdimensionalen Darstellung nicht genügt, da sich die acht Baryonen auf falsche Weise aufteilen könnten, wenn man die falsche Gruppe verwendet (zum Beispiel gemäß $8 \rightarrow 3 + 3 + 2$).

Die Freude über die gelungene Bestimmung von SU(3) als der nächsthöheren Symmetrie ist dem Vergnügen vergleichbar, das Puzzle-Freunde empfinden, wenn plötzlich alle Stücke zusammenpassen. Gell-Mann war so begeistert, daß er die neue Ordnung in Anspielung auf den aus dem Buddhismus bekannten "Achtfachen Pfad zum Nirwana" als den "Achtfachen Weg" bezeichnete. (Die acht Tugenden des Achtfachen Pfades sind übrigens: Rechtes Erkennen, rechtes Entschließen, rechtes Reden, rechtes Handeln, rechtes Erwerben, rechtes Bemühen, rechte Achtsamkeit und rechte Versenkung.)

Ohne das Haus zu verlassen

Trotz seines Erfolges stieß der Achtfache Weg auf eine gewisse Skepsis, die teilweise in der oben erwähnten mangelnden psychologischen und sozialen Bereitschaft begründet war. Im Jahre 1964 wurden jedoch schließlich auch die Skeptiker durch die dramatische Entdeckung eines neuen Teilchens zum Schweigen gebracht.

Seit Anfang der 50er Jahre hatten die Physiker extrem kurzlebige Teilchen entdeckt, die sogenannten “Resonanzen”. Um 1962 waren neun davon bekannt. Die damalige Situation ist in Abb. 41 zusammengefaßt. Genau wie in Abb. 40 sind die Resonanzen innerhalb einer Reihe hinsichtlich ihres Isospins verwandt; die verschiedenen Reihen sind durch den Achtfachen Weg verknüpft.

Wie bereits betont, beruht die Kraft der Symmetriebetrachtungen gerade auf dem Umstand, daß wir in dem behandelten Zusammenhang keine Details der Physik der starken Wechselwirkung zu kennen brauchen, um sofort sagen

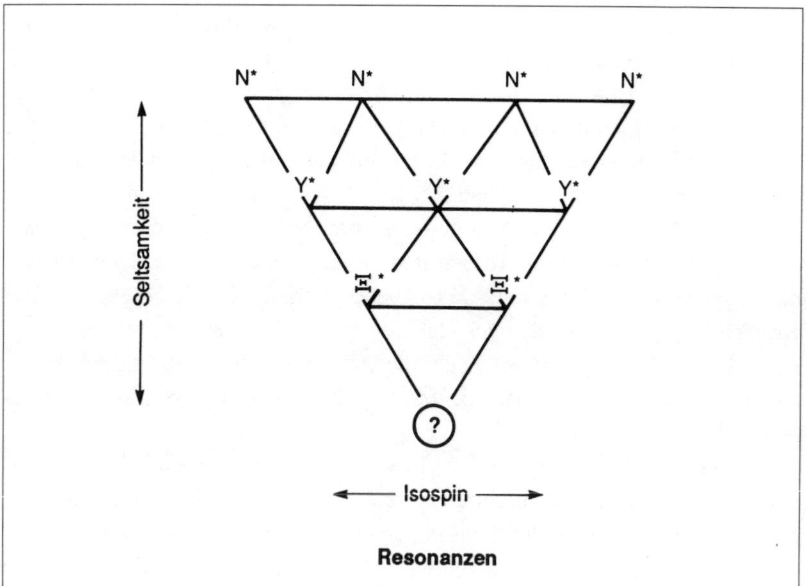

Abb. 41
Werden die zehn Resonanzen entsprechend ihres Isospins und ihrer Seltsamkeit zu einem Schema angeordnet, so bilden sie eine als “Dekuplett” bekannte geometrische Figur. Im Jahre 1962 waren nur neun Resonanzen bekannt. Der Achtfache Weg schreibt die Existenz einer zehnten Resonanz vor, die an diejenige Stelle des Schemas gehört, die durch einen Kreis mit Fragezeichen markiert wird.

zu können, daß die Resonanzen zu der Darstellung einer Symmetriegruppe gehören müssen. Entsprechenden Überlegungen folgend sahen auch die Anhänger des Achtfachen Weges sofort nach, ob die SU(3)-Gruppe eine neundimensionale Darstellung besitzt. Sie hat keine, aber eine zehndimensionale! Hm...

In Kenntnis dieser gruppentheoretischen Tatsache sagte Murray Gell-Mann 1962 die Existenz einer bis dahin unbekannten Resonanz voraus, die er Omega minus (geschrieben Ω^-) nannte. Noch beeindruckender war, daß er in der Lage war, alle wichtigen Eigenschaften von Ω^- aus Symmetriebetrachtungen abzuleiten. Er vollbrachte damit in der theoretischen Physik etwas Ähnliches wie Sherlock Holmes bei seinen Schlüssen auf die Eigenschaften eines Besuchers, den er nur flüchtig gesehen hatte. Ein Team von Experimentatoren machte sich an die Überprüfung und fand das Ω^-, das genau die Eigenschaften besaß, wie sie Gell-Mann vorausgesagt hatte. Für diese Leistung wie für verschiedene andere grundlegende Beiträge zur Physik wurde Gell-Mann mit dem Nobelpreis ausgezeichnet.

Nachdem der französische Physiker Pierre de Maupertius, dem wir bereits früher in Zusammenhang mit dem Wirkungsprinzip begegnet sind, eine Expedition nach Lappland überlebt hatte, die Newtons Theorie bestätigen sollte, nach der die Erde an den Polen abgeplattet ist, witzelte Voltaire ihm gegenüber:

> *Vous avez confirmé dans les lieux pleins d'ennui ce que Newton connût sans sortir de chez lui.*

(An Orten voll von Plagen fanden Sie bestätigt, was Newton wußte, ohne sein Haus zu verlassen.) Das hätte man in diesem Fall auch den Experimentatoren ins Stammbuch schreiben können.

Es ruft immer wieder mein Erstaunen hervor, wie Theoretiker unter günstigen Umständen in der Lage sind, das Verhalten der Natur aufgrund einiger weniger Schlußfolgerungen vorauszusagen. Die Resultate der Bemühungen des menschlichen Intellektes sind in ihrer reinsten Form oftmals verblüffend einfach.

Ein Rezept der Haute cuisine

Beeindruckt von der Kraft der Symmetrie, versuchte Gell-Mann seine Suche noch weiter voranzutreiben. Wie aber konnte man in diesem Puzzle weiterkommen? Erinnern wir uns an historische Beispiele: Die Entwicklung des Isospins und des Achtfachen Weges ging auf experimentelle Beobachtungen zurück, die Lorentz-Invarianz wurde aus der Maxwellschen Theorie geboren. Anfang der

60er Jahre war den beobachteten Eigenschaften der stark wechselwirkenden Teilchen jedoch bereits durch den Achtfachen Weg Rechnung getragen, und eine Theorie der starken Wechselwirkung existierte noch nicht, so daß Gell-Mann weder in der einen noch in der anderen Hinsicht irgendeine Hilfe erwarten konnte. Wie sollte er also weiter vorankommen?

Gell-Mann verfuhr nach einer völlig neuen, kühnen Strategie, zu der er nach seinen eigenen Worten durch ein Rezept der haute cuisine inspiriert wurde: "Man brät ein Stück Fasanenfleisch zwischen zwei Stücken Kalbfleisch, die hinterher wieder entfernt werden."

Gell-Mann stellte sich vor, man könnte alle Wechselwirkungen in der Welt ausschalten. Ohne jegliche Wechselwirkung würden die Teilchen dann einfach frei umherfliegen, ohne sich gegenseitig zu beachten. Die Theorie, die diese Situation beschreibt, ist als "freie Theorie" bekannt und äußerst trivial: Sie wird im ersten Kapitel eines jeden Buches über Feldtheorie behandelt. Gell-Mann untersuchte die Wirkung der freien Theorie, um ihre Symmetrien zu bestimmen, und äußerte die Vermutung, daß einige dieser Symmetrien erhalten bleiben könnten, wenn die Wechselwirkungen wieder "eingeschaltet" würden.

Gell-Manns Idee scheint auf den ersten Blick vollkommen absurd zu sein: Unsere Welt wird mit Sicherheit nicht von der freien Theorie beschrieben. Gell-Mann vertrat jedoch den Standpunkt, daß man die freie Theorie – die Kalbfleischstücke – wieder entfernen könnte, sobald man die Symmetrie – das Fasanenfleisch – herausgenommen hätte.

Man sollte erwarten, daß Symmetrien, die auf eine solche Weise gewonnen werden, in der realen Welt – wenn überhaupt – nur in sehr verzerrter Form zu beobachten sein dürften. Die alte Garde – schon von den Geschmacklosigkeiten des Isospins und des Achtfachen Weges verschreckt – sollte jedoch einen neuen Schock erleben.

Natürlich: Wie gut ein Rezept wirklich ist, erweist sich erst beim Essen. Würde das Kalbfleisch helfen, das Fasanenfleisch schmackhaft zu machen? Wie sich herausstellte, war ein beträchtlicher Erfindungsreichtum erforderlich, um die experimentellen Konsequenzen der von Gell-Mann ermittelten Symmetrien abzuleiten, die Voraussagen erwiesen sich jedoch als übereinstimmend mit den Beobachtungen.

Der unerwartete Erfolg einer derart eklatant absurden Methode – wichtige Symmetrien der Natur aus einer Theorie zu gewinnen, welche die Natur mit Sicherheit nicht richtig beschreibt – bedeutete für die Physiker den entscheidenden Hinweis auf den Charakter der starken Wechselwirkung: Die korrekte Theorie dieser Wechselwirkung muß die gleichen Symmetrien wie die freie Theorie enthalten.

Drei Quarks

Nach der Einführung des Achtfachen Weges grübelten die Physiker weiter darüber nach, warum die Natur keinen Gebrauch von den dreidimensionalen Darstellungen – dem SU(3)-Triplett – macht. Wollte sie sich vielleicht über die Physiker lustig machen?

Im März 1963 besuchte Gell-Mann die Columbia-Universität. Während des Mittagessens wurde er von Bob Serber, einem bedeutenden Mitglied der physikalischen Fakultät, auf das mysteriöse Fehlen des Tripletts hin angesprochen. Er entgegnete, daß Teilchen, die sich entsprechend dem Triplett transformieren würden, ziemlich merkwürdige Eigenschaften besitzen müßten; insbesondere müßte ihre elektrische Ladung kleiner als die des Elektrons sein. Solche Teilchen waren jedoch noch nie beobachtet worden.

Am Morgen darauf war Gell-Mann nach weiterem intensiven Nachdenken zu der Vermutung gelangt, derartige Teilchen könnten tatsächlich existieren, bisher jedoch der Entdeckung entgangen sein. So entschloß er sich zu der Behauptung – und unabhängig von ihm auch George Zweig – daß die Natur die definierende Darstellung tatsächlich benutzt und daß die zugehörigen fundamentalen Teilchen wirklich existieren. Gell-Mann gab ihnen die Gruppenbezeichnung “Quarks”; die einzelnen Teilchen nannte er “Up-Quark”, “Down-Quark” und “Strange-Quark”. Gell-Mann erzählte mir, daß er bei seiner Namensgebung für diese Triplett-Teilchen einen bestimmten Klang im Ohr hatte: Der Name sollte so ähnlich wie “kworks” klingen. Als er eines Tages in dem Buch “Finnigans Wake” von James Joyce blätterte, stieß er auf die Zeile: “Three quarks for Muster Mark!” Zunächst war er enttäuscht darüber, daß Joyce hinsichtlich der Aussprache des Wortes offenbar auf einen Reim mit dem Wort “Mark” abgezielt hatte, es also nicht wie “kwork” gesprochen werden sollte. Dann fiel ihm jedoch ein, daß das Buch von dem Traum eines Kneipenbesitzers handelt, so daß es gut möglich ist, daß die “drei Quarks” als “drei Quart” verstanden werden müssen (wobei “quart” im Englischen als “kwort” gesprochen wird). Darauf entschloß er sich doch für die Bezeichnung “Quarks”, die aber wie “kworks” ausgesprochen wird.

Unter Benutzung der Terminologie aus Kapitel 9 kann man sagen, daß die drei Quarks die definierende Darstellung der Gruppe SU(3) verkörpern. Während also Gell-Mann und Neeman 1961 in Zusammenhang mit der definierenden Darstellung nur von drei abstrakten Elementen sprechen konnten, postulierten Gell-Mann und Zweig 1964 die Realisierung der definierenden Darstellung in Form von Quarks. Damit waren die esoterischen Gedankenspiele des 19.

Jahrhunderts im 20.Jahrhundert in Gestalt von Teilchen erneut zur physikalischen Realität geworden!

Wir können den in Kapitel 9 beschriebenen gruppentheoretischen Prozeß des Verschmelzens verschiedener Versionen der definiernden Darstellung nun als die reale Kombination von Quarks interpretieren. Aus der Gruppentheorie von SU(3) folgt ganz natürlich, daß die Hadronen – die stark wechselwirkenden Teilchen – aus Quarks und Antiquarks bestehen müssen, in dem gleichen Sinne, in dem ein Atom aus einem Atomkern und Elektronen aufgebaut ist, der seinerseits aus Protonen und Neutronen besteht. Bringen wir drei Quarks zusammen, so brauchen wir nur ein Buch über Gruppentheorie aufzuschlagen, um festzustellen, daß $3 \otimes 3 \otimes 3 = 1 \oplus 8 \oplus 8 \oplus 10$. Mit anderen Worten: Die Kombination dreier Kopien der definierenden Darstellung erzeugt eine eindimensionale Darstellung, zwei achtdimensionale Darstellungen und eine zehndimensionale Darstellung und zeigt damit an, daß die acht Baryonen und zehn Resonanzen aus drei Quarks zusammengesetzt werden können. Auf analoge Weise zeigt eine Untersuchung der Eigenschaften der Mesonen, daß ein Meson aus einem Quark und einem Antiquark besteht. So ist beispielsweise π^+ aus einem Up-Quark und einem Anti-Down-Quark zusammengesetzt.

Es sollte betont werden, daß die Errungenschaften des Achtfachen Weges bestehen bleiben, gleichgültig ob Quarks wirklich existieren oder nicht. Wie mehrfach betont, besteht die Kraft von Symmetriebetrachtungen eben gerade darin, daß sie von speziellen Details der Dynamik eines Systems unabhängig sind.

Das Wort "Quark" hat (allerdings wohl nur für englischsprachige Physiker, Anm. d. Übers.) einen derart faszinierenden Klang, daß es von der physikalischen Gemeinde sofort akzeptiert wurde. Für seine Unterscheidung in "Up"-, "Down"- und "Strange"-Quarks jedoch hatte Gell-Mann noch einen Kampf auszufechten. Im treuen Andenken an Sakatas Theorie und ihre fundamentalen Elemente – das Proton, das Neutron und das Λ-Hyperon – bezeichneten die meisten Physiker, besonders die an der amerikanischen Ostküste, die drei Quarks unter Verwendung von Großbuchstaben als P-, N- und Λ-Quark. Ich erinnere mich an den erbosten Kommentar eines älteren Physikers in Princeton, vielleicht wären die Leute in Kalifornien "upside down" (durcheinander) und "strange" (seltsam), aber nicht die in New Jersey! Diese grämliche Mißachtung des Vorschlages von Gell-Mann hielt bis in die Mitte der 70er Jahre an. So wurde die erste Veröffentlichung über "Große Vereinheitlichte Theorien", auf die wir im Kapitel 14 zu sprechen kommen werden, in der "Ostküsten-Schreibweise" verfaßt.

Ich hielt einmal einen Vortrag auf einer Konferenz in Miami, bei der Gell-Mann den Vorsitz hatte. Jedesmal, wenn ich das P-Quark erwähnte, korrigierte Gell-Mann: "Up"-Quark! Ich wurde an einen alten Werbespot erinnert, bei dem ein Mann beim Frühstück gegen einen Container voll Margarine zu kämpfen hat. Jedesmal, wenn der Mann "Butter" sagte, entgegnete die Margarine "Margarine!" Dies ging so eine ganze Weile, bis ich Gell-Mann schließlich aufforderte, ruhig zu sein und ihn daran erinnerte, daß Miami an der Ostküste liegt. Letzten Endes kapitulierte die physikalische Gemeinde aber doch und akzeptierte grollend die Unterscheidung in "up", "down" und "strange".

Ein Abfall vom rechten Glauben

Aus ein paar Quarks läßt sich also eine Vielzahl von Hadronen konstruieren: Der Reduktionismus konnte einen neuen Triumph feiern. Und doch war Ende der 50er und Anfang der 60er Jahre keinesfalls klar, ob sich das reduktionistische Konzept auch auf die starke Wechselwirkung anwenden lassen würde.

Mit Hilfe der von Fermi und Yang eingeführten und von Sakata weiterentwickelten Methode hatten die Physiker versucht, einige spezielle Hadronen auszusondern und die übrigen aus diesen wenigen ausgewählten Teilchen zu konstruieren. Aus experimenteller Sicht glich ein Hadron jedoch fast vollkommen allen anderen Hadronen, so daß diese Methode nicht zum Ziel führte. Hauptsächlich aus diesem Grund hatten viele der führenden Physiker das Gefühl, daß es sinnlos sei, überhaupt danach zu fragen, woraus Hadronen bestehen. Sie schlugen statt dessen vor, die Physik völlig innerhalb eines geschlossenen logischen Rahmens zu konstruieren. Auf die Frage, woraus das Hadron A besteht, würde ihre Antwort zum Beispiel lauten: Aus Hadron B und Hadron C, und auf die Frage, woraus Hadron B besteht, würden sie erwidern: Aus A und D und so weiter. Man könnte dann die Erwartung hegen, daß dieser Prozeß irgendwann zu einem Ende kommen würde – sagen wir, bei Hadron P. Auf diese Weise würde man finden, daß die Hadronen A bis P sämtlich als auseinander aufgebaut gedacht werden können. Als Anzahl der Hadronen ergäbe sich dabei eine bestimmte Zahl, die keinerlei Bezug zur Symmetrie und zur Gruppentheorie besäße.

Nach dieser Sicht der Dinge ist die Welt so, wie sie ist, weil sie so ist, wie sie ist – eine Idee, die von einem Philosophen des Ostens wie Chuang-tse stammen könnte: Die Struktur der Welt wird durch die Forderung nach der wechselweitigen Konsistenz aller Phänomene festgelegt. Eine auf dieser Vorstellung basierende Denkschule hatte von Ende der 50er bis Anfang der 70er Jahre unter dem suggestiven Namen "Bootstrap" (Schnürsenkel) Konjunktur. Nach ihrer Anschauung sollte sich die Welt sozusagen an den eigenen Schnürsenkeln aus dem

Sumpf ziehen. Wissenschaftstheoretiker sollten sich etwas Zeit für das Studium dieses seltsamen Abfalls von Glauben an den Reduktionismus reservieren.

Quarks im Gefängnis

Als konkretes Modell hat sich die Theorie vom Aufbau der Hadronen aus Quarks als sehr nützlich erwiesen: Sie hilft den Physikern, die Hadronen zu klassifizieren und sich ein anschauliches Bild von ihnen zu machen. So wird zum Beispiel der Grad der "Seltsamkeit" eines Hadrons gerade durch die Anzahl der "Strange"-Quarks bestimmt, die es enthält. Die empirische Regel, nach der "seltsame" Hadronen massereicher als andere sind, wird unter der Annahme erklärbar, daß das Strange-Quark massereicher als das Up-Quark und das Down-Quark ist. Die Erhaltung der Seltsamkeit bei der starken Wechselwirkung kann darauf zurückgeführt werden, daß diese Wechselwirkung den Charakter eines Quarks nicht verändern kann. Mit anderen Worten: Ein Strange-Quark kann durch die starke Wechselwirkung nicht in ein Down-Quark oder ein Up-Quark umgewandelt werden oder umgekehrt. Wird bei einem Prozeß der starken Wechselwirkung ein Strange-Quark erzeugt, muß es von einem Anti-Strange-Quark begleitet sein. Oder betrachten wir ein anderes Beispiel: Ein Proton besteht aus zwei Up-Quarks und einem Down-Quark, ein Neutron aus zwei Down-Quarks und einem Up-Quark. Der Isospin-Symmetrie kann leicht Rechnung getragen werden, wenn Up- und Down-Quark etwa die gleiche Masse besitzen. (Ironischerweise hält man die Vorstellung Heisenbergs, nach der die Massendifferenz zwischen Proton und Neutron allein auf den Elektromagnetismus zurückzuführen sein soll, heute nicht mehr für völlig korrekt. Ein Teil der Massendifferenz muß vielmehr den unterschiedlichen Massen von Up- und Down-Quark zugeschrieben werden.)

Durch den Erfolg Gell-Manns bei der Voraussage des Ω^- ermutigt, zogen auch diesmal viele Experimentatoren aus, um nach Quarks zu fahnden; sie kehrten jedoch alle mit leeren Händen zurück. Nichtsdestoweniger glauben fast alle Teilchenphysiker an Quarks, weil zahlreiche Experimente gezeigt haben, daß sich die Hadronen so verhalten, als würden sie aus Quarks bestehen. Bei einem der überzeugendsten Versuche wurden Elektronen in dem eine Meile langen Linearbeschleuniger von Stanford auf sehr hohe Energien beschleunigt und danach mit Protonen zum Zusammenstoß gebracht. Die Art und Weise, in der diese Elektronen abgelenkt wurden, ließ eindeutig darauf schließen, daß sie von drei Teilchen im Innern eines jeden Protons gestreut worden waren. Um das Verfahren zu erläutern, machen wir eine Anleihe bei George Gamow, der in einem etwas anderen Zusammenhang die folgende Analogie anführte: Ein Zollinspektor hat den Verdacht, daß in einem Baumwollballen Diamanten geschmuggelt werden. Er zieht seinen Revolver und beginnt, auf den Ballen zu feuern. Wenn einige Kugeln abprallen oder abgelenkt werden, kann der Inspektor sicher sein, daß irgendetwas Hartes im Innern des Ballens verborgen ist. Wenn ein Physiker beim Beschuß von Protonen mit Elektronen eine Ablenkung dieser Teilchen beobachtet, kann er genau so sicher wie der Zollinspektor sein, daß sich im Innern der Protonen einige Teilchen befinden, bei denen es sich um Quarks handeln könnte.

Trotzdem bleibt die Tatsache bestehen, daß noch niemand ein Quark wirklich gesehen hat. Die dadurch entstandene Situation hat sogar gewisse philosophische Grübeleien über die Bedeutung des Begriffes der Existenz angeregt. Betrachten wir auch hierzu eine Analogie: Wenn ich eine Babyrassel schüttele, bin ich mir absolut sicher darüber, daß darin so etwas wie Kugeln verborgen sind. Indem ich auf den Klang der Rassel achte und sie auf verschiedene Weise schüttele, kann ich auf die Härte der Kugeln schließen und eventuell sogar zu schätzen versuchen, wie viele davon sich im Innern befinden. Ich bin dann überzeugt, daß die Kugeln tatsächlich existieren, auch wenn ich nicht imstande bin, die Rassel aufzubrechen und nachzusehen. So glauben auch die Physiker, daß Quarks wirklich existieren, jedoch für alle Zeiten im Innern der Hadronen eingeschlossen sind.

Der ständige Einschluß der Quarks stellt eine beispiellose und schockierende Vorstellung dar. Die Vermutung, daß die Materie aus Atomen besteht, ließ sich durch das Herausschlagen und die anschließende Untersuchung einzelner Atome leicht beweisen. Ähnlich problemlos ist es im Prinzip auch, Elektronen aus Atomen oder Protonen und Neutronen aus Atomkernen heraus zu bekommen. Aus irgendeinem Grund ist es jedoch unmöglich, Quarks aus Hadronen herauszuschlagen.

Die Ergebnisse der Streuung von Elektronen an Protonen zeigen, daß die Quarks im Innern des Protons auf eine recht spezielle Art und Weise miteinander in Wechselwirkung treten. Sind zwei Quarks eng benachbart, so benehmen sie sich so, als wären sie nahezu ungebunden, mit anderen Worten: Sie zeigen kaum eine Wechselwirkung miteinander. Entfernen sie sich aber zu weit voneinander, so werden sie plötzlich durch eine starke Kraft zueinander hin gezogen. Um dieses Verhalten zu veranschaulichen, stellen sich die Physiker vor, daß die Quarks durch elastische Bänder miteinander verbunden sind. Sind zwei Quarks nahe beieinander, ist das Band lose, so daß sich die beiden Quarks gegenseitig nicht wahrnehmen. Versuchen die Quarks jedoch, sich voneinander zu entfernen, so wird das Band plötzlich gestrafft.

Stellen wir uns vor, wir würden die beiden Quarks kräftig genug auseinanderzerren, so würde das Band nach der Vorstellung der klassischen Physik zerreißen, wonach die Quarks voneinander befreit wären. Bei dem Versuch, die Quarks auf diese Weise zu trennen, wird dem Band infolge unserer Anstrengungen Energie zugeführt, genau wie einem Gummiband, wenn man es in die Länge zieht. Die Energie des Bandes wächst solange an, bis sie den Betrag überschreitet, der nach der Einsteinschen Beziehung zwischen Masse und Energie der Summe der Massen eines Quarks und eines Antiquarks entspricht. In diesem Zustand besitzt das Band selbst genügend Energie, um ein Quark und ein Antiquark zu erzeugen: Das Band zerreißt, aber heraus kommt ein Quark und ein Antiquark. Sogar durch das Zerreißen des Bandes ist es uns also nicht gelungen, ein Quark zu befreien. An den abgerissenen Enden des Bandes sitzt

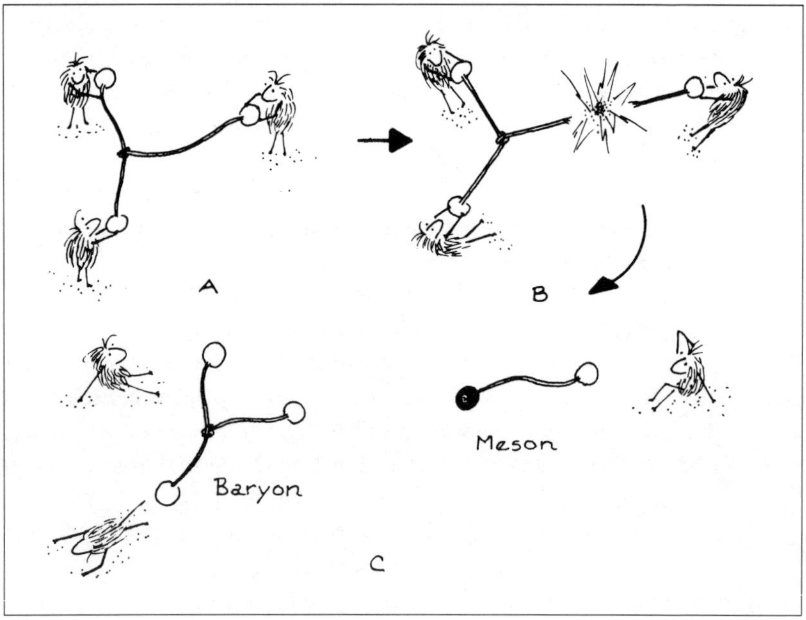

Abb. 42
A) Drei haarige Kreaturen zerren heftig an den drei Quarks in einem Baryon und versuchen, eines davon herauszuziehen.
B) Eines von den Bändern, welche die drei Quarks zusammenhalten, dehnt sich und zerreißt schließlich. Dabei wird – im Bild durch die Explosion symbolisiert – eine Menge Energie frei.
C) Die freigesetzte Energie wird in ein Quark und ein Antiquark (als schwarze Kugel dargestellt) umgewandelt. Die drei haarigen Kreaturen haben es lediglich geschafft, ein Meson herauszuschlagen. Die Vermutung, daß Quarks für alle Zeiten eingeschlossen sind, ist gleichbedeutend mit der Aussage, daß die von einem zerreißenden Band freigesetzte Energie stets in ein Quark-Antiquark-Paar umgewandelt wird.

nun ein Quark beziehungsweise ein Antiquark (Abb. 42). Wir haben es damit lediglich fertig gebracht, ein Meson herauszuschlagen!

Die Einführung der Quarks illustriert den gewundenen Pfad, dem die Physik im Laufe ihrer Entwicklung zuweilen folgt. Betrachten wir zum Beispiel die Kontroverse zwischen Bootstrap-Modell und Reduktionismus. Gell-Mann war und ist immer noch der führende "Bootstrapper". Ich fragte ihn einmal nach seiner Meinung über die Beziehung zwischen den Quarks und dem Bootstrap-Modell. Er erwiderte, daß das alles sehr verwirrend gewesen sei. Als guter Bootstrapper glaubte er, daß alle beobachteten Hadronen wechselseitig auseinander bestünden. Wie können sie aber dann aus Quarks aufgebaut sein? Hieß das nicht, daß Quarks wiederum aus den experimentell beobachteten Hadronen bestehen mußten?

Um diesen Teufelskreis zu durchbrechen, entschied Gell-Mann schließlich, einfach darauf zu beharren, daß Quarks nicht beobachtbar und somit auch keine beobachtbaren Hadronen seien. Man braucht dann auch nicht mehr anzunehmen, daß Quarks aus Hadronen bestehen, und die Quarks können die Rolle der fundamentalen Teilchen übernehmen. Na also! Allein philosophische Betrachtungen führten Gell-Mann also zwangsläufig zu der Forderung, daß Quarks für alle Zeiten eingesperrt bleiben müssen.

Wir haben in diesem Kapitel erfahren, wie es den Physikern unter Ausnutzung von Symmetrien gelang, die Beschäftigung mit der starken Wechselwirkung zu vermeiden. Die von ihnen angewandte "Umgehungsstrategie" ist in Abb. 37 angedeutet. Irgendwann kommt aber doch der Punkt, an dem man sich dem Problem der starken Wechselwirkung stellen muß. Im nächsten Kapitel werden wir miterleben, wie die Physiker das Monster der starken Wechselwirkung bändigten und eine Erklärung für das seltsame Verhalten der Quarks fanden.

12. Die Rache der Kunst

Zoe: Komm schon, ich schäl mich auch aus. Bloom (kratzt sich am Hinterkopf mit der beispiellosen Liederlichkeit eines selbständigen Händlers, der die Symmetrie zweier geschälter Birnen mustert): Ich kenne eine, die wäre furchtbar eifersüchtig, wenn sies wüßte.
James Joyce: Ulysses
(Übersetzung von Hans Wollschläger)

Ein Flohmarkt am kaiserlichen Hof

Betrachtet man die Rolle der Symmetrie in der Geschichte der Physik, so lassen sich zwei Denkrichtungen unterscheiden, die zwar in ihrer Wertschätzung der Symmetrie übereinstimmen, sich in ihren Ansichten über den Charakter von Symmetrien jedoch stark unterscheiden. Auf der einen Seite stehen Einstein und seine geistigen Nachfahren, für die Symmetrie verkörperte Schönheit bedeutet, die auf das innigste mit der Geometrie der Raumzeit verknüpft ist. Bei den Symmetrien, die Einstein bekannt waren – der Parität, der Rotation, der Lorentz-Invarianz und der allgemeinen Kovarianz – handelt es sich um exakte Symmetrien, die in ihrer absoluten Perfektion geradezu eingefroren wirken. Auf der anderen Seite steht Heisenbergs Isospin, der den ästhetischen Imperativ der exakten Symmetrie außer Kraft setzt. Heisenbergs geistiges Kind ist nicht mehr als eine Näherung, die irgendwo abseits der Raumzeit spielt. Anders als die Raumzeitsymmetrien wird der Isospin auch nur von der starken Wechselwirkung respektiert.

Einstein und seine intellektuellen Erben waren von der Vorstellung einer näherungsweisen Symmetrie entsetzt. Es erschien ihnen ebenso frevelhaft wie unsinnig, die Natur als "näherungsweise schön" und "fast perfekt" zu beschreiben. Das ästhetische Empfinden einer ganzen Generation war beleidigt. Und

Abb. 43
Ein Flohmarkt am kaiserlichen Hof in Österreich zur Zeit Mozarts.

kaum hatte diese Generation von Physikern den Schock des Isospins überwunden, kam die noch brutalere Näherung des Achtfachen Weges auf sie zu. Doch Heisenberg und seine Nachfolger konnten Resultate vorweisen: Immerhin hatten sie Ordnung in das subnukleare Chaos gebracht. Unter dem Banner der Symmetrie waren sie unter Umgehung der starken Wechselwirkung tief in den subnuklearen Forst vorgedrungen. Mit Hilfe des Isospins und des Achtfachen Weges waren sie nun in der Lage, die beobachteten Teilchen zu klassifizieren und Ordnung in den Wirrwarr der experimentellen Ergebnisse zu bringen.

In den 60er Jahren konzentrierten sich die Diskussionen über Symmetrie nahezu ausschließlich auf die näherungsweise Symmetrie der subnuklearen Welt. Natürlich wurden die bereits bekannten absoluten und exakten Symmetrien nach wie vor am höchsten geschätzt. Schließlich liebten alle Physiker die perfekten Symmetrien – es hatte nur den Anschein, als habe sich die Fruchtbarkeit dieses speziellen Symmetriekonzeptes erschöpft, nachdem es in der Allgemeinen Relativitätstheorie einen gloriosen Höhepunkt der Vollendung erreicht hatte.

Während wir ziemlich irritiert wären, würde die Raumzeit nicht von exakten Symmetrien regiert, gibt es keinen zwingenden Grund dafür, daß auch materielle Teilchen exakten Symmetrien gehorchen sollten. So waren die Physiker bei einer Sicht der Welt angelangt, bei der die Natur eine exakte Raumzeit zur Verfügung stellte, die von eleganten und perfekten Symmetrien beherrscht wurde, jedoch nicht mehr als eine Bühne darstellte, auf der eine chaotische Bande von Teilchen nach einem schlampigen Drehbuch eine lärmende Vorstellung gab. Es war, als würde am kaiserlichen Hof zur Zeit Mozarts ein Flohmarkt abgehalten.

Ein Rückzug, aber keine Niederlage

Wenn ich die Entwicklung des modernen Symmetriebegriffes als das Ergebnis der Auseinandersetzung zwischen zwei Betrachtungsweisen oder Denkrichtungen interpretiere, übernehme ich einen von Historikern oft benutzten Trick, obwohl die beiden Ansichten über Symmetrie in diesem Falle nicht so sehr gegensätzlicher als lediglich unterschiedlicher Natur sind. Im übrigen genießen Physiker den Vorzug, die Natur selbst zum Schiedsrichter zu haben und neigen daher nicht so schnell wie andere Denker dazu, sich in widerstreitenden Lagern zu verschanzen. Trotzdem ist es wichtig, sich darüber im klaren zu sein, daß es zwei unterschiedliche Ansichten darüber gibt, wie die Natur Symmetrien in ihren Entwurf einbauen "sollte". Wir werden daher auch weiterhin die Auffassung Einsteins der Vorstellung Heisenbergs gegenüberstellen – die Exaktheit der Kunst gegen die Roheit des Pragmatismus.

Die Verfechter der einzig wahren und guten Symmetrie befanden sich zwar auf dem Rückzug, aber sie waren noch nicht geschlagen. Vierzig Jahre lang waren sie gezwungen gewesen, einen Partisanenkrieg zu führen, bei dem sie das Banner der perfekten Symmetrie nur selten offen zu erheben wagten, bis sie Anfang der 70er Jahre im Triumph zurückkehrten und schließlich die gesamte Grundlagenphysik eroberten. Dieser Sieg der Kunst ist eine aufregende Geschichte, die ich in diesem und dem folgenden Kapitel erzählen werde.

Der Gegenangriff

Der Gegenangriff begann sich im Jahre 1954 zu formieren, als Chen-ning-Yang, den wir bereits zuvor in Verbindung mit der Parität kennengelernt haben, gemeinsam mit Robert Mills eine physikalische Veröffentlichung vorlegte, die man nicht anders als epochemachend bezeichnen kann. Sie enthielt den Vorschlag für eine Theorie, die nicht das Geringste mit der realen Welt zu tun zu haben schien.

Was Yang und Mills vorstellten, war eine neue, exakte Symmetrie von blendender mathematischer Schönheit. Diese Symmetrie war nicht wie in früheren Fällen der Physikgeschichte aus irgendwelchen experimentellen Beobachtungen abgeleitet – sie war vielmehr eine rein intellektuelle Konstruktion auf der Grundlage der Ästhetik.

In einer perfekten Demonstration des Einsteinschen Prinzips, nach dem die Symmetrie den Bauplan bestimmt, zeigten Yang und Mills, daß ihre Symmetrie vollständig die Form des Wirkungsprinzips bestimmte. Die Ausgangssituation war ähnlich wie bei der Einsteinschen Entwicklung der Gravitationstheorie, außer daß die Einführung der allgemeinen Kovarianz auf Galileos Beobachtungen zurückging, während Yang und Mills ihre Symmetrie mit rein intellektuellen Erwägungen begründeten.

Bedauerlicherweise paßte die von Yang und Mills entdeckte Wirkung anders als im Falle der Gravitation nicht auf die reale Welt, wie sie in den 50er Jahren bekannt war. Die bloße Existenz einer exakten Symmetrie setzt eine Liste von Teilchen mit identischen Eigenschaften voraus. Niemand hatte jemals eine solche Liste zu Gesicht bekommen.

Hinzu kam, daß Teilchen einer bestimmten Gruppe, die heute als "Eichbosonen" bekannt sind, der Theorie zufolge genau wie das Photon masselos sein sollten (mehr über Eichbosonen später). Der springende Punkt dabei ist, daß man bei der Erzeugung eines massebehafteten Teilchens einen Energiebetrag aufbringen muß, der mindestens gleich der Masse des Teilchens ist. Deswegen kann ein masseloses Teilchen viel leichter produziert werden als eines mit Masse. So sind Photonen beispielsweise sehr leicht zu erzeugen. (Dies ist der Grund, warum unsere Welt mit so viel Licht erfüllt ist.) Für Yang und Mills bedeutete es daher eine große Enttäuschung, daß die Welt nicht von masselosen Eichbosonen wimmelt.

Auf der Suche nach einer Welt

Wie eine Figur bei Pirandello war auch die Theorie von Yang und Mills auf der Suche nach einer Welt, die sie beschreiben konnte. Die Veröffentlichung der beiden Physiker war denn auch weniger ein Angebot zur Erkärung zuvor unverstandener Phänomene als ein Lobgesang auf den Gott der perfekten Symmetrie. Es schien so, als wollten sie sagen: "Seht her, hier ist die wunderbarste Theorie, von der der menschliche Geist träumen kann. Wenn die Natur diese Theorie nicht für ihren Bauplan benutzt, so können die Physiker nur von ihr enttäuscht sein."

Die von Yang und Mills vorgeschlagene exakte Symmetrie ist heute unter dem ziemlich verboten klingenden Namen "nicht-abelsche Eichsymmetrie" bekannt. Die von dieser Symmetrie bestimmte Theorie wird entweder als "nicht-abelsche Eichtheorie" oder als "Yang-Mills-Theorie" bezeichnet.

Als die Yang-Mills-Theorie zum ersten Mal an die Öffentlichkeit trat, herrschte in der Gemeinde der theoretischen Physiker Einigkeit über ihre Schönheit, doch niemand – auch nicht Yang und Mills – hatte die leiseste Vorstellung davon, wozu sie gut sein sollte. Die meisten Physiker murmelten, daß es wirklich schade sei, nicht in einer nicht-abelschen Eichwelt zu leben, zuckten die Achseln und wandten sich wieder ihren gewohnten Beschäftigungen zu. So verfiel die Theorie in einen Dornröschenschlaf.

Als ich Ende der 60er Jahre Student war, wurde die nicht-abelsche Theorie nicht gelehrt. Die Physiker, die die starke Wechselwirkung studierten, hatten sich auf phänomenologische Theorien konzentriert, die den Details der tatsächlichen Beobachtungen Rechnung zu tragen schienen. Der diesen Untersuchungen zugrundeliegende pragmatische Standpunkt ist der von Einstein so tief empfundenen ästhetischen Philosophie diametral entgegengesetzt, und obgleich viele dieser Theorien bei der Interpretation der experimentellen Daten erfolgreich waren, waren sie teilweise wirklich von abstoßender Häßlichkeit.

Ich werde im weiteren zunächst die nicht-abelsche Eichsymmetrie erläutern, um dann die aufregende Geschichte zu erzählen, wie die Physiker zu der Vorstellung gelangten, daß die Natur den gleichen Gott wie die Jünger Einsteins verehrt und ihren Bauplan nach der nicht-abelschen Eichsymmetrie entworfen hat.

Eine gelungene Synthese

Die Geschichte der Physik ist die Geschichte intellektueller Konzepte. Zu den maßgebenden Konzepten des 20. Jahrhunderts zählen die Theorien Einsteins, Noethers und Heisenbergs. Aus diesen Theorien wurden nun bestimmte Elemente entliehen und zum Konzept der nicht-abelschen Eichsymmetrie verschmolzen.

Aus Einsteins Arbeiten über die Gravitation stammt der Begriff der lokalen Transformation. Wir erinnern uns an Einsteins Strategie bei der Behandlung eines beliebigen Gravitationsfeldes, die Raumzeit in immer kleinere und kleinere Bereiche zu unterteilen, so daß sich innerhalb jedes Bereiches mit ständig wachsender Genauigkeit ein konstantes Gravitationsfeld ergibt. Auf diese Weise gelangt man zu der Vorstellung, daß die zur Modellierung des Gravitationsfeldes erforderliche Koordinatentransformation von Punkt zu Punkt verschieden ist. Eine Symmetrie, die Transformationen einschließt, die sich von Punkt zu Punkt unterscheiden, wird "lokal" genannt.

Im Gegensatz hierzu heißt eine Symmetrie "global", wenn sie eine Transformation einschließt, die sich von Punkt zu Punkt nicht unterscheidet. Bei Vorliegen einer globalen Symmetrie müßte – um die Struktur der physikalischen Realität invariant zu lassen – alles und jedes im Universum genau der gleichen Transformation unterworfen werden.

Ein Beispiel für eine globale Symmetrie ist der Isospin. Nach Heisenbergs Postulat ist die Physik der starken Wechselwirkung gegen Transformationen invariant, die ein Proton in ein Neutron umwandeln und umgekehrt. Die starke Wechselwirkung kann zwischen Proton und Neutron nicht unterscheiden. Mit anderen Worten: In einer Näherung, bei der man die drei schwächeren Wechselwirkungen vernachlässigt, spielt es keine Rolle, welches von den beiden Nukleonen man als Proton und welches als Neutron bezeichnet. Wenn wir uns jedoch einmal dafür entschieden haben, welches Nukleon wir Proton nennen wollen, müssen wir an dieser Wahl im ganzen Universum festhalten. Oder – um es noch anders auszudrücken: Wenn wir das Proton mit Hilfe einer Isospin-Rotation in ein Neutron umwandeln, müssen wir, um die Wirkung invariant zu erhalten, die gleiche Rotation im gesamten Universum durchführen.

Die Lokalität bei Symmetrietransformationen gehört zu den Konzepten, die völlig selbstverständlich erscheinen, sobald man sie einmal ausgesprochen hat. Wenn ich eine Symmetrieoperation auf der Erde vornehme, sollte es einem anderen Physiker auf der Rückseite des Mondes oder drei Galaxien weiter eigentlich gestattet sein, irgendwelche anderen Symmetrieoperationen durchzuführen. Dagegen haben viele Theoretiker bei der Vorstellung einer globalen

Symmetrie ein ungutes Gefühl. Tatsächlich war es zu einem großen Teil ihre Abneigung gegen die lokale Symmetrie, die Yang und Mills zur Einführung ihrer Theorie bewog.

Eine andere, das moderne Denken beherrschende Vorstellung betrifft die tiefreichende Verbindung zwischen Erhaltungssätzen und Symmetrie. Wir erinnern uns, daß Noethers Entdeckung der Anlaß für die Suche nach der für die Erhaltung der elektrischen Ladung verantwortlichen Symmetrie war, eine Suche, die von dem deutschen Physiker Herman Weyl aufgenommen und erfolgreich abgeschlossen wurde. Die Symmetrie erwies sich als recht speziell und ziemlich abstrakt. Für uns ist es in diesem Zusammenhang nur wichtig, zu wissen, daß eine solche Transformation existiert.

Durch Einstein inspiriert, entschied sich Weyl für die Forderung, daß die für die elektrische Ladungserhaltung verantwortliche Symmetrie lokal sein sollte. Wie er zu seiner Überraschung herausfand, führt bereits diese Forderung zu bemerkenswerten Konsequenzen.

Wir erwähnten früher, daß theoretische Physiker davon träumen, die Wirkung der Welt auf eine Serviette zu kritzeln. Natürlich müßte diese Formel auch ein Glied enthalten, das die elektromagnetische Wechselwirkung beschreibt: Schließlich wissen wir ja, daß diese Wechselwirkung existiert. Um Weyls Arbeit besser zu verstehen, stellen wir uns einen theoretischen Physiker vor, dessen fachliche Kompetenz etwas zu wünschen übrig läßt und der vergessen hat, das elektromagnetische Feld in seine Wirkung mit einzubeziehen. Nun kommt Weyl daher und inspiziert die Serviette. "Hm, schauen wir uns einmal diese Wirkung an und sehen wir nach, ob die für die Erhaltung der elektrischen Ladung verantwortliche Symmetrie lokal ist." (Genau genommen sollte man allerdings den Begriff der elektrischen Ladung bei Abwesenheit eines elektrischen Feldes nicht verwenden. Sagen wir stattdessen also lieber "Elektronenzahl" oder irgendetwas anderes; die folgende Argumentation wird dadurch nicht beeinflußt.) Tatsächlich wäre die in Frage kommende Symmetrie für den Fall, daß der Elektromagnetismus in der Wirkung nicht enthalten ist, nicht lokal, sondern global. Weyl zeigte nun, daß man dann, wenn man in logischer Umkehrung dieses Sachverhaltes die Lokalität der Symmetrie fordert, gezwungen ist, das elektromagnetische Feld und damit auch die Existenz von Licht mit in die Wirkung einzubeziehen.

Das ist wirklich eine erstaunliche Entdeckung. Die Physiker hatten sich zwar immer bemüht, die Eigenschaften des Lichtes zu verstehen, jedoch stets geglaubt, die Frage, warum es überhaupt Licht gibt, läge außerhalb ihres Horizontes. Dieses Problem war nun auf die Frage zurückgeführt, warum Weyls Symmetrie lokal sein sollte: Ein "Warum" war durch ein tieferreichendes

"Warum" ersetzt worden; wir sind bei unserem Versuch, "Seine" Gedanken zu verstehen, also ein Stück weiter vorangekommen. Die Frage nach der Lokalität von Symmetrien kann nun unter rein ästhetischen Gesichtspunkten erörtert werden. Welche Gedanken bewegten den Schöpfer, als Er unseren Kosmos erschuf? Sprach Er: "Es werde Licht!" oder vielmehr "Die Symmetrien seien lokal!"?

Die Kraft der lokalen Symmetrie war bereits in Einsteins Gravitationstheorie deutlich geworden, die schließlich die Urform aller lokal symmetrischen Theorien darstellt. Und ebenso wie Weyl durch die Einführung seiner lokalen Symmetrie zwangsläufig auf das Photon stieß, war schon Einstein durch die lokale Koordinateninvarianz zur Einführung des Gravitons gezwungen worden. Nehmen wir an, wir hätten niemals etwas von Gravitation gehört, würden jedoch die Forderung erheben, daß die Wirkung der Welt gegenüber lokalen Koordinatentransformationen invariant sein soll: Wir würden uns dazu gezwungen sehen, die Gravitation einzuführen.

Weyl nannte seine Symmetrie "Eichsymmetrie", auf englisch "gauge symmetry". Das Wort "gauge" stammt von dem lateinischen "gaugia", das etwas mit der Standardgröße von Fässern zu tun hat. Eigenartigerweise wurde dieses Wort nur aufgrund eines gravierenden, wenn auch verständlichen Fehlers von Weyl ein fester Bestandteil des physikalischen Vokabulars. Wie wir heute wissen, wird die für die Erhaltung der elektrischen Ladung verantwortliche Symmetrie durch Transformationen beschrieben, welche die quantentheoretische Wahrscheinlichkeitsamplitude mit einbeziehen. Da Weyl seine Arbeit jedoch vor dem Aufkommen der Quantenphysik abgeschlossen hatte, konnte er ebensowenig wie irgend jemand anders etwas von Wahrscheinlichkeitsamplituden wissen. Statt dessen schlug er unter dem Eindruck der geometrischen Natur der Einsteinschen Arbeiten eine Transformation vor, bei der der "Abstand" zwischen zwei Raumzeit-Punkten verändert wurde. Er wurde dabei an den Abstand zwischen zwei Eisenbahnschienen, die "Spurweite" – im Englischen "gauge" – erinnert, daher der Name für seine Symmetrie. Er zeigte seine Theorie auch Einstein; gemeinsam waren sie jedoch tief enttäuscht darüber, daß die Theorie nicht in der Lage war, den Elektromagnetismus zu beschreiben. Mit dem Beginn der Quantenära konnte Weyls Theorie sehr rasch ausgebessert werden. Der Name "Eichtheorie" hat sich bis heute erhalten, obwohl er eigentlich eine irreführende Bezeichnung darstellt. (Nebenbei bemerkt wissen die Physiker bis heute nicht, ob Weyls ursprüngliche Symmetrie für die reale Welt tatsächlich von Bedeutung ist.)

Fassen wir zusammen: Die Wirkung der Welt einschließlich des Elektromagnetismus besitzt eine als "Eichsymmetrie" bekannte lokale Symmetrie. In den herkömmlichen Lehrbüchern wird dem Studenten vorgeführt, daß die Wirkung des Elektromagnetismus einer lokalen Symmetrie gehorcht. Dem Vorbild Einsteins folgend bevorzugen die heutigen Grundlagenphysiker die umgekehrte Logik und stellen fest, daß die lokale Symmetrie die Form der Wirkung festlegt: Die Symmetrie bestimmt das Design.

Die Geschichte mit der Eichsymmetrie illustriert, daß die Physik im Grunde immer einfacher wird. Als Student mußte ich noch die vier Maxwellschen Gleichungen auswendig lernen. Später brauchte ich mich nur noch daran zu erinnern, wie sich das elektromagnetische Feld in der Raumzeit ändert, das heißt an eine Gleichung, die man sich fast ebenso leicht merken kann wie die Form eines Kreises. Heute brauche ich nur noch das Wort "Eichsymmetrie" auszusprechen, und schon ist der Elektromagnetismus vollständig festgelegt.

Schließlich kam Heisenberg und erschloß den Theoretikern für ihre Spiele eine vollkommen neue "innere" Welt. Wie wir jedoch gesehen haben, ist die Symmetrie, die er für diese innere Welt entworfen hat, nur näherungsweise gültig und außerdem ziemlich häßlich, und die zugrundeliegende Symmetrie ist global.

Yang und Mills vereinigten alle diese verschiedenen Stränge. Von Heisenberg übernahmen sie den Begriff der inneren Symmetrie, bestanden jedoch auf der Exaktheit der Symmetrie. Dann machten sie diese exakte Symmetrie lokal, wobei sie auf ein Konzept zurückgriffen, der via Weyl von Einstein eingeführt worden war. Das Ergebnis war die nicht-abelsche Eichtheorie.

Die Quantenfeldtheorie

An dieser Stelle sollte erwähnt werden, daß die Grundlagenphysik seit den 30er Jahren in der Sprache der Quantenfeldtheorie formuliert worden war. Vor dem Quantenzeitalter gab es in der Beschreibung der Natur immer eine Zweiteilung zwischen Teilchen und Feldern. Teilchen wie das Elektron und das Proton erzeugen elektromagnetische Felder und Gravitationsfelder, die wiederum auf Teilchen wirken und deren Bewegung beeinflussen. Zur Beschreibung der Dynamik eines Teilchens mußten die Physiker den Ort des Teilchens zu einer bestimmten Zeit angeben. Um jedoch die Dynamik eines Feldes zu beschreiben, war die Angabe eines ganzen Bündels von Zahlen für jeden Punkt des Raumes zu einem bestimmten Zeitpunkt erforderlich. Im Fall des elektromagnetischen Feldes beschreiben diese Zahlen einfach Größe und Richtung der elektrischen und magnetischen Kräfte, die ein Probekörper in diesem Punkt erfahren würde. Man kann sich vorstellen, daß ein Feld die Raumzeit vollständig durchsetzt.

Mit dem Heraufkommen des Quantenzeitalters wurde diese Dichotomie zwischen Teilchen und Feldern beseitigt. Die Teilchen wurden nun durch die Wahrscheinlichkeitsamplituden-Wellen beschrieben, denen ihre Bewegung gehorchte. Diese Wellen mußten für jeden Punkt im Raum und in der Zeit angegeben werden, mit anderen Worten: Die Teilchen der Quantenwelt wurden ebenfalls durch Felder beschrieben. Damit hatte das Faradaysche Feldkonzept schließlich die gesamte Physik erobert.

In einer Quantenfeldtheorie wird die Wirkung aus Feldern konstruiert, die so miteinander kombiniert werden, daß die Wirkung die gewünschte Symmetrie erfüllt. Um beispielsweise eine Quantenfeldtheorie zur Beschreibung von Elektronen und Photonen zu konstruieren, kombiniert man einfach das Elektronenfeld und das Photonenfeld (das heißt das elektromagnetische Feld) zu einer Wirkung, welche die Lorentz-Symmetrie und die Eichsymmetrie erfüllt. Es ist wirklich ganz einfach, man muß nur wissen, wie es geht.

Eine Konstruktionsvorschrift

Zur weiteren Erläuterung der Yang-Mills-Theorie hier nun ein Rezept zur Konstruktion der Wirkung: Man wähle irgendeine mathematische Gruppe und führe eine innere Symmetrie auf der Grundlage dieser Gruppe ein. (Es braucht sich dabei nicht unbedingt um die SU(2)-Gruppe zu handeln, die Heisenberg in seiner Theorie benutzte.) Man stelle sicher, daß die Wirkung gegenüber einer lokalen Symmetrietransformation invariant ist. Dann handelt es sich bei der Wirkung um eine Yang-Mills-Wirkung. (Es gilt die Vereinbarung, daß die Wirkung auch invariant gegenüber den traditionellen Symmetrien der Raumzeit wie der Lorentz-Transformation ist.) Die von Weyl beschriebene elektromagnetische Wirkung ist übrigens gerade der Sonderfall einer Yang-Mills-Wirkung.

In Weyls Konzept verlangt die lokale Symmetrie die Anwesenheit eines elektromagnetischen Feldes, das mit dem masselosen Photon verknüpft ist. In einer nicht-abelschen Eichtheorie verlangt die lokale Symmetrie die Anwesenheit einer bestimmten Anzahl von Feldern, von denen jedes mit einem masselosen Teilchen verknüpft ist. Befolgt man das oben angegebene Rezept zur Konstruktion einer Yang-Mills-Wirkung, so stellt man fest, daß man die Wirkung auf keine andere Weise lokal invariant machen kann, als daß man diese zusätzlichen Felder hinzufügt. Sie wurden Yang und Mills also genauso aufgezwungen wie Weyl das Photonenfeld.

Wir haben gesehen, daß eine globale Symmetrie wie der Achtfache Weg die Existenz einer zehnten Resonanz zusätzlich zu den neun bekannten Resonanzen verlangt. Benutzen wir wieder eine Analogie: Wenn der Auftraggeber eines Architekten auf einem Gebäude mit fünfzähliger Symmetrie besteht und im Bauplan bereits vier Säulen vorgesehen sind, muß der Architekt eine fünfte Säule einfügen. Die lokale Symmetrie ist sogar noch strenger als die globale: Sie verlangt nicht nur neue Teilchen, sie schreibt auch vor, daß diese Teilchen masselos sind.

Versuchen wir uns eine ungefähre Vorstellung davon zu machen, warum dies so sein muß. Die lokale Symmetrie erlaubt, daß in verschiedenen Bereichen der Raumzeit unterschiedliche Transformationen durchgeführt werden. Um ein konkretes Beispiel zu geben, nehmen wir für den Augenblick an, der Isospin sei eine lokale Symmetrie. Nun entscheiden wir uns dafür, eines der Nukleonen "Proton" zu nennen. Der Mann auf der Rückseite des Mondes könnte sich jedoch dafür entscheiden, das Teilchen, das wir "Proton" genannt haben, als "Neutron" zu bezeichnen. Um unserem lunaren Kollegen Informationen über unsere eigene Wahl zu übermitteln, ist ein Feld mit großer Reichweite erforderlich. Wir erinnern uns daran, daß langreichweitige Felder mit masselosen Teilchen verknüpft sind. Das Auftreten solcher Teilchen in Eichtheorien ist daher nicht verwunderlich. Es muß allerdings zugegeben werden, daß dieser Erklärungsversuch etwas "windig" ist.

Die masselosen Teilchen der Yang-Mills-Theorie werden als "Eichbosonen" bezeichnet. Sobald wir uns für eine bestimmte Gruppe entschieden haben, ist die Anzahl der Eichbosonen vollständig festgelegt. Wie bereits erwähnt, ist die elektromagnetische Theorie ein Sonderfall der Yang-Mills-Theorie. Sie besitzt nur ein einziges Eichboson – das Photon.

Eichdynamik

Während die Eichbosonen direkt von der Eichsymmetrie gefordert werden, ist dies für die Teilchen, die mit ihnen wechselwirken, nicht der Fall, und die theoretischen Physiker können so viele davon hinzufügen, wie es ihnen paßt. Jedes Teilchen ist mit einem Feld verknüpft. Diese Teilchen transformieren sich gemäß der jeweiligen inneren Symmetrie ineinander und bilden auf diese Weise eine Darstellung der Gruppe. Wir erinnern uns daran, daß die Gruppentransformation eine Anzahl von Elementen miteinander verknüpft. Die Anzahl der Elemente für eine gegebene Darstellung wird vollständig durch die Gruppentheorie bestimmt. Wir können jede Darstellung wählen, die wir wollen – sobald wir unsere Wahl jedoch getroffen haben, ist die Anzahl der Felder vollkommen festgelegt.

Die Grundzüge der Dynamik einer nicht-abelschen Eichtheorie lassen sich nun relativ leicht beschreiben: Wenn ein Teilchen ein Eichboson aussendet oder einfängt, wandelt es sich in ein anderes Teilchen um. Mit anderen Worten: Ein Eichfeld bewirkt nichts anderes als die wechselseitige Umwandlung von Teilchen.

Die voranstehende Beschreibung erinnert stark an unsere Diskussion der Darstellung von Gruppen. Lange Zeit hatten die Mathematiker die Gruppentransformationen nur auf die abstrakten Elemente der Darstellung angewandt. Nun werden die abstrakten Elemente zwar nicht durch Kätzchen oder Äpfel, aber durch Teilchen und die ihnen zugeordneten Felder ersetzt, und Teilchen werden tatsächlich durch Eichbosonen ineinander umgewandelt. Ist es nicht aufregend, zu beobachten, wie die abstrakten Gedankenspiele der Mathematiker in der physikalischen Welt realisiert werden?

Eilen wir jedoch dem Gang der Ereignisse nicht voraus und hören wir zuerst die Geschichte, wie die Yang-Mills-Theorie eine Welt fand, die sie beschreiben konnte.

Physiker als Desperados

Die Geschichte beginnt im Jahre 1950 mit den langandauernden Schwierigkeiten, eine Theorie der starken Wechselwirkung zu konstruieren, nachdem die Störungstheorie bei der Behandlung dieser Wechselwirkung vollkommen versagt hatte. Es sah so aus, als ob man niemals in der Lage sein würde, die genaue Struktur der starken Wechselwirkung zu bestimmen, und als ob die Erforschung ihrer Symmetrie noch das Beste sei, was man erreichen könnte. Es muß betont werden, daß diese Situation nicht auf ein Versagen der Physik, sondern eher auf das ihrer Berechnungsmethoden zurückzuführen war. Die starke Wechselwirkung ist einfach zu stark – das ist alles. Von Verzweiflung erfüllt befürworteten einige Physiker Anfang der 60er Jahre sogar die Aufgabe des Reduktionismus beim Studium der starken Wechselwirkung – eine Auffasssung, die sich jedoch, wie bereits erwähnt, als einmaliger Ausrutscher in der Physikgeschichte erwies, nachdem der Reduktionismus schließlich wieder in seine alten Rechte eingesetzt worden war. Wie um alles in der Welt gelang es nun aber den Physikern, die starke Wechselwirkung zu bändigen?

Da ich selbst in einem gewissem Maße an dem erstaunlichen Wandel in der Sicht der starken Wechselwirkung beteiligt war, werde ich die Geschichte aus meinem persönlichen Erleben heraus erzählen. Auf keinen Fall sollte die folgende Schilderung als die Geschichte der modernen Theorie der starken

Wechselwirkung angesehen werden; es handelt sich nur um die subjektiven Erfahrungen, die ich als einer der Beteiligten an dieser Entwicklung gemacht habe. Ebensowenig wie ein Schauspieler, der bei einem Szenenwechsel die Bühne verläßt, aus eigener Erfahrung heraus weiß, was in seiner Abwesenheit auf der Bühne passiert ist, ist es mir möglich zu beschreiben, wie andere Physiker diese Periode erlebt haben.

Im Frühjahr 1970 war ich gerade dabei, meinen Doktortitel in Physik zu erwerben, als mich der Physiker Roman Jackiw fragte, ob ich während des Sommers nicht einige Zeit in Aspen in Colorado verbringen wollte. In jedem Sommer treffen sich in Aspen theoretische Physiker aus aller Welt zu einem Ideenaustausch inmitten des Panoramas der majestätischen Bergwelt von Colorado. Natürlich ergriff ich sofort diese Gelegenheit. Bei meiner Ankunft erfuhr ich, daß ich als Neuling in einem Appartment im Souterrain untergebracht werden sollte, war jedoch freudig überrascht, als ich entdeckte, daß ich es mit Ken Wilson teilen würde, einem Physiker, der für die Tiefe seiner Ideen bekannt war. Am Telefon erzählte ich meiner zukünftigen Frau begeistert von dieser einmaligen Gelegenheit, meinem ausgeprägten Hang zur Heldenverehrung auf diese Weise einmal ausgiebig nachgehen zu können. Die Sportseiten der Zeitungen berichten häufig über die Gefühle eines Fußballneulings, der sich auf einmal Seite an Seite mit einem der ganz Großen wiederfindet, den er seit seiner Schülerzeit verehrt hat. Für solche Gefühle ist auch ein Physiker in den ersten Jahren nach seinem Examen sehr anfällig.

Da das Appartment nicht in verschiedene Räume unterteilt war, lernte ich Ken Wilson besonders bei unseren gemeinsamen Abendessen gut kennen und erfuhr von ihm eine Menge über Physik. Ken Wilson hatte zu dieser Zeit gerade ein gewaltiges Stück Arbeit hinter sich gebracht, das ihm später den Nobelpreis einbringen sollte. Er bat mich, sein Manuskript durchzulesen und ihm danach die Passagen zu nennen, die mir unklar geblieben waren.

Es ist eine Eigentümlichkeit des menschlichen Geistes, daß sich einige unter den wirklich tiefen Denkern hervorragend verständlich machen können, während andere fast völlig unverständlich sind. Ich muß gestehen, daß ich fürchterlich darum ringen mußte, Ken zu verstehen.

Ein Blick ins Innere der Natur

Ken Wilson beschäftigte sich mit der Frage nach den verschiedenen Möglichkeiten, die Welt zu beschreiben. Dem Leser wird die Tatsache bekannt sein, daß die Welt je nach der Längenskala, bei der man sie untersucht, ein ganz unterschiedliches Aussehen besitzt. Erhöht man die Auflösung eines Mikroskops, verwandelt sich ein nebliges Gebilde in eine detaillierte Struktur. Beispiele aus dem täglichen Leben zeigen, daß das, was wir bei einer bestimmten Auflösung von der Welt wahrnehmen, uns nicht viel darüber verrät, was wir bei einer feineren Auflösung sehen würden. Die Quantenfeldtheorie besitzt jedoch eine derart raffinierte logische Struktur, daß sie in der Lage ist, zwischen der Beschreibung der Welt bei einer bestimmten Längenskala und der Beschreibung bei einer anderen eine Verbindung herzustellen. Gibt man ihm eine bestimmte Beschreibung vor, kann der Physiker also tatsächlich etwas darüber sagen, wie die Welt aussieht, wenn man sie "genauer" betrachtet. Die Arbeit Wilsons handelte im wesentlichen davon, welche Aussagen über die Welt sich aus der logischen Struktur der Quantenfeldtheorie gewinnen lassen.

In dem vorangegangenen Kapitel war davon die Rede, daß jede der vier fundamentalen Wechselwirkungen durch eine Kopplungskonstante charakterisiert wird, die ein Maß für die Stärke der Wechselwirkung darstellt. (In der Quantenphysik wird diese Stärke durch die Wahrscheinlichkeit für die jeweilige Wechselwirkung bestimmt.) Im Jahre 1970 waren die Physiker daran gewöhnt, die Kopplungskonstanten ihrem Namen entsprechend für konstant zu halten. Verlassen wir uns jedoch auch hierbei lieber auf experimentelle Ergebnisse und fragen wir uns, wie ein Experimentalphysiker bei der Bestimmung einer Kopplungskonstanten vorgehen würde! Er könnte zum Beispiel zwei Elektronen zum Zusammenstoß bringen und durch vielfache Wiederholung dieses Experimentes die Wahrscheinlichkeit für eine Wechselwirkung der Elektronen ermitteln. Diese Wahrscheinlichkeit ist es, die den Wert der Kopplungskonstanten im wesentlichen bestimmt. Aus dieser "operationalen" Definition wird klar, daß die Kopplungskonstante von der Energie abhängen sollte, mit der der Experimentator die beiden Elektronen aufeinanderschießt. Ein anderer Experimentator, der die Messung bei einer anderen Energie wiederholt, wird auch eine andere Kopplungskonstante ableiten. Diese sogenannte "Konstante" ist also keinesfalls konstant, sondern ändert sich mit der Energie, bei der sie gemessen wird. Wir wollen deswegen anstelle des Begriffes "Kopplungskonstante" in Zukunft auch den passenderen Ausdruck "Kopplungsstärke" benutzen.

Wir erinnern uns daran, daß die Wellenlänge eines Teilchens in der Quantentheorie mit wachsender Teilchenenergie abnimmt. Um daher die Natur mit einer immer höheren Auflösung zu untersuchen, lassen die Physiker einfach Teilchen bei höheren Energien aufeinanderprallen. Wir stellen also fest, daß sich die Kopplungsstärke der verschiedenen Wechselwirkungen ändert, wenn wir die Natur bei unterschiedlichen Auflösungen betrachten.

Ein Aspekt der Arbeit Wilsons betraf nun genau diese Änderung. Bemerkenswerterweise erlaubt uns die innere Logik der Quantenfeldtheorie, zumindest prinzipiell zu bestimmen, wie sich die Kopplungsstärke mit der Energie verändert. Die Physiker benutzen dafür die bildliche Ausdrucksweise, daß die Kopplungsstärke "gleitet", wenn man die Energie verändert, bei der man sie mißt. Wie sich herausstellt, gleitet die Kopplungsstärke bei einer Änderung der Energie jedoch extrem langsam. Beim Durchlaufen des gesamten Energiebereichs, der von den Anfängen der Physik bis zum Ende der 60er Jahre untersucht worden war, hatte sich die elektromagnetische Kopplungsstärke nur um einen winzigen Betrag verschoben. Dies erklärt, warum die Kopplungsstärke stets als konstant angesehen worden war.

Ein Augenblick der Schwäche

Nach meinem Zusammentreffen mit Ken Wilson ging ich im Herbst 1970 an das "Institut für Fortgeschrittene Studien" in Princeton, um dort nach der Promotion meine wissenschaftliche Arbeit fortzusetzen. Einer meiner Bekannten dort überzeugte mich davon, daß ich als Absolvent der Harvard-Universität, an welcher der Reduktionismus nach wie vor in hohen Ehren gehalten wurde, eine etwas mangelhafte Ausbildung genossen hätte. So dachte ich, daß ich es für eine Weile besser einmal mit einer anderen Betrachtungsweise probieren sollte, und kam bis 1971 nicht wieder auf die Idee der Verschiebung der Kopplungsstärken zurück. Im Sommer 1971 jedoch hielt mein Doktorvater Sidney Coleman, der für sein Talent bekannt war, schwierige Sachverhalte verständlich zu machen, einige Vorlesungen über Kopplungsstärken. Er verstand es, die Problematik unter Verwendung einer von Curt Callan und Kurt Symanzik stammenden Formulierung kristallklar darzustellen. Ich studierte Colemans Vorlesungen genau, wurde jedoch von seinen ziemlich pessimistischen Schlußfolgerungen entmutigt. Wiederum beruhte die einzige verfügbare Berechnungsmethode auf der Störungsrechnung. Als Folge davon ließ sich die Verschiebung der Kopplungsstärke nur bestimmen, wenn die Kopplung klein war; die Physiker waren also bei der Behandlung der starken Wechselwirkung genau so hilflos wie zuvor. Die starke Kopplung sollte gleiten, aber die Physiker wußten nicht wohin.

Eines Tages im Frühjahr 1972, als ich auf der Couch liegend noch einmal Colemans Vorlesungen studierte, kam mir der Gedanke, die Natur könnte uns gegenüber vielleicht doch freundlicher sein als wir glaubten. Meine Idee war, daß – würde man die starke Wechselwirkung bei immer weiter ansteigender

Energie untersuchen – die Kopplungsstärke schließlich gegen Null gehen könnte. Sollte das der Fall sein, so könnte die starke Wechselwirkung letzten Endes doch noch gezähmt werden. Auch ein Macho hat manchmal einen Augenblick der Schwäche!

Bei dem Versuch, herauszufinden, ob dies wirklich der Fall war, stand ich jedoch erneut dem alten Problem mit der starken Wechselwirkung gegenüber, die durch ihre Stärke jede sinnvolle Berechnung verhinderte. Ich mußte also eine andere Strategie anwenden. Ich stellte mir die folgende Frage: Angenommen, die starke Kopplung würde in irgendeinem Energiebereich sehr schwach werden, würde sie dann stärker oder schwächer werden, wenn man die Energie erhöht? Dies war eine Frage, die sich mit Hilfe der Störungsmethode klären ließ, da die starke Kopplung dabei bereits als geschwächt vorausgesetzt wurde. Auch hierzu läßt sich eine grobe Analogie anführen: Ohne Volkswirtschaftler zu sein, kann ich mir vorstellen, daß es leichter ist, vorauszusagen, daß eine arme Familie noch ärmer wird, als zu prophezeihen, ob eine Mittelklasse-Familie reicher oder ärmer wird.

Die Annahme über die Schwäche der starken Wechselwirkung mag auf den ersten Blick ziemlich merkwürdig erscheinen, und so reagierte einer unserer "Senior-Physiker", an den ich mich gewandt hatte, auf meine diesbezüglichen Ausführungen auch ziemlich negativ. Die starke Wechselwirkung war immer stark gewesen, und danach zu fragen, was geschehen würde, wenn sie schwach wäre, erinnert etwas an den alten Witz, bei dem jemand sich fragt, was seine Tante ihm zu Weihnachten schenken würde, wenn sie ein Mann wäre.

Nichtsdestotrotz hielt ich meine Idee einer weiteren Verfolgung für wert. Sollte die Berechnung zeigen, daß die Kopplung – einmal geschwächt – immer schwächer würde, so könnten die Physiker zumindest die Hoffnung hegen, daß sie von einem bestimmten Punkt an gegen Null gehen könnte. Wir erwähnten bereits, daß man eine Theorie mit der Kopplung Null als "freie Theorie" bezeichnet. In ihr wären die Teilchen frei, sich völlig unabhängig von den anderen Teilchen umher zu bewegen. Eine Theorie, deren Kopplungsstärke mit zunehmender Energie gegen Null geht, wird heute als "asymptotisch freie Theorie" bezeichnet.

Der Leser könnte den Eindruck gewinnen, die Suche nach asymptotischer Freiheit sei durch reines Wunschdenken motiviert gewesen – daß wir einfach wollten, daß die starke Wechselwirkung bei hohen Energien schwächer wird, weil wir sie nur so in den Griff bekommen konnten. Dies ist jedoch nicht ganz richtig. Um 1970 gab es nämlich zumindest aus heutiger Sicht bereits einen Hinweis darauf, daß die starke Wechselwirkung bei hohen Energien schwächer werden könnte: Bei einer Reihe von Experimenten hatte man sehr energiereiche

Elektronen an Protonen gestreut. Nach dem Quarkmodell erteilt das Elektron einem der Quarks im Innern des Protons einen kräftigen Stoß. Wie bereits im vorangegangenen Kapitel beschrieben, lassen die experimentellen Ergebnisse darauf schließen, daß ein Quark, das auf diese Weise näher an die anderen Quarks heran gestoßen wird, mit diesen kaum in Wechselwirkung tritt. Die asymptotische Freiheit würde eine natürliche Erklärung für dieses Verhalten liefern.

Auf der Suche nach Freiheit

Der aufmerksame Leser mag sich fragen, wie ich bei meinen Berechnungen vorzugehen gedachte, wenn weder ich noch irgendjemand anders wußte, wie eine Theorie der starken Wechselwirkung aussehen könnte. Meine Idee war, alle möglichen Arten von Theorien zu untersuchen. Diejenigen davon, die sich als asymptotisch frei erwiesen, müßten als aussichtsreiche Kandidaten für eine Theorie der starken Wechselwirkung gelten. Man müßte daher bei der Suche nach asymptotischer Freiheit gleichzeitig auf die Theorie der starken Wechselwirkung stoßen!

So ging ich auf eine geistige Entdeckungsreise und untersuchte der Reihe nach alle möglichen Theorien auf asymptotische Freiheit. Es war eine Schatzsuche, deren Spannung noch dadurch gesteigert wurde, daß ich von vornherein noch nicht einmal wußte, ob es überhaupt einen Schatz zu finden gab.

Unglücklicherweise erwies sich keine der von mir untersuchten Theorien als asymptotisch frei. Zum Beispiel wird die elektromagnetische Kopplung stärker, wenn die für den elektromagnetischen Prozeß maßgebende Energie anwächst. (Wie sich später herausstellen wird, ist diese Tatsache von entscheidender Bedeutung für ein einheitliches Verständnis des Universums.) Meine Enttäuschung war groß.

Im Herbst 1972 trat ich der Fakultät der Rockefeller-Universität in New York bei. Damit begann für mich eine aufregende Zeit. Ich war frisch verheiratet und kam zusammen mit meiner Frau aus Princeton in eine Großstadt mit allen ihren Attraktionen. Auch in der Teilchenphysik hatte gerade eine außerordentlich aufregende Zeit begonnen. Die Physiker waren zu der Überzeugung gelangt, daß die elektromagnetische und die schwache Wechselwirkung in einer Yang-Mills-Theorie vereinigt werden könnten. (Mehr über dieses Geschichte im nächsten Kapitel.) Die Yang-Mills-Theorie war aus dem kollektiven Unbewußten in das Bewußtsein der Grundlagenphysiker vorgedrungen. Da die vorhergesagte Vereinigung der elektromagnetischen mit der schwachen Wechselwirkung noch nicht bestätigt worden war, beeilten sich viele Theoretiker mit der Konstruktion konkurrierender Theorien über diese Wechselwirkungen. Man wußte kaum, ob man an der starken Wechselwirkung oder an der elektromagnetischen und schwachen Wechselwirkung arbeiten oder sich – wie in meinem Fall – dem New Yorker Nachtleben widmen sollte.

Ich beschloß, von allem etwas zu tun, möchte an dieser Stelle aber nur über meine Suche nach Freiheit in der Physik berichten. Ich hatte bis dahin alle Theorien untersucht, die ich während des Studiums kennengelernt hatte, jedoch noch nicht die Yang-Mills-Theorie, über die damals jedermann im Zusammenhang mit dem Elektromagnetismus und der schwachen Wechselwirkung sprach. Ich beschloß daher, mir diese Theorie als nächste anzusehen.

Im Winter 1972–73 kam dann wie ein Paukenschlag die elektrisierende Nachricht, daß die "Freiheit" gefunden worden war. David Gross und seinem Doktoranden Frank Wilczek von der Princeton-Universität und unabhängig von ihnen auch David Politzer, einem Doktoranden Sidney Colemans an der Harvard-Universität, war der Nachweis geglückt, daß die Yang-Mills-Theorie asymptotisch frei ist – eine wahrhaft überwältigende Botschaft, bestand damit doch endlich Aussicht, die starke Wechselwirkung in den Griff zu bekommen! Kurze Zeit darauf traf ich Ken Wilson und Kurt Symanzik auf einer Konferenz in Philadelphia. Ich erinnere mich noch, wie aufgeregt wir die Neuigkeit diskutierten. Ich fuhr mit Symanzik im gleichen Zug zurück, und wir verbrachten die ganze Zeit mit Gesprächen über gleitende Kopplungen und die asymptotische Freiheit.

Nach meiner Rückkehr nach New York versuchte ich, die experimentellen Konsequenzen der asymptotischen Freiheit zu berechnen. Die Experimentatoren untersuchten zu dieser Zeit gerade die Umwandlung eines Protons und eines Positrons – eines "Anti-Elektrons" – in Teilchen der starken Wechselwirkung. Seit langem war bekannt, daß Materie bei ihrem Zusammentreffen mit Antimaterie in einem Energieblitz zerstrahlt, aus dem sich andere Teilchen materialisieren können. Ich wählte diesen Prozeß, weil er sich – entgegen der Vermutung, die der Leser darüber haben dürfte – theoretisch extrem leicht beschreiben läßt. Ich wies nach, daß im Falle der Gültigkeit der asymptotischen Freiheit die Wahrscheinlichkeit einer Elektron-Positron-Zerstrahlung in Teilchen der starken Wechselwirkung auf eine bestimmte Weise abnehmen sollte, wenn die Energie der zusammenprallenden Teilchen geringer wird. (Ähnliche Untersuchungen wurden unabhängig davon auch von Tom Appelquist und Howard Georgi sowie von David Gross und Frank Wilczek vorgenommen.)

Ich rief einen Experimentator an und erfuhr zu meiner bitteren Enttäuschung, daß die in Frage kommende Wahrscheinlichkeit in Wirklichkeit anwächst, wenn die Zerstrahlungsenergie größer wird. Vorbei mit unserem Traum von Freiheit! Und doch war die Theorie von einer derart verführerischen Schönheit, daß ich meine Arbeit trotzdem veröffentlichte. Später stellten sich dann die Experimente als falsch heraus.

Gross und Wilczek und etwas später auch Georgi und Politzer nahmen das theoretisch schwierigere Problem der Streuung von Elektronen an Protonen in Angriff, über dessen Realisierung wir bereits früher gesprochen hatten. Die detaillierte Übereinstimmung zwischen ihren theoretischen Berechnungen und den Experimenten bewies, daß die Natur tatsächlich Vergnügen an der asymptotischen Freiheit findet.

Inzwischen hatte mir David Gross eine Stellung an der Fakultät in Princeton angeboten, und so kehrte ich im Herbst 1973 in die Stille des ländlichen New Jersey zurück. (Man hatte mir bereits ein Jahr zuvor eine ähnliche Stellung angeboten; infolge einer merkwürdigen Verknüpfung von Umständen war ich jedoch stattdessen nach New York gegangen.) In Princeton arbeitete ich zusammen mit Sam Treiman und Frank Wilczek an einer detaillierten Untersuchung der Wirkung der asymptotischen Freiheit auf die Streuung hochenergetischer Neutrinos an Protonen.

Heute ist die asymptotische Freiheit eine gesicherte Tatsache, und die Physiker haben die starke Wechselwirkung gebändigt. Die von Gross, Wilczek und Politzer entdeckte asymptotische Freiheit gehört zu den bedeutendsten Prinzipien der theoretischen Physik.

Die Geschichte der asymptotischen Freiheit illustriert die unter den Jüngern Einsteins herrschende Vorstellung, daß eine Theorie von hohem ästhetischen Reiz notwendigerweise auch hinsichtlich ihrer Anwendungsmöglichkeiten herausragende Qualitäten besitzen muß. Man kann übrigens zeigen, daß die Yang-Mills-Theorie in unserer Raumzeit die einzige asymptotisch freie Theorie ist.

Also gut – die Yang-Mills-Theorie ist asymptotisch frei. Wie können wir sie jedoch zur Beschreibung der starken Wechselwirkung benutzen? Sie baut auf einer exakten Symmetrie auf – bei den bekannten Symmetrien der starken Wechselwirkung handelt es sich aber eindeutig um näherungsweise Symmetrien. Wenn sie die Welt daher tatsächlich korrekt beschreiben will, muß sich die Theorie auf die Suche nach einer exakten Symmetrie begeben, bei der sie sich häuslich niederlassen kann. Um zu erfahren, wie diese Symmetrie gefunden wurde, müssen wir in das Jahr 1967 zurückgehen.

Aller guten Dinge sind drei

Um das Jahr 1967 waren die meisten Physiker bereit, an die Existenz von Quarks zu glauben. Um die Quark-Hypothese zu testen, mußte man nur eine physikalische Meßgröße finden, die durch die Existenz von Quarks beeinflußt wird. Da Quarks jedoch stark miteinander wechselwirken und – wie wir gelernt haben – keine Theorie der starken Wechselwirkung existierte, wußte niemand, wie man dabei vorgehen könnte. Da zeigten Steve Adler und Bill Bardeen sowie James Bell und Roman Jackiw 1967 in einer genialen Arbeit, daß aus der ganzen verwirrenden Vielfalt von Prozessen der starken Wechselwirkung eine bestimmte Größe berechnet werden konnte, nämlich die Lebensdauer des elektrisch neutralen Pions. In diesem Fall verband sich eine Vielzahl von Faktoren zu einer derart günstigen Kombination, daß sich die unbekannten Effekte der starken Wechselwirkung gegenseitig vollständig aufhoben. Nachdem die Berechnungen durchgeführt worden waren, erwies sich die Zerfallsamplitude des neutralen Pions um den Faktor 3 größer als der aus Experimenten ermittelte Wert.

Die Physiker waren sehr erstaunt, kamen jedoch bald darauf, daß diese Diskrepanz erklärt werden konnte, wenn es dreimal so viel Quarks gäbe als sie bisher angenommen hatten! Im vorigen Kapitel haben wir das "Up"-, das "Down", das "Strange"-Quark und so weiter kennengelernt. Nun sah es plötzlich so aus, als würde jedes dieser Quarks in drei verschiedenen Versionen auftreten. Zur Beschreibung dieser bizarren Verdreifachung führte Gell-Mann den pittoresken Begriff der "Farbe" ein. Danach kann jedes Quark in drei "Farben" auftreten – sagen wir rot, gelb und blau. Es gibt also ein rotes Up-Quark, ein gelbes Up-Quark, ein blaues Up-Quark, ein rotes Down-Quark und so weiter. (Natürlich ist der Begriff der Farbe nur im metaphorischen Sinne zu verstehen.) Bald wurden weitere Indizien für diese Verdreifachung der Quarks zutage gefördert. Die Situation war äußerst irritierend. Aus welchem Grund sollte die Natur so verschwenderisch sein? Schließlich erwarten wir auch von der Poesie, daß sie schlicht und einfach ist.

Farbensymmetrie

Sobald die Physiker in Erwägung zogen, daß die Yang-Mills-Theorie die starke Wechselwirkung beschreiben könnte, wurde auf einen Schlag klar, welche Absicht die Natur mit der Verdreifachung der Quarks verfolgte. Natürlich ist ein Up-Quark von einem Down-Quark verschieden, die beiden haben zum Beispiel unterschiedliche Massen. Nehmen wir aber an, das rote Up-Quark, das gelbe

Up-Quark und das blaue Up-Quark hätten alle genau die gleiche Masse, und das gleiche gelte auch für das Down-Quark, das Strange-Quark und alle anderen Quarksorten, dann hätten wir genau die exakte Symmetrie, die wir für unsere Yang-Mills-Theorie benötigen! Was Ende der 60er Jahre als eine extravagante Verschwendung der Natur erschien, erwies sich nun als elegante Zweckmäßigkeit.

Die Symmetrie beinhaltet die Transformation des Quarks einer bestimmten Farbe in ein Quark der gleichen Sorte, aber verschiedener Farbe. Der Umstand, daß verschiedenfarbige Quarks genau die gleiche Masse besitzen, erklärt, warum die Physiker eine Weile brauchten, um diese bizarre Verdreifachung festzustellen. So könnte es uns auch passieren, daß wir einen Nachbarn viele Jahre lang freundlich grüßen, bis wir entdecken, daß er oder sie einer von identischen Drillingen ist und daß wir die ganze Zeit in Wahrheit drei verschiedene Personen gegrüßt haben! Viele Dramatiker, darunter auch Shakespeare, haben solche Möglichkeiten benutzt, um ihre Stücke zu komplizieren oder die Zuschauer an der Nase herumzuführen. So ähnlich fühlten sich nun auch die Physiker von der Natur in die Irre geführt.

Um nicht ständig von "der gleichen Sorte Quarks" reden zu müssen, haben sich die Physiker darauf geeinigt, jedem Quark zwei Eigenschaften zuzusprechen: "Geschmack" (flavor) und "Farbe" (color). (Während es üblich ist, das englische Wort "color" in Zusammenhang mit Quarks als "Farbe" zu übersetzen, hat sich eine Übersetzung des Wortes "flavor" ins Deutsche zumindest in der physikalischen Fachliteratur nicht durchgesetzt. Einem Teilchen außer einer Farbe auch noch einen "Geschmack" zuzusprechen, erscheint seriösen deutschsprachigen Physikern wohl doch als unzumutbar. Wir werden daher auch in der vorliegenden Übersetzung im weiteren den Begriff "Flavor" benutzen – Anm. d. Übers).

Bisher haben wir nur die drei verschiedenen Flavors kennengelernt: Up, down und strange. Jeder dieser drei Flavors tritt in drei Farben in Erscheinung, wodurch sich insgesamt neun Quarks ergeben. Wir können uns einen Eisverkäufer vorstellen, dessen Kunden sehr wählerisch sind und nicht nur drei verschiedene Geschmacksrichtungen verlangen, sondern daneben auch noch auf ihrer jeweiligen Lieblingsfarbe bestehen. Der Preis einer Eistüte kann für jeden Geschmack verschieden sein, ist für einen bestimmten Geschmack jedoch von der Farbe unabhängig: künstliche Farbe ist billig. Amüsanterweise scheint die Welt der Quarks ganz ähnlich aufgebaut zu sein: Die Masse eines Quarks ist unabhängig von seiner Farbe, aber von Flavor zu Flavor verschieden.

Nach dieser Betrachtungsweise ändert die Yang-Mills-Theorie also die Farbe, aber nicht den Flavor eines Quarks. Unter dem Einfluß der Symmetrie

Abb. 44
Ein Eissalon für Quarks: Zur Auswahl stehen sechs verschiedene Geschmacksrichtungen; jeder Geschmack ist in drei Farben erhältlich. Ganz oben steht die billigste Sorte, ganz unten die teuerste. Der Preis für eine Geschmacksrichtung ist von der Farbe unabhängig.

werden die drei Farben ineinander transformiert. Die maßgebende Gruppe ist SU(3), die manchmal auch als "Farb-SU(3)" bezeichnet wird, um sie von der SU(3)-Gruppe des Achtfachen Weges zu unterscheiden.

Die acht in der Theorie auftretenden Eichbosonen wurden von Gell-Mann "Gluonen" (von englisch: "glue" = Leim, Klebstoff) genannt, da sie offensichtlich die Quarks zu Hadronen "zusammenleimen". Die Kraft zwischen den Quarks wird durch den Austausch von Gluonen vermittelt, so wie die elektromagnetische Kraft zwischen geladenen Teilchen auf den Austausch von Photonen zurückgeführt wird. Die Theorie der starken Wechselwirkung heißt heute "Quantenchromodynamik".

Freiheit und Sklaverei

Asymptotische Freiheit bedeutet, daß die starke Kraft schwach wird, wenn zwei Quarks bei hohen Energien aneinander gestreut werden, was nach der Quantenphysik gleichbedeutend damit ist, daß sie sich gegenseitig sehr nahe kommen. Die Quarks nehmen einander dann kaum noch wahr und sind daher auch frei von gegenseitiger Beeinflussung. (Daher auch der Begriff der asymptotischen Freiheit: Je näher sich die Quarks kommen, umso freier fühlen sie sich.) Zur Berechnung von Prozessen, bei denen sich Quarks sehr nahe kommen, kann man daher die Störungsrechnung benutzen. Natürlich war es gerade diese einmalige Situation, welche die Suche nach asymptotischer Freiheit so stark motivierte. Da die Ergebnisse dieser Berechnungen mit den Beobachtungen übereinstimmen, ist die Quantenchromodynamik heute allgemein als die korrekte Theorie der starken Wechselwirkung akzeptiert.

Die Kehrseite der Freiheit aber ist Sklaverei: Wenn sich zwei Quarks voneinander entfernen, entfernt sich die Kopplungskraft immer weiter von Null. Man nimmt heute allgemein an, daß die Kopplungskraft dabei immer stärker und stärker wird und die beiden Quarks daran hindert, sich jemals ganz voneinander zu trennen. Dieses Phänomen wird als "Infrarot-Sklaverei" bezeichnet, wobei das Adjektiv "infrarot" rein historische Wurzeln hat, die uns hier nicht weiter interessieren sollen. Die Infrarot-Sklaverei erklärt überzeugend, warum noch niemand ein Quark gesehen hat: Quarks sind im Innern von Hadronen eingesperrt.

Quarks ähneln in ihrem Verhalten manchen Liebespaaren. Sind sie weit voneinander entfernt, so schmachten sie voller Inbrunst nacheinander und wünschen sich, niemals voneinander getrennt zu sein. Sobald sie jedoch einander nahe sind, verwandelt sich ihr Verlangen in Gleichgültigkeit, und sie reden kaum noch miteinander.

Die Wechselwirkung zwischen Quarks widerspricht vollkommen unserer intuitiven Vorstellung über die Wechselwirkung von Teilchen – einer Vorstellung, die sich aus der Untersuchung anderer Kraftwirkungen ableitet. So nimmt beispielsweise die elektromagnetische Wechselwirkung zwischen zwei Elektronen ab, wenn sich die beiden voneinander entfernen. Aus dem Spiel mit Magneten wissen wir, daß auch die zwischen ihnen wirkende Kraft mit zunehmender Entfernung immer geringer wird. Wenn wir jedoch zwei Quarks auseinanderziehen, wird ihre gegenseitige Wechselwirkung immer stärker!

Wenn Quarks "versklavt" und eingesperrt sind, so muß dies nach der Quantenchromodynamik auch für Gluonen gelten. Tatsächlich haben die Experimentatoren auch noch niemals ein Gluon zu Gesicht bekommen.

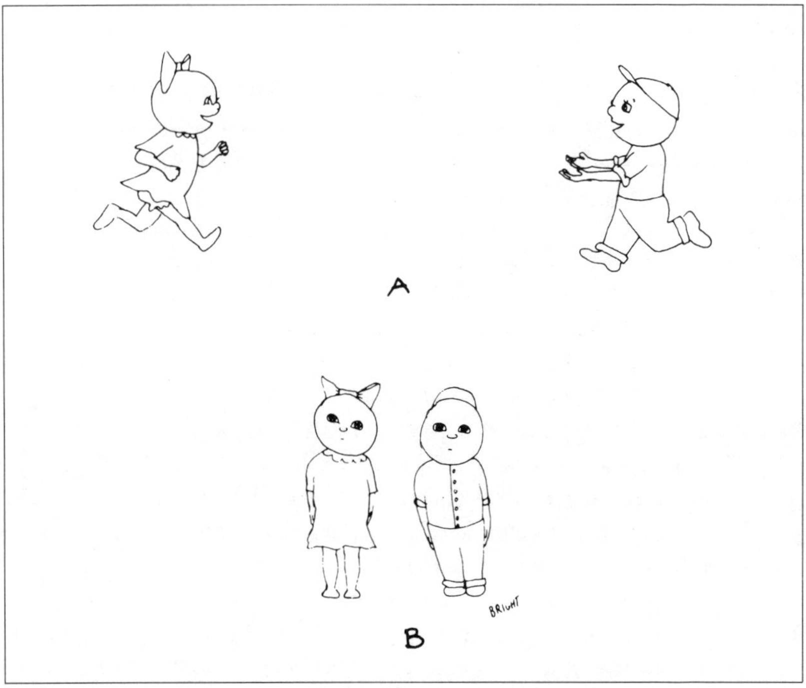

Abb. 45
Quarks verhalten sich wie manche Liebende: Sind sie weit voneinander getrennt (A), so sehnen sie sich nacheinander, sind sie jedoch nahe beieinander (B), so nehmen sie kaum Notiz voneinander.

Daß die Quantenchromodynamik tatsächlich zur Versklavung und Einsperrung führt, ist niemals direkt bewiesen worden, weil die Theoretiker mit den starken Kräften nun einmal nicht zu Rande kommen. Die Physiker haben jedoch eine ganze Menge an Indizienbeweisen zur Stützung dieser Annahme zusammengetragen. Einige glauben, daß die Versklavung nicht vollkommen ist und daß man das "Liebespaar" schließlich doch trennen kann, wenn man nur kräftig genug an ihm herumzerrt.

Schein und Wirklichkeit

Die Quantenchromodynamik hat unser Verständnis der starken Wechselwirkung auf drastische Weise revidiert. Wir glaubten, die starke Wechselwirkung würde durch das Pion übertragen; in Wirklichkeit wird die starke Kraft zwischen den Quarks jedoch durch Gluonen vermittelt. Die Gluonen sind es, die die Quarks in den Nukleonen, den Pionen und den anderen Hadronen zusammmenhalten. Die Kraft zwischen zwei Nukleonen, die auf den Austausch von Pionen zwischen ihnen zurückgeführt werden kann, ist nur die phänomenologische Äußerung einer tiefer liegenden Realität. Als Analogie dazu könnte man an die Vorgänge bei der Annäherung zweier komplizierter biochemischer Moleküle denken, bei denen sich ein Teil des einen Moleküls lösen und mit dem anderen Molekül verbinden kann. Dies ist in der Tat der Mechanismus, nach dem bestimmte biologische Prozesse ablaufen. Dabei ist die Wechselwirkung zwischen den Molekülen nicht mehr als der phänomenologische Ausdruck der tieferliegenden elektromagnetischen Kräfte zwischen Elektronen und Atomkernen. Und so wie die Grundlagenphysiker einst von den Molekülen zu den Atomen voranschritten, von den Atomen zu den Atomkernen und von den Kernen zu den Hadronen, sind sie nun dabei, den nächsten Schritt von den Hadronen zu den Quarks zu vollziehen.

Die Theorie der Quantenchromodynamik kann auf keine vergleichbaren Vorgänger in der Geschichte der Physik zurückblicken: Nach unserem gegenwärtigen Verständnis sind die grundlegenden Elemente der Theorie – die Quarks und die Gluonen – prinzipiell nicht direkt beobachtbar.

Die Rache ist vollkommen

Mit der Einführung der neuen Theorie waren der Isospin und der Achtfache Weg nun ebenso wie die alten Symmetrien der starken Wechselwirkung als Symmetrien zweiter Ordnung entlarvt, die uns so gut wie nichts über das tiefere Wesen der starken Wechselwirkung verraten. Nach der Quark-Vorstellung wandeln die Isospin-Transformationen Up- und Down-Quarks ineinander um, während die Transformationen des Achtfachen Weges Up-, Down- und Strange-Quarks ineinander überführen. Sie ändern also den Flavor, aber nicht die Farbe. Ihre Existenzberechtigung als Symmetrien beruht nur darauf, daß diese drei Quarks annähernd die gleiche Masse besitzen. Die gegenwärtige Ansicht ist die, daß die Massen der Quarks mit verschiedenem Flavor nicht von der starken Wechselwirkung kontrolliert werden und daß es keinen logischen Grund dafür gibt, daß sie gleich sein sollten. Wie wir in einem späteren Kapitel sehen werden, sind in den letzten zehn Jahren tatsächlich Quarks mit anderen Flavors entdeckt worden, deren Massen von denen der Up-, Down- und Strange-Quarks sehr verschieden sind. Andererseits haben Quarks mit gleichem Flavor, aber verschiedener Farbe immer genau die gleiche Masse.

Im Kern wird die starke Wechselwirkung jedenfalls durch die exakte Symmetrie von Yang und Mills bestimmt – eine Symmetrie, deren Ursprünge auf Einstein und Weyl zurückgehen und die die innere Logik der Geometrie besitzt. Die näherungsweise Geometrie des Isospins und des Achtfachen Weges hingegen sind nur von zweitrangiger Bedeutung. Die Rache ist vollkommen.

Die Kunst, richtig zu addieren

Das also war die Geschichte von der Rache der Kunst. Nun bleibt nur noch eine Lücke in der Berichterstattung zu schließen. Die Suche nach asymptotischer Freiheit schließt ja alle möglichen Theorien ein und könnte danach als eine Aufgabe erscheinen, deren Bewältigung ein ganzes Leben beanspruchen müßte. Glücklicherweise meint es die Natur aber auch diesmal gut mit uns. Wie sich herausstellt, muß man in Wahrheit nicht allzu viele Theorien untersuchen. Warum das so ist, soll im folgenden kurz erläutert werden.

In den Kapiteln über Quantenphysik haben wir gelernt, daß man bei der Untersuchung einer bestimmten Theorie die Amplituden aller möglichen Verläufe addieren muß, was scheinbar auf eine furchtbar große Anzahl von Additionen führt. Ein Teilchen oder Feld steht ja vor einer unendlichen Anzahl möglicher Verläufe. Wie in aller Welt kann man diese ganzen Additionen bewältigen? Nun, wer unbedingt Physiker werden will, muß auch eine beträchtliche Menge Zeit darauf verwenden zu lernen, wie man eine unendlich große Zahl von Amplituden addiert.

Um dem Leser wenigstens ein Gefühl dafür zu vermitteln, wie man bei der Addition einer unendlichen Menge gewöhnlicher Zahlen vorgehen kann, wollen wir einige Beispiele betrachten. Nehmen wir an, wir sollten die Zahlen 1 + 2 + 3 + 4 + 5 + ... addieren, wobei die Punkte bedeuten sollen, daß die Addition unbegrenzt fortgesetzt werden soll. Es ist offensichtlich, daß die Summe keinen Sinn ergibt; sie wird größer und größer und geht schließlich gegen Unendlich. Nehmen wir stattdessen an, wir sollten 1 + ½ + ⅓ + ¼ + ⅕ + ... addieren. In diesem Fall werden die Zahlen, die wir addieren müssen, kleiner und kleiner, je weiter wir vorankommen. Trotzdem stellt sich heraus, daß die Summe immer noch gegen Unendlich geht. Obwohl die Zahlen, die wir dazu addieren, immer kleiner und kleiner werden, ist der aufsummierte Betrag immer noch von gewaltiger Größe. Nehmen wir jedoch an, wir sollten den Wert der Reihe 1 – ½ + ⅓ – ¼ + ⅕ – ... bestimmen. Hier könnten wir eine Chance haben. Die abwechselnd positiven und negativen Zahlen heben sich gegenseitig auf, so daß die Summe sehr langsam anwächst. Wenn wir zum Beispiel gerade 1/3943 addiert haben, ziehen wir direkt im nächsten Schritt 1/3944 wieder ab. Im Nettoeffekt haben wir dann nur die winzige Zahl 1/15551192 addiert. In diesem Fall wächst die Summe daher nach einer Weile kaum noch an. Sie nähert sich vielmehr schließlich einer genau definierten Zahl mit dem Wert 0,693... . Wir sind also auf ein vernünftiges Ergebnis gekommen.

Die Moral von der Geschichte ist, daß immer dann, wenn wir über eine unendliche Anzahl von Amplituden summieren müssen, die Struktur der Theorie so beschaffen sein muß, daß die Amplituden die Tendenz haben, sich gegenseitig aufzuheben. Dabei handelt es sich jedoch um eine recht delikate Angelegenheit. Würden wir beispielsweise bei der letzten Summe auch nur einige wenige Minuszeichen wieder in Pluszeichen verwandeln – sagen wir nicht mehr als eins pro hundert Vorzeichen – so würde die Gesamtsumme erneut gegen Unendlich gehen. Bei einer Quantenfeldtheorie ergibt die Addition der Wahrscheinlichkeiten für die ganze Unendlichkeit der Verläufe nur dann einen sinnvollen Wert, wenn die Wirkung sehr spezielle Eigenschaften hat.

Er zeigt uns den Lösungsweg

Die ganze Sache funktioniert wirklich absolut fabelhaft. A priori könnte ein Physiker eine unendliche Vielfalt von möglichen Wirkungen aufschreiben. Die Forderung nach bestimmten Symmetrien verringert die Zahl der Möglichkeiten zwar bereits enorm, im allgemeinen bleiben aber doch noch viele mögliche Theorien übrig. Nun haben wir gesehen, daß wir die Amplituden bei den meisten dieser Theorien nicht sinnvoll aufsummieren können, so wie wir auch den Wert von 1 + 2 + 3 + 4 + 5 + ... nicht bestimmen können. Eine Quantenfeldtheorie, bei der die Addition der Amplituden einen vernünftigen Wert ergibt, heißt "renormierbar". Bemerkenswerterweise gibt es für die Wahl der Wirkung je nach Art der Zählung nur drei oder vier Möglichkeiten, für die diese Bedingung erfüllt ist. Die Jagd nach asymptotischer Freiheit war eben gerade deswegen so erfolgreich, weil man nur eine Handvoll renormierbarer Feldtheorien zu untersuchen brauchte.

Es ist wirklich höchst erstaunlich, wie die Physik es geschafft hat, die Form des "Letztgültigen Entwurfes" auf einige wenige Modelle einzuengen. Der Schöpfer gibt uns ein Rätsel auf, indem er uns auffordert, Seinen Entwurf zu erraten. Aber es gibt ja so viele Möglichkeiten! Nun zeigt Er uns die Symmetrie und die Quantenphysik mit ihren merkwürdigen Regeln über die Addition von Amplituden aller möglichen Verläufe und erklärt: "Seht, wenn ihr die Symmetrie und die Quanten berücksichtigt, gibt es gar nicht mehr so viele mögliche Lösungen!"

Die Frage, ob man die Amplituden der unendlichen Zahl von Verläufen in der Yang-Mills-Theorie sinnvoll aufsummieren kann, beschäftigte nach der Einführung der Theorie eine ganze Reihe theoretischer Physiker. Schließlich zeigte 1971 der brilliante junge holländische Physiker t'Hooft, daß dies in der Tat möglich ist: Die Yang-Mills- Theorie ist also renormierbar. Diese Entdekkung war von wahrhaft monumentaler Bedeutung: Sie bedeutete, daß die Yang-Mills-Theorie als Quantenfeldtheorie zu sinnvollen Ergebnissen führt. Wie wir gesehen haben, trug diese Erkenntnis dazu bei, den toten Punkt bei der Suche nach einem Verständnis der starken Wechselwirkung zu überwinden. Im folgenden Kapitel werden wir sehen, daß diese Entdeckung tatsächlich ein neues Zeitalter in unserem Verständnis der Natur eingeleitet hat.

13. Der Letztgültige Entwurf

Das Ende der Symmetrie?

Bei ihrem Versuch, den Geist des Schöpfers auszuloten, hatten die Physiker durch die Verwendung von Symmetrieargumenten erstaunliche Erfolge erzielt. Es sah tatsächlich fast so aus, als hätten sie die von Ihm bevorzugte Sprache entdeckt.

Ausgehend von der Parität und der Rotationsinvarianz hatten sie bei der Verfolgung des Brennenden Tigers einen weiten Weg zurückgelegt und waren schließlich bei der nicht-abelschen Symmetrie angelangt. Sie hatten den Triumph der exakten über die näherungsweisen Symmetrien miterlebt. Lassen wir sie nun kurz Bilanz ziehen.

Stellen wir uns dazu vor, ein Physiker hätte sich Anfang der 60er Jahre Gedanken über die Rolle der Symmetrie in der Physik gemacht. Vermutlich wäre er pessimistisch gewesen, was die Zukunft der näherungsweisen Symmetrien betroffen hätte. Heisenbergs anfangs so schockierende Entdeckung schien wegen der ihr innewohnenden Beschränkungen nur von begrenztem Nutzen zu sein. Proton und Neutron – durch den Isospin miteinander verknüpft – haben nahezu die gleiche Masse. Gäbe es jedoch eine über den Achtfachen Weg hinausgehende näherungsweise Symmetrie, so hätten die dadurch verknüpften Teilchen so unterschiedliche Massen, daß man große Schwierigkeiten hätte, sie als Verwandte zu erkennen.

Auch hierfür wieder eine Analogie: Ein Architekt, dessen Auftraggeber ein rundes Gebäude möchte, entwirft ein sechseckiges und erklärt dann: “Sehen Sie, es ist fast rund.” Der Bauherr dürfte sich schwer damit tun, die annähernd kreisförmige Symmetrie zu erkennen. Unter rein praktischen Gesichtspunkten wäre eine grobe näherungsweise Symmetrie – auch wenn sie Gültigkeit besäße – daher von keinem großen Nutzen.

Ein Problem des Designs

Wie steht es mit den exakten Symmetrien? Unser Physiker könnte sich vermutlich keine Vorstellung davon machen, auf welche Weise sie einen Weg zum Letztgültigen Entwurf weisen könnten. Die Schwierigkeit besteht im wesentlichen darin, daß Symmetrie Einheit voraussetzt, während in der Welt Vielfalt herrscht.

Letzten Endes ist alles eine Frage des Designs. Nehmen wir an, wir würden einen Teppich in Auftrag geben und dabei auf einer exakten Kreissymmetrie bestehen, so würden wir ein sehr langweiliges Muster erhalten. Das einzig mögliche Design besteht aus einer Anordnung konzentrischer Ringe. Sobald wir jedoch die Symmetrieforderung lockern, werden interessantere Entwürfe möglich.

Unsere Welt gleicht sicher keinem langweiligen rotationssymmetrischen Teppich – sie ist vielmehr von einer interessanten Mannigfaltigkeit.

Auch in der Musik ist die Spannung zwischen Einheit und Vielheit oft sehr augenfällig.

Wenn hier von Vielfalt die Rede ist, so ist damit nicht die verwirrende Unterschiedlichkeit der makroskopischen Phänomene gemeint, von denen wir umgeben sind. Wie in Kapitel 2 erläutert, war es den Physikern schon lange vorher gelungen, die makroskopische Erscheinungswelt auf Prozesse der elektromagnetischen Wechselwirkung zu reduzieren. Wir sprechen hier von der Vielfalt der Welt auf der Ebene der Teilchen-Wechselwirkung. Die vier Wechselwirkungen – die starke, die elektromagnetische und die schwache Wechselwirkung sowie die Gravitation – besitzen enorm unterschiedliche Kopplungsstärken und unterscheiden sich auch in anderen charakteristischen Eigenschaften beträchtlich voneinander. Ein buntes Gemisch von Leptonen und Quarks ist an einer oder mehreren dieser Wechselwirkungen beteiligt. Und auch die Teilchen haben individuelle Eigenschaften: Die Quarks wechselwirken stark miteinander und bilden Hadronen – die Leptonen dagegen tun dies nicht. Das Elektron ist 2000mal leichter als das Proton – das Neutrino ist masselos. Das Elektron zeigt elektromagnetische Wechselwirkung, das Neutrino nicht und so weiter. Tatsächlich ist es gerade diese Vielfalt an Eigenschaften, die der Welt das interessante Aussehen verleiht, das wir an ihr beobachten.

Symmetrie gegen Vielfalt

Die Vielfalt der fundamentalen Wechselwirkungen und Teilchen schien Ende der 60er Jahre darauf hinzuweisen, daß perfekte Symmetrien im Bauplan der Natur keinen Platz haben. Den geistigen Nachfolgern Einsteins schauderte es bei dem Gedanken, der Schöpfer könnte tatsächlich eine näherungsweise symmetrische Wirkung einer perfekt symmetrischen vorziehen, aber offensichtlich mußten sie sich damit abfinden, daß es keine einheitliche Symmetrie in der Wirkung der Welt gab, die die vier fundamentalen Wechselwirkungen zusammenhalten könnte. Die starke Wechselwirkung ist hundertmal stärker als die nächststarke elektromagnetische Wechselwirkung. Die Hoffnung auf eine näherungsweise Symmetrie dieser beiden Wechselwirkungen und damit auf ihre gegenseitige Verknüpfung erschien daher ebenso unhaltbar wie die Behauptung, daß eine Ellipse, deren eine Achse hundertmal größer als ihre andere ist, annähernd kreisförmig sei.

Hier liegt das Problem für den "Höchsten Designer". Symmetrie ist Schönheit, und Schönheit ist erstrebenswert. Ist der Entwurf jedoch vollkommen symmetrisch, so gibt es nur eine einzige Wechselwirkung; die fundamentalen Wechselwirkungen wären dann alle identisch und daher voneinander ununterscheidbar. Eine solche Welt wäre möglich, sie wäre allerdings extrem langweilig: Es gäbe keine Atome, keine Sterne, keine Planeten, keine Blumen und keine Physiker.

Unser pessimistischer Physiker hat das Gefühl, daß uns weder näherungsweise noch exakte Symmetrien viel über den Letztgültigen Entwurf verraten können. Es scheint, als habe sich das Konzept der Symmetrie erschöpft. Vielleicht kann uns der Brennnende Tiger doch nur ein Stück weit durch die Dunkelheit leiten.

Doch halt! Schließlich haben wir gerade miterlebt, wie Yang und Mills sich auf spektakuläre Weise in eine neue Richtung auf den Weg gemacht haben. Anstatt nach immer weniger genauen Symmetrien zu suchen, bestanden sie darauf, daß die Natur exakte Symmetrien benutzt, und Jahre später wurde tatsächlich eine in der starken Wechselwirkung verborgene Yang-Mills-Symmetrie entdeckt. Warum war unser Physiker also so abweisend, was die exakten Symmetrien betraf?

Natürlich hatte er die Möglichkeit übersehen, daß sich in der starken Wechselwirkung eine exakte Symmetrie verbergen könnte. Trotzdem waren die Schlußfolgerungen, mit denen er seinen Pessimismus begründete, grundsätzlich richtig. Die exakte Eichsymmetrie der starken Wechselwirkung bewirkt, daß die Gluonen masselos und voneinander ununterscheidbar sind. Sie verknüpft

Quarks mit ein und demselben Flavor und somit auch mit ein und derselben Masse, aber keine Quarks mit unterschiedlichem Flavor. Allein aufgrund ihrer Exaktheit kann eine exakte Symmetrie keine Teilchen mit unterschiedlichen Eigenschaften miteinander verknüpfen. Die exakten Symmetrien sind also nicht in der Lage, ungleichartige Wechselwirkungen miteinander zu verbinden, sofern nicht ein völlig neues Konzept gefunden wird.

Eine unmögliche Forderung

Die Dichotomie zwischen Symmetrie und Mannigfaltigkeit rührt tief an unser ästhetisches Empfinden. Perfekte Symmetrie erzeugt in uns Gelassenheit, Mäßigung, ja sogar Todessehnsucht. Geometrie weckt Ehrfurcht, aber keine Ausgelassenheit. Die moderne Plastik erscheint mir als ständiges Ringen um eine Versöhnung des Geometrischen mit dem Organischen. Thomas Mann hat die gleiche Dichotomie in seinem "Zauberberg" ausgedrückt. Hans Castorp, die Hauptfigur des Romans, kommt beinahe in einem Schneesturm um. Er betrachtet die Schneeflocken "mit den Kenneraugen des Liebhaberforschers"

> *und unter den Myriaden von Zaubersternchen in ihrer untersichtigen, dem Menschenauge nicht zugedachten, heimlichen Kleinpracht war nicht eines dem anderen gleich; eine endlose Erfindungslust in der Abwandlung und allerfeinsten Ausgestaltung eines und immer desselben Grundschemas, des gleichseitig-gleichwinkligen Sechsecks, herrschte da; aber in sich selbst war jedes der kalten Erzeugnisse von unbedingtem Ebenmaß und eisiger Regelmäßigkeit, ja, dies war das Unheimliche, Widerorganische und Lebensfeindliche daran; sie waren zu regelmäßig, die zum Leben geordnete Substanz war es niemals in diesem Grade, dem Leben schauderte vor der genauen Richtigkeit, es empfand sie als tödlich, als das Geheimnis des Todes selbst, und Hans Castorp glaubte zu verstehen, warum Tempelbaumeister der Vorzeit absichtlich und insgeheim kleine Abweichungen von der Symmetrie in ihren Säulenordnungen angebracht hatten.*

Auch wir Physiker leben lieber in einer Welt, die nicht von der eisigen Perfektion der absoluten Symmetrie beherrscht wird und in der das Spiel von Wechselwirkungen der unterschiedlichsten Art Vielfalt und organische Schönheit erzeugt. Wir können uns aber andererseits auch nicht vorstellen, daß Er Ellipsen Kreisen vorzieht oder hier und da verstohlen kleine Abweichungen angebracht hat.

Der Höchste Designer will offensichtlich beides: Einheit und Vielfalt, absolute Perfektion und stürmische Dynamik, Symmetrie und Mangel an Symmetrie. Es sieht so aus, als hätte er sich selbst damit eine unlösbare Aufgabe gestellt.

Die Weisheit einer Weinflasche

Es stellt eine der glänzendsten Errungenschaften des menschlichen Intellekts dar, daß die Physiker tatsächlich herausgefunden haben, wie Er das scheinbar unlösbare Dilemma beim Entwurf der Welt gelöst haben könnte. Sehen wir, wie dies möglich war.

Wenn wir von Symmetrie sprechen, so denken wir vermutlich an die Symmetrie geometrischer Figuren, wie sie in der Kunst oder in der Architektur verwendet werden. Entweder hat eine geometrische Figur eine Symmetrie, oder sie hat keine. Die Lösung des Problems des Höchsten Designers kann also offenbar nicht durch geometrische Figuren veranschaulicht werden.

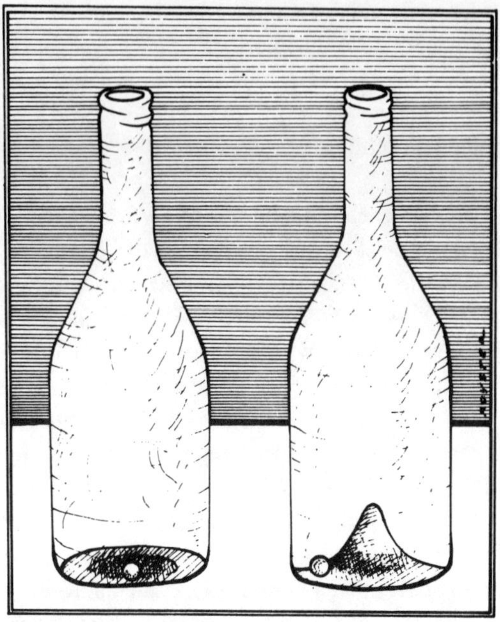

Abb. 46
Die Weisheit einer Weinflasche. Links eine normale Flasche, rechts eine Hohlbodenflasche.

Man kann sie statt dessen am Boden einer Weinflasche finden, nachdem man den Inhalt ausgetrunken hat. Der Boden mancher Flaschen bildet eine flache Höhlung ähnlich einer Schale (Abb. 46 links). Wirft man eine kleine Kugel in die Flasche, so kommt sie in der Mitte zur Ruhe. Es gibt aber auch Flaschen mit einem sogenannten "Hohlboden" – einem Boden, der in Form eines runden Höckers in die Flasche hinein ragt (Abb. 46 rechts). Wenn man eine Kugel in eine solche Flasche wirft, so wird sie letzten Endes in irgendeinem Punkt am Fuße des Höckers zur Ruhe kommen.

Ein kindisches Spiel, werden Sie sagen, und ein recht albernes noch dazu. Und doch können wir daraus etwas lernen, was für die Natur einer Symmetrie von fundamentaler Bedeutung ist. Entfernen wir die Etiketten, so sind sowohl die normale Flasche als auch die Hohlbodenflasche rotationssymmetrisch um ihre Mittelachse. Die normale Flasche ist auch dann noch rotationssymmetrisch, wenn die Kugel in der Mitte ihres Bodens liegt. Im Gegensatz hierzu wird durch die spezielle Lage der Kugel am Fuße des "Höckers" bei der Hohlbodenflasche eine bestimmte Richtung ausgewählt: Die Rotationssymmetrie ist "gebrochen"; die Konfiguration ist gegenüber Drehungen um die Flaschenachse nicht mehr invariant. Die Kugel in der Flasche kann je nach ihrer Lage nach Ost oder Nordnordwest oder in irgendeine andere Richtung weisen. (Dies ist natürlich auch das Grundprinzip des Roulettspiels.)

Spontane Symmetriebrechung

Um die Lektion zu verstehen, müssen wir uns klar machen, daß wir bei der Erörterung von Symmetrien in der Physik nicht an die Symmetrie geometrischer Figuren, sondern an die Symmetrie von Wirkungen denken müssen. Damit kommen wir zu dem entscheidenden Punkt. Auch wenn eine bestimmte Wirkung vorgegeben ist, so müssen wir zur vollständigen Beschreibung der Welt immer noch den tatsächlichen Verlauf kennen, dem das System gefolgt ist, egal ob es sich dabei um ein Teilchen oder das ganze Universum handelt. Geht es dabei nicht um klassische Physik, sondern um Quantenphysik, so müssen wir die wahrscheinlicheren Verläufe bestimmen. Auf jeden Fall ist es so, daß eine Symmetrietransformation, welche die Wirkung nicht verändert, den speziellen Verlauf entweder ebenfalls unverändert läßt oder nicht.

Bei unserer Analogie mit der Flasche gibt es nichts an der Wechselwirkung zwischen der Kugel und der Hohlbodenflasche, was die Bevorzugung irgendeiner Richtung vor allen anderen zur Folge haben könnte. Und doch ist in dem Augenblick, in dem die Kugel zur Ruhe kommt, eine ganz bestimmte Richtung ausgewählt. Die Wechselwirkung zwischen der Kugel und der Flasche entspricht der Wirkung der Welt und die endgültige Lage der Kugel dem Verlauf, dem die Welt gefolgt ist.

Ist der tatsächliche Verlauf nicht invariant gegenüber Symmetrietransformationen, welche die Wirkung invariant lassen, wie dies bei der Kugel in der Hohlbodenflasche der Fall ist, so sagen die Physiker, die Symmetrie sei "spontan gebrochen". Das Gegenstück zur spontanen Symmetriebrechung bildet die "explizite" Symmetriebrechung. Ist die Wirkung selbst nur näherungsweise symmetrisch, so spricht man davon, daß die Symmetrie explizit gebrochen ist.

Um die explizite Symmetriebrechung zu verstehen, kehren wir noch einmal zu unserer Weinflaschenanalogie zurück. Wir bitten den Glasbläser um einen absichtlichen Kunstfehler: Er soll im Flaschenboden eine kleine Vertiefung außerhalb des Zentrums anbringen, so daß der Boden nicht mehr vollkommen symmetrisch ist. Eine in die Flasche geworfene Kugel wird letztendlich in dieser Vertiefung landen. Diese Situation entspricht den angenäherten Symmetrien wie dem Isospin und dem Achtfachen Weg. Die Wirkung ist dabei ebenso wie die Flasche erkennbar nicht symmetrisch. Die explizite Symmetriebrechung wird oft auch als Brechung "von Hand" bezeichnet: Die Symmetriebrechung wird der Wirkung von außen aufgeprägt.

Was soll an der ganzen Sache aber nun von so entscheidender Bedeutung sein? Ich muß zugeben, daß die Geschichte mit der Weinflasche eine stark vereinfachende Analogie darstellt und nicht die ganze Raffinesse der entsprechenden Physik zum Ausdruck bringt. Wie tiefgründig das Konzept in Wahrheit ist, wird daraus ersichtlich, daß die besten Köpfe der Teilchenphysik erst Anfang der 60er Jahre auf den Begriff der spontanen Symmetriebrechung kamen. Stießen die Physiker früher auf eine gebrochene Symmetrie, so nahmen sie einfach an, daß die Wirkung nicht symmetrisch sei.

Die Verwendung der spontanen Symmetriebrechung erlaubt dem Höchsten Designer die Lösung Seines Problems: Er kann nun einen Entwurf machen, der gleichzeitig Symmetrie als auch Mangel an Symmetrie aufweist! Er kann eine vollkommen symmetrische Wirkung vorgeben, und doch kann die tatsächliche Wirkung nichtsymmetrisch sein.

Spontaneität kann nicht befohlen werden

Die Physik ist voller Beispiele für spontane Symmetriebrechungen. Betrachten wir ein ziemlich bekanntes Beispiel, das insbesondere Heisenberg untersucht hat. In einem Stück Magneteisenerz sind die Atome in unaufhörlicher

Rotation begriffen. Wie in Kapitel 3 erläutert, läßt sich die Spinrichtung jedes Atoms durch einen "Pfeil" festlegen. Man kann sich also vorstellen, daß jedes Atom einen solchen Pfeil mit sich herumträgt. In einem Stück aus magnetischem Material gibt es eine Kraft, die aus der Summe aller elektromagnetischen Wechselwirkungen zwischen den Atomen resultiert und die versucht, die Pfeile zweier benachbarter Atome in die gleiche Richtung zu drehen – so wie zwei eng benachbarte Stabmagnete versuchen, sich in die gleiche Richtung auszurichten. Tatsächlich ist ein Magnet nichts anderes als ein Stück Eisenerz, in dessen Innern Zillionen von Pfeilen alle in die gleiche Richtung weisen.

Wie wir wissen, ist die elektromagnetische Wechselwirkung rotationsinvariant und zeigt keine Vorliebe für irgendeine besondere Richtung. Wie kommt es dann, daß in einer magnetischen Substanz eine bestimmte Richtung ausgewählt wird? Die Antwort liegt auf der Hand. Nehmen wir an, wir könnten erreichen, daß die Zillionen Pfeile in alle beliebigen Richtungen weisen. Trotzdem würde auch aus diesem Chaos sehr schnell Ordnung entstehen. Irgendwo würde es einen Haufen von Pfeilen geben, die alle mehr oder weniger in die gleiche Richtung weisen würden. Diese Gruppe würde auch die benachbarten Pfeile dazu überreden, sich in die gleiche Richtung zu drehen, und sehr bald würden alle Zillionen Pfeile in ein und dieselbe Richtung weisen: Die der zugrundeliegenden Physik innewohnende Rotationssymmetrie ist spontan gebrochen.

Eine Art spontaner Symmetriebrechung scheint auch bei bestimmten soziologischen Phänomenen eine Rolle zu spielen. Nehmen wir zum Beispiel an, daß eine Gruppe von Leuten hinsichtlich ihrer Trinkgewohnheiten zunächst relativ indifferent sei, daß dann jedoch zwei Personen, die sozialen Kontakt miteinander pflegen, aufgrund des "Gruppenzwanges" das gleiche Getränk bevorzugen. Die Vorliebe einer Person für ein bestimmtes Getränk läßt sich durch einen Pfeil veranschaulichen, der auf dieses Getränk weist. Ein Gruppenzwang kann nun als eine Wechselwirkung gedacht werden, die auf die Ausrichtung der Pfeile zweier Personen in die gleiche Richtung zielt. Die einfachste Hypothese würde davon ausgehen, daß diese Wechselwirkung rotationssymmetrisch ist, was bedeuten würde, daß die Leute selbst überhaupt keine eigenen Vorlieben haben, sondern das trinken, was ihre Freunde trinken. Es sei dem Leser überlassen, sich die Geschichte weiter auszumalen.

Muße und Anregung

Alle diese Beispiele mögen recht anregend sein. Die Grundlagenphysiker sind jedoch nicht an realen Objekten wie Kugeln in einer Weinflasche oder rotierenden Atomen in Magneten interessiert. Sie interessieren sich für die fundamentale Wirkung und die “Konfiguration” der Welt.

Was im Himmel meinen die Physiker nun wieder mit dem Wort “Konfiguration”? Nicht etwa die reale “Ausstattung” der Welt wie die Verteilung und Bewegung von Galaxien oder andere Dinge, die man direkt beobachten kann. Um das hinter diesem Begriff stehende Konzept zu verstehen, müssen wir zuerst etwas mehr über Feldtheorien erfahren.

Wie schon im vorangegangenen Kapitel erwähnt, beschreibt die moderne Physik die Welt unter Verwendung des Feldbegriffs. Dank ungezählter Science-Fiction-Geschichten ist der Begriff des Feldes heute von einer geheimnisvollen Aura umgeben; das grundlegende Konzept des Feldes jedoch – eingeführt von einem Buchbinderlehrling ohne mathematische Ausbildung – ist ganz einfach. Erinnern wir uns daran, daß das elektromagnetische Feld durch die Stärke der elektrischen und magnetischen Kräfte charakterisiert wird, die ein geladenes Teilchen in einem bestimmten Punkt der Raumzeit erfährt. Mit anderen Worten: Ein Feld läßt sich zu einem bestimmten Zeitpunkt durch ein Bündel von Zahlen kennzeichnen.

Beim Studium von Feldern verfolgen die Physiker eine bestimmte Strategie, indem sie zuerst das jeweilige System im Ruhezustand beschreiben. So ist das elektromagnetische Feld im Ruhezustand überall Null, das heißt es gibt überhaupt keine elektrischen oder magnetischen Kräfte. In unserem Beispiel von der Kugel in der Flasche ermitteln wir zuerst, wo die Kugel zur Ruhe kommt. Danach können wir uns die Frage stellen, was passiert, wenn wir der Kugel einen kleinen Stoß versetzen. Durch die Untersuchung des Weges, auf dem die Kugel herumläuft, erfahren wir etwas über den Boden der Flasche. Ganz ähnlich fragen auch die Physiker danach, was passiert, wenn sie dem elektromagnetischen Feld einen “Stoß” erteilen: Auch das elektromagnetische Feld gerät in Bewegung. Konzentriert sich die damit verbundene Energie in kleinen Bereichen, so nennen wir diese Energiepakete “Photonen”. Die Physiker sprechen davon, daß das elektromagnetische Feld aus dem Ruhezustand heraus “angeregt” worden ist und bezeichnen die Photonen als “Anregungen” dieses Feldes.

Indem sie die Art der Anregungen untersuchen, können die Physiker etwas über die Wirkung lernen, die eine bestimmte Feldtheorie bestimmt. Während es einen beträchtlichen Aufwand erfordert, sich die ganzen Feinheiten der modernen Feldtheorie anzueignen, ergibt sich die grundlegende Strategie fast von selbst und ist ganz einfach zu verstehen. Es handelt sich um die gleiche Methode, die von einem Kind angewandt wird, das versucht, etwas über ein unbekanntes Objekt herauszufinden: Es rüttelt und schüttelt das Objekt und untersucht die Art der "Anregungen".

Nun können wir auch verstehen, was die Physiker mit der "Konfiguration" der Welt meinen: Es handelt sich um die Beschreibung der Welt im Ruhezustand beziehungsweise im "Grundzustand" – um den physikalischen Fachausdruck zu gebrauchen.

In allen vor 1960 untersuchten Feldtheorien waren die Felder im Grundzustand Null; das entspricht der Kugel in der normalen, "höckerlosen" Flasche. Im Grundzustand ist der Abstand der Kugel vom Zentrum gleich null. Die Größe des Feldes entspricht der Lage der Kugel, in diesem Fall dem Abstand der Kugel von der Flaschenmitte. Betrachten wir die Symmetrietransformationen, die die Wirkung invariant lassen. Ein Feld der Größe null bleibt auch solchen Transformationen gegenüber null. In unserem Beispiel bleibt die Flasche invariant gegenüber Drehungen um ihre Achse. Liegt die Kugel bei null, das heißt in der Mitte, so bleibt sie auch bei solchen Drehungen bei null liegen.

Was aber, wenn eines der Felder im Grundzustand nicht gleich null ist? Dann hätten wir eine Situation, die der Kugel in der Hohlbodenflasche entspricht. Befindet sich die Kugel in Ruhe, so liegt sie in einem bestimmten Abstand von der Mitte und legt damit eine bevorzugte Richtung fest.

Der Kürze wegen wollen wir ein Feld, das im Grundzustand nicht gleich Null ist, als ein "Higgs-Feld" bezeichnen. (Peter Higgs war einer der Physiker, die die spontane Symmetriebrechung untersuchten.) Da es nicht gleich null ist, legt das Higgs-Feld genau wie die Kugel eine bestimmte Richtung fest.

Betrachten wir die Symmetrietransformationen, welche die Wirkung invariant lassen. Solche Transformationen werden im allgemeinen zu einer Veränderung des Higgs-Feldes führen. Bei der Rotation einer Hohlbodenflasche um ihre Achse bleibt die Flasche selbst unverändert, aber die Position der Kugel hat sich verändert. Wie vorhin erläutert, ist zwar die Wechselwirkung zwischen der Kugel und der Hohlbodenflasche rotationsinvariant, die Konfiguration der Kugel im Grundzustand aber nicht. Analog dazu sind auch die Symmetrietransformationen, die das Higgs-Feld verändern, spontan gebrochen.

Es dürfte nun klar sein, nach welcher Strategie man bei dem Versuch einer Beschreibung der Welt vorzugehen hat: Man kann von einer symmetrischen Wirkung der Welt ausgehen, aber von einer solchen, die eher der Hohlbodenflasche als der normalen Flasche entspricht. Nach der spontanen Symmetriebrechung sind die aus der Wirkung abgeleiteten physikalischen Gesetze nicht länger symmetrisch. Natürlich muß die Weltwirkung so beschaffen sein, daß bestimmte geheiligte Symmetrien wie die Lorentz-Invarianz nicht gebrochen werden. Wie bereits erwähnt, besteht einer der Vorteile der spontanen gegenüber der expliziten Brechung darin, daß die Details der Symmetriebrechung allein von der Wirkung und nicht von den Physikern abhängig sind.

Das Studium des Nichts

Die Welt in ihrem Grundzustand ist der ruhigste Ort, den man sich vorstellen kann. Er ist von allen Teilchen entleert und wird von den Physikern daher auch als “das Vakuum” bezeichnet. Die Teilchen, aus denen die Sterne und Sie und ich bestehen, stellen Anregungen dieses Zustandes dar. Das Vakuum dagegen ist eine Welt, aus der alle Anregungen entfernt worden sind.

Um das Muster der spontanen Symmetriebrechung zu bestimmen, haben die Physiker beträchtliche Energie in das Studium des Vakuums investiert und sich auf diese Weise die spöttische Bemerkung eingehandelt, daß sich die heutige Grundlagenphysik offenbar auf das Studium des Nichts beschränkt.

Nachdem wir gelernt haben, daß es möglich ist, daß eine Wirkung eine vollkommen symmetrische Form besitzt, während ihre Manifestationen vollkommen unsymmetrisch sind, können wir mit der Schilderung der Entwicklung fortfahren, die durch das Verständnis der spontanen Symmetriebrechung möglich wurde. Es geht um die epochemachende Entdeckung, daß die schwache und die elektromagnetische Wechselwirkung tatsächlich miteinander verwandt sind. Bevor wir jedoch zu dieser Geschichte kommen, müssen wir noch etwas mehr über die schwache Wechselwirkung erfahren.

Ein korpulenter Heiratsvermittler

Auf den ersten Blick mag es so erscheinen, als ob die schwache Wechselwirkung nicht mit der elektromagnetischen verwandt sein kann, da sie so viel schwächer als diese ist. Erinnern wir uns an die geisterhafte Indifferenz des Neutrinos im Gegensatz zum Herdenleben der Photonen, die sich mit allem einlassen, was geladen ist. Die elektromagnetische Wechselwirkung besitzt eine lange Reichweite, während die schwache Wechselwirkung von so extrem kurzer Reichweite ist, daß sie praktisch nur dann wirksam werden kann, wenn zwei Teilchen direkt aneinander kleben. Die Reichweite der schwachen Wechselwirkung ist sogar dann noch äußerst gering, wenn man den nuklearen Maßstab zugrunde legt, der im wesentlichen von der Reichweite der starken Wechselwirkung bestimmt wird.

Aus Kapitel 11 wissen wir, daß die Wechselwirkung zwischen zwei Teilchen als das Ergebnis des Austausches eines "Vermittlers" betrachtet werden kann, das ständig zwischen den beiden Teilchen hin und her fliegt, so wie ein Heiratsvermittler versucht, zwei interessierte Parteien zusammenzuführen. Die Reichweite der Wechselwirkung wird durch die Masse des vermittelnden Teilchens bestimmt. Die Kern-Wechselwirkung hat deswegen eine so geringe Reichweite, weil das Pion eine relativ große Masse besitzt. Die extrem kurze Reichweite der schwachen Wechselwirkung wäre dadurch zu erklären, daß der Vermittler noch viel massereicher als das Pion ist. Dieser Vermittler der schwachen Wechselwirkung wird als "intermediäres Vektorboson" bezeichnet und durch den Buchstaben W charakterisiert. Während bereits Yukawa in seiner klassischen Arbeit über einen Vermittler für die schwache Wechselwirkung spekulierte, wurde das W-Boson erst vor einigen Jahren entdeckt. Die Leiter des dafür verantwortlichen Experimentatorenteams, Carlo Rubbia und Simon van der Meer, erhielten dafür im Jahre 1984 den Nobelpreis. Die Masse von W ist mehrere hundertmal so groß wie die des Pions; wie ein beleibter Heiratsvermittler ist auch das W-Teilchen zu korpulent, um weit reisen zu können!

Obgleich W erst kürzlich entdeckt wurde, konnten die Physiker bereits viele seiner Eigenschaften voraussagen, nachdem die Struktur der schwachen Wechselwirkung aufgeklärt worden war. Damit die schwache Wechselwirkung die beobachteten Eigenschaften besitzt, muß sich der "Heiratsvermittler" auf eine bestimmte vorgeschriebene Weise verhalten. In mancher Hinsicht ähnelt das W-Teilchen dem Photon, dem Vermittler der elektromagnetischen Wechselwirkung. So haben das W und das Photon zum Beispiel die gleiche Spinrate. In anderer Hinsicht jedoch sind W und Photon vollständig voneinander verschieden. Das Photon ist masselos, während W eines der massereichsten aller experimentell beobachteten Teilchen ist. Wenn ein Teilchen ein Photon emittiert, bleibt die Parität erhalten, da die schwache Wechselwirkung jedoch die Parität nicht respektiert, ist die Parität bei der Aussendung eines W durch ein anderes Teilchen nicht gewahrt. Die Situation ist sogar noch rätselhafter als die bei Chadwicks Begegnung mit Zwiddeldum und Zwiddeldei. Stellen Sie sich vor, Sie würden auf einer Party zwei Menschen mit identischen Gesichtszügen begegnen, von denen der eine so gut wie gar nichts wiegt, während es sich bei dem anderen um den dicksten Menschen handelt, den Sie je gesehen haben. Sind die beiden verwandt oder nicht?

Von gleicher Stärke

Schon Ende der 50er Jahre vertraten einige Physiker die Ansicht, die Ähnlichkeit zwischen W und dem Photon könnte bedeuten, daß schwache und elektromagnetische Wechselwirkung irgendwie miteinander verwandt sind. Das größte Hindernis für eine solche Interpretation stellte der enorme Unterschied in den Stärken der beiden Kräfte dar. Wie wir in Kapitel 11 gesehen haben, wird die Stärke der Wechselwirkung in der Quantenphysik durch die Amplitude der Wahrscheinlichkeit dafür gemessen, daß zwei Teilchen in einer bestimmten gegenseitigen Entfernung miteinander wechselwirken. Da sich – wie wir inzwischen gelernt haben – die Wechselwirkung als Ergebnis der Tätigkeit eines "Vermittlers" verstehen läßt, der sich zwischen den beiden Teilchen hin und her bewegt, ist diese Wahrscheinlichkeitsamplitude gleich dem Produkt dreier Wahrscheinlichkeitsamplituden: der Amplitude für die Aussendung des Vermittlers durch eines der beiden Teilchen, der Amplitude für den Übergang des Vermittlers zu dem anderen Teilchen und der Amplitude für die Absorption des Vermittlers durch dieses Teilchen. (In der Quantenphysik ist die Wahrscheinlichkeit für das Auftreten einer Kette von Ereignissen genau wie im täglichen Leben gleich dem Produkt der Wahrscheinlichkeiten für jedes Einzelereignis.) Dieser Umstand legt eine Möglichkeit nahe, wie man das Hindernis der unterschiedlichen Stärken der beiden Wechselwirkungen umgehen könnte. Vielleicht ist die Amplitude für die Emission eines W durch ein Teilchen nicht kleiner als diejenige für die Emission eines Photons, aber W ist so massereich, daß die Amplitude für seinen Übergang von einem Teilchen zum anderen sehr klein ist – es wird bei dieser Anstrengung so müde, daß es dazu neigt, sofort wieder umzukehren. Das würde erklären, warum die schwache Wechselwirkung um so vieles schwächer als die elektromagnetische ist.

Sollte diese Argumentation zutreffen, so können wir die Masse des W abschätzen. Nehmen wir an, die Amplituden für die Emission eines Photons und eines W durch ein bestimmtes Teilchen wären gleich groß. Dann wäre das Verhältnis der Stärken der schwachen und der elektromagnetischen Wechselwirkung allein durch die Masse des W bestimmt. Auf diese Weise können wir sehr einfach ermitteln, welche Masse das W haben muß, um das beobachtete Verhältnis der Stärken zu liefern.

Eine Sippschaft von Eichbosonen

Einige Physiker – vor allem Julian Schwinger, Sidney Bludman und Shelley Glashow – gingen einen Schritt weiter: Sie vermuteten, daß sowohl Photonen als auch W-Bosonen Eichbosonen der Yang-Mills-Theorie sind. Um die Kühnheit ihres Vorschlages würdigen zu können, muß man sich vor Augen halten, daß die Bedeutung der Yang-Mills-Theorie Ende der 50er Jahre noch vollständig unklar war.

Wir erinnern uns, daß nach der Yang-Mills-Theorie ein Teilchen durch Emission oder Absorption eines Eichbosons in ein anderes transformiert wird –

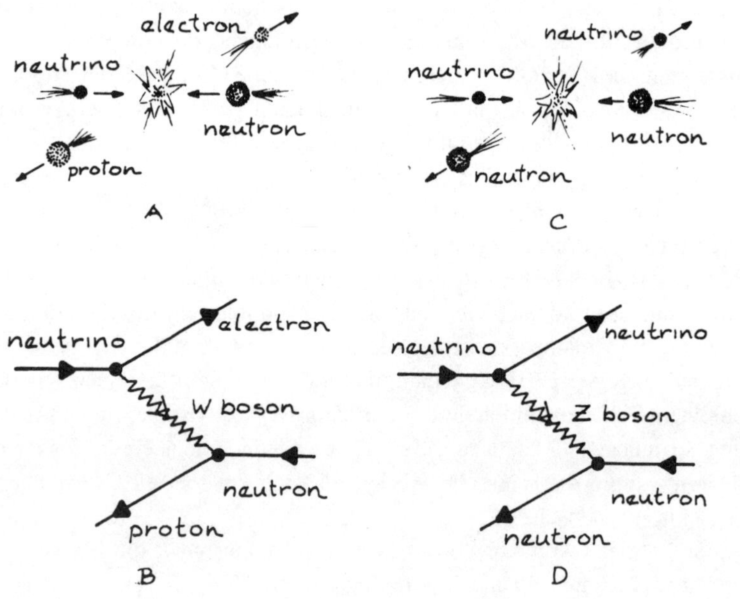

Abb. 47
Anschauliche Darstellung der Kollision zwischen einem Neutrino und einem Neutron. Zwei Reaktionen sind möglich: (A) Ein Ladungsstrom-Prozeß, bei dem ein Elektron und ein Proton herausfliegen, und (C) ein Neutralstromprozeß, bei dem ein Neutrino und ein Neutron herauskommen. Der Ladungsstromprozeß wurde 1961–62 beobachtet, der Neutralstromprozeß 1973. Anstatt Bilder wie A und C zu entwerfen, zeichnen Physiker sogenannte "Feynman-Diagramme" wie B und C, mit denen man einen Prozeß detaillierter darstellen kann. Im Ladungsstromprozeß (B) sendet das Neutrino ein W-Boson aus und verwandelt sich selbst in ein Elektron. Danach wandelt das W das Neutron in ein Proton um. Bei dem Neutralstromprozeß (D) emittiert das Neutrino ein Z-Boson, bleibt jedoch ein Neutrino. Danach wird das Z von dem Neutron absorbiert.

eine Beschreibung, die sehr gut auf die schwache Wechselwirkung paßt. Bei dem "archetypischen" schwachen Prozeß des radioaktiven Zerfalls beobachtet man die Umwandlung eines Neutrons in ein Proton, ein Elektron und ein Neutrino. Die Theoretiker interpretieren die Umwandlung des Neutrons in das Proton als Folge der Aussendung eines W-Teilchens durch das Neutron (oder – bei Betrachtung auf einer fundamentaleren Ebene – durch die Aussendung eines W durch ein im Neutron sitzendes down-Quark, das dabei in ein up-Quark umgewandelt wird.) Betrachten wir einen anderen typischen schwachen Wechselwirkungsprozeß: Ein Neutrino und ein Neutron stoßen zusammen und wandeln sich dabei in ein Elektron und ein Proton um (Abb. 47). Auch hierbei stellen wir uns vor, daß das Neutrino ein W aussendet und sich selbst in ein Elektron transformiert, während sich das Neutron, welches das emittierte W aufnimmt, dabei in ein Proton umwandelt. Damit reduziert sich die Untersuchung der schwachen Wechselwirkung auf die Frage, wann ein Teilchen ein W aussendet oder aufnimmt.

An dieser Stelle müssen wir eine Entscheidung darüber treffen, welche Gruppe wir für die Yang-Mills-Theorie benutzen wollen. Die Wahl dieser Gruppe legt die Anzahl der Eichbosonen und ihre Eigenschaften fest. Bludman probierte es mit der einfachsten Gruppe, unserer alten Bekannten SU(2); die Ergebnisse der daraus resultierenden Theorie stimmten jedoch nicht mit dem beobachteten Teilchenspektrum überein. Nun setzte Glashow nach und untersuchte die Gruppe $SU(2) \times U(1)$. Diese Gruppe entspricht in ihren Grundzügen SU(2), besitzt jedoch einige zusätzliche Transformationseigenschaften.

Ein langgesuchter Bruder

Glashow war in der Lage, die beobachteten Muster der elektromagnetischen und schwachen Wechselwirkung zutreffend zu beschreiben; aber auch er erhielt mehr als das, womit er gerechnet hatte: Die $SU(2) \times U(1)$ fordert ein extra Eichboson, das heute als Z-Boson bezeichnet wird.

Wenn ein Neutrino ein Z-Boson emittiert oder absorbiert, so bleibt es der Theorie zufolge ein Neutrino. (So bleibt auch ein Elektron, ein Neutron oder jedes andere Teilchen bei der Emission eines Z unverändert.) In dieser Hinsicht ähnelt das Z-Boson dem Photon: Auch wenn ein Teilchen ein Photon aussendet oder aufnimmt, bleibt es unverändert. Im Gegensatz zur Emission oder Absorption eines Photons verletzt die Emission oder Absorption eines Z jedoch die Parität.

Die Vermittlung eines Z-Teilchens stellt eine bis dahin unbekannte Wechselwirkung dar. So würde die Kollision eines Neutrinos mit einem Neutron lediglich dazu führen, daß beide Teilchen aneinander gestreut werden, da der wechselseitige Austausch von Z keine Umwandlung zur Folge hat. Dieser sogenannte "Neutralstromprozeß" unterscheidet sich daher von dem Standardprozeß der schwachen Wechselwirkung, bei dem sich Neutrino und Neutron bei ihrem Zusammenstoß in ein Elektron und ein Proton umwandeln (Abb. 47). Es dürfte klar sein, daß der Neutralstromprozeß noch schwieriger nachzuweisen ist als der Standardprozeß der schwachen Wechselwirkung, da statt eines leicht zu entdeckenden Elektrons nur ein geisterhaftes Neutrino ausgesandt wird. Wegen der Schwierigkeit seines Nachweises und einer in der Gemeinde der Physiker weitverbreiteten Skepsis bezüglich seiner Existenz wurde der Neutralstromprozeß erst 1973 entdeckt.

An diesem Beispiel wird erneut deutlich, daß Einsteins These, nach der die Symmetrie den Bauplan bestimmt, in vollem Umfang wirksam ist. Die Symmetrie zwang Glashow zu der Voraussage eines zusätzlichen Eichbosons, das für eine bis dahin unbekannte Art von Prozessen verantwortlich ist. Nachdem er sich für eine Symmetrie entschieden hatte, waren ihm alle weiteren Entscheidungen abgenommen.

Eine vergessene Schönheit

Der Nachweis des Neutralstromprozesses bestätigte 1973 auf dramatische Weise die Voraussage, daß eine Yang-Mills-Theorie sowohl elektromagnetische als auch schwache Wechselwirkungen beschreiben kann. Im Jahre 1961 dagegen dürfte die Lage ziemlich entmutigend erschienen sein. Die Experimentatoren hatten noch niemals einen Neutralstromprozeß beobachtet. Darüber hinaus sah sich Glashow mit der scheinbar unüberwindlichen Schwierigkeit konfrontiert, daß die Anwendung der Eichsymmetrie auf eine Yang-Mills-Theorie die Masselosigkeit aller Eichbosonen fordert.

Da er keine Möglichkeit sah, weiter voranzukommen, brach Glashow die Eichsymmetrie explizit und setzte die Massen für W und Z "von Hand" in die Wirkung ein. Da er die Massen dabei jedoch prinzipiell völlig frei wählen konnte, büßte seine Theorie auf diese Weise erheblich an Vorhersagekraft ein. Da W und Z alles andere als masselos sind, war er außerdem gezwungen, der Symmetriebrechung einen enormen Betrag zuzuschreiben. Die resultierende Wirkung ist denn auch weit davon entfernt, symmetrisch zu sein. Erinnern wir uns an den Versuch des Architekten, ein sechseckiges Bauwerk für ein rundes auszugeben!

Noch schlimmer ist es jedoch, daß eine Symmetriebrechung von Hand eine äußerst brutale Methode darstellt, welche die feine Abstimmung zerstört, die eine Theorie renomierbar macht. Wir erinnern uns an die Diskussion der Renormierbarkeit aus dem vorigen Kapitel, bei der wir die Möglichkeit der Addition einer unendlichen Zahlenreihe untersuchten. Wir wissen beispielweise, daß der Ausdruck $1 - 1/2 + 1/3 - 1/4 + 1/5 - \ldots$ einen bestimmten, endlichen Wert besitzt. Das Brechen einer Symmetrie von Hand hat nun ähnliche Konsequenzen, als würden wir in diesem Ausdruck alle Minuszeichen durch Pluszeichen ersetzen, eine Änderung, die – wie wir wissen – die Gesamtsumme bedeutungslos werden läßt. In Glashows Arbeit gab es daher keine Möglichkeit, über die unendliche Zahl möglicher Verläufe zu summieren, so daß die Theorie ohne Sinn blieb.

Wegen dieser Schwierigkeiten wurde die Glashowsche Arbeit allgemein gemieden, und bald war sie von allen vergessen – bis auf wenige unentwegte Anhänger, die versuchten, den Glauben an sie am Leben zu erhalten. Im Jahre 1964 versuchten John Ward und Abdus Salam, dem wir bereits in Kapitel 11 begegnet sind, die Theorie wiederzubeleben, aber ohne Erfolg.

Zugegeben – die Yang-Mills-Theorie ist sehr schön, aber was schert sich die Natur um Schönheit? Es schien so, als würden die Philister für alle Zeiten an der Macht bleiben.

Die spontane Symmetriebrechung eilt zur Rettung herbei

In der Zwischenzeit hatte der bedeutende japanisch-amerikanische Physiker Yoichiro Nambu die spontane Symmetriebrechung in die Physik eingeführt. Wie früher erwähnt, hatte Gell-Mann mit Hilfe der Methode des "Fasanenfleisches zwischen zwei Kalbfleischstücken" einige Symmetrien der starken Wechselwirkung entdeckt. Gell-Manns Versuch erschien den meisten Physikern jedoch derart absurd, daß sie nicht damit rechneten, die von ihm gefundenen Symmetrien könnten sich als wichtig erweisen, und in der Tat schienen die Prozesse der starken Wechselwirkung unter Annahme dieser Symmetrien nicht invariant zu sein. Erst später sollte sich herausstellen, daß diese Symmetrien tatsächlich in der Wirkung der Welt in Erscheinung treten, jedoch spontan gebrochen sind.

Nachdem um 1964 die spontane Symmetriebrechung erfolgreich auf die starke Wechselwirkung angewandt worden war, beschlossen mehrere Physiker, die in verschiedenen voneinander unabhängigen Gruppen arbeiteten – darunter Philip Anderson, Gerald Geralnik, Carl Hagen, Tom Kibble, Francois Englert und Peter Higgs – nachzusehen, was passiert, wenn eine Eichsymmetrie spontan gebrochen wird.

Wir erinnern uns daran, daß die in einer Eichtheorie auftretenden Eichsymmetrien verlangen, daß die zugehörigen Eichbosonen masselos sind. Es ist daher nicht überraschend, daß bei der spontanen Brechung einer Eichsymmetrie das zugehörige Eichboson eine Masse erhält – ein Vorgang, der heute als "Higgs-Phänomen" bezeichnet wird.

Das Ergebnis der spontanen Brechung einer Eichtheorie besteht also darin, daß einige Eichbosonen eine Masse erhalten, während andere masselos bleiben. Die spontane Symmetriebrechung ist daher genau die richtige Kur, um dem dahinschwindenden Glashowschen Konzept wieder auf die Beine zu helfen: W- und Z-Bosonen könnten eine Masse besitzen, während das Photon masselos bleiben würde. Die Sache könnte tatsächlich funktionieren!

Im nachhinein erscheint es überraschend, daß Higgs und Company ihre Betrachtungen nicht auf die schwache und elektromagnetische Wechselwirkung anwandten. Sie sahen in ihren Untersuchungen jedoch nicht mehr als eine amüsante Übung in spontaner Symmetriebrechung. Glashows Konzept lag nicht nur im Sterben – man hatte es völlig vergessen. Die Ärzte, welche die richtige Medizin besaßen, hielten sich nicht in der Nähe des Patienten auf. Die psychologischen Gründe für diese merkwürdige Wendung der Ereignisse sind leicht zu verstehen, wenn man sich in die damalige historische Situation zurückversetzt. In der Mitte der 60er Jahre war die "Rache der Kunst" für die Jünger Einsteins noch ein Traum. Die Theorie wurde von phänomenologischen Näherungen beherrscht, und Eichsymmetrien waren ein Thema, das weit von den zentralen Anliegen entfernt lag, welche die Gemeinde der Teilchenphysiker damals interessierten.

Schließlich kamen Abdus Salam und Steve Weinberg 1967 unabhängig voneinander auf die brillante Idee, das Higgs-Phänomen zur Erklärung der Unterschiede zwischen der schwachen und der elektromagnetischen Wechselwirkung zu verwenden.

Weinberg benutzte zu dieser Zeit das Konzept der spontanen Symmetriebrechung zum Studium der "kalbfleisch-aromatisierten Fasanenfleisch-Symmetrien" Gell-Manns und kämpfte lange Zeit um eine Anwendung des Higgs-Phänomens auf diese näherungsweisen Symmetrien der starken Wechselwirkung. Wie er sich in seinem Vortrag anläßlich der Nobelpreis-Verleihung erinnerte, erkannte er eines Tages während einer Fahrt zu seinem Büro, daß er die richtigen Ideen auf das falsche Problem anwandte. (Wenn es sich irgendwie vermeiden läßt, fahre ich übrigens nie mit theoretischen Physikern zusammen in einem Auto, und wenn ich mit meiner Frau einen Ausflug mache, so besteht sie darauf, zu fahren. Beim Nachsinnen über ein Problem fuhr ich auf der Straße zum Institut in Princeton einmal meinen Wagen zu Bruch.) Nachdem Weinberg die Bedeutung des Higgs-Phänomens erkannt hatte, war er sehr rasch in der Lage, die Vereinheitlichung der elektromagnetischen und der schwachen Wechselwirkung auszuarbeiten.

Inzwischen hatte Salam jahrelang über die Symmetrieeigenschaften der schwachen Wechselwirkung nachgedacht. Wie bereits erwähnt, hatten er und John Ward sich 1964 mit der Symmetriegruppe $SU(2) \times U(1)$ abgemüht. Salam hatte bei diesem Kampf offensichtlich derartige Blessuren davongetragen, daß er sich danach lieber wieder anderen Problemen zuwandte. In dieser Zeit war Tom Kibble, einer der Entdecker des Higgs-Phänomens, einer der Kollegen Salams am Imperial College. Wie Salam sich bei seiner Nobelpreis-Vorlesung erinnerte, hatte Kibble ihm von dem Higgs-Phänomen erzählt. In einem jener unergründlichen Ausbrüche von Kreativität gelang Salam im Jahre 1967 schließlich die Verschmelzung dieser beiden ungleichen Elemente zu einer Theorie.

In dieser Theorie erwies sich die spontane Symmetriebrechung als der entscheidende Punkt. Während Glashow die Massen der W- und Z-Bosonen von Hand einfügen mußte – so ähnlich wie ein Glasbläser eine Vertiefung im Boden einer Weinflasche anbringt – werden die Massen dieser Teilchen bei Verwendung der spontanen Symmetriebrechung direkt von der Theorie geliefert.

Interessanterweise waren sowohl Salam als auch Weinberg mit der spontanen Symmetriebrechung bereits gut vertraut. Weinberg war in den Jahren 1961-62 Salams Gast am Imperial College gewesen, wo beide zusammen mit dem englischen Physiker Jeffrey Goldstone an der Aufklärung der spontanen Symmetriebrechung gearbeitet hatten. Es mutet daher recht merkwürdig an, daß Jahre vergingen, bevor Salam und Weinberg klar wurde, welche Bedeutung die spontane Symmetriebrechung für die Vereinigung unterschiedlicher Wechselwirkungen besaß. Es gibt dafür jedoch einen sehr einfachen Grund: Wie Weinberg hatten sich auch viele andere Physiker bei der Verfolgung der Idee Nambus auf den Bruch der näherungsweisen Symmetrien der starken Wechselwirkung konzentriert.

Die Arbeiten von Salam und Weinberg erregten innerhalb der Gemeinde der Physiker keine sofortige Aufmerksamkeit. Ich erinnere mich daran, daß ich, als mir zu Beginn meiner Promotion Weinbergs Arbeit in die Hände fiel, von meinem Professor entmutigt wurde, sie zu lesen. Wie bereits mehrfach bemerkt, wurde die Grundlagenphysik damals von den phänomenologischen Näherungen beherrscht. Es gab jedoch noch einen anderen Grund für das mangelnde Interesse an der Theorie: Niemand wußte, wie man die unendliche Summe der Verläufe in der Yang-Mills-Theorie berechnen sollte.

Wie schon im vorigen Kapitel erwähnt, zeigte 1971 schließlich der holländische Physiker t'Hooft, wie diese Summe berechnet werden konnte. Dabei erwies sich die spontane Symmetriebrechung erneut als von entscheidender Bedeutung. Das empfindliche Gleichgewicht, das für die teilweise gegenseitige Aufhebung der Zahlen und damit für die Berechnung der Summe erforderlich ist, würde zerstört werden, wenn man die Symmetrie brutal von Hand bricht. Ich erinnere mich noch gut an die Aufregung, in die ich und meine Kollegen versetzt wurden, als uns die Nachricht von t'Hoofts Arbeit aus Europa erreichte. Sidney Coleman rief aus: "Die Arbeit von t'Hooft hat den Weinberg-Salam-Frosch in einen verzauberten Prinzen verwandelt!" Endlich war eine Theorie der elektromagnetischen und schwachen Wechselwirkung verfügbar. Sie ist heute einfach als "Standardtheorie" bekannt.

Ein neues Zeitalter

Die Standardtheorie stellt einen Wendepunkt in der Geschichte der Physik dar und eröffnete ein neues Zeitalter in unserem Verständnis der Natur. Die Physiker hatten alle physikalischen Phänomene auf vier fundamentale Wechselwirkungen reduziert, die auf den ersten Blick so unterschiedlich erschienen, daß man ihre Verknüpfung durch eine Symmetrie nicht für möglich hielt. Nun hatte sich herausgestellt, daß die Natur lediglich versucht hatte, uns zu täuschen, indem sie die eleganten Symmetrien der Wirkung vor uns verbarg. Tatsächlich sind das Photon, das W- und das Z-Teilchen als Eichbosonen von Yang und Mills miteinander verwandt und lassen sich als Mitglieder einer Symmetriegruppe transformieren. Wie Drillinge, die sofort nach ihrer Geburt getrennt wurden, haben sie nach der spontanen Symmetriebrechung nur noch eine schwache Erinnerung aneinander bewahrt. Man kann sich jedoch physikalische Prozesse vorstellen, die bei Energien ablaufen, die um so vieles höher als die Massen von W und Z sind, daß W und Z praktisch als masselos betrachtet werden können. Bei solchen Prozessen würden W und Z ihre Verwandtschaft mit dem Photon offenbaren. Es ist so, als ob sie sagen wollten: "Jawohl, wir sind Geschwister und koppeln genau so stark wie ihr! Es ist nur so, daß wir bei niedrigen Energien durch unsere Massen so behindert werden, daß du glaubst, wir seien schwach." Von nun an existieren die elektromagnetische und die schwache Wechselwirkung nicht länger als getrennte Kräfte: Sie sind zu einer einzigen "elektroschwachen" Kraft vereinigt.

Der Physiker, in den wir uns am Anfang dieses Kapitels versetzt haben, war also zu pessimistisch, was die Kraft der Symmetrie betrifft. Die Physik war damals durchaus nicht am Ende ihres Weges zur Symmetrie angelangt – sie stand gerade erst am Anfang.

14. Die Vereinigung der Kräfte

Die Natur denkt wie wir

Mit der Vereinigung der elektromagnetischen und der schwachen Wechselwirkung begann ein neues Zeitalter in unserem Verständnis der Natur. Dabei ist es nicht einmal entscheidend, daß wir endlich das Geheimnis der Radioaktivität oder die Possen des geisterhaften Neutrinos verstehen oder daß wir nun eine tiefere Einsicht in die Natur des Elektromagnetismus besitzen – entscheidend ist vielmehr, daß wir in unserem Glauben ermutigt worden sind, wir könnten eines Tages Seine Gedanken verstehen.

Die ganzen vierzig Jahre hindurch, in denen die Grundlagenphysik von näherungsweisen phänomenologischen Symmetrien beherrscht worden war, hatten die Anhänger von Schönheit und Perfektion ihr Comeback vorbereitet. Die theoretischen Bausteine für die elektroschwache Vereinigung waren über einen langen Zeitraum hinweg zusammengetragen worden.

Die Suche begann mit Einsteins Verehrung für die Symmetrie und seinem Beharren auf lokalen Transformationen. Dann wurde die Fackel von Weyl übernommen, der von der tiefen spirituellen Wahrheit bewegt wurde, die von Emmy Noether enthüllt worden war. Heisenberg erschloß eine neue Welt innerer Geometrien und Symmetrien. Auf dem Fundament seiner Hinterlassenschaft erbauten Yang und Mills ihre Theorie. Nachdem die spontane Symmetriebrechung verstanden worden war, wurden alle diese verschiedenen Elemente schließlich in der Standardtheorie miteinander verschmolzen. Die überzeugende experimentelle Bestätigung dieser Theorie war von enorm befreiender Wirkung: Die Natur hatte ein Zeichen gegeben, daß wir die richtige Spur verfolgen. Sie denkt offenbar über die gleichen Dinge nach, über die auch wir – unbedeutend wie wir sind – uns den Kopf zerbrechen.

Ein schicksalhaftes Wiedersehen

Nach der geglückten Vereinigung der elektromagnetischen und der schwachen zu einer einzigen elektroschwachen Wechselwirkung im Rahmen einer Yang-Mills-Theorie fragten sich die Physiker, was es mit der starken Wechselwirkung auf sich hat. In Kapitel 12 haben wir miterlebt, wie die Physiker entdeckten, daß auch die starke Wechselwirkung durch eine Yang-Mills-Theorie beschrieben wird. Was lag daher näher als die Vermutung, auch die elektroschwache und die starke Wechselwirkung würden sich zu einer einzigen Wechselwirkung vereinigen lassen?

Photon, W und Z hatten ihre tränenreiche Wiedervereinigung gefeiert und sahen nun sehnsüchtig zu den acht Gluonen hinüber. "Seid ihr unsere lange verlorenen Geschwister? Schließlich sind wir doch alle Yang-Mills-Eichbosonen!" Die Antwort aber lautete: "Nein, wir können nicht dem gleichen Schoß entstammen, denn ihr seid schwach, aber wir sind stark! Als Botschaftern der dunklen Welt im Innern der Hadronen ist uns große Macht verliehen."

Doch halt! Die asymptotische Freiheit meldet sich zu Wort. "Ja, es stimmt, ihr Gluonen seid infrarote Sklaven, gefesselt durch eure eigene Stärke, doch wenn eure Energie wächst, beginnt ihr euch nach Freiheit zu sehnen. Und wenn die Energie höher und höher steigt, werdet auch ihr Gluonen immer schwächer und schwächer."

Ja, nun paßt alles zusammen. Als in Kapitel 12 die Suche nach asymptotischer Freiheit beschrieben wurde, erfuhren wir, daß der Elektromagnetismus nicht asymptotisch frei ist, mit anderen Worten: Wenn wir die Welt bei immer höheren Energien untersuchen, wird die elektromagnetische Kraft immer stärker, während die starke Kraft immer schwächer wird. Bei einer bestimmten Energie wird die elektromagnetische Kraft also genauso groß wie die starke Kraft. Eine Vereinigung wäre möglich!

Belauschen wir noch einmal eine Unterhaltung des Photons mit den Gluonen. "Während ich, das Photon, die ewige Einsamkeit des Universums durchquerte, glaubte ich lange Zeit, ich wäre allein. Ich sah W und Z in ihrer ganzen massigen Fülle. Wie konnte ich mit ihnen verwandt sein? In Wirklichkeit aber waren die beiden nicht von Geburt an so übergewichtig – sie hatten ihre Masse nur durch die spontane Symmetriebrechung erhalten. Ist die Energie hoch genug, so sind wir alle drei masselose Bosonen. Bei noch höheren Energien werden wir noch stärker werden, während ihr Gluonen schwächer werdet. Bei einer bestimmten Energie von gewaltiger Größe wird sich schließlich herausstellen, daß wir alle Geschwister sind!"

Die Große Vereinigung

Die dramatische Vorstellung, starke, elektromagnetische und schwache Wechselwirkung würden sich in einem bestimmten Energiebereich vereinigen, wird im Unterschied zur elektroschwachen Vereinigung als "Große Vereinigung" oder "Große Vereinheitlichung" bezeichnet.

Um das Jahr 1973 herum lag die Idee in der Luft, man könnte vielleicht noch einen Schritt weiter gehen und drei der vier Wechselwirkungen vereinigen. Wie wir jedoch bereits gesehen haben, folgt die Geschichte niemals einem bestimmten Schema. Noch waren nicht alle Zweifel an der elektroschwachen Vereinigung ausgeräumt. Die Skeptiker kritisierten den gesamten theoretischen Rahmen als ein Kartenhaus, das nicht auf tatsächlichen Beobachtungen gegründet war. In der theoretischen Physik erringt jedoch derjenige den Preis, der genügend Kühnheit besitzt und beim Überqueren des Stromes nicht lange überlegt, ob der nächste Stein, auf den er springen muß, auch sicher genug ist. Und wenn auch viele dieser Mutigen ertrinken, erreicht doch einer vor allen anderen das Ufer.

Im Jahre 1973 traten Jogesh Pati und Abdus Salam mit einer Theorie der Großen Vereinigung an die Öffentlichkeit, gefolgt von Howard Georgi und Shelley Glashow, die unabhängig davon 1974 eine ähnliche Theorie mit der gleichen Zielsetzung entwarfen. Beide Theorien stimmen in ihrer allgemeinen Philosophie überein, unterscheiden sich jedoch in bestimmten Einzelheiten. Die von Georgi und Glashow vorgeschlagene Theorie ist kompakter und von größerer Vorhersagekraft. Wir wollen uns daher im folgenden auf diese Theorie konzentrieren.

Ein großer Sprung vorwärts

In einer klassischen Arbeit berechneten Howard Georgi, Helen Quinn und Steve Weinberg die Energie, bei der die schicksalhafte Vereinigung der starken mit der elektroschwachen Wechselwirkung stattfinden müßte. Da wir wissen, wie sich jede Kopplung mit der Energie verändert, ist es eine Sache der elementaren Arithmetik, die Energie zu bestimmen, bei der sie einander gleich werden. Wir erinnern uns daran, daß sich Kopplungen sehr langsam verschieben – eine große Energieänderung ist erforderlich, um eine kleine Änderung der Kopplung zu bewirken. Diese Verschiebung mit der Energie erfolgt in der Tat derart langsam, daß die beiden Kopplungen erst bei einer phantastisch hohen Energie, die dem 10^{15}-fachen der Nukleonenmasse entspricht, gleich groß werden. (Die Zahl 10^{15} schreibt sich als eine 1 mit 15 Nullen, also 1 000 000 000 000 000.)

Die Physiker pflegen jedem physikalischen Prozeß eine charakteristische Energieskala zuzuordnen, die durch die typische Energie eines an dem Prozeß beteiligten Teilchens bestimmt wird. (So kann zum Beispiel die bei dem

Zusammenprall zweier LKWs umgewandelte Gesamtenergie von furchtbarer Größe sein, während die Energie eines einzelnen Nukleons in einem der beiden Fahrzeuge für diesen Fall von absoluter Winzigkeit ist.) Die typische Energieskala der Großen Vereinigung entspricht also der 10^{15}-fachen Nukleonenmasse. Um die Größe dieser Energie zu ermessen, muß man wissen, daß die bei einer Kernreaktion freiwerdende Energie typischerweise bei nur 1/100 der Nukleonenmasse liegt. In den größten Teilchenbeschleunigern der Welt werden Teilchen auf Energien beschleunigt, die einigen hundert Nukleonenmassen entsprechen. Es handelt sich dabei um die größten Energien, die jemals von Menschen erzeugt wurden.

Einer bewährten Tradition folgend hat sich die Physik bisher stetig von einer Energieskala zur nächsten weiter entwickelt. Nun haben die theoretischen Physiker durch eine einfache Berechnung, die auf einem kleinen Stückchen Papier Platz hat, einen dramatischen Sprung in einen völlig neuen Bereich getan, in dem drei der vier fundamentalen Wechselwirkungen zu einer einzigen verschmelzen.

Die langgesuchten Geschwister

Die Idee der Großen Vereinigung besteht darin, das Photon, das W, das Z und die acht Gluonen als Eichbosonen einer einzigen Yang-Mills-Theorie zusammenzubringen. Das Photon, das W und das Z sind die Eichbosonen einer Theorie, die die Gruppe SU(2) × U(1) verwendet, während es sich bei den Gluonen um die Eichbosonen einer Theorie auf der Grundlage der Gruppe SU(3) handelt. Wir erinnern uns daran, daß SU(3) durch die Transformation dreier Objekte ineinander definiert ist, während SU(2) × U(1) oder SU(2) die Transformation von zwei Objekten beschreiben. Damit sind wir bei einer der wichtigsten Berechnungen in der Geschichte der Physik angelangt. Sie lautet: $3 + 2 = 5$. Mit anderen Worten: Wir brauchen eine Gruppe, die fünf Objekte ineinander umwandelt: Wir brauchen SU(5).

Georgi und Glashow schlugen für die Große Vereinigung also eine Yang-Mills-Theorie unter Benutzung der Symmetriegruppe SU(5) vor. Sobald man die Wahl der Gruppe getroffen hat, ist die Anzahl der Eichbosonen durch die Gruppentheorie vollständig festgelegt. Wie ein Durchzählen der Teilchen zeigt, gibt es daher zusätzlich zu dem Photon, dem W, dem Z und den acht Gluonen zwei weitere Eichbosonen, die man einfach X und Y genannt hat. Bei der rührenden Vereinigungsszene, bei der die Gluonen, das Photon, das W und das Z sich endlich als langgesuchte Geschwister in die Arme schließen, sind also noch zwei weitere Personen aufgetaucht. Wir werden später sehen, welche wichtige Rolle diese beiden Bosonen bei der Entwicklung des Universums gespielt haben. An dieser Stelle sei nur bemerkt, daß es X und Y gibt – egal ob uns das paßt oder nicht: Die Gruppentheorie verlangt ihre Existenz. Die Situation entspricht genau derjenigen, vor der Glashow stand, als er die Notwendigkeit der Existenz des Z-Bosons für die elektroschwache Vereinigung erkannte.

Es werde eine Große Vereinigung

Fassen wir zusammen: Der Höchste Designer begann offenbar mit einer Yang-Mills-Theorie auf der Grundlage von SU(5). Im Bereich der Großen Vereinigung wird die Symmetrie spontan in die Farb-SU(3)-Gruppe und die SU(2) × U(1)-Gruppe von Glashow, Salam und Weinberg gebrochen. Mit anderen Worten: Die Yang-Mills-Theorie zerbricht in zwei andere Yang-Mills-Theorien, in eine auf der Basis von SU(3) und in eine andere auf der Basis von SU(2) × U(1). Auf dieser Stufe erlangen die X- und Y-Bosonen ihre gewaltige Masse in der Größenordnung der Großen Vereinigungs-Energie, das heißt etwa das

Abb. 48
Ein Blakescher Gott bringt Licht in die Welt.

10^{15}fache der Nukleonenmasse, und nehmen Abschied von ihren Geschwistern – den Gluonen, dem W, dem Z und dem Photon, die alle masselos bleiben. Mit dem weiteren Absinken der Energie bis auf einige hundert Nukleonenmassen gelangen wir in den Bereich der elektroschwachen Energieskala. Hier erleidet die auf $SU(2) \times U(1)$ aufgebaute Yang-Mills-Theorie ihrerseits eine Symmetriebrechung, bei der W und Z ihre Massen erhalten, während das Photon masselos bleibt. Von allen Eichbosonen-Geschwistern treten nun nur noch das Photon und die acht Gluonen bei niedrigen Energien als masselose Anregungen in Erscheinung. Die Gluonen aber sind in infraroter Sklaverei gefangen. So bleibt nur noch dem Photon die Möglichkeit, frei umherzuschweifen und Licht in unsere Welt zu bringen.

Wenn es also heißt, Er habe gesprochen: "Es werde Licht!", so könnte Er in Wahrheit gesagt haben: "Es werde eine SU(5)-Yang-Mills-Theorie mit allen ihren Eichbosonen, danach möge sich eine spontane Symmetriebrechung ereignen. Dabei sollen alle übrigbleibenden masselosen Eichbosonen bis auf eines in infrarote Sklaverei geraten. Das letzte verbleibende Eichboson ist von Mir dazu auserwählt, für alle Zeiten unterwegs zu sein, um Meine Schöpfung zu beleuchten!" Vielleicht klingt das Ganze nicht besonders dramatisch, aber es könnte der Wahrheit näher kommen.

Ein fugenloses Ineinander

Was ist nun aber mit den anderen fundamentalen Teilchen im Universum, den Quarks und Leptonen? Wie passen sie in das Bild? Nach der SU(5)-Transformation sollten sich Quarks und Leptonen ineinander transformieren, oder – um es mathematischer auszudrücken: Quarks und Leptonen sollten Darstellungen von SU(5) sein.

Welche Dimensionen besitzen die Darstellungen von SU(5)? Wir erinnern uns daran, daß die Dimension einer Darstellung nichts anderes ist als die Anzahl der Elemente, die zu ihr gehören. In unserem Fall ist die definierende Darstellung natürlich fünfdimensional. In Kapitel 9 haben wir gelernt, wie man durch Verknüpfung größere Darstellungen konstruiert. Verknüpfen wir also einmal zwei definierende Darstellungen!

Dazu wollen wir das anschauliche Bild aus Kapitel 9 übernehmen und einen Kreis und ein Quadrat miteinander verknüpfen. Beide Figuren sollen jeweils mit einer von fünf möglichen Farben versehen werden. Da wir fünf Wahlmöglichkeiten für die Farbe des Kreises und fünf für die des Quadrates haben, gibt es $5 \times 5 = 25$ Kombinationen oder Elemente. Im Anhang zu Kapitel

9 wird erklärt, wie diese Elemente in sogenannte "gerade" und "ungerade" Kombinationen unterteilt werden. Betrachten wir die ungeraden Kombinationen, das heißt Kombinationen der Form (R) [G] – (G) [R] (R = Rot, G = Gelb und so weiter). Damit diese Kombinationen nicht Null werden, müssen wir für Kreis und Quadrat unterschiedliche Farben verwenden. Zählen wir also nach: Es gibt fünf Möglichkeiten der Farbwahl für den Kreis; für jeden dieser Fälle haben wir vier Möglichkeiten der Farbwahl für das Quadrat. Wir haben also offensichtlich $5 \times 4 = 20$ Kombinationen; da jedoch (R) [G] und (G) [R] gleichartige Kombinationen darstellen, müssen wir diese Zahl zur Vermeidung einer doppelten Zählung durch 2 dividieren. Genauer ausgedrückt: Wenn wir in der oben angegebenen Kombination Rot und Gelb vertauschen, so erhalten wir mit (G) [R] – (R) [G] einen Ausdruck, der keine neue Kombination darstellt, sondern bis auf das Vorzeichen dem alten Ausdruck entspricht: (G) [R] – (R) [G] = – ((R) [G] – (G) [R]). Insgesamt haben wir also $20/2 = 10$ ungerade Kombinationen, das heißt eine zehndimensionale Darstellung.

Sollte dem Leser diese Art der Zählung nicht ganz geheuer sein, so kann vielleicht das folgende Beispiel hilfreich sein: Ein Tennisteam tritt für einen Vergleichskampf mit fünf Spielern an. Wieviele verschiedene Doppel kann der Teamchef theoretisch aufstellen? Er kann Herrn Rot mit Herrn Gelb oder Herrn Rot mit Herrn Blau paaren und so weiter. Da er offensichtlich Herrn Rot nicht mit sich selbst paaren kann, könnte man glauben, es ergäben sich $5 \times 4 = 20$ Paare. Da die Paarung von Herrn Rot mit Herrn Gelb jedoch die gleiche ist wie die von Herrn Gelb mit Herrn Rot, hat der Teamchef für die Aufstellung des Doppels in Wirklichkeit nur $20/2 = 10$ verschiedene Möglichkeiten.

Genug der Mathematik – kehren wir zur Zählung der Quarks und Leptonen zurück. Aus einem bestimmten Grund, der später erklärt werden soll, wollen wir das Strange-Quark dabei auslassen. Die Gruppe der Leptonen besteht aus dem Elektron und dem Neutrino. Ferner haben wir ein Up- und ein Down-Quark, erinnern uns jedoch daran, daß jeder Quark-Flavor in drei Farben auftritt, so daß wir in Wirklichkeit $2 \times 3 = 6$ Quarks haben. Als nächstes erinnern wir uns aus Kapitel 3, daß das Neutrino als der für die Paritätsverletzung verantwortliche Missetäter immer linkshändig rotiert, wohingegen der Spin der anderen Teilchen in beide Richtungen weisen kann. In der Quantenfeldtheorie wird jeder Spinrichtung ein besonderes Feld zugeordnet. Das Elektron ist also mit zwei Feldern verknüpft, das Neutrino jedoch nur mit einem. (Da diese geheimnisvolle Verbindung zwischen Feldern und rotierenden Teilchen von Weyl entdeckt wurde, werden diese Felder manchmal als "Weyl-Felder" bezeichnet.) Nun sind wir endlich bereit, alle Felder zu zählen, die mit Quarks und Leptonen verknüpft sind. Sechs Quarks plus ein Elektron, jedes davon mit zwei Feldern, ergibt (6 + 1) × 2 = 14 Weyl-Felder. Zählen wir das Neutrino hinzu, so haben wir zusammen 14 + 1 = 15 Felder. Moment mal! Das entspricht doch der Summe 5 + 10 = 15! Quarks und Leptonen passen also genau in die fünf- und zehndimensionale Darstellung von SU(5)!

Als Grundlagenphysiker bin ich davon überzeugt, daß Er genau diese Art ebenso einfacher wie tiefgründiger Berechnungen anstellt und ganz gewiß nicht solche, die es erforderlich machen, Seite um Seite mit häßlichen Formeln zu füllen.

Daß sich Quarks und Leptonen so nahtlos in die SU(5)-Gruppe einfügen, hat außer mir viele andere Physiker davon überzeugt, daß Gott in seinem Plan tatsächlich SU(5) verwandt hat. Die SU(5)-Gruppe mag nicht das letzte Wort sein, ist aber zweifelsohne ein wesentlicher Teil der ganzen Geschichte. Die Übereinstimmung ist sogar noch perfekter, als unsere einfache Zählung vermuten läßt. Wenn man untersucht, wie sich jedes Quark oder Lepton unter dem Einfluß eines beliebigen Eichbosons der Theorie zufolge verhält, so stellt sich heraus, daß die Ergebnisse genau den Beobachtungen entsprechen. So läßt sich zum Beispiel die elektrische Ladung der Quarks und Leptonen bestimmen, indem man das Verhalten dieser Teilchen unter dem Einfluß des Photons untersucht. Dabei erweist sich, daß die Gruppentheorie von SU(5) genau die richtigen Ladungen ergibt. Das Elektron erhält also eine negative Einheitsladung, das Neutrino keine und so weiter. In einer groben Analogie können wir uns das Ganze als ein Puzzle vorstellen, bei dem die einzelnen Stücke nicht nur ineinander passen, sondern auch noch ein einwandfreies Bild ergeben.

Auf diese Weise löst die Große Vereinigung eines der tiefsten Geheimnisse der Physik: Warum trägt das Elektron eine Ladung, die bis auf das Vorzeichen genau so groß wie die Protonenladung ist? Bekanntlich ist diese Tatsache von enormer Bedeutung dafür, daß die Welt so beschaffen ist, wie wir sie beobachten: Sie stellt sicher, daß die Atome und damit auch die makroskopischen Objekte in der Regel elektrisch neutral sind. Vor der Großen Vereinigung wurde die Frage, warum Protonen und Elektronen Ladungen gleicher Größe, aber entgegengesetzten Vorzeichens tragen, als unlösbar betrachtet. Es handelte sich dabei in der Tat um eine von den Fragen, die zu stellen die große Mehrzahl der Physiker – mehr daran interessiert, wie das Elektron sich bei "diesem oder jenem Phänomen" verhält – noch nicht einmal in Erwägung gezogen hätte. (Auch die Quark-Vorstellung kann diese Frage nicht beantworten, sondern nur auf das Problem reduzieren, warum Quarkladungen mit Elektronenladungen verknüpft sind.) In der Georgi-Glashow-Theorie folgt die exakte Gleichheit der Beträge der Ladungen von Elektron und Proton zwangsläufig aus der Gruppentheorie von SU(5).

Rendezvous à trois

Viele Physiker – darunter auch ich selbst – sind gewillt, allein aus Gründen der Ästhetik an die Georgi-Glashow-Theorie zu glauben; letzten Endes muß die Physik jedoch auf empirischen Beweisen beruhen. Bemerkenswerterweise kann schon die bloße Annahme der Existenz einer Großen Vereinigung experimentell getestet werden.

Stellen wir uns einen Pfad vor, der einen Berg hinauf führt (Abb. 49). Da die Kopplungsstärke durch eine Zahl angegeben wird, die nur steigen oder fallen kann, können wir uns eine gleitende Kopplung als einen Wanderer vorstellen, der sich längs des Pfades bewegt. Die Stärke der Kopplung entspricht der Höhe,

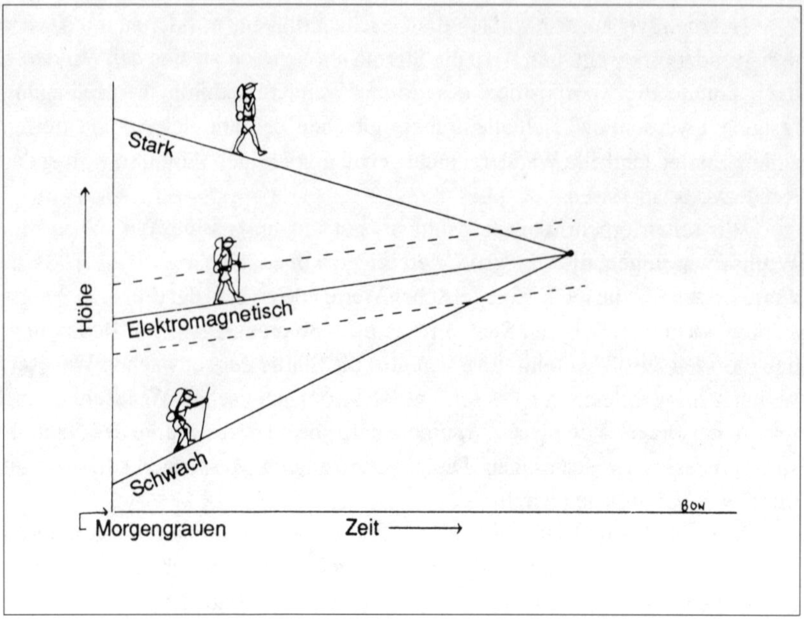

Abb. 49
Im Morgengrauen beginnt ein Wanderer mit Namen “Stark” einen Berg hinabzulaufen, während zwei andere Wanderer namens “Elektromagnetisch” und “Schwach” anfangen, auf dem gleichen Weg bergauf zu laufen. “Schwach” startet unterhalb von “Elektromagnetisch” und muß schneller steigen, um Schritt zu halten. Im Diagramm sind die Höhen der drei Wanderer in Abhängigkeit vom Verlauf der Zeit aufgetragen. Sind die Starthöhen von zweien der drei Wanderer bekannt, so wird die Starthöhe des dritten eindeutig durch die Bedingung festgelegt, daß alle drei Wanderer zur gleichen Zeit am gleichen Punkt ankommen sollen. Liegt beispielsweise der Startpunkt von “Elektromagnetisch” zu hoch (obere gestrichelte Linie), wird er auf “Stark” treffen, bevor “Schwach” herangekommen ist. Startet “Elektromagnetisch” dagegen zu tief (untere gestrichelte Linie), so wird er von “Schwach” passiert, bevor er auf “Stark” getroffen ist.

von der aus der Wanderer losgeht. Der "starke" Wanderer startet in größerer Höhe und läuft danach ständig bergab. Der "elektromagnetische" und der "schwache" Wanderer starten nahe dem Fuß des Berges und steigen beständig bergauf. In der Physik verändert sich die Kopplungsstärke mit dem Anwachsen der Energie, wogegen die Wanderer mit dem Verstreichen der Zeit vorankommen.

Soll eine Große Vereinigung erfolgen, müssen die Kopplungsstärken bei einer bestimmten Energie zusammentreffen. Wenn es zwei Wanderer gibt, von denen der eine bergauf und der andere bergab geht, werden sie sich natürlich in einem bestimmten Punkt des Pfades treffen. Sind es jedoch drei Wanderer, von denen zwei nach oben und einer nach unten laufen, so werden sie im allgemeinen nicht zur gleichen Zeit an einem Ort zusammentreffen.

Nehmen wir an, wir wüßten die Geschwindigkeit, mit der sich jeder der drei Wanderer bewegt, und dazu die Startpositionen von zweien der Wanderer, dann könnte die Startposition des dritten Wanderers durch die Bedingung festgelegt werden, daß sich alle drei zur gleichen Zeit am gleichen Ort treffen sollen. Startet der dritte Wanderer nicht genau im richtigen Punkt, so wird er das Rendezvous verpassen.

Wir sehen erneut, daß die Natur es gut mit uns meint. Wir haben drei Wechselwirkungen, die wir "groß" vereinigen wollen. Kennen wir zwei "Startwerte", das heißt die niederenergetischen Werte von zweien der drei Kopplungsstärken, so können wir den Startwert der dritten voraussagen. Die Bedingung, daß die Welt "groß" vereinigt ist, legt also die Stärke der schwachen Wechselwirkung im Vergleich zur starken und elektromagnetischen Wechselwirkung fest. In der Praxis wird dieses Argument dafür benutzt, die Stärke des Neutralstromprozesses vorauszusagen. Die experimentellen Messungen stimmen gut mit dieser Voraussage überein.

In Kapitel 2 und 10 wurde erwähnt, daß das Funktionieren des Universums von der empfindlichen Balance zwischen den unterschiedlich starken, miteinander konkurrierenden Wechselwirkungen abhängt. Lange Zeit hatten die Physiker vergebens versucht, die Hierarchie unter den Wechselwirkungen zu verstehen. Um so größer war daher ihre Begeisterung, als sie feststellten, daß die Große Vereinigung in der Lage war, die Rangordnung zwischen dreien der vier fundamentalen Wechselwirkungen auf völlig natürliche Weise zu erklären.

Das Kosmische Buch der Wandlungen

Eine endgültige Bestätigung der Großen Vereinigung würde den Nachweis des X- und Y-Bosons voraussetzen. Wenn wir bedenken, daß unsere stärksten Beschleuniger eine Energie erzeugen können, die nur einige hundertmal so groß wie die Nukleonenmasse ist, so können wir nicht hoffen, X- und Y-Bosonen zu produzieren, deren Massen etwa das 10^{15}-fache der Nukleonenmasse betragen. Wir können stattdessen nur versuchen, ihre Wirkung nachzuweisen. Was tun also diese Bosonen?

Um eine Antwort auf diese Frage zu finden, wollen wir uns zuerst daran erinnern, was ihre Geschwister, die anderen Eichbosonen, bewirken. Die Gluonen zum Beispiel transformieren ein Quark in ein anderes Quark mit dem gleichen Flavor, aber verschiedener Farbe. Mit anderen Worten: Wenn ein Quark ein Gluon aussendet oder aufnimmt, so behält es seinen Flavor, verändert jedoch seine Farbe. Leptonen werden von den Gluonen in Ruhe gelassen. Das W-Boson hingegen transformiert ein Quark in ein anderes Quark mit gleicher Farbe, aber verschiedenem Flavor. Es wandelt ferner ein Lepton in ein anderes Lepton um, zum Beispiel ein Elektron in eine Neutrino. Das Photon transformiert ein elektrisch geladenes Teilchen in sich selbst. Wenn beispielsweise ein Elektron ein Photon aussendet oder aufnimmt, so bleibt es unverändert ein Elektron. Elektrisch neutrale Teilchen dagegen werden von dem Photon ignoriert. Das Z-Boson schließlich transformiert genau wie das Photon ein Teilchen in sich selbst, ist hinsichtlich seiner Wechselwirkung aber nicht auf geladene Teilchen beschränkt. Ziemlich verwirrend, nicht wahr? Vielleicht kann Abb. 50 dem Leser zu etwas mehr Klarheit verhelfen.

Nach den Vorstellungen der modernen Physik beruht die letzte Realität der physikalischen Welt auf Wandel und Transformation. Hier wird ein rotes Up-Quark durch eine Gluon in ein blaues Up-Quark umgewandelt, dort ein blaues Up-Quark durch ein W in ein blaues Down-Quark. Das W-Teilchen fliegt umher und erblickt ein Elektron. Schwupp – es verwandelt das Elektron in ein Neutrino. Es ist eine magische Welt, in der es drunter und drüber geht.

Aber im Wandel liegt auch die Beständigkeit. Quarks werden stets in Quarks umgewandelt und Leptonen immer in Leptonen. Wie zuvor erwähnt, tritt die Transformation von Quarks äußerlich als die gegenseitige Umwandlung von Hadronen in Erscheinung. Als Beispiel betrachten wir ein Neutron, das aus einem Up- und zwei Down-Quarks besteht, die durch Gluonen zusammengehalten werden, und ein Proton, das aus zwei Up-Quarks und einem Down-Quark zusammengefügt ist. Durch das Aussenden eines W-Bosons kann sich eines der Down-Quarks im Innern des Neutrons in ein Up-Quark verwandeln. Das

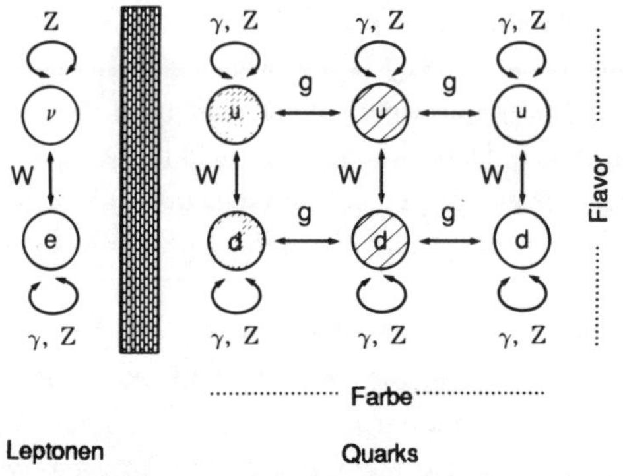

Abb. 50
Die Alchemie des ausgehenden 20. Jahrhunderts: Eine schematische Darstellung von Umwandlungen der Bestandteile der Materie durch die Einwirkung von Eichbosonen. Die Kreise mit den Buchstaben u,d, ν (griechisch: ny) und e kennzeichnen Up-Quark, Down-Quark, Neutrino und Elektron. Jedes Quark tritt in drei verschiedenen Farben in Erscheinung, die im Bild durch verschiedene Schattierungen der Kreise angedeutet werden. Die Wirkung der Eichbosonen wird durch gerade Pfeile symbolisiert, neben denen das Symbol des jeweiligen Eichbosons steht. Wie aus dem Schema abgelesen werden kann, wandelt das W-Teilchen das Up- und das Down-Quark ineinander um, läßt dabei aber die Farbe unverändert. Es transformiert außerdem das Elektron in das Neutrino und umgekehrt. Dagegen wandeln Gluonen (g) ein Quark in ein anderes mit unterschiedlicher Farbe, aber gleichem Flavor um. (Um das Ganze nicht zu kompliziert zu machen, sind nicht alle Gluonen dargestellt; außerdem sind nur zwei Flavors – Up und Down – vertreten. Es sind nur Fermionen eingetragen, die nach der Terminologie aus Kapitel 15 zur ersten Familie gehören.) In dieser Darstellung wirkt der Vermittler der schwachen Wechselwirkung also in vertikaler Richtung (der "Flavor-Richtung") und der Vermittler der starken Wechselwirkung in horizontaler Richtung (der "Farb-Richtung"). Wenn ein Teilchen ein Photon aussendet oder absorbiert, bleibt es unverändert. Dieser Prozeß wird durch die gekrümmten Pfeile symbolisiert, die bei ein und demselben Teilchen anfangen und enden. Das Photon wird in herkömmlicher Weise durch den griechischen Buchstaben Gamma (γ) gekennzeichnet. Das Z schließlich transformiert ein Teilchen in sich selbst. Man beachte, daß das Neutrino das einzige Teilchen ist, das mit dem Photon nicht in Wechselwirkung tritt. Die von der Großen Vereinigung vorausgesagten X- und Y-Bosonen, die in diesem Schema nicht auftreten, verknüpfen die Welten der Quarks und der Leptonen, die in dieser Darstellung noch durch eine Mauer getrennt sind. Man kann sich vorstellen, daß ein Alchemist des Mittelalters ein ähnliches Schema gezeichnet haben könnte, in der ein bestimmter Kreis Erde, ein zweiter Gold und der die beiden Kreise verbindende Pfeil Krötenblut bedeutet haben könnte. Der Unterschied liegt natürlich darin, daß unsere Darstellung auf Tatsachen beruht.

Ergebnis sind zwei Up-Quarks und ein Down-Quark, mit anderen Worten ein Proton. Das W-Boson wiederum wandelt ein Elektron in ein Neutrino um. Was wir daher tatsächlich beobachten, ist der Zerfall des Neutrons in ein Proton, ein Elektron und ein Neutrino (Abb. 51). Überläßt man ein Neutron sich selbst, so läuft dieser Prozeß durchschnittlich in 10 Minuten ab. Da das Neutron massereicher als das Proton ist, bleibt bei seinem Zerfall in ein Proton Energie übrig, die unter den Leptonen aufgeteilt wird. Das leichtere Proton dagegen kann nicht in ein Neutron zerfallen. Das führt zu einer interessanten Frage: Wenn Quarks nur in Quarks und Leptonen nur in Leptonen transfromiert werden können, muß es irgendeine Größe geben, die dabei erhalten bleibt. Aber welche Größe ist das?

Stellen wir uns einen Magier vor, dessen Kunst sich darauf beschränkt, ein Tier in ein anderes Tier und eine Pflanze in eine andere Pflanze zu transformieren. Auf der Bühne befinden sich ein Kaninchen und ein Apfel. Der Magier, dessen Name W. Boson ist, schwenkt ein Tuch, und simsalabim! sind das Kaninchen und der Apfel in einen Fuchs und ein paar saure Trauben verwandelt. Die Zuschauer toben vor Begeisterung. Simsalabim! Der Fuchs und die Weintrauben sind verschwunden und durch eine Maus und eine Wassermelone ersetzt. Doch gleichgültig, wie phantastisch die Transformationen auch erscheinen, auf der Bühne wird immer nur ein Tier und eine Frucht zu sehen sein.

So hat in der Welt der fundamentalen Teilchen auch die Kunst des W-Bosons ihre Grenzen. Ein Ergebnis dieser Beschränkung ist, daß das Proton absolut stabil ist. Die drei im Innern des Protons eingesperrten Quarks können sich nicht in Luft auflösen, sondern sich höchstens in eine andere Quarkpopulation umwandeln. Ihre Zahl hingegen bleibt immer die gleiche. Da das Proton das leichteste Hadron ist, das aus drei Quarks besteht, existiert kein Hadron, in das es zerfallen könnte: Protonen besitzen ein ewiges Leben.

Das ist nun endlich einmal eine gute Nachricht. Während alles um uns herum zerfällt und davonläuft, ist das Proton ein wahrer Fels an Beständigkeit und garantiert die Stabilität der Welt.

Bei der Größe, die bei allen Umwandlungen erhalten bleibt, handelt es sich also um die Gesamtzahl der Nukleonen – der Protonen und Neutronen. Das Neutron kann zwar in ein Proton zerfallen, aber die Anzahl der Nukleonen kann sich nicht verändern. Wie wir in Kapitel 10 gesehen haben, können allerdings auch die Hyperonen, die nach dem Achtfachen Weg als Vettern von Proton und Neutron anzusehen sind, in Nukleonen zerfallen. Genau genommen müssen wir daher die Hyperonen in die Bilanz mit einbeziehen und von der Erhaltung der Baryonenzahl sprechen. (Wir erinnern uns, daß das Wort "Baryon" einen

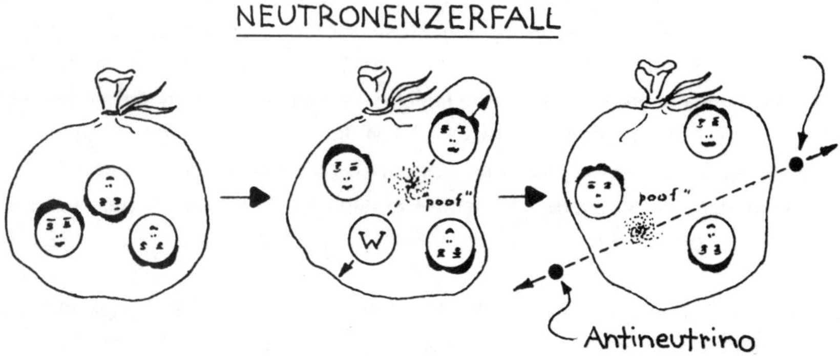

Abb. 51
Neutronenzerfall und Protonenzerfall. Ein Neutron besteht aus zwei Down-Quarks, die durch die umgedrehten Gesichter symbolisiert werden, und einem Up-Quark, das durch das aufrecht stehende Gesicht dargestellt wird. Alle drei sind in einem Sack eingesperrt. Plötzlich sendet eines der Down-Quarks ein W-Boson aus und verwandelt sich dadurch in ein Up-Quark. Das W seinerseits zerfällt in ein Elektron und ein Antineutrino, die als Leptonen aus dem Sack entweichen können. Die zurückgebliebenen Teilchen bilden zusammen ein Proton.

Oberbegriff darstellt, der das Proton, das Neutron und die Hyperonen umfaßt. Jedes Baryon besteht aus drei Quarks.)

Stellen wir uns vor, wir sperren 21 Hyperonen, 4 Neutronen und 6 Protonen in einen Kasten. Wenn wir nach einiger Zeit nachsehen, finden wir darin vielleicht 10 Hyperonen, 11 Neutronen und 10 Protonen. Doch gleichgültig, was auch geschieht – die Baryonenzahl bleibt immer unverändert bei 31: Quarks können nicht verschwinden.

Auch Protonen und Diamanten sind nicht für die Ewigkeit gemacht

In dieses beruhigende Bild brechen nun die X- und Z-Bosonen ein. Vor der Großen Vereinigung waren Quarks und Leptonen streng getrennt, da sie zu verschiedenen Darstellungen gehörten. In der Großen Vereinigung jedoch fallen die zwölf Quarks und drei Leptonen zusammen in die fünf- und zehndimensionale Darstellung der SU(5)-Gruppe. Zwölf Kannibalen und drei Missionare müssen gemeinsam in zwei Boote, von denen das eine fünf und das andere zehn Passagiere befördern kann. Es ist unvermeidlich, daß einige Quarks und einige Leptonen in die gleiche Darstellung gelangen. Das Ergebnis ist, daß Quarks in der Großen Vereinigungs-Theorie in Leptonen transformiert werden können und umgekehrt. Die dafür verantwortlichen Bosonen sind die X- und Y-Boso-

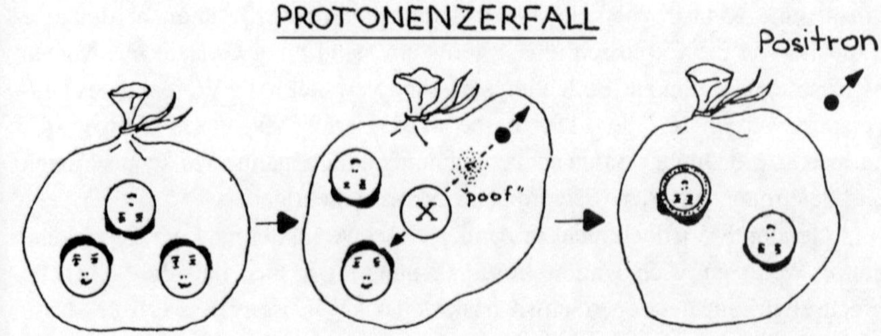

Ein Proton zerfällt, wenn eines seiner Up-Quarks plötzlich in ein X-Boson und ein Positron zerfällt. Das andere Up-Quark absorbiert das X-Boson und verwandelt sich dadurch in ein Anti-Down-Quark, im Bild durch das umgedrehte Gesicht mit dem schraffierten Rand symbolisiert. Das Positron entweicht und hinterläßt im Sack ein Down-Quark und ein Anti-Down-Quark, die zusammen als neutrales Pion in Erscheinung treten.

nen. Quarks können verschwinden, indem sie sich bei der Wechselwirkung mit X- oder Y-Bosonen in Leptonen verwandeln.

Auf die Bühne stolziert ein neuer Magier, Mr. X.Y. Boson. Applaus, und abakadabra! ist das Kaninchen in eine Orange verwandelt. Im Innern des Protons sendet ein Quark ein X-Boson aus und wandelt sich in ein Positron um. (Das Positron ist das "Anti-Elektron".) Das X-Boson wandert zu dem anderen up-Quark hinüber und verwandelt es – simsalabim! in ein Anti-down-Quark. Und was ist das Gesamtresultat? Zu Beginn hatten wir zwei up-Quarks und ein down-Quark, am Ende haben wir ein down-Quark, ein Anti-down-Quark und ein Positron. Da Quarks versklavt sind, können down-Quark und Anti-down-Quark nicht getrennt entweichen; sie schließen sich vielmehr zu einem Pion zusammen. Was wir also tatsächlich sehen, ist, daß ein Proton in ein Pion und ein Positron zerfällt (Abb. 51).

Die Letzte Katastrophe

Wissenschaftler pflegen ständig bevorstehende Katastrophen auszumalen: Die Sonne wird sich durch eine Explosion in eine Nova verwandeln und unseren armen Planeten verschlingen, unsere Galaxie wird mit einer anderen zusammenstoßen und so weiter und so weiter. Als ob diese Szenarien nicht schon schlimm genug wären, kommt nun noch ein wirklich schreckliches Verhängnis hinzu, eine Katastrophe, die alle anderen weit übertrifft und vor der eine Lappalie wie die Explosion eines Sterns am Rand einer Galaxie mit Namen Milchstraßensystem zur Bedeutungslosigkeit verblaßt: Alle Protonen des Universums werden zerfallen. Die Sterne werden erlöschen, unsere Körper sich auflösen. Alle Dinge werden schließlich und endlich in eine Wolke aus Pionen und Positronen zerfallen. Es wird keine Materie mehr geben.

Geraten Sie jedoch nicht in Panik: Dieser Weltuntergang wird noch eine ganze Weile auf sich warten lassen. Erinnern wir uns, daß die schwache Wechselwirkung deswegen schwach ist, weil das W-Boson eine so große Masse besitzt. Und wenn sich schon ein korpulenter Mann von 500 Pfund Gewicht mit dem Laufen schwer tut – wie wird sich dann erst einer fühlen, der $5 \cdot 10^{15}$ Pfund wiegt? Die Wirkung der X- und Y-Bosonen ist zillionenmal schwächer als irgendein Effekt der schwachen Wechselwirkung. Wie eine Rechnung unter Benutzung der SU(5)-Theorie zeigt, beträgt die Lebensdauer der Protons ungefähr 10^{30} Jahre.

Dem menschlichen Geist schwindelt vor einem solchen Zeitmaß, vor dem ein Äon wie ein Augenblick erscheint. Wenn man sich schon nicht wirklich vorstellen kann, wie lange es her ist, daß Dinosaurier auf der Erde umherstreiften, wie kann man sich dann einen Begriff von der Lebensdauer eines Protons machen? Ich jedenfalls kann es nicht. Ich kann nur einige Zahlen zum Vergleich anführen. Es gibt ziemlich gute Indizien dafür, daß das Universum etwa 10^{10} Jahre alt ist. Ein Jahr hat ungefähr $3 \cdot 10^7$ Sekunden. Das Universum ist also etwa $3 \cdot 10^{17}$ Sekunden alt. Nehmen wir nun alle Sekunden, die seit dem Geburt des Universums vergangen sind, und denken wir uns jede dieser Sekunden auf das Alter des Universums gedehnt. Die Zeit, die sich nach dieser Berechnungsmethode ergibt, würde trotzdem "erst" $3 \cdot 10^{17} \cdot 10^{10} = 3 \cdot 10^{27}$ Jahre betragen und wäre damit immer noch 300mal kürzer als die vorausgesagte Lebensdauer des Protons. Das Proton lebt also wirklich eine lange Zeit.

Die Kunst des Höchsten Designers

Nun erst können wir in vollem Umfang erkennen, wie geschickt der Höchste Designer vorgeht. Er will die Große Vereinigung, sorgt jedoch dafür, daß sich die Kopplungskräfte so langsam verschieben, daß sie erst bei extrem hohen Energien zusammentreffen. Während das Neutron in 10 Minuten zerfällt, lebt das Proton für Äonen. Es wäre nicht sehr witzig, ein Universum zu konstruieren, das nur für zehn Minuten existiert! Aus psychosozialer Sicht ist es natürlich ein ziemlich unmoralisches Experiment, Geschwister zu trennen und unter gänzlich verschiedenen Umständen aufwachsen zu lassen. Während das Photon munter herumtanzt, ächzen die X- und Y-Bosonen unter ihrem Übergewicht. "Tut mir leid", sagt jedoch der Boß, "ihr müßt beide so fett bleiben, damit Mein Universum eine Weile leben kann!"

Eine Fahrt in ein Salzbergwerk

Es sieht so aus, als wäre es völlig unmöglich, den experimentellen Nachweis dafür zu erbringen, daß das Proton tatsächlich zerfällt. Dank des Quantengesetzes der Wahrscheinlichkeit kann ein solches Experiment jedoch tatsächlich durchgeführt werden. In der Quantenwelt bedeutet die Aussage, daß das Proton eine Lebensdauer von 10^{30} Jahren besitzt, daß ein Proton bis zu seinem Zerfall im Durchschnitt 10^{30} Jahre zu leben hat. Die Quantenphysiker verwenden den Begriff der Lebensdauer im gleichen Sinne wie Lebensversicherungen. Für ein bestimmtes Proton gibt es eine sehr kleine, aber von Null verschiedene Wahrscheinlichkeit, im nächsten Augenblick zu zerfallen. Daraus folgt, daß wir eine Chance haben, den Zerfall eines Protons zu beobachten, wenn wir nur genug Protonen an einem Ort zusammenhäufen. Wenn wir einen Haufen von 10^{30} Protonen ein ganzes Jahr hindurch beobachten würden, so könnten wir in der Tat damit rechnen, eines davon zerfallen zu sehen. Glücklicherweise enthält die makroskopische Materie eine enorme Zahl von Protonen.

Wenn ein Proton in normaler Materie zerfällt, prallen seine Zerfallsprodukte – das Pion und das Positron – auf die Atome in seiner Umgebung und erzeugen einen charakteristischen Lichtblitz. Um diesen Blitz nachweisen zu können, muß die verwendete Materie für Licht durchlässig sein. Was aber ist das billigste lichtdurchlässige Material? Wasser natürlich. Ein Experimentator braucht also im Prinzip nur einen genügend großen Tank mit Wasser zu füllen und ihn mit einem ausgeklügelten System elektronischer Kameras zu überwachen. In der Praxis gestaltet sich das Verfahren allerdings beträchtlich schwieriger. Die Oberfläche der Erde wird fortwährend von der Kosmischen Strahlung bombardiert – einem Strom von Teilchen, die durch galaktische Magnetfelder auf hohe Energien beschleunigt wurden. Die Teilchen der Kosmischen Strahlung erzeugen bei ihrem Aufprall auf die Wassermoleküle einen leuchtenden Hintergrund, der für die Wahrnehmung durch das menschliche Auge zu schwach ist, den winzigen Beitrag des von zerfallenden Protonen herrührenden Lichtes jedoch vollkommen überstrahlen würde. Die einzige praktikable Lösung dieses Problems besteht darin, den Tank in einen Bergwerkstollen tief unter die Erde zu bringen. Die meisten Teilchen der Kosmischen Strahlung sind nicht in der Lage, die Erdschicht über dem Tank zu durchdringen.

So erhielten die Bergwerkgesellschaften bald Briefe verschiedener Experimentalphysiker mit Vorschlägen für die Überprüfung der Stabilität des Universums. Zur Zeit laufen in der ganzen Welt mehrere Experimente zum Nachweis des Protonenzerfalls. Eines der größten, das mit einigen tausend Tonnen Wasser arbeitet, die mehr als 10^{33} Protonen enthalten, ist in einer Salzmine in der Nähe von Cleveland untergebracht, die von der Morton-Thiokol-Gesellschaft, einem bekannten Salzhersteller in den USA, betrieben wird. Andere Experimente werden in den Kolar-Goldfeldern in Indiana, im Kaukasusgebirge in der UdSSR, im Mont-Blanc-Tunnel zwischen Italien und Frankreich sowie in einer Eisenmine in Minnesota, einer Silbermine in Utah und einer Goldmine in Süd-Dakota betrieben.

Als ich vor einigen Jahren in Süd-Dakota war, unternahm ich eine Besichtigung des Experimentes in den Homestock-Goldminen, die für die Tiefe ihrer Schächte bekannt sind – für einen Schreibtisch-Physiker wie mich eine ganz besondere Erfahrung. Ein Sicherheitsbeamter der Bergwerkgesellschft instruierte mich über verschiedene Feinheiten des Verhaltens in dieser Umgebung, die man nicht bei Frau Pappritz nachlesen kann, wie beispielweise den korrekten Gang in einer Mine. (Man schlurft mit den Füßen, um im Dunkeln nicht zu straucheln.) Ich lernte auch, daß in einer Mine mit ihrem Labyrinth von Schächten und Gängen der Geruchssinn in einer Gefahrensituation die wirksamste Kommunikationsmöglichkeit darstellt. In der ganzen Mine sind Flaschen verteilt, die eine besonders stark riechende Chemikalie enthalten. Im Gefahrenfall werden diese Flaschen zerschlagen, worauf sich der warnende Geruch über das Lüftungssystem schnell in der ganzen Mine verbreitet. Dieses System wird von gigantischen Ventilatoren angetrieben, die am Eingang der Mine installiert sind. Während eines recht unerfreulichen Teiles der Sicherheitsunterweisungen mußte ich mich einigen Proben dieses Warnsignals aussetzen. Auch die Fahrt im Fahrstuhl ist ein denkwürdiges Erlebnis. Man hat das Gefühl, als würde man sich in einem U-Bahn-Wagen in völliger Dunkelheit vertikal nach unten bewegen. Bald fand ich mich mehr als eine Meile unter der Erde in einer feuchten und windigen Finsternis wieder, die nur von der Grubenlampe an meinem Helm erleuchtet wurde. Der eigentliche Experimentierbereich dagegen machte einen recht zivilisierten Eindruck und war sogar mit verschiedenen Annehmlichkeiten wie einem Kühlschrank ausgestattet, der mit geeigneten Erfrischungen für Theoretiker wie mich gefüllt war, die auf einem Besuch kamen.

Um sich über der ganzen Experimentieranlage hin und her bewegen zu können, verwandten meine Kollegen von der Experimentalphysik Ausrüstungen, wie sie auch sonst im Bergbau gebräuchlich sind. Um in den Wassertank zu gelangen, wird eine Taucherausrüstung benutzt. Aus der Tatsache, daß bisher noch kein Protonenzerfall zu beobachten war, können die Physiker eine untere Grenze für die Lebensdauer des Protons ableiten. Wenn man zum Beispiel 10^{30} Protonen über eine Stunde hinweg beobachtet und keines davon zerfallen sieht, kann man schließen, daß die Lebensdauer des Protons über 10^{30} Stunden betragen muß. Bedauerlicherweise konnte auch ich während meines Besuchs keinen einzigen Protonenzerfall beobachten, was meine experimentellen Freunde zu der scherzhaften Bemerkung veranlaßte, mein Besuch sei eines der seltenen Vorkommnisse in der Geschichte der Physik, bei denen ein Theoretiker den Fortschritt der menschlichen Erkenntnis allein durch den Konsum von Erfrischungen befördert habe.

Die Experimentatoren haben eine wesentlich größere Menge von Protonen eine viel längere Zeit als ich beobachtet. Bis jetzt haben sie noch niemals irgendeinen Protonenzerfall festgestellt. Zwar wurden bei den Experimenten tatsächlich Lichtblitze registriert, die jedoch auf die Wechselwirkung von Neutrinos mit den Nukleonen der Wassermoleküle zurückzuführen sein dürften. Eine Meile Felsgestein schirmt zwar alles mögliche ab, nicht aber die geisterhaften Neutrinos.

Die untere Grenze der Protonen-Lebensdauer liegt zur Zeit zwischen 10^{31} und 10^{32} Jahren. Welche Konsequenzen hat dies für die Große Vereinigung? Die ursprüngliche Version der SU(5)-Vereinigung sagte eine Protonen-Lebensdauer von 10^{30} Jahren voraus und ist daher aus dem Rennen geworfen. Die Theoretiker haben jedoch einige andere Versionen konstruiert, in denen das Proton länger lebt. Da das Proton stark wechselwirkt, hat die Berechnung seiner Lebensdauer mit schwierigen Details der starken Wechselwirkung zu ringen.

Die Grundidee der Großen Vereinigung ist derart verführerisch, daß viele der heutigen Physiker sie weiterhin für richtig halten, auch wenn sie einräumen müssen, daß die einfachste Ausformung dieser Idee in einigen Details nicht korrekt sein dürfte.

Geburt und Tod der Materie

Wenn das Proton zerfallen kann, muß es auch geboren werden können. Zerfällt das Proton in ein Positron und ein Pion, so folgt aus der Umkehrung dieses Prozesses, daß man ein Proton aus einem Positron und einem Pion erzeugen kann. Diese schlichte Folgerung eröffnet ein dramatisches neues Kapitel in der Kosmologie.

Einige Tatsachen über die Welt

Beim Nachdenken über das Universum, in dem wir leben, stellt man zwei erstaunliche Tatsachen fest: 1.) Das Universum ist nicht völlig leer von Materie, und 2.) Das Universum ist fast leer von Materie. Aufgabe der Grundlagenphysik ist es, diese Tatsachen zu verstehen.

Unser Bild vom Universum ist das einer ungeheuren Leere, die nur hier und dort von ein paar Galaxien unterbrochen wird, einer Leere, vor der der Philosoph Pascal erschrak: "Le silence éternal de ces espaces infinis m'effraie." (Das ewige Schweigen dieser unendlichen Räume macht mich schaudern.) Wie läßt sich diese erschreckende und nahezu unvorstellbare Leere durch Zahlen beschreiben? Wie "leer" ist das Weltall?

Die Materie besteht aus Nukleonen. Die bloße Angabe der Nukleonenzahl kann die Seltenheit der Materie im Weltall allerdings nicht deutlich machen: Wir müssen diese Zahl zu irgendeiner anderen ins Verhältnis setzen. Als natürlicher Vergleichsmaßstab bietet sich die Zahl der Photonen an. Wie wir heute wissen, kommen auf ein Nukleon 10^{10}, das heißt zehn Milliarden Photonen. Man könnte also sagen, daß die Materie eine "Verunreinigung" von 1 zu 10 Milliarden in einem ansonsten sauberen Universum darstellt. (Einem Grundlagenphysiker jedenfalls erscheint ein materiefreies Universum als rein und elegant, und er ist geneigt, die Materie als den Schmutz des Universums anzusehen.)

Warum ist das Universum "schmutzig"?

Vor der Großen Vereinigung glaubten die Physiker an die Erhaltung der absoluten Baryonenzahl. Die Anzahl der Baryonen im Universum, das heißt die Zahl der Protonen plus die der Neutronen plus die der Hyperonen, sollte sich nicht ändern.

Unter diesem Gesichtspunkt betrachtet ist es doppelt bemerkenswert, daß das Universum zwar beinahe, aber doch nicht ganz frei von Materie ist. Nehmen wir der Einfachheit halber einmal an, es gäbe im Universum genau 537 Baryonen. Die Erhaltung der absoluten Baryonenzahl würde bedeuten, daß das Universum immer 537 Baryonen enthalten hat und enthalten wird, keines mehr und keines weniger. In diesem Fall wären die Physiker für die Frage, warum das Universum gerade die beobachtete Menge an Materie enthält, nicht zuständig; sie fiele statt dessen eher in den Bereich der theologischen Spekulation. Wer auch immer das Universum ins Leben gerufen hat, muß 537 Baryonen hineingeworfen haben.

Bei dieser Interpretation erscheint es ziemlich seltsam, daß dieser Jemand – wer immer auch den "Schmutz" in das Universum geworfen hat – beschloß, es bei einer derart kleinen Menge zu belassen. Und warum hat Er es schließlich überhaupt getan?

Materie und Antimaterie

Nachdem sie einige Zeit über dieses Rätsel nachgedacht hatten, verfielen einige Physiker auf eine raffinierte Lösung: Er hat überhaupt keinen Schmutz hineingeworfen.

Die Idee geht von der nachgewiesenen Existenz von Antimaterie aus. Seit Anfang der 50er Jahre beobachten die Experimentatoren routinemäßig die Erzeugung von Teilchen und Antiteilchen. Da einem Antibaryon die Baryonenzahl –1 zugeordnet wird, ist die Produktion eines Proton-Antiproton-Paares in vollkommener Übereinstimmung mit der Erhaltung der absoluten Baryonenzahl.

Das Universum könnte also ohne alle Baryonen beginnen, wonach bei dem Zusammenprall anderer, bereits existierender Teilchen Paare von Baryonen und Antibaryonen erzeugt werden. Gleichgültig, wie kompliziert diese Erzeugungsprozesse auch sein mögen – die Erhaltung der Baryonenzahl garantiert, daß immer eine gleich große Anzahl von Baryonen und Antibaryonen existiert. Auf irgendeine Weise könnten sich Materie und Antimaterie mit fortschreitender Evolution des Universums voneinander getrennt und in unterschiedlichen Bereichen angesammelt haben. Nach dieser Vorstellung wäre es falsch, den Schluß zu ziehen, das gesamte Universum wäre aus gewöhnlicher Materie aufgebaut, nur weil unsere unmittelbare Umgebung von Materie erfüllt ist: Vielleicht besteht unsere Nachbargalaxie ja aus Antimaterie.

Ein Szenario, nach dem das Universum in Bereiche aus Materie und Antimaterie aufgeteilt ist, ist für Science-Fiction-Autoren natürlich von enormer Attraktivität, hält einer genaueren Überprüfung jedoch nicht Stand. So könnte man zum Beispiel erwarten, in der Kosmischen Strahlung gelegentlich einen Eindringling aus einem anderen Bereich in Form eines Antiteilchens zu beobachten. Dies ist jedoch bisher noch nie geschehen. Auch müßte man erwarten, daß Materie und Antimaterie an der Grenze zwischen zwei Bereichen vehement zerstrahlen und dabei extrem energiereiche Photonen aussenden würden. Aber auch solche verräterischen Photonen konnten von den Astronomen nicht festgestellt werden. Auch aus theoretischer Sicht blieben die Befürworter dieses Konzeptes bei dem Versuch, einen überzeugenden Mechanismus für die Trennung von Materie und Antimaterie zu finden, bis heute erfolglos. Der Glaube an die Erhaltung der Baryonenzahl scheint daher mit der beobachteten Häufigkeit der Materie im Universum unvereinbar zu sein.

Ein Dilemma

Es ist klar, warum die Physiker vor der Großen Vereinigung an die Erhaltung der Baryonenzahl glaubten. Die bloße Existenz von Materie bedeutet, daß die Lebensdauer des Protons größer als das Alter des Universums sein muß, und das scheint schon eine sehr, sehr lange Zeit zu existieren.

Bereits in den 50er Jahren jedoch hatten einige Physiker hinsichtlich der Erhaltung der absoluten Baryonenzahl ein etwas ungutes Gefühl. Von Emmy Noether wissen wir, daß eine Symmetrie – entweder eine lokale oder eine globale – für die Erhaltung der Baryonenzahl verantwortlich sein muß. Im Jahre 1955 zeigten Lee und Yang, daß die in Frage kommende Symmetrie nicht lokal sein kann, da man sonst langreichweitige Wirkungen des von der lokalen Symmetrie geforderten masselosen Eichbosons beobachten müßte. So stellt die exakte Erhaltung der Baryonenzahl für einen Physiker, der dem in Kapitel 12 beschriebenen ästhetischen Konzept huldigt und die globale Symmetrie mit Argwohn und Abscheu betrachtet, ein echtes philosophisches Problem dar, das noch dadurch verschärft wird, daß – wie bereits Weyl gezeigt hatte – die exakte Erhaltung der elektrischen Ladung, welche die ewige Stabilität des Protons garantiert, tatsächlich mit einem masselosen Eichboson, nämlich dem Photon, verknüpft ist.

Als daher gezeigt wurde, daß die Große Vereinigung die Erhaltung der absoluten Baryonenzahl außer Kraft setzt und die Unsterblichkeit des Protons bestreitet, wurden viele Physiker von einem Gefühl tiefer Erleichterung und Befriedigung erfüllt.

Die Erschaffung der Materie

Wenn die absolute Baryonenzahl nicht erhalten bleibt, könnten Baryonen durch physikalische Prozesse in der Frühzeit des Universums erzeugt worden sein. Der Schöpfer mußte gar keinen "Schmutz" hineinwerfen – der Schmutz bildete sich von selbst. Die Große Vereinigung eröffnete die Möglichkeit, die Erschaffung der Materie zu verstehen.

Natürlich stellt die Nichterhaltung der Baryonenzahl an sich dafür noch keine ausreichende Grundlage dar. Auf einer bestimmten Ebene müssen die fundamentalen Gesetze der Physik zwischen Materie und Antimaterie unterscheiden. Wären die physikalischen Gesetze gegenüber Materie und Antimaterie vollkommen unparteiisch, wie könnte sich das Universum dann dafür entschieden haben, Materie statt Antimaterie zu enthalten?

Lange Zeit glaubten die Physiker, die Gesetze der Physik würden zwischen

Materie und Antimaterie nicht unterscheiden. Wie in Kapitel 3 erläutert, hofften sie nach dem skandalösen Fall der Parität, die Natur würde wenigstens noch die CP-Invarianz respektieren, die bei der Reflexion von Teilchen in Antiteilchen und umgekehrt eine Rolle spielt, aber auch diese Hoffnung wurde zunichte gemacht, als im Jahre 1964 eine geringfügige Verletzung der CP-Invarianz bei dem Zerfall des K-Mesons entdeckt wurde. Viele Jahre hindurch schien es so, als ob die CP-Verletzung außer dem K-Mesonen-Zerfall keinen weiteren physikalischen Prozeß beeinflußt. Auch heute verstehen wir die CP-Verletzung immer noch nicht richtig. Wir haben jedoch jetzt einen Hinweis darauf, warum Er seinem Konzept überhaupt einen kleinen Schuß CP-Verletzung hinzugefügt hat: Er wollte, daß das Universum Materie enthält.

Nach dem neuen Bild hängt die im Universum vorkommende Materiemenge davon ab, in welchem Grad die CP-Invarianz verletzt ist. So wird auch verständlich, warum das Universum nahezu materiefrei ist: Die CP-Invarianz ist eben nur minimal verletzt.

Auf den ersten Blick mag es so scheinen, als hätte die Materie gar nicht genug Zeit für ihre Selbsterzeugung gehabt. Die Produktion eines Protons erfordert die Vermittlung der gleichen X- und Y-Bosonen, die auch für den Zerfall des Protons verantwortlich sind. Man könnte daher glauben, daß bis zur Geburt eines Protons mehrere 10^{30} Jahre vergehen müssen.

Die Auflösung dieses scheinbaren Paradoxons hängt auf kritische Weise vom Begriff der Symmetriebrechung ab. Hören wir, was X- und Y-Boson ihren Geschwistern zurufen: "Es stimmt, im Vergleich zu euch sind wir hoffnungslos übergewichtig und schwach, aber bei hohen Energien im Bereich der Großen Vereinigung ist von unseren Massen fast nichts mehr zu bemerken, und wir sind ebenso stark wie ihr!"

Kurz nach dem Urknall, als das Universum extrem heiß war, schossen die Teilchen mit derart enormen Energien umher, daß sich sogar X- und Y- Bosonen außerordentlich beschwingt fühlten. Prozesse, bei denen Baryonen erzeugt wurden, waren fast ebenso häufig wie elektromagnetische Prozesse. Dies war die Zeit, in der die Materie geboren wurde.

Woher wissen wir aber, daß das Universum unmittelbar nach dem Urknall extrem heiß war? Wie wir alle gelernt haben, kühlen sich Gase bei ihrer Ausdehnung ab. Deswegen wird es zum Beispiel auch um so kühler, je höher man einen Berg hinaufsteigt. Auch unser Universum kühlt sich bei seiner Expansion ab. Wir können daher – ausgehend von unserer Kenntnis der gegenwärtigen Temperatur des Universums – durch eine rückwärtige Extrapolation bestimmen, wie heiß das Universum zu einem bestimmten Zeitpunkt der Vergangenheit war. Auf diese Weise kann man ziemlich leicht abschätzen, daß die

Energie aller Teilchen im Universum etwa 10^{-30} Sekunden nach dem Urknall in der Größenordnung der Großen Vereinigungsenergie gelegen haben muß.

In der Folgezeit hat sich das Universum fortwährend ausgedehnt und abgekühlt. Bereits nach sehr kurzer Zeit sank die Energie der X- und Y-Bosonen unter den ihrer enormen Masse entsprechenden Wert, und sie wurden extrem schwach. Ihr kurzer, aber glorreicher Augenblick im Licht war vorüber. Die von ihnen erzeugten Baryonen jedoch können als quasi-unsterbliche Teilchen die nächsten 10^{30} Jahre überleben.

Absolute Voraussetzung für einen solchen Ablauf der Ereignisse ist die Expansion des Universums. In einem statischen Universum würde die Stärke der X- und Y-Bosonen stets die gleiche bleiben, und Geburt und Tod der Baryonen würden sich die Waage halten. Wären nicht von Beginn an Baryonen vorhanden, könnte die Nettozahl der Baryonen niemals einen positiven Wert annehmen.

Die Raffinesse, mit der Er alles zusammengefügt hat, ist wirklich beeindruckend. Er benutzt das Prinzip der lokalen Symmetrie, um die Große Vereinigung einschließlich der damit unvermeidlich verbundenen Verletzung der Baryonen-Erhaltung möglich zu machen. Dann wird eine kleine CP-Verletzung hinzugefügt. Schließlich führt Er die Gravitation ein, damit das Universum expandieren kann. Und – voila! – schon haben wir ein Weltall, das seine eigenen "Verunreinigungen" produziert, aus denen sich Sterne, Blumen und Menschen bilden können.

Ursprünge

Der Frage nach dem Ursprung der Materie wurde von jeher enorme Bedeutung beigemessen. Zu allen Zeiten wurde die Menschheit von der Frage bewegt, wie alles entstanden ist. In unserem Jahrhundert wurde diese tiefgründige Frage nach dem Ursprung auf das Problem der Entstehung von Atomen reduziert. In Kapitel 2 hatten wir festgestellt, daß Protonen und Neutronen einige Minuten nach dem Urknall zu Heliumkernen verschmolzen wurden. Die komplizierteren Kerne wurden im Innern von Sternen gebildet und bei Sternexplosionen in den Weltraum ausgeworfen. Wie alle anderen Dinge bestehen auch wir also buchstäblich aus Sternenstaub. Die Große Vereinigung geht noch einen Schritt weiter: Letzten Endes sind wir das Produkt urzeitlicher, von X- und Y-Bosonen übertragener Kräfte.

Die Menge der Materie im Universum kann im Prinzip berechnet werden. Unter Benutzung der Messungen des K-Mesonenzerfalls sollten wir – ohne jemals einen Schritt aus dem Laboratorium getan zu haben – tatsächlich entscheiden können, ob das Universum aus Materie oder Antimaterie besteht. Unglücklicherweise ist unser Verständnis der CP-Verletzung gegenwärtig allerdings noch zu rudimentär, um solche Berechnungen zu erlauben.

Der Zeiger der Zeit

Wir alle wurden gerade zur rechten Zeit geboren: Wir leben in der Epoche zwischen der Geburt und dem Tod der Nukleonen. In der Abbildung 52 ist die Geschichte der Welt aus der Sicht eines Physikers dargestellt. Um die gewaltige Zeitspanne zu erfassen, die diese Entwicklung umschließt, ist die Zeit im logarithmischen Maßstab dargestellt. So bezeichnet die Markierung mit dem

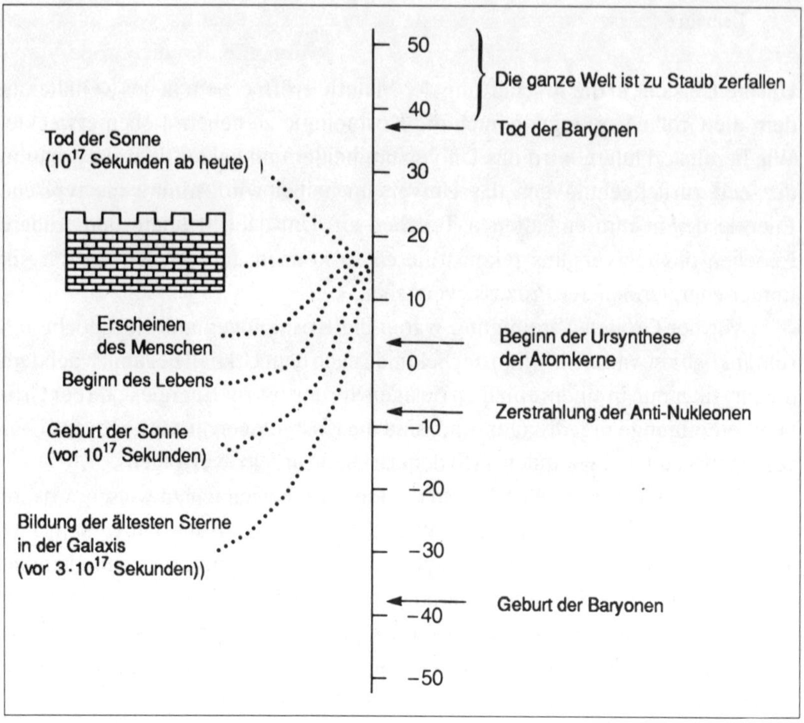

Abb. 52
Auf der Zeitskala zeigt die Zahl –30 den Zeitpunkt 10^{-30} Sekunden nach dem Urknall an, die Zahl 30 bedeutet 10^{30} Sekunden nach dem Urknall und so weiter. Der Darstellung liegt die auf den gegenwärtig verfügbaren astronomischen Beobachtungen beruhende Annahme zugrunde, daß das Universum für alle Zeiten expandieren wird. Die Mauer auf der linken Seite der Skala symbolisiert die menschliche Geschichte.

Zahlenwert 20 den Zeitpunkt 10^{20} Sekunden nach dem Urknall. Auf der linken Seite der Zeitskala sind verschiedene Ereignisse eingetragen, die von speziellem Interesse für die Menschheit sind.

Auf erkalteter Schlacke

Die Entwicklung der Welt kann mit dem Schauspiel eines Feuerwerks verglichen werden, das gerade zu Ende gegangen ist: Nur einige rote Leuchtspuren, Asche und Rauch sind zurückgeblieben. Auf erkalteter Schlacke stehend, sehen wir das langsame Erlöschen der Sonnen und versuchen den entschwundenen Glanz der Entstehung der Welt zurückzurufen.
Lemaître

Unsere Einsicht in die Erschaffung der Materie eröffnete ein neues Zeitalter, in dem die Große Vereinigung auch die Kosmologie zu neuem Leben erweckte. Wie bereits erläutert, wird das Universum heißer und heißer, je weiter man in der Zeit zurückgeht. Wenn das Universum heißer wird, nimmt die typische Energie der in ihm enthaltenen Teilchen zu. Um daher frühere und frühere Epochen des Universums rekonstruieren zu können, müssen wir die Physik immer energiereicherer Prozesse verstehen.

Vor der Großen Vereinigung waren die Kosmologen auf die Epoche beschränkt, die etwa eine Millionstel Sekunde nach dem Urknall begann. Nachdem die Physiker nun in einem einzigen riesigen Sprung bis zur Energieskala der Großen Vereinigung vorgedrungen sind, sind die Kosmologen in der Lage, das Universum bis zu 10^{-40} Sekunden nach dem Urknall zurückzuverfolgen.

Der Laie ist oft verblüfft, wenn die Physiker behaupten zu wissen, was im frühen Universum passiert ist. In Wirklichkeit ist das frühe Universum viel einfacher zu beschreiben als das gegenwärtige, denn während es damals nicht mehr als eine heiße Suppe aus hin und her schießenden Teilchen war, hat sich diese Suppe heute sozusagen in viele ausgetrocknete Spritzer aufgelöst. Die präzise Schilderung einer Phase des frühen Universums ist möglich, sobald die bei der entsprechenden Energieskala gültige Physik bekannt ist.

Die Schilderung der gegenwärtigen Forschungen auf dem Gebiet der Kosmologie würde den Rahmen dieses Buches bei weitem überschreiten. Wir wollen uns daher auf die Erwähnung einer besonders aufregenden Vorstellung beschränken – dem von Alan Guth vorgeschlagenen "inflationären" Universum. Kehren wir dazu wieder zu unserer Analogie mit der Hohlbodenflasche zurück.

Im frühen, heißen Universum schossen die Teilchen mit großen Energien hin und her, so als ob die Kugel in unserer Flasche hin und her springt. Mit dem Abkühlen des Universums werden die Teilchen langsamer, in der Flasche kommt die Kugel zur Ruhe – die Symmetrie ist spontan gebrochen. Stellen wir uns nun vor, im Zentrum des Hohlbodens gäbe es eine kleine Vertiefung, in der die zur Ruhe gekommene Kugel gefangen werden könnte. Die Kugel besäße dann eine potentielle Energie, die der Höhe der Vertiefung über dem Boden der Flasche proportional wäre. Auf ähnliche Weise könnte auch das Higgs-Feld für eine bestimmte Zeitspanne gefangen und daran gehindert worden sein, seinen natürlichen Grundzustand zu erreichen. Genau wie die Kugel müßte auch das gefangene Higgs-Feld eine bestimmte potentielle Energie besessen haben.

Den Antrieb für die Expansion des Universums liefert die Energie, die in ihm enthalten ist. In einem groben Bild können wir uns das Weltall als einen Ballon vorstellen, der aufgeblasen wird. Die mit dem gefangenen Higgs-Feld verknüpfte enorme Energie bewirkt eine derart schnelle Expansion des Universums, daß man sie mit einer völlig ungebremsten Inflation vergleichen kann. Man schätzt, daß das Weltall während dieser "inflationären" Epoche seinen Umfang etwa alle 10^{-38} Sekunden verdoppelte.

Damit kommen wir auf einige verwirrende Fragen zurück, die wir uns bereits früher gestellt hatten. Warum ist das Weltall so groß, und warum enthält es so viele Teilchen? Wie Alan Guth gezeigt hat, können diese und andere, damit verwandte Fragen beantwortet werden, wenn das Universum einst eine inflationäre Phase durchlaufen hat: Die Größe des Weltalls ist eine Folge der Inflation. Während der inflationären Phase wurde die in dem gefangenen Higgs-Feld gespeicherte Energie sehr rasch in Teilchen umgewandelt.

Obwohl die Einordnung des inflationären Szenarios in den Rahmen der Kosmologie auf ernste Schwierigkeiten stößt, handelt es sich dabei doch um eine sehr aufregende und anziehende Idee, die es ermöglicht, Fragen zu stellen und zu beantworten, die noch vor einigen Jahren als außerhalb des Horizontes der Physik liegend gegolten hätten. Die Nahtstelle zwischen Teilchenphysik und Kosmologie ist heute zu einem der aufregendsten Gebiete der Forschung geworden.

Neu, aber vielleicht trotzdem besser

In den Jahren nach der Einführung der Großen Vereinigung haben die Theoretiker in ihrem Bestreben nach einer Verbesserung der Georgi-Glashow-Theorie eine Anzahl anderer Großer-Vereinigungs-Theorien konstruiert. So betrachten zum Beispiel viele Theoretiker die Zuordnung von Quarks und Leptonen zu fünf- und zehndimensionalen Darstellungen als unbefriedigend. Sie glauben, daß in einer wahrhaft einheitlichen Theorie Quarks und Leptonen gemeinsam zu einer einzigen Darstellung gehören.

Interessanterweise erweist es sich als unmöglich, die bekannten Quarks und Leptonen in einer 15-dimensionalen Darstellung zu vereinen. Die Suche führt vielmehr auf die Gruppe SO(10), die die SU(5)-Gruppe von Natur aus enthält. Allerdings enthält die SO(10)-Gruppe keine 15dimensionale Darstellung, in welche die bekannten Quarks und Leptonen passen würden, dafür jedoch eine 16dimensionale. Gibt uns die Gruppentheorie damit vielleicht einen Hinweis auf ein zusätzliches, bisher noch unbekanntes Feld?

Erinnern wir uns daran, daß wir im Zusammenhang mit den Quarks und Leptonen auf eine Zahl von fünzehn Feldern kamen, weil das Neutrino stets einen linkshändigen Spin besitzt. Es ist sehr interessant, daß das zusätzliche Feld in der 16dimensionalen Darstellung von SO(10) genau die passenden Eigenschaften besitzt, um mit einem rechtshändig rotierenden Neutrino im Verbindung gebracht werden zu können. So führt die Gruppentheorie die Physiker automatisch dazu, eine Große Vereinigungs-Theorie auf der Basis von SO(10) in Erwägung zu ziehen. In einem bestimmten Energiebereich zerbricht die SO(10)-Symmetrie spontan in SU(5), wobei das rechtshändige Neutrinofeld eine enorme Masse erlangt. Dies würde erklären, warum ein rechtshändiges Neutrino experimentell noch niemals nachgewiesen werden konnte.

Wie uns die Theorie weiter verrät, darf dann, wenn das rechtshändige Neutrinofeld eine sehr große Masse aufweist, das linkshändige Neutrinofeld nur eine äußerst geringe Masse besitzen. Zur Zeit ist eine Anzahl von Experimentatoren damit beschäftigt, herauszufinden, ob das linkshändige Neutrino, das lange Zeit für völlig masselos gehalten wurde, in Wirklichkeit nicht doch eine winzige Masse besitzt.

Viele Theoretiker sind geneigt, der SO(10)-Theorie Glauben zu schenken; sie ist jedoch im Augenblick noch weit von einer experimentellen Bestätigung entfernt und wird hier nur erwähnt, um dem Leser einen Eindruck von der Suche nach der Großen Vereinigung zu vermitteln. Wir haben gesehen, worum es dabei geht: Um Symmetrien und Gruppentheorie, das Abzählen fundamentaler Felder und ihre Einpassung in die korrekten Darstellungen.

Schöpfungsentwürfe

Im Kapitel 2 war von Theoretikern die Rede, die sich in ihrer Phantasie mit dem Entwurf von Universen beschäftigen. Auch Sie kennen jetzt die Regeln dieses Spieles und können sich daran beteiligen. Wählen Sie also Ihre Lieblingsgruppe aus, schreiben Sie die Yang-Mills-Theorie mit der von Ihnen gewählten Gruppe als lokale Symmetriegruppe hin, ordnen Sie Quarkfelder, Leptonenfelder und Higgs-Felder den passenden Darstellungen zu, erlauben Sie eine spontane Symmetriebrechung und beobachten Sie, was bei dieser Symmetriebrechung herauskommt. (Bei unserer Analogie mit der Weinflasche beobachten wir, welche Richtung die Kugel in der Hohlbodenflasche auswählt.) Das wäre im wesentlichen alles. Jeder darf mitspielen. Um zu gewinnen, muß man nur genau diejenige Lösung finden, die von dem größten Spieler aller Zeiten gewählt wurde. Und was ist der Preis? Ruhm und Ehre plus einer Fahrkarte nach Stockholm.

Natürlich kann bei unserem Spiel ein ganze Menge schiefgehen. Nehmen wir an, wir hätten nicht die richtige Gruppe gewählt: Vielleicht bekommen wir dann keine masselosen Eichbosonen und damit auch kein Licht in unserem Universum. Beim nächsten Versuch könnten sich zwei masselose Bosonen ergeben. Das Universum besäße dann gleich zwei verschiedene Photonenarten – und wieder würde ein möglicher Weltentwurf im Papierkorb landen. Also, wie wär's mit einem Spiel?

Ein Leben in Ruinen

Nach der Theorie der Großen Vereinigung leben wir in den Überresten der spontanen Symmetriebrechung. Die "wahre" Physik spielt sich in einem Energiebereich ab, der der 10^{15}fachen Nukleonenmasse entspricht, und die Physik, die wir beobachten, stellt nur die Überreste dieser "wahren" Physik dar. Der Gedanke, daß das Photon, dessen Verhalten den meisten makroskopischen Phänomenen zugrunde liegt, nur eines von vielen Eichbosonen ist, ist wirklich eine verwirrende Vorstellung.

Um die Rolle der spontanen Symmetriebrechung richtig würdigen zu können, wollen wir uns für einen Augenblick vorstellen, Gott hätte die Symmetrie "von Hand" gebrochen. Wollte man in der Architektur auf eine analoge Weise vorgehen, müßte man ein Gebäude mit einer höchst komplizierten Symmetrie errichten und es anschließend in Schutt und Asche legen. In diesem Fall wären die Physiker intelligenten Ameisen vergleichbar, die in den Trümmern herumkrabbeln, um den ursprünglichen Bauplan zu rekonstuieren, und die Physik wäre für alle Zeiten zu phänomenologischen Untersuchungen verdammt. Es sieht jedoch ganz so aus, als hätte der Höchste Designer die Symmetrie spontan gebrochen – ein Vorgehen, das für uns von entscheidender Bedeutung ist, da es uns erlaubt, einen Blick auf die “wahre” Physik zu erhaschen, auch wenn wir bei unseren direkten Beobachtungen auf jämmerlich kleine Energien beschränkt sind.

15. Das Aufkommen der Hybris

Der Bauplan des Universums

Die Geschichte der Physik schreitet im allgemeinen relativ stetig voran: Die Physiker versuchen, ein Phänomen nach dem anderen zu verstehen. Warum fällt der Apfel vom Baum, nicht aber der Mond auf die Erde? Worum handelt es sich bei dem geheimnisvollen Phänomen, das wir als Licht bezeichnen? Was steckt im Innern eines Atomkerns? In einem einzigen Schritt von beispielloser Kühnheit sind die Physiker nun jedoch vom Studium der Phänomene bei Energien vom Hundertfachen der Nukleonenmasse zu Betrachtungen über die Physik bei Energien vom 10^{15}fachen der Nukleonenmasse übergegangen. Die Hybris der heutigen Generation von Physikern kennt wahrlich keine Grenzen. Die Forscher haben einen Schimmer davon erhascht, wie Er das Universum entworfen haben könnte – schon glauben sie, sie könnten selbst in der Lage sein, Universen zu entwerfen.

Der Charakter der physikalischen Forschung hat sich gegenüber früheren Zeiten auf dramatische Weise gewandelt. Als ich zur Oberschule ging, schlugen sich die Physiker noch mit Problemen wie der Berechnung des Zusammenpralls zweier Protonen herum. Viele dieser Fragen beschäftigten sich mit dem, was Einstein als "dieses oder jenes Phänomen" bezeichnet hatte und wurden niemals abschließend beantwortet. Die Grundlagenphysiker hörten einfach auf, sich über diese Probleme den Kopf zu zerbrechen. Sie stellten und beantworteten viel tiefergehende Fragen: Warum ist die Elektronenladung genau entgegengesetzt gleich der Protonenladung? Warum ist das Universum nicht völlig frei von Materie? Warum ist das Universum so groß?

Viele heutige Physiker glauben, daß der Gesamtplan der Welt dank des Leitstrahles der Symmetrie innerhalb unseres Horizontes liegt. Nach jahrelanger Konzentration auf kleine Flicken im Teppich der Natur könnten wir endlich in der Lage sein, den ganzen Entwurf zu überblicken.

Wo stehen wir heute?

Auch in ihrer Euphorie sind sich die Grundlagenphysiker darüber im klaren, daß sie von einem wirklichen Verständnis der physikalischen Welt noch weit entfernt sind. Zunächst einmal schließt die Große Vereinigung die Gravitation nicht mit ein. Aber auch wenn wir die Gravitation beiseite lassen, kann die Georgi-Glashow-Theorie nicht das letzte Wort über die Große Vereinigung sein. Obwohl sie lange ausstehende fundamentale Fragen beantwortet hat, sind andere Punkte genauso mysteriös wie vorher geblieben.

In diesem Kapitel soll versucht werden, dem Leser ein Gefühl für den gegenwärtigen Stand der Grundlagenforschung zu vermitteln. Dabei wollen wir uns zunächst auf eine der Fragen konzentrieren, die von der Georgi-Glashow-Theorie nicht beantwortet werden können, bevor wir einige der Versuche skizzieren, die Gravitation in das Gesamtbild mit einzubeziehen.

Der Hochstapler

Im Jahre 1935 entdeckten die Experimentatoren Carl Anderson und Seth Neddermeyer bei ihrer Arbeit auf dem Gipfel des Pikes Peak in Colorado ein Teilchen in der Kosmischen Strahlung, das man zunächst für das von Yukawa vorausgesagte Meson hielt, das heute als "Pion" bekannt ist. Die Masse des neuen Teilchens lag in der Nähe des Wertes, den Yukawa für das Meson berechnet hatte; merkwürdigerweise verhielt sich das Teilchen jedoch ganz und gar nicht wie ein Vermittler der starken Wechselwirkung. Nach einer Zeit beträchtlicher Konfusion wurde den Physikern klar, daß es sich bei diesem Teilchen, das heute unter dem Namen "Myon" bekannt ist, tatsächlich nicht um das Pion handelte und daß seine Masse nur zufälligerweise ungefähr gleich der des Pions war. Die Natur hatte also wieder einmal versucht, uns hereinzulegen.

Die weiteren Untersuchungen zeigten, daß das Myon genau die gleichen Eigenschaften wie das Elektron besitzt. Der einzige Unterschied zwischen den beiden Teilchen besteht darin, daß das Myon einige hundertmal massereicher als das Elektron ist: Das Myon ist nichts anderes als eine schwerere Version des Elektrons. Aufgrund seiner großen Masse kann das Myon über die schwache Wechselwirkung in ein Elektron zerfallen.

Welche Rolle spielt das Myon nun aber im Letztgültigen Entwurf? Soweit wir wissen, würde das Universum immer noch in der gleichen Weise funktionieren, wenn es das Myon überhaupt nicht gäbe. Das Myon ist also völlig überflüssig oder "redundant". Es sitzt eine Weile herum und zerfällt dann in ein

Elektron. Abgesehen davon kann das Elektron alles, was das Myon kann. Erbittert brach der berühmte Experimentator Isidor Rabi daher einmal in die Klage aus: “Wer hat nur das Myon bestellt?” Ja, wer? Niemand weiß es.

Merkwürdigerweise verhält sich das Myon auch hinsichtlich der schwachen Wechselwirkung genau wie das Elektron. Unter der Einwirkung eines W-Bosons wird das Elektron in ein Neutrino transformiert und wird in dieser Hinsicht vom Myon kopiert, das sich gleichfalls in ein Neutrino umwandelt, wenn es mit einem W-Boson zusammentrifft. In einem bahnbrechenden Experiment wurde Ende der 50er Jahre nachgewiesen, daß diese beiden Neutrinos einander nicht gleich sind. Um zwischen beiden zu unterscheiden, bezeichnen die Physiker das eine als Elektron-Neutrino und das andere als Myon-Neutrino.

In den 60er Jahren dämmerte den Physikern, daß sich das Strange-Quark zum Down-Quark verhält wie das Myon zum Elektron. Das infame Strange-Quark hat in der Tat die gleichen Eigenschaften wie das Down-Quark. Wieder besteht der Unterschied nur darin, daß das Strange-Quark etwa zwanzigmal massereicher als das Down-Quark ist. Die Natur kopiert sich also selbst!

Die Entdeckung des Charms

Zu diesem Zeitpunkt machten die Physiker die naheliegende Voraussage, es müsse auch eine schwere Version des Up-Quarks geben. Es handelte sich dabei zunächst um nicht mehr als eine Vermutung. Ende der 60er Jahre zeigten dann Shelley Glashow, der griechisch-französische Physiker John Iliopoulos und der italienische Physiker Luciano Maiani, daß dieses zusätzliche Quark, das sie auf den Namen “Charm-Quark” getauft hatten, in der Yang-Mills-Theorie der schwachen Wechselwirkung benötigt wird. Die Struktur der Eichgruppe ist so beschaffen, daß bestimmte Hadronen ohne die Existenz des Charm-Quarks auf eine Weise zerfallen würden, die durch die Beobachtungen ausgeschlossen wird. Die Voraussage dieser unbeobachtbaren Zerfallsprozesse bildete einige Jahre hindurch ein ernstes Hindernis für die Anerkennung einer Eichtheorie der schwachen Wechselwirkung. Im Englischen bedeutet “charm” auch soviel wie “Zauberspruch”, und in der Tat erfüllte das zusätzliche Quark die Aufgabe eines Exorzisten, mit dessen Hilfe die unerwünschten Zerfälle ausgetrieben werden konnten.

Experimentell wurde das Charm-Quark 1974 entdeckt. Ich erinnere mich noch gut an die Aufregung, die damals herrschte. Zusammen mit der Entdekkung der Neutralstrom-Wechselwirkung war der Nachweis des Charm-Quarks ein Indiz dafür, daß das auf der lokalen Symmetrie und der spontanen Symmetriebrechung beruhende theoretische Konzept richtig war. Wir scheinen tatsächlich fähig zu sein, Seine Gedanken nachzuvollziehen!

Redundante Entwürfe

In dem Märchen vom "Goldlöckchen" gelangt ein kleines Mädchen in die Hütte eines Bären und findet dort alles in dreifacher Ausfertigung vor: Auf dem Tisch stehen drei Schüsseln, die bis auf ihre Größe vollkommen identisch sind. Zu ihrer Verblüffung finden sich die Physiker genau in der gleichen Lage: Sie glauben, endlich herausgefunden zu haben, wie das Universum konstruiert ist. Danach besteht die Materie aus Leptonen und Quarks – dem Elektron, dem Elektron-Neutrino, dem Up- und dem Down-Quark – sowie dem Graviton und einem ganzen Haufen von Eichbosonen, durch deren Einwirkung Quarks und Leptonen ineinander umgewandelt werden. Aus diesem Arrangement soll letzten Endes die ganze Pracht des Universums hervorgehen. Ein höchst eleganter Entwurf! Aber noch während sich die Physiker vor Bewunderung über Seinen Bauplan kaum zu fassen wissen, bringt der Höchste Designer eine völlig neue Gruppe von Teilchen ins Spiel, die in dem reibungslosen Getriebe des Universums anscheinend überhaupt keine Rolle spielen. Das Elektron wiederholt sich im Myon, das Elektron-Neutrino im Myon-Neutrino, das Up-Quark im Charm-Quark und das Down-Quark im Strange-Quark. (Um zwischen den beiden Teilchengruppen unterscheiden zu können, bezeichnen die Physiker sie als Elektronenfamilie beziehungsweise Myonenfamilie.)

Aber das Rätsel sollte sogar noch größer werden. Mitte der 70er Jahre begannen die Experimentatoren weitere fundamentale Teilchen zu entdecken, und bald wurde klar, daß es noch eine dritte Familie gab, die aus dem "Tau-Neutrino", dem "Top-Quark" und dem "Bottom-Quark" bestand. Das "Tau" ist eine noch schwerere Version des Elektrons, verhält sich aber sonst in jeder Hinsicht genau wie das Elektron oder das Myon. In analoger Weise sind auch die anderen Mitglieder der Tau-Familie Kopien der Teilchen aus der Elektronenfamilie und der Myonenfamilie.

Die Natur bringt es nicht nur fertig, die Physiker zu verunsichern, sie strapaziert auch zunehmend ihre Fähigkeit, sich hübsche Namen auszudenken. "Top" und "bottom" klingt schon ziemlich ähnlich wie "up" und "down". (Als ich an der "Magischen Symmetrie" schrieb, behaupteten einige Experimentatoren, das Top-Quark entdeckt zu haben. Als ich das Manuskript dann überarbeitete, wurde diese Behauptung jedoch widerrufen.) Inzwischen haben einige Theoretiker die Vermutung geäußert, es gäbe überhaupt keine Top-Quarks, und

Theorien konstruiert, die naturgemäß als "topless"-, also "Oben-ohne"-Theorien bekannt wurden. Viele von uns Physikern hatten das Gefühl, eine solche Nomenklatur könnte unser Ansehen ernsthaft kompromittieren, und tatsächlich weigerten sich bestimmte Zeitschriften, diese anstößige Bezeichnung zu drukken. Glücklicherweise spricht das beobachtete Verhalten des Bottom-Quarks für die Existenz des Top-Quarks, und da sich noch eine Reihe anderer Gründe dafür ins Feld führen lassen, glauben die meisten Theoretiker, daß es das Top-Quark wirklich gibt.

Einer Schlange Füße anmalen

Im Augenblick sehen die Physiker keinen vernünftigen Grund, die Myonen- und Tau-Familie in den Entwurf des Universums mit einzufügen. Da die Mitglieder dieser Familien sehr rasch in Teilchen aus der Elektronenfamilie zerfallen, sind sie im Universum normalerweise auch gar nicht anwesend. Das Universum würde auch ohne Myonen- und Tau-Familie perfekt funktionieren.

Abb. 53
Einer Schlange Füße anmalen: Mit dieser Zeichnung hat ein zeitgenössischer Karikaturist eine alte chinesische Geschichte neu interpretiert, deren Moral im wesentlichen darin besteht, daß man aufhören soll, wenn man nicht mehr besser werden kann.

Wollten wir Rabis zornige Frage aktualisieren, so müßte sie lauten: "Warum wiederholt Er sich?" Es sieht tatsächlich so aus, als wollte Er Seinen eigenen eleganten Entwurf durch überflüssige Schnörkel ruinieren. In China erzählt man sich die Geschichte von einem Künstler, der äußerst geschickt in der Darstellung von Schlangen war. Seine Werke wurden viel bewundert, aber trotzdem war er nicht zufrieden. Die Schlangen, die er gezeichnet hatte, erschienen ihm irgendwie nicht ganz richtig dargestellt. Schließlich griff er zum Pinsel und verpaßte den Schlangen Füße. Seitdem wird die Redewendung "den Schlangen Füße anmalen" im Chinesischen dazu benutzt, die Zerstörung eines Entwurfes durch exzessive Verzierungen zu umschreiben.

Hat auch die Natur den Schlangen Füße angemalt? Die Physiker glauben es nicht. Die vorherrschende Vermutung ist die, daß die Natur tatsächlich die im Universum vorkommende Materie kopiert. Sie muß dazu durch einen tiefen ästhetischen Grund motiviert werden, den wir bis heute noch nicht verstehen.

Ein Familienproblem

Die Physiker betrachten die Elektronen-, Myonen- und Tau-Familie manchmal als drei Generationen einer einzigen großen Familie. Die Frage, warum die Natur drei Generationen benötigt, wenn schon eine ausreichen würde, ist als das "Familienproblem" bekannt. Vor einigen Jahren wurde ich zu Vorlesungen nach Japan eingeladen. Als ich über das Familienproblem sprach, brach das Auditorium in schallendes Gelächter aus. Wie sich herausstellte, war das ganz reale Familienproblem des Zusammenlebens von drei Generationen zu dieser Zeit in den japanischen Medien gerade ein aktuelles Diskussionsthema.

Die Große Vereinigung wirft kein Licht auf das Familienproblem. Erinnern wir uns daran, daß wir beim Abzählen der fünfzehn Quark- und Leptonenfelder im letzten Kapitel das strange-Quark ausgelassen haben. Es dürfte nun klar geworden sein, warum wir so verfahren mußten: Wir wollten nur die Mitglieder einer einzigen Generation durchzählen. Jede Generation enthält fünfzehn Quark- und Leptonenfelder und paßt damit sehr schön in die fünf- und zehndimensionalen Darstellungen von SU(5). Um drei Generationen unterzubringen, brauchten Georgi und Glashow die in ihrer Theorie auftretenden Darstellungen einfach nur zu verdreifachen. Wir haben jedoch absolut keine Ahnung, warum die Darstellungen auf diese Weise verdreifacht sind und warum jede neue Generation massereicher als die vorangegangene ist.

Bei dem Familienproblem handelt es sich um eines der tiefsten noch offenen Rätsel in der heutigen Physik. Im Augenblick können wir noch nicht einmal sagen, daß es sich lediglich um drei Generationen handelt, es gibt vielleicht sogar noch mehr. Eine Reihe von Physikern hat versucht, die Anzahl der Familien aus bestimmten Grundprinzipien abzuleiten. Auch bei diesen Bemühungen scheint der Brennende Tiger den Weg zu weisen.

Spiegelbilder

Viele Theoretiker nehmen an, daß die verschiedenen Familien durch eine Gruppe von Symmetrietransformationen miteinander verknüpft sind. Man könnte glauben, daß in einer wirklichen Großen Vereinigungs-Theorie alle bekannten Quarks und Leptonen zu einer einzigen Darstellung gehören, die über irgendeine Art von spontaner Symmetriebrechung in verschiedene Kopien der fünf- und zehndimensionalen Darstellungen von SU(5) zerfällt – vielleicht in drei, vielleicht auch in mehr Kopien. Interessanterweise ist dies nur dann möglich, wenn zusätzliche Teilchen anwesend sind, die Spiegelbilder der bekannten Quarks und Leptonen darstellen. Die Gruppentheorie zwingt uns also dazu, ein Spiegel-Elektron, ein Spiegel-Neutrino und so weiter einzuführen. Die Spiegelteilchen verhalten sich so, als wären sie Spiegelbilder der bekannten Teilchen. So transformiert beispielsweise das W-Boson ein Elektron in ein linkshändiges Neutrino, ein Spiegel-Elektron dagegen in ein Neutrino mit rechtshändigem Spin. Da die Experimentatoren noch nie Spiegelteilchen beobachtet haben, müssen Spiegel-Quarks und Spiegel-Leptonen, sollten sie tatsächlich existieren, wesentlich massereicher als die bekannten Quarks und Leptonen sein.

Die Existenz von Spiegelteilchen würde die interessante Möglichkeit eröffnen, daß der Letztgültige Entwurf tatsächlich paritätsinvariant sein könnte, und daß die Paritätsverletzung, welche die physikalische Welt in den 50er Jahren so schockierte, lediglich das Ergebnis einer spontanen Symmetriebrechung ist. Nahm Er Spiegelteilchen in Seinen Entwurf mit auf und zerbrach dann den Spiegel?

Ein Außenseiter

In seiner ausführlichen Biographie Einsteins schildert Abraham Pais, wie sehr er von der Sonderstellung dieses Mannes beeindruckt war. In gleichem Maße scheint sich auch die Gravitation – in vieler Hinsicht das Kind Einsteins – auffallend von den anderen drei Wechselwirkungen abzuheben.

Auch wenn wir von dem enormen Unterschied zwischen ihrer Stärke und der Stärke der anderen Wechselwirkungen absehen, erscheint die Gravitation auf einmalige Weise von allen übrigen Kräften verschieden. Da die anderen Wechselwirkungen durch Yang-Mills-Eichbosonen übertragen werden, könnte man vermuten, daß auch das Graviton ein Eichboson ist. Das ist jedoch nicht der Fall. Das Graviton verhält sich völlig anders als ein Eichboson; zum Beispiel ist sein Spin doppelt so groß wie der des Photons. Man kann das Graviton also nicht direkt mit den Vermittlern der drei anderen Wechselwirkungen in Verbindung bringen.

Während der Herrschaft der phänomenologischen Entwürfe in der Teilchenphysik erschien die Gravitation oft wie ein einsames Stiefkind, das gleichermaßen bewundert wie vernachlässigt wird. Man konnte in jenen Tagen als Physiker in einer führenden Position tätig sein, ohne irgendwelche Kenntnisse über die Gravitation zu besitzen. Auch heute beenden die meisten Physiker ihr Studium, ohne eine einzige Vorlesung über Einsteins Relativitätstheorie besucht zu haben. Da die Gravitation eine so unglaublich schwache Kraft darstellt, sind ihre Wirkungen in der makroskopischen Welt vollkommen vernachlässigbar. Ein Physiker, der sich beispielsweise mit den elektronischen Eigenschaften von Festkörpern beschäftigt, braucht der Theorie der Gravitation daher nicht die geringste Aufmerksamkeit zu schenken.

Auch heute noch gehen die Ansichten über die Rolle der Gravitation auseinander. Einige Physiker glauben, daß wir die von der Großen Vereinigung beschriebene Wechselwirkung nur dann voll verstehen werden, wenn wir sie im Zusammenhang mit der Gravitation betrachten. Andere ziehen es vor, sich auf die Große Vereinigung zu konzentrieren, ohne sich dabei viel um die Gravitation zu kümmern. Der weitaus größte Teil der Anstrengungen der gegenwärtigen Forschungen jedoch zielt auf den Versuch, Einsteins Kind in das Spiel mit einzubeziehen.

Ein abgewiesener Heiratsantrag

Als klassische Theorie ist die Einsteinsche Gravitationstheorie von wunderbarer Vollkommenheit, aber ebenso störrisch wie Einstein selbst sich weigerte, die Quantenphysik anzuerkennen, hat auch seine Theorie einer Vermählung mit dem Quantum Widerstand geleistet. Wird das Quantenprinzip auf Einsteins Theorie angewandt, so bleibt die daraus resultierende Theorie der "Quantengravitation" ohne Sinn: Sie ist nicht renormierbar. Mit anderen Worten: Wenn die Physiker versuchen, die Summe über Amplituden zu berechnen, die mit Prozes-

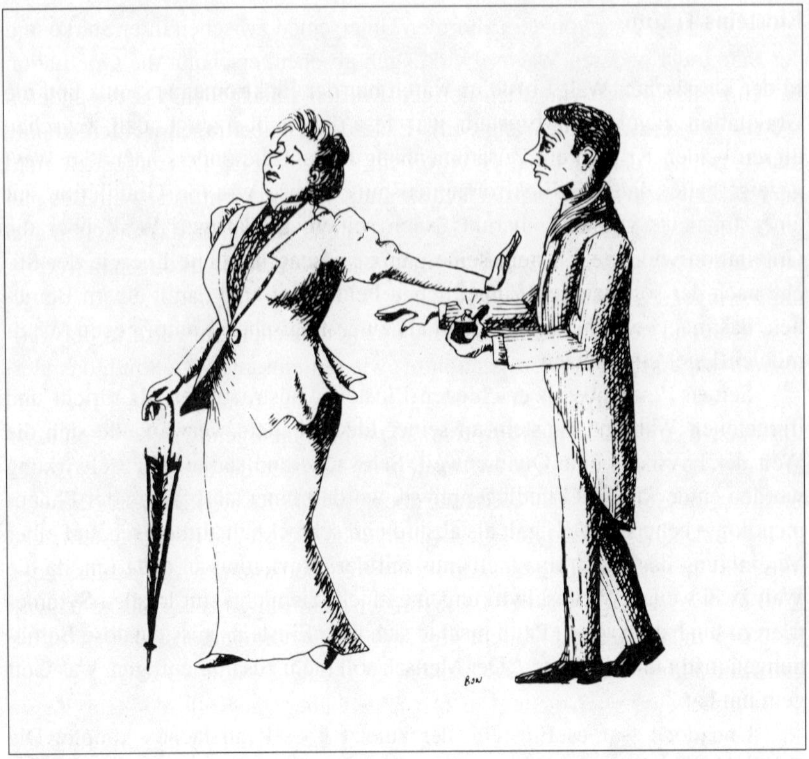

Abb. 54
Ein abgelehnter Heiratsantrag: Einsteins Gravitationstheorie verschmäht das Quantum.

sen der Gravitation verknüpft sind, so stoßen sie auf sinnlose Ausdrücke ähnlich der Summe 1 + 2 + 3 + 4 + ...

Im Umkreis dieses Problems hat sich inzwischen ein ganzes Spektrum unterschiedlicher Meinungen gebildet. Das eine Extrem bildet die Ansicht, Einsteins Kind würde uns lehren, daß die Quantenphysik von einem bestimmten Punkt ab ihre Gültigkeit verliert. Andere Physiker glauben, daß die Theorie der Gravitation modifiziert werden muß. Wer verschmäht also letzten Endes wen?

Die Physik begann mit der Gravitation und könnte ironischerweise auch mit ihr enden. Von allen vier Wechselwirkungen ist sie diejenige, die wir immer noch am wenigsten verstehen.

Einsteins Traum

In der klassischen Welt Einsteins waren nur der Elektromagnetismus und die Gravitation zugelassen. Einstein war fest davon überzeugt, daß zwischen diesen beiden Kräften ein Zusammenhang besteht, besonders nachdem Weyl gezeigt hatte, daß der Elektromagnetismus ebenso wie die Gravitation auf einer lokalen Symmetrie beruht. Nach seinem großartigen Werk über die Gravitation widmete Einstein seine ganze wissenschaftliche Energie der Suche nach der sogenannten Einheitlichen Feldtheorie und damit einem Bemühen, das manche seiner Biographen als einen tragischen Kampf gegen Windmühlenflügel einschätzen.

Seinen Zeitgenossen erschienen Einsteins Bestrebungen als töricht und irregeleitet. Während Einstein an seiner Idee arbeitete, verwandelte sich die Welt der Physik in eine Quantenwelt. Schwache und starke Wechselwirkung wurden entdeckt; die Grundlagenphysik wurde immer stärker von der Phänomenologie beherrscht. Es galt als absurd und schrecklich altmodisch, auf einer Vereinigung des Elektromagnetismus mit der Gravitation zu beharren, da die Welt zwei weitere Wechselwirkungen enthielt, die nichts mit lokalen Symmetrien zu tun hatten. Auch Pauli machte sich über Einsteins aussichtslose Bemühungen lustig und spöttelte: "Der Mensch soll nicht zusammenfügen, was Gott getrennt hat."

Und doch war es Einstein, der zuletzt über Pauli lachen konnte. Die Große Vereinigung stellt in mancher Hinsicht die Realisierung der scheinbar unerreichbaren Bestrebungen Einsteins dar. Die Physiker haben etwas zusammengefügt, was Gott scheinbar getrennt hat. Es läßt sich zwar nicht bestreiten, daß die Vereinigung von drei Wechselwirkungen unter Ausschluß der Gravitation etwas ganz anderes darstellt als das, was Einstein im Sinn hatte, aber seine Vision eines einheitlichen Weltentwurfes ist heute noch genauso inspirierend wie damals.

Am Beginn dieses Buches sprach ich davon, daß die Physiker von dem Vertrauen daran getragen werden, die Natur sei letzten Endes einfach und verstehbar. Heute ist die Physik bei ihrem Bestreben nach immer größerer Einfachheit und Einheitlichkeit bei den Theorien der Großen Vereinigung der starken, elektromagnetischen und schwachen Wechselwirkung angelangt (Abb. 55). Nur die Gravitation ist noch nicht in diesem Gesamtbild untergebracht. Die Vorstellung, sie könnten vielleicht nur noch einen einzigen Schritt von dem Letztgültigen Entwurf entfernt sein, versetzt die Grundlagenphysiker heute in steigende Erregung.

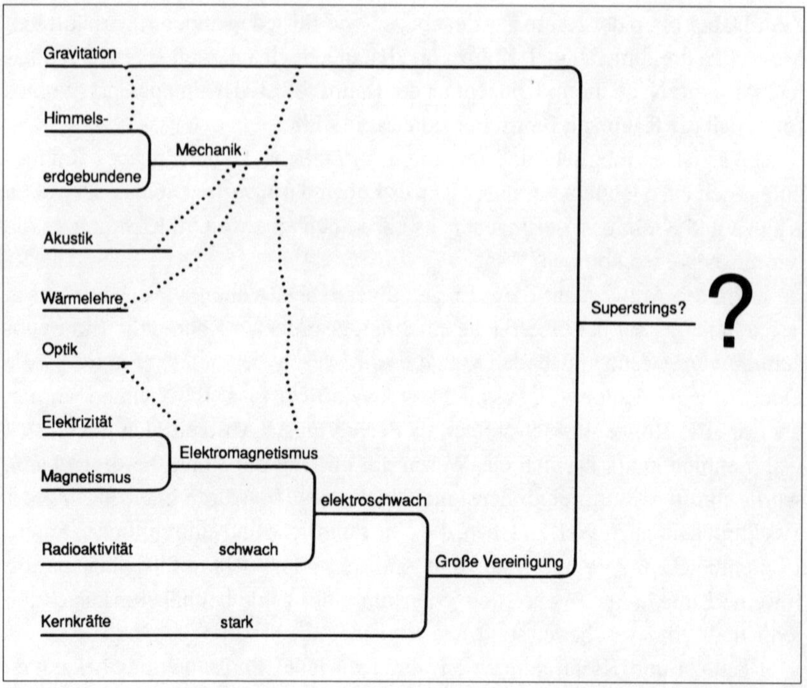

Abb. 55
Der Stand der Vereinheitlichung in der Physik am Ausgang des 20. Jahrhunderts. (Man vergleiche diese Darstellung mit der Abbildung 18.) Die Grundlagenphysiker sind von der Vorstellung erregt, daß sie vielleicht nur noch ein einziger Schritt vom Letztgültigen Entwurf trennt. Sind die Superstrings dieser letzte Schritt? Die Meinungen darüber gehen auseinander.

Dimensionen

Es stellt eine Ironie der Geschichte dar, daß das gegenwärtige Streben nach einer Vereinigung der Gravitation mit den drei anderen Wechselwirkungen auf einer Idee beruht, die bereits auf dem Abfallhaufen der Physik gelandet war. Im Jahre 1919 – vier Jahre, nachdem Einstein seine Gravitationstheorie vorgestellt hatte – verstieg sich der polnische Mathematiker und Linguist Theodor Kaluza zu der völlig verrückt anmutenden Idee, die Raumzeit könnte in Wirklichkeit fünfdimensional sein. Durch den schwedischen Physiker Oskar Klein wurde diese Vorstellung zu einem Gedankengebäude weiterentwickelt, das heute als "Kaluza-Klein-Theorie" bekannt ist.

Einstein vermählte Raum und Zeit und sprach der Welt damit vier Dimensionen zu: Die drei bekannten Dimensionen des Raumes und die Dimension der

Zeit. Dabei blieb der Raum für ihn ebenso wie für jeden anderen vernünftigen Menschen dreidimensional. Kaluza und Klein jedoch äußerten eine viel radikalere Ansicht: Nach ihrem Konzept ist der Raum selbst vierdimensional, woraus folgt, daß die Raumzeit fünfdimensional sein muß.

Wie ist es möglich, daß uns diese zusätzliche Dimension des Raumes entgangen ist, nachdem wir unser ganzes Leben darin verbracht haben? Wollen Kaluza und Klein uns weismachen, es gäbe noch eine weitere Richtung, in die wir uns bewegen könnten?

Um die Antwort auf diese Frage zu verstehen, wollen wir uns ein Wesen vorstellen, das auf der Oberfläche einer langgestreckten Röhre lebt. Ein Beobachter würde sehen, daß der von diesem Wesen bewohnte "Raum" – die Oberfläche der Röhre – in Wirklichkeit zweidimensional ist. Nehmen wir nun aber an, die Röhre sei viel dünner als der geringste Abstand, den das Wesen wahrnehmen kann. Da sich das Wesen nur entlang der Röhre bewegen kann, würde ihm der Raum eindimensional erscheinen. Es würde glauben, in einer zweidimensionalen Welt zu leben, die eine räumliche und eine zeitliche Dimension enthält. Kurz gesagt: Man kann eine sehr dünne Röhre fälschlicherweise für eine Linie halten, wobei sich jeder Punkt der Linie bei näherer Inspektion jedoch als ein Kreis herausstellt.

Kaluza und Klein nahmen an, daß sich jeder Punkt des uns bekannten dreidimensionalen Raumes, in dem wir uns umherbewegen, bei näherer Untersuchung als ein Kreis erweisen würde. Wären die Radien der Kreise wesentlich kleiner als der kleinste meßbare Abstand, so würden wir diese Kreise als Punkte ansehen und zu dem Fehlschluß verleitet werden, in einem dreidimensionalen statt in einem vierdimensionalen Raum zu leben.

Bis jetzt haben wir die ganze Sache unter rein geometrischen Gesichtspunkten betrachtet. Physikalische Bedeutung erlangt die Idee erst durch die von Kaluza und Klein gemachte Annahme, in der nun fünfdimensional vorgestellten Welt gäbe es allein die Gravitations-Wechselwirkung, wie sie durch Einsteins Wirkungsprinzip beschrieben wird.

Als nächstes fragten sich Kaluza und Klein, auf welche Weise die Bewohner dieser Welt – zu kurzsichtig, um zu erkennen, daß das, was sie für Punkte halten, in Wahrheit Kreise sind – die Gravitationskraft wahrnehmen würden. Zu ihrer großen Überraschung fanden sie heraus, daß die Bewohner zwei Arten von Kräften spüren würden, die sie als Gravitationskraft und elektromagnetische Kraft interpretieren würden. In der Kaluza-Klein-Theorie ergibt sich also Maxwell aus Einstein!

Um es etwas genauer zu formulieren: Ist die Raumzeit tatsächlich fünfdimensional, ergibt sich Maxwells elektromagnetische Wirkung als Teil der

Einsteinschen Gravitationswirkung. Man kann sich diese verblüffende Entdeckung etwa wie folgt klar machen: Eine Kraft in einem dreidimensionalen Raum kann in drei verschiedene Richtungen ziehen – dies ist es schließlich, was wir meinen, wenn wir davon sprechen, der Raum sei dreidimensional. Im vierdimensionalen Raum der Kaluza-Klein-Theorie dagegen kann die Gravitation in vier verschiedene Richtungen wirken. Für uns, die kurzsichtigen Bewohner dieses Raumes, erscheint die Zugwirkung der Gravitation in den drei Richtungen, die wir kennen und schätzen, als nichts anderes als eben eine Gravitationskraft. Wie aber steht es mit dem Zug der Gravitation in der vierten Richtung – in derjenigen nämlich, die wir als Kurzsichtige nicht wahrnehmen? Die Antwort lautet: Wir würden ihn als eine andere, zusätzliche Kraft interpretieren.

Man kann sich unsere vierdimensionale Raumzeit als eine angenäherte Darstellung der fünfdimensionalen Raumzeit vorstellen. Eine Wirkung, welche die Physik in der fünfdimensionalen Raumzeit beschreibt, zerfällt in mehrere Teile, wenn man sie in der vierdimensionalen Näherung betrachtet. Wie Kaluza und Klein herausfanden, beschreibt der eine Teil die Gravitation und der andere den Elektromagnetismus.

Im Lichte der vorangegangenen Diskussion stellt die Tatsache, daß die Kaluza-Klein-Theorie zwei verschiedene Kräfte liefert, keine Überraschung dar. Was hingegen überrascht, ist der Umstand, daß die zweite Kraft genau den Charakter der elektromagnetischen Kraft besitzt.

Auch Einstein war über dieses Ergebnis äußerst erstaunt. Er schrieb Kaluza, daß ihm selbst niemals die Idee gekommen wäre, der Raum könnte in Wirklichkeit vierdimensional sein. Die Theorie von Kaluza und Klein gefiel ihm außerordentlich.

Klein, aber fein

In der Kaluza-Klein-Theorie kann der enorme Unterschied zwischen den Stärken der Gravitation und der elektomagnetischen Wechselwirkung dadurch erklärt werden, daß der Radius der Kreise extrem klein ist, nämlich ungefähr 10^{18} mal kleiner als der des Protons. Die Theorie ersetzt also eine unvorstellbar kleine Zahl – das Verhältnis der Stärke der Gravitation zu derjenigen der anderen Wechselwirkungen – durch eine andere sehr kleine Zahl. Zur Zeit können die Physiker keinen Grund dafür angeben, warum eine von den vier Raumdimensionen derart winzig ist, während die anderen drei sich über das ganze Universum erstrecken. Jedenfalls stimmt die Theorie insoweit mit den Beobachtungen überein, als sich der Radius der Kreise beispielsweise nicht zu 1 Zentimeter ergibt.

So wild die Kaluza-Klein-Theorie auch erscheint, ist sie doch zahm im Vergleich zu dem, was sich manche Science-Fiction-Schreiber ausgedacht haben. Nein – es gibt keine Möglichkeit einer Reise in die Fünfte Dimension. Die Kreise sind so winzig, daß sogar subnukleare Teilchen viel zu groß sind, um sich in sie hineinzuquetschen.

Viele Jahre hindurch inspirierte die Kaluza-Klein-Theorie eine große Zahl komischer Käuze zur Entwicklung ähnlicher Ideen, die alle auf einem unsäglichen Mißbrauch des Begriffes der Dimension beruhten. Der springende Punkt ist der, daß es nicht ausreicht, für die Raumzeit so viele Dimensionen anzunehmen, wie man lustig ist. Kaluza und Klein mußten detaillierte Untersuchungen der Wirkung anstellen, um herauszufinden, welche Physik sich in der vierdimensionalen Raumzeit daraus ergab. Ob dabei tatsächlich der Elektromagnetismus herauskam oder nicht, lag nicht mehr in ihrer Entscheidung.

Die Herrschaft der lokalen Symmetrie

Das erstaunlichste Ergebnis der Kaluza-Klein-Theorie – daß nämlich die Gravitation den Elektromagnetismus enthält – läßt sich heute als eine Konsequenz der lokalen Symmetrie verstehen. Erinnern wir uns an die Diskussion der lokalen Symmetrie in Kapitel 12. Einstein hatte seine Theorie auf lokalen Koordinatentransformationen aufgebaut und damit auch Weyl inspiriert, den Elektromagnetismus auf einer lokalen Symmetrie zu begründen, die heute als Eichtheorie bekannt ist. In der Kaluza-Klein-Theorie besitzt die Wirkung in der fünfdimensionalen Raumzeit eine lokale Symmetrie; sie ist nämlich invariant gegenüber einer fünfdimensionalen lokalen Koordinatentransformation. Reduziert man die Raumzeit auf vier Dimensionen, so kann die lokale Symmetrie der Wirkung nicht verloren gehen. Den Teilen, in welche die Wirkung zerfällt, bleibt daher nichts anderes übrig, als zu denjenigen Wirkungen zu werden, die für ihre lokale Symmetrie bekannt sind – der Einstein-Wirkung und der Maxwell-Weyl-Wirkung.

Die Entdeckung der schwachen und der starken Wechselwirkung – zwei Kräften also, die offensichtlich nichts mit lokalen Symmetrien zu tun haben – beförderte die Kaluza-Klein-Theorie auf den bereits erwähnten Abfallhaufen. Es war die Zeit der Herrschaft der Phänomenologie, und die auf Geometrie gegründete Kaluza-Klein-Theorie erschien als hoffnungslos antiquierte Kuriosität. Als ich Physik studierte, wurde die Kaluza-Klein-Theorie noch nicht einmal erwähnt, und auch in den großen Physiklehrbüchern der 70er Jahre wurde sie nicht erörtert. Doch dann kam das triumphale Comeback der Anhänger der exakten Symmetrien. Als Grundlage aller drei Wechselwirkungen erwies sich die exakte Symmetrie von Yang und Mills. So richtete sich das Augenmerk der Physiker auf der Suche nach einer Verbindung zwischen der Gravitation und den "Groß-Vereinigten" Wechselwirkungen naturgemäß auf die Kaluza-Klein-Theorie. Zuerst jedoch mußte die Theorie zur Erzeugung einer Yang-Mills-Wirkung verallgemeinert werde.

Kaluza und Klein hatten angenommen, daß jeder Punkt unseres dreidimensionalen Raumes in Wirklichkeit ein winziger Kreis ist. Es ist nur folgerichtig, sich zu überlegen, was passiert, wenn jeder Punkt eine winzige Kugel ist. (Man beachte, daß die Raumzeit dann sechsdimensional ist, da die Kugel eine zweidimensionale Oberfläche besitzt.) Erstaunlicherweise führt diese Annahme sofort auf die Yang-Mills-Wirkung! Genauer gesagt: Die Einstein-Wirkung für die sechsdimensionale Raumzeit zerfällt in der vierdimensionalen Betrachtungsweise in zwei Teile, von denen der eine der vierdimensionalen Einstein-Wirkung und der andere der Yang-Mills-Wirkung entspricht.

Die Mathematiker bezeichnen Räume, die zu Kreisen oder Kugeln aufgerollt sind, als "kompakte" Räume. Allgemein kann man jeden Punkt unseres dreidimensionalen Raumes als einen winzigen d-dimensionalen Raum interpretieren, so daß der Raum in Wirklichkeit (3+d)-dimensional und die Raumzeit (4+d)-dimensional ist. Ist ein bestimmter kompakter Raum vorgegeben, können die Physiker die zugehörige Kaluza-Klein-Theorie konstruieren.

Die Mathematiker haben alle möglichen Arten kompakter Räume eingeführt; einige davon besitzen eine so merkwürdige Gestalt, daß man sie kaum veranschaulichen kann. Im allgemeinen ist jeder kompakte Raum gegenüber bestimmten geometrischen Transformationen invariant. So ist die Kugel beispielsweise invariant gegenüber Drehungen. Tatsächlich bildete die Symmetrie geometrischer Objekte ja die ursprüngliche Motivation für die Einführung des Symmetriebegriffs. Bemerkenswerterweise erweist sich die geometrische Symmetrie des in der Kaluza-Klein-Theorie benutzten kompakten Raumes als die lokale Symmetrie der Yang-Mills-Wirkung.

Aus Geometrie wird Physik

Die Umwandlung einer geometrischen Symmetrie in eine physikalische Symmetrie ist von hohem ästhetischen Reiz, den man aber leider nur dann voll genießen kann, wenn man diese Metamorphose in ihrer ganzen mathematischen Pracht nachvollzieht.

Das ganze Buch hindurch habe ich versucht, dem Leser mein ehrfürchtiges Staunen über die überwältigende Schönheit der Einsteinschen Theorie der Gravitation und der Yang-Mills-Theorie der anderen drei Wechselwirkungen zu vermitteln. Die Erkenntnis jedoch, daß sich das eine aus dem anderen ergibt, kann man unter Benutzung eines etwas überstrapazierten Begriffes nur als "Erleuchtung" bezeichnen.

Ist die Gravitation fundamental?

Es muß warnend hervorgehoben werden, daß die Kaluza-Klein-Theorie weit von einer sicheren Bestätigung entfernt ist und im Wettbewerb mit vielen anderen Ideen steht. So beharrt eine Minderheit von Forschern auf der Meinung, die Gravitation sei überhaupt keine fundamentale Wechselwirkung, sondern lediglich eine Manifestation der Eich-Wechselwirkung einer Großen Vereinigten Theorie. Nach dieser Vorstellung erzeugt also eher die Eich-Wechselwirkung die Gravitation als umgekehrt. Die Philosophie dieses Konzeptes läßt sich in den Aphorismus zusammenfassen: "La lumière fut, donc la pomme a chu." (Es werde Licht, damit der Apfel fallen kann.)

Einige Physiker haben die Kaluza-Klein-Theorie deswegen kritisiert, weil sie die Schwierigkeiten mit der Renormierung der Einsteinschen Gravitationstheorie noch vergrößert. Es ist leicht einzusehen, daß man um so mehr Prozesse aufsummieren muß, je höher die Dimension der Raumzeit ist – einfach deswegen, weil jeder Prozeß mehr Richtungen hat, in die er fortschreiten kann; und je mehr Verläufe man aufsummieren muß, um so unwahrscheinlicher wird es, daß sich eine vernünftige Summe ergibt. Wie wir jedoch sehen werden, glauben einige Theoretiker, daß auch dieses Problem jetzt einer Lösung nahe ist.

Materie und Licht

Physikbücher pflegen die Welt in den Begriffen von Licht und Materie zu beschreiben. Obgleich wir zu einer etwas differenzierteren Betrachtungsweise gelangt sind, ist eine Dichotomie dieser Art doch bestehen geblieben. Auf der einen Seite stehen Quarks und Leptonen, die gemeinsam als "Fermionen" bezeichnet werden, auf der anderen die Eichbosonen und das Graviton, zusammen als "Bosonen" bekannt. So bedeuten die Kreise in Abb. 50 beispielsweise Fermionen, die Pfeile Bosonen.

Die Materie besteht aus Fermionen, während das Photon als fundamentale

Einheit des Lichtes ein typisches Boson ist. Ein Fermion kann ein Boson aussenden oder verschlucken und bei diesem Vorgang entweder unverändert bleiben oder sich in ein anderes Fermion umwandeln. Die Physiker sprechen davon, daß Bosonen auf Fermionen "wirken". Das Hin und Her der Bosonen zwischen den Fermionen erzeugt die Kräfte, die wir in der Natur beobachten.

Die Theorien, die wir bisher in diesem Buch diskutiert haben, behandeln Bosonen völlig anders als Fermionen. In einer Eichtheorie wird die Zahl der Eichbosonen durch die Symmetriegruppe festgelegt. Auf der anderen Seite steht es jedem Theoretiker frei, die Fermionen einer beliebigen Darstellung der Symmetriegruppe zuzuordnen. So wurden Georgi und Glashow durch die Gruppentheorie zur Annahme einer bestimmten Anzahl von Eichbosonen gezwungen, nachdem sie sich einmal für SU(5) entschieden hatten. Die X- und Y-Bosonen waren dabei – egal ob es Georgi und Glashow paßte oder nicht.

Die Zahl der Quark- und Leptonenfelder dagegen wird nicht von der Gruppentheorie allein festgelegt. Die einzige Bedingung besteht darin, daß sie in die Darstellung der Gruppe passen müssen. Georgi und Glashow mußten auf experimentelle Beobachtungen zurückgreifen, um festzustellen, daß jede Generation fünfzehn Quark- und Leptonenfelder enthält. Wie im vorhergehenden Kapitel erklärt wurde, liefert die Tatsache, daß sich diese fünfzehn Felder problemlos in die fünf- und zehndimensionalen Darstellungen von SU(5) einfügen lassen, einen guten Grund für unseren Glauben an die Große Vereinigung.

Zum gegenwärtigen Zeitpunkt verstehen die Physiker noch nicht, wie der Höchste Designer die Anzahl der Fermionen festgelegt hat. Die Gruppe SU(5) besitzt zum Beispiel eine 24dimensionale Darstellung. Ein Theoretiker kann leicht eine Große Vereinigte Theorie auf der Basis von SU(5) konstruieren, wobei der 24dimensionalen Darstellung 24 Fermionenfelder zugeordnet werden. Das sich daraus ergebende Universum wäre zwar ziemlich verschieden von dem, das uns bekannt ist, aber absolut möglich. Warum hat Er also 15 statt 24 gewählt?

Wir können das Problem der Dichotomie zwischen Fermionen und Bosonen also in den folgenden Fragen präzisieren: Wie traf der Höchste Designer seine Entscheidung über die Zahl der Fermionen und über die Darstellung, in die Er sie einpaßte? Und warum erschuf Er überhaupt Fermionen, wenn sie nach der Eichtheorie überhaupt nicht erforderlich sind?

Die Symmetrie wird Super

Auf der Suche nach einer Antwort auf die oben genannten Fragen vertraten einige Theoretiker die Meinung, daß es eine Symmetrie geben muß, die Fermionen und Bosonen miteinander verknüpft und dafür sorgt, daß sie sich ineinander umwandeln können. Sie behaupteten also, daß Licht und Materie den gleichen Ursprung haben.

Dem Hang unserer Zeit zur Übertreibung folgend, wurde die in Frage kommende Symmetrie von ihren Erfindern "Supersymmetrie" getauft, wobei ich persönlich die damit verbundene Abwertung des Begriffes der Symmetrie sehr bedauerlich finde. Wie nicht anders zu erwarten, bezeichnet man die Befürworter der Supersymmetrie häufig als "Superphysiker" und ihr Gebiet als "Superphysik".

Zur Enttäuschung der Theoretiker erwies sich das ursprüngliche Konzept für die Verbindung der bekannten Fermionen mit den bekannten Bosonen als nicht realisierbar. Wie sich herausstellte, verknüpft die Supersymmetrie die bekannten Fermionen mit bisher unbekannten Bosonen und die bekannten Bosonen mit bisher unbekannten Fermionen. Sollte die Supersymmetrie also korrekt sein, wäre jedes Teilchen mit einem "Superpartner" verknüpft. Nichtsdestoweniger: "Doppelt so viele Teilchen – doppelt so viel Spaß" lautet das Motto der Enthusiasten.

Durch die plötzliche Geburt so vieler hypothetischer Teilchen waren die für Teilchennamen zuständigen Standesbeamten völlig überfordert. Voller Verzweiflung versahen sie die Superpartner der Quarks und Leptonen schließlich mit den monströsen Namen "Squarks" und "Sleptonen". Die Superpartner der Bosonen wurde etwas liebevoller behandelt und durch italienische Diminuitive gekennzeichnet. So ist das Photon mit dem Photino, das Graviton mit dem Gravitino verknüpft und so weiter. Auf diese Weise erhält der Superpartner des W-Bosons allerdings den unglücklichen Namen "Wino"!

Bis heute ist es den Experimentatoren nicht gelungen, irgendein von der Supersymmetrie gefordertes Teilchen nachzuweisen. Es könnte sein, daß diese Teilchen so massereich sind, daß sie bei Energien, wie sie von den gegenwärtigen Teilchenbeschleunigern zur Verfügung gestellt werden, nicht erzeugt werden können. Im Augenblick ist die Supersymmetrie genau wie die Yang-Mills-Theorie in den 50er und 60er Jahren eine mathematische Theorie auf der Suche nach einer Welt, die sie beschreiben könnte.

Inzwischen haben die Theoretiker systematisch verschiedene bereits existierende Theorien supersymmetrisch gemacht. So ist zum Beispiel die als "Supergravitation" bekannte supersymmetrische Version der Einsteinschen Gravitationstheorie gegenüber der ursprünglichen Theorie so erweitert, daß sie das Gravitino mit enthält.

Da die Supersymmetrie wesentlich umfassender als die Symmetrien ist, die wir bisher betrachtet haben, ist sie auch wesentlich restriktiver. Sie ist in der Tat derart restriktiv, daß viele supersymmetrische Theorien nicht in der vierdimensionalen Raumzeit beschrieben werden können. Die mit der Symmetrie verknüpfte Mathematik erzwingt vielmehr die Formulierung der Theorie in einer höherdimensionalen Raumzeit. Die Physiker werden durch die Supersymmetrie also interessanterweise zur Kaluza-Klein-Theorie zurückgeführt.

Superstrings

Unter allen gegenwärtigen Bestrebungen, die auf einen Letztgültigen Entwurf zielen, stellt die von John Schwarz, Michael Green und anderen entwickelte Idee der "Superstrings" den ambitioniertesten und revolutionärsten Versuch dar.

Die Sprache der Grundlagenphysiker ist die Quantenfeldtheorie, die sich in ihrer heutigen, sehr differenzierten Form im Verlauf der letzten zwei Jahrhunderte herausgebildet hat. Obgleich sie jedoch besonders in den letzten Jahren sehr viele Verfeinerungen erfahren hat, beruht sie letzten Endes auf der simplen intuitiven Vorstellung, daß Teilchen winzige Kugeln sind, die sich mathematisch als Punkte darstellen lassen. Erst Ende der 60er Jahre verbreitete sich allmählich die Vorstellung, es ließen sich vielleicht Theorien konstruieren, deren fundamentale Einheiten man mathematisch durch Linienabschnitte beschreiben kann.

Das Ergebnis wurde unter dem Namen "String-Theorie" bekannt. Ein elementares Teilchen wird als eine Art von winziger vibrierender Saite betrachtet. Ist dieses Saitenelement – der "String" – wesentlich kleiner als die Auflösungsgrenze unserer Nachweisinstrumente, würde es als punktförmiges Teilchen erscheinen. Eine bemerkenswerte Eigenart der String-Theorie besteht darin, daß es von dem jeweiligen Schwingungszustand eines String abhängt, als welches Teilchen er in Erscheinung tritt. Schwingt er auf eine ganz bestimmte Weise, erscheint er zum Beispiel als Graviton, bei einer anderen Schwingungsform dagegen als Eichboson. Die String-Theorie bietet daher Aussicht auf eine wirkliche Große Vereinigung, in der die Gravitation auf natürliche Weise mit den bereits vereinigten Wechselwirkungen verbunden ist.

In den letzten Jahren haben Schwarz und andere Forscher die String-Theorie der Supersymmetrie unterworfen und damit eine Theorie geschaffen, die als "Superstring-Theorie" bekannt ist. Wie sich herausgestellt hat, kann die Superstring-Theorie widerspruchsfrei nur in einer zehndimensionalen Raumzeit formuliert werden. Um eine Verbindung der Theorie mit den Beobachtungen zu erzielen, muß daher wieder die Idee von Klein und Kaluza zur Hilfe gerufen werden.

Solange wir einen String nicht mit einem zu feinen Instrument untersuchen, reduziert sich die Superstring-Theorie effektiv auf eine Feldtheorie, die von Natur aus Einsteins Gravitationstheorie und die Yang-Mills-Theorie enthält. Im Sommer 1984 entdeckten Green und Schwarz, daß die Superstring-Theorie einige erstaunliche und erfreuliche Eigenschaften besitzt. Dank ihrer komplizierten Symmetriestruktur ist insbesondere die Quantenversion der Theorie renormierbar. Sollte die Superstring-Theorie tatsächlich Einsteins Gravitationstheorie enthalten, so hätten Green und Schwarz damit das lange unüberwindlich scheinende Problem einer Renormierung der Gravitation gelöst.

Einsteins Kind ist endlich bereit, sich mit dem Quantum zu vermählen, aber nur als Teil einer umfassenderen Theorie. Zur Zeit arbeiten viele Theoretiker in fieberhafter Aufregung an der Superstring-Theorie, während andere der Theorie mit tiefer Skepsis gegenüberstehen.

Barock und Rokoko

Der Leser hat unter meiner Führung nun die vorderste Front der physikalischen Forschung erreicht. Im Augenblick scheinen wir in einer Ära zu leben, in der hundert Blumen in Form neuer Theorien erblühen und hundert verschiedene Schulen miteinander wetteifern. Die Luft ist von vibrierender Erregung gefüllt. Noch aber bleibt die Aufgabe, festzustellen, ob sich irgendeine der gegenwärtigen Ideen über den Letztgültigen Entwurf als zutreffend erweist. Vorsichtigere und konservativere Leute mögen einwenden, daß sogar die Große Vereinigung noch nicht definitiv durch Experimente bewiesen worden ist.

Es gibt in der Tat auch einige beunruhigende Symptome. Während die SU(5)-Große-Vereinigungs-Theorie von Georgi und Glashow nahtlos auf die beobachteten Teilchen und ihr Verhalten paßt, führen die neueren Entwicklungen sämtlich auf bis dahin unbeobachtete Teilchen. In der Kunstgeschichte folgten auf die Renaissance Barock und Rokoko. In der Grundlagenphysik scheinen wir nach einem Zeitalter der Vereinheitlichung und Vereinfachung nun in eine Ära der Ausschmückungen und Schnörkel einzutreten. Die jüngsten Entwicklungen zeigen die deutliche Tendenz, immer komplizierter zu werden; speziell die Superstring-Theorie bedeutet einen enormen Sprung in der mathematischen Komplexität.

Trotz dieser Eskalation der Schwierigkeiten blicken viele Grundlagenphysiker mit großem Vertrauen in die Zukunft. In ihrer grenzenlosen Hybris haben sie immer mehr das Gefühl, an jener Grenze angelangt zu sein, von der aus sie tatsächlich Seine Gedanken erkennen können.

Einzelheiten der gegenwärtigen Forschung in der Grundlagenphysik brauchen uns nicht weiter zu interessieren. Entscheidend ist, daß die Symmetrie in den gegenwärtig existierenden Theorien – von der Großen Vereinigung bis zur Superstring-Theorie – eine beherrschende Rolle spielt. Die Schwierigkeiten dieser Theorien sind so groß, daß vermutlich niemand in der Lage gewesen wäre, sie nach dem Schema zu konstruieren, dem die Physik des 19.Jahrhundert folgte. Die heutigen Physiker müssen sich wieder der Führung durch den Brennnenden Tiger anvertrauen.

Wie es die Alten träumten

Kurz vor dem Beginn der Herrschaft der phänomenologischen Betrachtungsweise in der Physik sagte Einstein in einer Vorlesung im Jahre 1933:

> *Durch rein mathematische Konstruktion vermögen wir nach meiner Überzeugung diejenigen Begriffe und diejenige gesetzliche Verknüpfung zwischen ihnen zu finden, die den Schlüssel für das Verstehen der Naturerscheinungen liefern. Die brauchbaren mathematischen Begriffe können durch Erfahrung wohl nahegelegt, aber keinesfalls aus ihr abgeleitet werden. ..... In einem gewissen Sinn halte ich es also für wahr, daß dem reinen Denken das Erfassen des Wirklichen möglich ist, wie es die Alten geträumt haben.*

Die jüngsten Entwicklungen scheinen Einstein Recht zu geben. Unser gegenwärtiger Sprung im Verständnis resultiert aus einem Beharren auf dem ästhetischen Imperativ.

16. Der Geist des Schöpfers

Der Fluß der Zeit

Die geheimnisvollste aller Symmetrien haben wir uns bis zum Schluß aufgespart: die Symmetrie der physikalischen Gesetze gegenüber einer Umkehr der Zeit. Wenn die Physiker davon sprechen, daß die Natur invariant gegenüber Zeitumkehr ist, so meinen sie damit, daß der Richtungspfeil der Zeit nicht durch die Naturgesetze bestimmt wird. Um mögliche Mißverständnisse auszuschließen, wollen wir uns zuerst eine präzise und anwendbare Definition der Invarianz gegen Zeitumkehr verschaffen, wie wir es ähnlich auch bei unserer Erörterung der Parität getan haben. Stellen wir uns vor, wir hätten irgendeinen physikalischen Prozeß in einem Film festgehalten und würden diesen Film rückwärts vorführen. Widerspricht der Prozeß, den wir dann in dem rückwärts laufenden Film beobachten, irgendwelchen Naturgesetzen? Sollte das nicht der Fall sein, würden die Physiker konstatieren, daß die Gesetze, denen der dargestellte physikalische Prozeß gehorcht, invariant gegen Zeitumkehr sind. (Durch diese "operationale" Definition wird auch dem naheliegenden Mißverständnis vorgebeugt, die Invarianz gegen Zeitumkehr hätte etwas mit der Möglichkeit zu tun, in der Zeit rückwärts zu reisen.)

Beachten wir also, daß die Invarianz gegen Zeitumkehr lediglich bedeutet, daß der in dem rückwärts laufenden Film gezeigte Prozeß – der sogenannte "Umkehrprozeß" – möglich ist. Stellen wir uns vor, wir haben einen Film über einen Weitspringer gedreht. Nun lassen wir den Film rückwärts laufen und beobachten einen Vorgang, der uns zum Lachen reizt: Wir sehen eine implodierende Wolke aus Sand, die sich auf den am Boden liegenden Springer zu bewegt und ihn nach oben hebt. Und doch ist dieser Prozeß – obgleich extrem unwahrscheinlich – nach den Gesetzen der Physik durchaus erlaubt. Beim Aufkommen des Springers auf dem Boden übertragen die Moleküle seines Körpers ihren Impuls und ihre Energie auf die Sandmoleküle. Wenn wir es so einrichten könnten, daß jedes der an diesem Prozeß beteiligten Moleküle seine Bewegungsenergie umkehrt, würde der gesamte Vorgang in der Tat zeitlich umgekehrt ablaufen.

Natürlich ist es in diesem Fall lächerlich einfach, die tatsächliche Richtung der Zeit festzustellen. Es ist amüsant, sich Beispiele auszudenken, bei denen das nicht so trivial ist. Denken wir zum Beispiel an einen Stummfilm, in dem eine sprechende Person zu sehen ist: Sofern wir nicht von den Lippen lesen können, würden wir uns schwer tun, herauszufinden, ob der Film vorwärts oder rückwärts vorgeführt wird. (Wäre der Sprecher allerdings beispielsweise Italiener, könnten uns seine Gesten die Zeitrichtung verraten.)

Die Physiker glauben allgemein, daß der Pfeil der Zeitrichtung bei makroskopischen physikalischen Phänomenen durch das kollektive Verhalten der enormen Anzahl der Teilchen bestimmt wird, die daran beteiligt sind. Betrachten wir ein wohlbekanntes Beispiel: Wir gießen heißes Wasser in ein Glas mit kaltem Wasser. Wir alle wissen, was dann passiert: Das Wasser wird mit der Zeit lauwarm. Aus mikroskopischer Sicht bewegen sich die Moleküle im heißen Wasser schneller, im kälteren langsamer. Wenn heißes und kaltes Wasser miteinander in Berührung kommen, stoßen schnelle und langsame Moleküle zusammen. Bald stellt sich ein Zustand ein, bei dem sich alle Moleküle annähernd mit gleicher Geschwindigkeit bewegen und weder schnell noch langsam sind – das Wasser ist lauwarm geworden.

Tatsächlich jedoch ist die Physik, mit der sich die molekularen Zusammenstöße beschreiben lassen, gegen Zeitumkehr invariant, so daß jede beliebige Kollision auch "rückwärts" ablaufen kann. Zwei Moleküle, die sich mit mittlerer Geschwindigkeit bewegen, können durchaus auf eine solche Art und Weise zusammenstoßen, daß das eine dabei an Fahrt gewinnt, während das andere abgebremst wird.

Natürlich hat noch niemand beobachtet, daß sich lauwarmes Wasser von selbst in eine kalte und eine heiße Schicht getrennt hat. Der springende Punkt ist jedoch der, daß die physikalischen Gesetze eine derartige Trennung nicht verbieten. Alle schnellen Moleküle würden sich dabei durch Zufall beispielsweise in der oberen Schicht wiederfinden, während die langsameren die untere Schicht bevölkern würden. Bei der riesigen Zahl von Molekülen sind die Chancen für eine solche spontane Trennung allerdings unglaublich klein.

Unglaublich klein vielleicht, aber nicht gleich null. Könnten wir ein Glas mit lauwarmem Wasser nur lange genug beobachten – viel länger als das gegenwärtige Alter des Universums – würden wir irgendwann für einen Augenblick tatsächlich auch die Trennung des Wassers in Eis und Dampf erleben.

Da ein komplexes makroskopisches Phänomen auf verschiedene mikroskopische Vorgänge wie die Streuung zweier Moleküle reduziert werden kann, können die Physiker ihre Aufmerksamkeit auf mikroskopische Prozesse beschränken. So haben sie seit den Zeiten Newtons jeden mikroskopischen Prozeß hinsichtlich seiner Umkehrbarkeit einer schonungslosen Prüfung unterzogen, um herauszufinden, ob die Natur auf ihrer fundamentalen Ebene etwas von der Richtung der Zeit weiß. Obwohl zahllose Experimente unternommen wurden, hat noch niemand einen physikalischen Vorgang beobachtet, der nicht auch umgekehrt ablaufen könnte. Aus diesem Grund erhielt die Invarianz gegen Zeitumkehr den gleichen Status eines geheiligten Prinzips, dessen sich auch die Paritätsinvarianz eine Zeitlang erfreute.

Trotzdem könnte es sein, daß die Welt der Physiker mit ihrer Invarianz gegen Zeitumkehr nicht der Welt entspricht, in der wir leben. Ganz abgesehen davon, daß wir selbst den Pfeil der Zeit spüren, haben auch die Experimentatoren indirekte Hinweise darauf entdeckt, daß die schwache Wechselwirkung merkwürdigerweise auch die Invarianz gegen Zeitumkehr verletzt.

Der Sturz der Invarianz gegen Zeitumkehr

In Kapitel 3 wurde geschildert, wie sich die geschockten Physiker nach dem Sturz der Parität daran machten, jedes ihrer "geheiligten" Prinzipien zu überprüfen. Sogleich entdeckten sie, daß die Natur auch die Invarianz gegen Ladungsumkehr und damit die Voraussetzung dafür verletzt, daß sich Materie und Antimaterie genau gleich verhalten.

Zur Erleichterung der folgenden Erörterung wollen wir die Parität mit P, die Ladungsumkehr mit C und die Zeitumkehr mit T bezeichnen. Wir rufen uns ferner ins Gedächtnis, daß die Physiker, nachdem sie die Verletzung von Parität und Ladungsumkehr entdeckt hatten, herausfanden, daß die Natur immer noch die kombinierte Operation CP respektiert, die in der gleichzeitigen Vertauschung von rechts und links sowie von Teilchen und Antiteilchen besteht. Einige Jahre später – im Jahre 1964 – entdeckten die Physiker jedoch, daß die Natur bei dem schwachen Wechselwirkungs-Zerfall des K-Mesons ab und zu auch CP verletzt.

Was aber hat dies nun alles mit der Invarianz gegen Zeitumkehr zu tun? In den 50er Jahren gelang es, ein ziemlich eigenartig anmutendes Theorem zu beweisen. Es besagt, daß man in einer Welt, die von der relativistischen Quantenfeldtheorie beschriebenen wird, sowohl die Paritätsinvarianz als auch die Invarianz gegenüber Ladungsumkehr und Zeitumkehr nach Belieben verletzen kann, aber niemals die Invarianz gegenüber der kombinierten Operation CPT. Anders gesagt: Man kann als Theoretiker ohne weiteres Gesetze formulieren, die C, P und T verletzen, egal ob diese Gesetze die reale Welt beschreiben oder nicht. Wählt man dagegen irgendeinen physikalischen Prozeß und überführt ihn in einen anderen, indem man rechts und links vertauscht, Teilchen durch Antiteilchen ersetzt und den Fluß der Zeit umkehrt, so wird auch dieser Prozeß von den physikalischen Gesetzen erlaubt.

Diese als "CPT-Theorem" bekannte Aussage stellt einen der merkwürdigsten und tiefgründigsten Sätze dar, den der menschliche Geist erdacht und bewiesen hat. Da die relativistische Quantenfeldtheorie aus der Vermählung des Prinzips der relativistischen Invarianz mit dem Quantenprinzip entstanden ist, ist er von untadeliger Herkunft. Die Physiker werden sich einer Aufgabe des CPT-Theorems daher auf das entschiedenste widersetzen, sollten sie nicht durch unerwartete Entwicklungen dazu gezwungen werden.

Da eine CP-Verletzung tatsächlich beobachtet wird, folgt aus dem CPT-Theorem nach den Gesetzen der Logik, daß T – das heißt die Invarianz gegenüber Zeitumkehr – verletzt sein muß.

Zusammenfassend ist festzustellen, daß die Physiker starke indirekte Beweise dafür haben, daß die Natur die Invarianz gegen Zeitumkehr verletzt, sich dabei aber merkwürdigerweise nie auf frischer Tat ertappen läßt. Es wäre sicher befriedigender, könnte man den Sturz der Invarianz gegen Zeitumkehr direkt beobachten, ohne irgendein Theorem zu Hilfe nehmen zu müssen. Die Experimentatoren wären daher sehr froh, wenn sie zwischen einem mikroskopischen Prozeß und seinem zeitlich umgekehrten Ablauf irgendwann doch einen Unterschied entdecken würden.

Zeit und Bewußtsein

You must remember this:
A kiss ist just a kiss,
A sigh is just a sigh –
The fundamental things apply
As time goes by.
(Herman Hupfield: "As Time Goes By")

Die letzten Seiten der "Magischen Symmetrie" habe ich für eine Diskussion der Invarianz gegen Zeitumkehr reserviert. Der Grund dafür ist einfach der, daß ich sie nicht verstehe – ebensowenig wie irgend jemand anders sie versteht. Als physikalisches Prinzip läßt sich diese Invarianz relativ einfach formulieren: Die fundamentalen Gesetze der Natur bevorzugen außer beim Zerfall bestimmter subnuklearer Partikel keine bestimmte Zeitrichtung. Als bewußtes Wesen jedoch weiß ich nur allzu gut, daß die Zeit tatsächlich eine bestimmte Richtung besitzt. Was die Physiker dazu sagen, ist mir egal – ich weiß, daß der Strom der Zeit unwiderbringlich vorüberfließt: Für Liebende und Nichtliebende vergeht die Zeit.

In der Physik wird die Zeit einfach als ein physikalischer Parameter behandelt: Wenn die Zeit sich ändert, ändern sich verschiedene physikalische Größen nach bestimmten physikalischen Gesetzen. Einsteins Arbeiten vertieften das Geheimnis noch, indem sie Raum und Zeit eine gemeinsame Grundlage gaben. Als ein Wesen mit Bewußtsein weiß ich andererseits genau, daß Raum und Zeit völlig verschieden voneinander sind: Ich kann nach Osten oder Westen gehen, aber nur in eine Richtung der Zeit.

Wir befinden uns mit dieser Frage in einer Sackgasse, in die wir durch einen fundamentalen Grundsatz der Wissenschaft getrieben werden: Den Ausschluß des menschlichen Bewußtseins. Die meisten Physiker sind vernünftig genug, zuzugeben, daß ihr Wissen auf die physikalische Welt beschränkt ist. Die Vorstellung, die Welt könnte in einen physischen und einen – in Ermangelung eines besseren Begriffes – "nichtphysischen" Bereich unterteilt werden, stellt einen Markstein in der Geistesgeschichte dar, der neben anderen Prinzipien den Aufstieg der westlichen Wissenschaft ermöglichte. Einmal jedoch werden wir diese Trennlinie überschreiten müssen. Ich glaube, daß uns ein tieferes Verständnis der Invarianz gegen Zeitumkehr über diese Grenze hinweg tragen könnte.

Kommt der von unserem menschlichen Bewußtsein erfahrene Zeitpfeil auf die gleiche Weise zustande wie die scheinbare Zeitrichtung, die durch die Mischung von kaltem und heißem Wasser erzeugt wird? Wird demnach für irgendeinen Menschen eines Tages die Zeit einen Augenblick lang rückwärts laufen? Irgendwie kann ich mir das nicht vorstellen. Ich kann keine guten Gründe dafür angeben, aber ich weigere mich zu glauben, daß unsere Zeitwahrnehmung nur eine wahrscheinlichkeitsbedingte Illusion ist.

Die Möglichkeit, daß unsere Wahrnehmung der Zeit mit einer Verletzung der Invarianz der Zeitumkehr beim Zerfall subnuklearer Teilchen verknüpft ist, erscheint ebenfalls unhaltbar, wenn nicht absolut undenkbar: Unsere Gehirne enthalten mit Sicherheit keine K-Mesonen. Wie könnte darüberhinaus ein winziger Effekt der schwachen Wechselwirkung die gesamte Arbeit des Geistes regieren, die – wenn wir dem Materialismus Glauben schenken – auf nichts anderem als der elektromagnetischen Wechselwirkung beruht? Die Physik war bisher nicht in der Lage, irgendeine Antwort auf diese Frage zu geben.

Daß es Bewußtsein im Universum gibt, ist unbestreitbar. Daß die Wissenschaft im allgemeinen und die Physik im besonderen dieses auffallendste aller beobachtbaren Phänomene nicht berücksichtigt, ist ebenso offenkundig. Das

Bewußtsein, das von derart zentraler Bedeutung für unsere Existenz ist, bleibt ein Geheimnis.

Einen erregenden Hinweis auf die Rolle des Bewußtseins liefert die Quantenphysik. Seit ihren Anfängen war man sich darüber im klaren, daß der Beobachtungsakt unvermeidlich zu einer Störung der Beobachtung führt, und Physiker und Philosophen grübelten über den möglichen Zusammenhang zwischen dem Bewußtsein und dem Geheimnis der Quantenwahrscheinlichkeit nach. An Ideen und Spekulationen über dieses Thema besteht kein Mangel, man muß jedoch ehrlicherweise zugeben, daß die Mehrzahl der Physiker die Arbeiten, die sich mit diesem Problem befassen, als über alle Maßen schwierig, wenn nicht als völlig unverständlich einschätzt. Als der brillante Physiker Murph Goldberger in einem Fernsehinterview einmal gefragt wurde, warum er niemals auf diesem Gebiet gearbeitet hätte, gab er zur Antwort, daß jedesmal, wenn er beschlossen hätte, über diese Fragen nachzudenken, folgendes passiert wäre: Er hätte sich gesetzt, ein weißes Blatt Papier vor sich hin gelegt, einen Bleistift gespitzt – und dann wäre ihm nicht das Geringste eingefallen, was er hätte aufschreiben können. Eine solche Form der Darstellung ist in der Tat ebenso gut wie irgendeine andere, die man über unser gegenwärtiges Verständnis von der Rolle des Bewußtseins in der Physik geben könnte.

Im Grunde läuft die ganze Diskussion auf die Frage hinaus, ob die Physik das Leben erklären kann, das heißt ob es – wiederum in Ermangelung eines besseren Begriffes – eine "Lebenskraft" gibt, die außerhalb des Geltungsbereiches rationalen Denkens liegt. Ist das menschliche Bewußtsein nur das Ergebnis des Austausches elektromagnetischer Impulse zwischen Bündeln von Neuronen? Ist das denkende Gehirn letzten Endes nicht mehr als eine Ansammlung von Quarks, Gluonen und Leptonen? Ich glaube nicht. Ich kann keine triftigen Gründe dafür angeben – es ist nur so, daß ich als Physiker nicht so überheblich bin, mir einzubilden, die Physik könnte alles erklären. Als Er die symmetrische Wirkung der Welt entwarf, sah Er das menschliche Bewußtsein bereits darin enthalten? Ist das Bewußtsein ein Teil oder liegt es außerhalb des Geltungsbereiches einer symmetrischen Wirkung?

Von dem berühmten englischen Astrophysiker Sir Arthur Eddington (1882–1944), der gegen Ende seines Lebens einigen bizarren Ideen nachging, stammt das folgende Gleichnis: Ein Fischer mit gewissen wissenschaftlichen Ambitionen stellt ein "Gesetz des Meeres" auf, nach dem alle Fische größer als 3 Zentimeter sind. Er hat jedoch dabei außer acht gelassen, daß alle in seinem Dorf benutzten Netze eine Maschenweite von 3 Zentimeter haben. Filtern auch wir die physikalische Realität? Läßt sich das Bewußtsein mit den Netzen fangen, die wir benutzen?

Doch das sind Grübeleien eines Physikers, denen er nachgeht, wenn er des

Nachts nicht schlafen kann und sich ein wenig vor der Dunkelheit fürchtet. Brechen wir hier lieber ab und kehren wir zu etwas anderem zurück, über das es keine Zweifel geben kann: Zu der Symmetrie zum Beispiel.

Das Geheimnis des Brennenden Tigers

Geleitet von dem Brennenden Tiger, haben wir nun eine lange Strecke zurückgelegt. Seit der erstaunlichen Entdeckung, daß der Himmel nicht "über" uns ist, haben die Symmetrien bei unserem Verständnis der physikalischen Welt eine immer zentralere Rolle gespielt. Ausgehend von der anschaulichen Rotationssymmetrie sind die Physiker zu immer abstrakteren Symmetrien fortgeschritten. Dabei blieb ihr Ziel stets das gleiche, und auch die grundlegenden Begriffe blieben unverändert. Nach wie vor werden sie von dem Glauben getragen, daß der Letztgültige Entwurf von Symmetrien durchwoben ist.

Die heutige Physik wäre nicht möglich, ohne daß uns die Symmetrien auf unserem Weg geleitet hätten. Einstein hat uns gezeigt, wie man die Geheimnisse der Gravitation auf diese Weise auf einen Schlag in den Griff bekommen kann. Die Physiker haben von ihm gelernt und immer neue Symmetrien eingeführt. Nun glauben sie, daß die physikalische Welt nach einem einheitlichen Konzept konstruiert sein könnte. Sie glauben zu hören, daß ihnen jemand etwas über Symmetrien ins Ohr flüstert. Je weiter sich die Physik von der alltäglichen Erfahrung entfernt und je mehr sie sich den Gedanken des Höchsten Designers nähert, um so mehr muß auch unser Geist die gewohnten Gefilde hinter sich lassen: Wir sind auf die Führung des Brennenden Tigers angewiesen.

In einem Kommentar zu Blakes Gedicht über den Brennenden Tiger hat der bekannte Kritiker Lionel Trilling darauf hingewiesen, daß der Dichter bis zur fünften Strophe die Natur des Tigers als die Natur Gottes darzustellen trachtet, daß sich in der sechsten und letzten Strophe der Tenor jedoch verändert und es Gott selbst ist, der durch die Natur des Tigers bestimmt wird. Auch ich neige zu der Ansicht, daß sich der Höchste Designer als Deus Congruentiae in Begriffen der Symmetrie beschreiben läßt.

Ein entscheidender Punkt der zeitgenössischen Theorien wie der Großen Vereinigung oder den Superstrings besteht darin, daß diese Theorien eine derart reichhaltige und komplexe Struktur besitzen, daß die Physiker bei ihrer Konstruktion die volle Kraft der Symmetrie ausschöpfen müssen. Diese Theorien können weder aus der Luft gegriffen noch durch das mühsame Zusammenfügen immer neuer experimenteller Fakten konstruiert werden; sie werden vielmehr vollständig von der Symmetrie bestimmt.

Stellen die jüngsten Entwicklungen in der Grundlagenphysik den Anfang vom Ende unserer Suche nach Verständnis dar, oder signalisieren sie das Ende des Anfangs? Die Optimisten glauben, daß wir jeden Tag auf den Letztgültigen Entwurf stoßen können. Die Pessimisten dagegen meinen, daß wir Puzzlespielern gleichen, die es gerade geschafft haben, vier Stücke zusammenzusetzen, ohne zu ahnen, daß sich immer noch Hunderte davon im Kasten befinden. Die Traditionalisten trauen Theorien, die auf ästhetischen Prinzipien ruhen, weniger als solchen, die sich auf harte Fakten stützen. Bestimmte Theorien wie die Superstrings sind von der wahrnehmbaren Realität so weit entfernt, daß es sehr gut möglich ist, daß sie in sich zusammenfallen. Vielleicht bleiben sie aber auch in ähnlicher Weise steril wie beispielsweise die Atomtheorie zu Zeiten Demokrits.

Hatte Er eine Wahl?

Bei der Beurteilung einer wissenschaftlichen Theorie – einer eigenen oder der eines anderen – fragte er sich immer, ob er das Universum ebenso erschaffen hätte, wenn er an der Stelle Gottes gewesen wäre. Dieses Kriterium verdeutlicht Einsteins Glauben an die letztgültige Einfachheit und Schönheit des Universum. Nur ein Mensch mit der tiefen religiösen und künstlerischen Überzeugung, daß es eine Schönheit gibt, die darauf wartet, entdeckt zu werden, konnte Theorien entwickeln, deren auffallendste Eigenschaft – auffallender sogar als ihre spektakulären Erfolge – in ihrer Schönheit bestand.
Banesh Hoffmann

Man hat gesagt, daß das höchste Lob Gottes in seiner Leugnung durch den Atheisten besteht, der die Schöpfung so vollkommen findet, daß er einen Schöpfer für entbehrlich hält.
Marcel Proust

Nachdem sich die Grundlagenphysiker auf die Suche nach dem Letztgültigen Entwurf gemacht hatten, wurden sie mit dem Problem der “Einmaligkeit” konfrontiert. Angenommen, der Letztgültige Entwurf sei auch der ästhetisch vollkommendste – folgt dann daraus, daß er auch der einzig mögliche ist? Einstein sagte einmal: “Was mich am meisten interessiert, ist, ob Gott die Welt auch auf eine andere Weise hätte erschaffen können, das heißt ob die Forderung nach logischer Einfachheit überhaupt irgendeinen Spielraum läßt.” Die meisten Forscher auf dem Gebiet der Grundlagenphysik teilen dieses Interesse: Wir wollen wissen, ob Er irgendeine Wahl hatte.

Bei den Großen-Vereinigungs-Theorien ist ein Test auf Einmaligkeit nicht möglich. Bei dem Entwurf für eine solche Theorie können wir jede Gruppe auswählen, die uns gefällt, und sobald wir über die Gruppe entschieden haben, können wir die Darstellungen wählen, zu denen die Fermionen gehören sollen. Warum hat Er gerade SU(5) ausgewählt – vorausgesetzt, Er hat es wirklich getan? Warum nicht SU(4) oder SU(6) oder SU(497)? Wir wissen es nicht. Natürlich würden die meisten Möglichkeiten nicht zu der Welt führen, wie wir sie kennen, dies ist jedoch unerheblich.

Manche Theoretiker unterhalten sich mit Fragen der folgenden Art: "Wie würde ich das Universum konzipieren, wenn man mir 45 Fermionenfelder vorgeben würde? Würde ich SU(5) wählen und die Fermionen in drei Generationen aufteilen, oder gibt es irgendeinen besseren Entwurf?" Bemerkenswerterweise kann man die Zahl der Möglichkeiten bereits dadurch beträchtlich reduzieren, daß man ein paar Regeln vorgibt, die auf ganz allgemeinen Prinzipien beruhen. Wer aber hat entschieden, daß es 45 Fermionenfelder gibt?

Viele Grundlagenforscher glauben, daß man durch die Vorgabe immer strengerer Symmetrien herausfinden würde, daß wir bei der Wahl der Wirkung der Welt nur eine einzige Möglichkeit haben. Während Philosophen wie Pangloss einst zu zeigen versuchten, daß unsere Welt die beste aller möglichen Welten ist, versuchen die heutigen Physiker mit der größtmöglichen Hybris zu beweisen, daß es die einzig mögliche ist. (In Wahrheit ist allerdings auch diese Vorstellung nicht vollkommen neu. Schon Anfang des 18. Jahrhunderts hatte Leibniz darüber gerätselt, warum die Welt so ist, wie sie ist, und war zu der Ansicht gelangt, daß Gott gute Gründe dafür gehabt haben muß, unsere spezielle Welt und keine andere aus der unendlichen Anzahl möglicher Welten auszuwählen.)

Der Wunsch zu beweisen, daß Gott keine andere Wahl hatte, darf nicht mit einer anderen Klasse von Argumenten verwechselt werden, die unter der Bezeichnung "anthropisch" bekannt sind und deren Ziel darin besteht, zu zeigen, daß die Welt so sein muß, wie sie ist, weil sonst keine intelligenten Wesen wie Menschen in ihr existieren könnten.

Betrachten wir als Beispiel das "Brennen" von Sternen. Die starke Kraft zwischen zwei Protonen im Innern eines Sternes versucht, die beiden Teilchen zusammenzutreiben, während die zwischen ihnen wirkende elektrische Kraft sie zu trennen versucht. Wie wir bereits in Kapitel 2 erörtert haben, würden sich die beiden Protonen unter Freisetzung von Energie einander sehr rasch annähern, wenn die starke Kraft nur geringfügig stärker wäre. Die Sterne wären dann bald ausgebrannt; eine stetige Sternentwicklung und eine biologische Evolution wären unmöglich.

Die Befürworter des anthropischen Arguments machen unter Hinweis auf dieses komplizierte Gleichgewicht darauf aufmerksam, daß eine Voraussetzung für die Existenz intelligenter Wesen darin besteht, daß die starke Wechselwirkung eine bestimmte Stärke nicht überschreitet. Danach versuchen sie, sich eine andere Situation vorzustellen, in der die Existenz von intelligenten Wesen ernsthaft beeinträchtigt wäre, wenn die starke Wechselwirkung schwächer wäre, als sie in Wirklichkeit ist. Auf diese Weise hoffen sie, am Ende zeigen zu können, daß die grundlegenden Gesetze der Physik genau so sein müssen, wie sie sind.

Die Schwierigkeit mit dem anthropischen Argument ist, daß es nur zeigt, daß die Welt so kompliziert ausbalanciert sein muß, um Leben zu ermöglichen, wie wir es kennen: Die Welt ist so, wie sie ist, weil sie so ist, wie sie ist. Anthropische Argumente sind zwar zuweilen sehr interessant, aber viele Physiker, darunter auch ich selbst, finden sie intellektuell nicht sehr befriedigend.

In der anthropischen Sicht ist der Höchste Designer ein Bastler, der einen Entwurf nach dem anderen ausprobiert, bis er einen findet, der Lebensraum für intelligente Wesen bietet. In einer Zeit des computergestützten Designs, in der ein Ingenieur durch einfaches Drücken einiger Tasten viele verschiedene Entwürfe ausprobieren kann, könnte man sich durchaus vorstellen, daß Er tatsächlich eine unendliche Anzahl von Universen geschaffen hat, je eines für jede der unendlich vielen Wahlmöglichkeiten für Gruppen und Darstellungen. "Hm, dieses Universum auf der Grundlage von SU(4) scheint nicht so gut zu funktionieren. Das auf der Basis von SU(6), das ich gestern probiert hatte, war sogar noch schlechter. Aber hier, sieh an! Mit SU(5) scheint ein ganz amüsantes Universum herauszukommen."

Wie viele meiner Kollegen in der Grundlagenphysik bevorzuge ich jedoch Einsteins Sicht. Ich stelle mir vor, daß ein wirklich großer Architekt, dem man das Baugelände zeigt sowie den Zweck des zu errichtenden Baus erläutert, sofort erklären würde, daß es für den Bau nur einen einzigen möglichen Entwurf gibt. Er würde durch die unerbittliche Kraft der Symmetrie ganz einfach zu diesem Entwurf gezwungen.

Im Augenblick stellt die etwas mystische Vorstellung, daß Gott bei der Erschaffung der Welt keine andere Wahl hatte, nicht viel mehr als einen Wunschtraum der Physiker dar. Obwohl wir immer noch auf der tastenden Suche nach den entscheidenden ästhetischen Kriterien sind, haben wir jedoch keinen Zweifel daran, daß die Symmetrie unseren Weg bei dem Streben nach der Erkenntnis Seines Geistes erhellen wird.

V. Anhang

Anmerkungen

Die folgenden Seiten enthalten sowohl Quellenangaben als auch verschiedene Anmerkungen zur Verdeutlichung oder Ergänzung des eigentlichen Textes.

Kapitel 1: Auf der Suche nach Schönheit

Seite 15: Die von Bondi zitierte Passage stammt aus "Einstein: The Man and His Achievement", herausgegeben von G.J. Whithrow (New York: Dover 1973).

Seite 15: Einsteins Kriterien für die Beurteilung einer physikalischen Theorie sind von B. Hoffman in dem Buch: "Albert Einstein – Creator and Rebel" (New York: Viking Press 1972) beschrieben worden. In Würdigung des Einsteinschen Werkes schreibt der Autor, ein ehemaliger Mitarbeiter Einsteins: "Das Wesentliche an Einsteins Tiefgründigkeit lag in seiner Einfachheit und das Wesentliche seiner Wissenschaft in seiner künstlerischen Intuition – seinem außergewöhnlichen Sinn für Ästhetik."

Seite 18: Einstein hat sein Erstaunen darüber, daß die Welt offenkundig einen Bauplan besitzt und daß wir imstande sind, diesen Bauplan zu verstehen, in einem Brief an seinen Freund Maurice Solovine ausgedrückt. Man vergleiche den Beitrag "What, precisely, is thinking? Einstein's answer" von G. Holton in "Einstein: A Centenary Volume", herausgegeben von A.P French (Cambridge, Mass.: Harvard University Press 1979).

Seite 19: Natürlich gibt es zwischen phänomenologischen und fundamentalen Gesetzen keine klare Trennungslinie. So wurde das Newtonsche Gravitationsgesetz, das einst als fundamental angesehen wurde, von Einstein als eine phänomenologische Manifestation seiner Gravitationstheorie abgeleitet; in jüngster Zeit jedoch haben einige theoretische Physiker gezeigt, daß Einsteins Theorie selbst aus einer noch grundlegenderen Theorie folgen könnte. Ungeachtet der konstanten Hybris der Physiker aller Zeiten wird das, was von der einen Generation noch als fundamental angesehen wird, von der darauf folgenden oft nur noch als phänomenologisch betrachtet.

Kapitel 2: Symmetrie und Einfachheit

Seite 22: Eine klassische, jedoch überholte Abhandlung über Symmetrie in Physik und Mathematik ist das Buch von H. Weyl: "Symmetry" (Princeton, N.J.: Princeton University Press 1952). Man vergleiche auch E.P. Wigner's "Symmetries and Reflections" (Bloomington, Ind.: Indiana University Press 1967).

Seite 31: Die Erklärung dafür, warum Sterne so langsam brennen, wurde zuerst von Bethe und anderen gegeben. Eine fachlich kompetente Behandlung findet sich bei D.D. Clayton: "Principles of Stellar Evolution and Nukleosynthesis" (New York: McGraw-Hill 1968).

Seite 32: In dem Abschnitt "Das Gesetz der großen Zahlen" war von der unvorstellbar großen Zahl der Photonen und Protonen im Universum die Rede. Der Leser mag sich dabei gefragt haben, wer alle diese Photonen und Protonen eigentlich gezählt hat, wenn man schon nicht weiß, wer sie bestellt hat. Diese Zählung war in der Tat nur durch einen unvorhergesehenen Umstand möglich. Vor etwa zwanzig Jahren hatten Arno Penzias und Robert Wilson, zwei Ingenieure der Bell Telephone Laboratories in Holmdel, New Jersey, eine hochempfindliche Antenne konstruiert, die jedoch zu ihrem Mißfallen ein ständiges Brummen erzeugte, das sich durch alle ihre Bemühungen nicht beseitigen ließ. Auch das regelmäßige Entfernen der Verdauungsprodukte einiger Tauben, die aus irgendeinem Grund Gefallen an der Antenne gefunden hatten, blieb erfolglos. Wie sich schließlich herausstellte, war das, was die beiden Forscher hörten, nichts anderes als der Gesang des Universums. Das Weltall wird von Mikrowellen-Strahlung durchflutet, ähnlich wie das Innere eines Mikrowellenherdes, in dem die Intensität der Strahlung im Vergleich zu der im Universum aber natürlich enorm viel größer ist. Diese große Entdeckung, die mit dem Nobelpreis belohnt wurde, stellt auch eine wichtige Stütze der von George Gamow aufgestellten Theorie vom Urknall als dem Ursprung des Universums dar. Mit der Entdeckung der Mikrowellenstrahlung hatten Penzias und Wilson in der Tat den schwachen Abglanz einer Explosion aufgespürt, die sich vor langer, langer Zeit ereignet hatte. Die Mikrowellenstrahlung stellt genau wie Radio- und Lichtwellen eine Form elektromagnetischer Strahlung dar. Für eine bestimmte Intensität der Mikrowellenstrahlung läßt sich die Teilchendichte der in ihr enthaltenen Photonen aus der Theorie des Elektromagnetismus berechnen. Da die ungefähre Größe des Universums bekannt ist, braucht der Physiker nur noch zwei Zahlen miteinander zu multiplizieren, um die Gesamtpopulation der Photonen im Universum zu erhalten. Nebenbei bemerkt: Die Anzahl der Photonen, die von allen Sternen im Universum seit ihrer Geburt erzeugt wurden – ganz zu schweigen von denen, die von unseren Glühbirnen und Leuchtröhren produziert wurden – ist im Vergleich zur Anzahl der im kosmischen Mikrowellen-Untergrund enthaltenen Photonen von absoluter Winzigkeit.

Um die Anzahl der Protonen zu bestimmen, kann man einfach die Zahl der Protonen in einem typischen Stern wie der Sonne mit der Anzahl der Sterne in einer typischen Galaxie wie unserem Milchstraßensystem und der Anzahl der Galaxien im beobachtbaren Universum multiplizieren. Da jedoch die Teilchendichte der Photonen aus der Messung der kosmischen Mikrowellen sehr gut bekannt ist, ist es günstiger, die Zahl der Protonen auf indirekte Weise zu bestimmen, indem man zuerst das Verhältnis zwischen der Teilchendichte der Protonen und der Photonen ermittelt. Im frühen Universum (früh nach menschlichen Maßstäben, nach den Maßstäben der Teilchenphysik aber natürlich sehr spät) verschmolzen Protonen und Neutronen zu den unterschiedlichen Kernen. Den meisten Protonen gelang es, sich mit einem Elektron zu vermählen und dadurch ein Wasserstoffatom zu bilden; andere jedoch, die beispielsweise mit einem Neutron zusammenstießen, schlossen sich mit diesem zu einem Heliumkern zusammen. So wie ein Bäcker aus dem Geschmack eines Kuchens auf das Verhältnis des zum Backen verwendeten Mehles zur Butter im Kuchen schließen kann, können auch die Astronomen aus der gegenwärtigen Heliummenge im Universum auf das Verhältnis der Photonen zu den Protonen schließen. Der Vergleich mit dem Kuchenbacken stellt in diesem Zusammenhang übrigens nicht nur eine pittoreske Metapher dar: Beim Backen werden die Kuchenmoleküle durch bestimmte chemische Reaktionen umgewandelt, während sich Protonen und Neutronen im frühen Universum durch Kernraktionen zusammenschlossen.

Kapitel 3: Die Rückseite des Spiegels

Seite 37: Das Zitat über die Richtung, in der bei Tische serviert wird, stammt aus dem Buch von Judith Martin: "Miss Manner's Guide to Excruciantingly Correct Behavior" (New York: Warner Books 1982, S. 130).

Seite 40: Die Beschreibung der Fisch-Familie Poeciliidae stammt aus dem Buch von G. Murchie: "The Seven Mysteries of Life" (Boston: Houghton Mifflin 1981, S. 134).

Seite 41: Ich möchte mich bei John Martin, meinem Professor für Kunstgeschichte in Princeton, für eine hilfreiche Diskussion bedanken, in deren Verlauf er mir erzählte, daß sich Rembrandt nicht darum kümmerte, ob seine Stiche der Rechts-Links-Konvention genügten.

Seite 42: Ein anderes amüsantes Beispiel für menschliche Konventionen bezüglich rechts und links betrifft gestreifte Herrenkrawatten. In den Vereinigten Staaten existiert seit vielen Jahren eine Tradition, nach der die Streifen von der rechten Schulter zur linken Hüfte verlaufen, während es in Großbritannien gerade umgekehrt ist. Vor einigen Jahren entschied sich der Chef eines bekannten amerikanischen Bekleidungshauses, eine Kollektion von Krawatten einzuführen, bei denen die Streifen umgekehrt wie gewohnt verliefen. Die neue Mode konnte sich nur eine Saison lang halten. Daß eine solche willkürliche Konvention einen derart starken Einfluß auf uns hat, ist wirklich erstaunlich. Die Geschichte stammt aus dem Harvard Magazine (1985).

Seite 42: Bei Militärhochzeiten wie denen von West Point steht die Braut zur Rechten des Bräutigams, um nicht verletzt zu werden, sollte dieser gezwungen sein, seinen Säbel zu ziehen.

Seite 44: Die Beschreibung der Paritätsverletzung erfolgte in Anlehnung an das Buch von J. Bernstein: "A Comprehensible World" (New York: Random House 1967, S. 35). Einen anderen Beitrag zur Paritätsverletzung findet man in C.N. Yang: "Elementary Particles" (Princeton, N.J.: Princeton University Press 1961).

Seite 49: Eine Kurzbiographie von Madame Wu findet man bei G. Lubkin: "Chien-Shiung Wu, the First Lady of Physics Research" in "Smithsonian", Januar 1971. Für eine Darstellung der Geschichte der Experimente zur schwachen Wechselwirkung vergleiche man C.S. Wu: "Subtleties and Surprise: The Contribution of Beta Decay to an Understanding of the Weak Interactions" in "Five Decades of Weak Interactions" (Annals of the New York Academy of Sciences, Vol. 294, 1977).

Seite 49: Überzeugt davon, daß Madame Wu mir eine faszinierende Geschichte erzählen könnte, machte ich mich – nachdem ich mir vorsorglich eine Parkerlaubnis besorgt hatte – für ein Gespräch mit ihr auf den Weg zur Columbia-Universität. Als eine Dame voller Charme und Energie, von einer glücklichen Aura des Erfolges umgeben, stellt Madame Wu die leibhaftige Widerlegung aller denkbaren stereotypen Vorstellungen dar, die irgend jemand von einem führenden Kernphysiker hegen könnte. Während sie sich an Personen und Ereignisse ihres Lebens erinnerte, brach sie oft in ein herzliches Gelächter aus, und ihre zierlichen Hände gerieten in lebhafte Bewegung.

Sie erinnerte sich, mit welchem Abscheu sie als junges Mädchen die Waffen – ein Schwert und ein Gewehr – betrachtet hatte, die ihr Vater während der Revolution von 1911 benutzt hatte. Während des Zweiten Weltkriegs war sie Mitarbeiterin am Manhattan-Projekt. ("Genau hier in Manhattan," sagte sie lachend, "in einem Laboratorium, das in einem Ausstellungsraum für Autos zwischen der 136. und 137. Straße versteckt war".) Als ich sie nach dem berühmten Experiment fragte, bei dem sie als erste den grundlegenden Unterschied zwischen unserer Welt und der Spiegelwelt gesehen hatte, leuchteten ihre Augen auf. Mit offenkundigem Vergnügen antwortete sie: "Das hat wirklich eine Menge Spaß gemacht!" Wie aber konnte aus einem Mädchen, das fast noch zu Zeiten der Manchu-Dynastie in eine feudalistische und von Männern beherrschte Gesellschaft hinein geboren worden war, die "amtierende Königin der experimentellen Kernphysik" und der erste weibliche Präsident der Amerikanischen Physikalischen Gesellschaft werden?

Madame Wu erklärte mir, daß sie in Liu Ho geboren wurde, einer am Yangtse-Fluß gelegenen Stadt, die auf Grund ihrer Lage eine wichtige Rolle in der Geschichte Chinas spielte. Sie war der Ausgangspunkt kaiserlicher Schiffsexpeditionen und wurde später einer der ersten Orte Chinas, der westlichen Einflüssen ausgesetzt war. Wegen starker Versandung verlor die Stadt schließlich jedoch ihre Bedeutung als Hafenstadt zugunsten eines anderen kleinen Ortes dreißig Kilometer weiter stromaufwärts – Shanghai. Der Vater von Madame Wu war als Angestellter einer ausländischen Handelsgesellschaft nach Shanghai gegangen, wo er sehr viel an modernen Ideen in sich aufnahm. Sehr zum Mißfallen seines eigenen Vaters beschloß er nach einigen Jahren, in seine Heimatstadt zurückzukehren und dort eine Schule für Mädchen zu gründen. Wie sich Madame Wu weiter erinnerte, hatte ihr Vater in Shanghai auch gelernt, wie man Rundfunkgeräte baute. Seit etwa 1930 konnten Radiosendungen aus Shanghai auch in Liu Ho empfangen werden, und so begann Wus Vater die Bauern der Umgebung mit Radioempfängern zu versorgen.

Madame Wus Kindheit fiel in eine Zeit, die alles andere als ruhig war. Wiederholt wurde Liu Ho von Küstenpiraten oder im Zuge kriegerischer Auseinandersetzungen verwüstet. Madame Wu hatte mehr Glück als mancher andere und konnte ihr Universitätsstudium im Jahre 1936 an der National Central University, einer 1902 in Ninjing gegründeten Universität, abschließen. Nachdem sie sich an der Zhejiang-Universität unter der Anleitung einer Physikerin, die selbst an der Universität von Michigan studiert hatte, für kurze Zeit mit Untersuchungen der Röntgenstrahlung beschäftigt hatte, bekam Madame Wu die Gelegenheit, ihre Studien in Michigan fortzusetzen. Nach ihrer Ankunft in San Franzisko wurde sie von einem Bekannten nach Berkeley mitgenommen und war sofort von dem dortigen Campus angetan. Da ihr außerdem viel daran lag, möglichst intensiv am amerikanischen Leben teilzunehmen und sie erfahren hatte, daß die meisten Studenten aus China aus irgendeinem Grund nach Michigan gingen, beschloß sie, nicht auch dorthin zu gehen. Ein befreundeter Physikstudent nahm sie zu Raymond Birge mit, einem Forscher, der heute allgemein als Begründer des Physik-Departments in Berkeley gilt. Madame Wu erinnerte sich, daß Birge "sehr, sehr nett" zu ihr war und ihr gestattete, sich für das Studium einzuschreiben, obwohl die Vorlesungen schon seit einigen Wochen liefen.

Im Jahre 1939 erreichte eine Botschaft die Vereinigten Staaten, nach der zwei deutschen Physikern – Otto Hahn und Fritz Strassmann – die Spaltung des Urankerns gelungen sei, die mit der Freisetzung einer großen Energiemenge verbunden war. Ernest Lawrence, der berühmte Forscher aus South Dakota, dem wir die Erfindung und Entwicklung von Teilchenbeschleunigern verdanken, ohne die eine moderne Kern- und Teilchenforschung unmöglich wäre, beauftragte Madame Wu sofort, auf dem neuen Gebiet zu arbeiten. Sie erhielt die Genehmigung für eine Teilnahme an Geheimprojekten. Als einer der von Fermi im Rahmen des Manhattan-Projektes gebauten Atommeiler nach einigen Stunden die Arbeit einstellte, erwiesen sich die Fachkenntnisse, die Madame Wu sich inzwischen erworben hatte, als von ausschlaggebender Bedeutung. Im Jahre 1942 nahm Madame Wu eine Lehrtätigkeit am Smith College an, einer bekannten Ausbildungsstätte für Frauen im ländlichen Massachusetts. Das hätte das Ende ihrer Forscherlaufbahn bedeuten können, hätte Ernest Lawrence sie nicht eines Tages besucht und ihr erklärt, daß sie besser in der Forschung arbeiten sollte. Kurze Zeit danach wurden ihr Forschungsstellen in Harvard, Columbia, Princeton, am MIT und an einer Reihe anderer Forschungsinstitute angeboten – so groß war der Einfluß von Lawrence. Sie ging nach Princeton und fand, daß die Leute dort alle "sehr, sehr nett" waren, besonders der Kernphysiker Henry Smythe, der sich sehr bemühte, ihr eine Stellung an der sonst nur aus Männern bestehenden Fakultät zu verschaffen. (Später sollte sie die erste Frau werden, der in Princeton die Ehrendoktorwürde verliehen wurde.) Als sie von der Columbia-Universität erneut eine Einladung erhielt, beschloß sie, nach New York zu gehen.

In ihrer Position wird Madame Wu häufig gefragt, ob Frauen in die Physik gehen sollten. Sie ist sehr erfreut darüber, daß sich Frauen heutzutage alles zutrauen, was Männer tun. Sie erinnerte mich daran, daß das Wirken von Frauen in der Physik bereits zu großen Erfolgen geführt hat, und fügte hinzu: "Niemals zuvor haben so wenige Menschen unter solchen Umständen so viel geleistet!" Sie ist glücklich darüber, daß alle Menschen, mit denen sie in ihrer Karriere zu tun hatte, so nett zu ihr waren. Man könnte glauben, daß sie es zumindest in China schwer gehabt hätte, dies war jedoch nicht der Fall. Unter den chinesischen Studenten war damals das Gefühl verbreitet, daß China so rückständig sei, daß beide Geschlechter auf allen Gebieten harte Arbeit zu leisten hätten. Nach ihrer Ankunft in den Vereinigten Staaten erfuhr sie zu ihrem Erstaunen, daß Frauen vom Studium an den meisten führenden Privatuniversitäten ausgeschlossen waren. Noch erstaunter war sie jedoch, als ihr eine ihrer Doktorandinnen viele Jahre später erzählte, daß junge Männer nicht gern mit Mädchen ausgingen, die Physik studierten. In Berkeley war Madame Wu die einzige Physikstudentin gewesen, und alle waren "äußerst hilfreich und freundlich" zu ihr. Robert Oppenheimer, bei dem sie Quantenmechanik gehört hatte, war nach ihren Worten "ein perfekter Gentleman."

Madame Wu ist traurig darüber, daß andere Physikerinnen nicht so viel Glück hatten wie sie selbst. Die österreichische Physikerin Lise Meitner (1878 – 1968), die in Deutschland lebte und Pionierarbeit auf dem Gebiet der Radioaktivität leistete, wurde gezwungen, ihre Experimente außerhalb des Physikgebäudes in einem Schafstall durchzuführen. Als erste verstand sie den Prozeß der Kernverschmelzung. Als sie die Columbia-Universität besuchte, wurde sie von Madame Wu – eingedenk der Tatsache, daß ältere Menschen öfter die Toilette aufsuchen müssen – in regelmäßigen Abständen gefragt, ob sie dieses Bedürfnis hätte, worauf Lise Meitner erwiderte, daß sie in dieser Hinsicht gut trainiert sei: In dem Schafstall gab es keine Toilette.

Seite 51: An einem großen Teil der Arbeiten von Ellis war W.A. Wooster beteiligt.

Seite 53: Das Gedicht "Cosmic Gall" findet sich in John Updikes Gedichtband "Telephone and Other Poems" (New York: Knopf 1965).

Seite 53: Eine Illustration dafür, wie die Physik von gestern zur Technologie von morgen werden könnte, bildet der Vorschlag, das geisterhafte Neutrino zur Ölsuche zu benutzen. Er beruht auf der Idee, einen Neutrinostrahl durch die gekrümmte Erdoberfläche hindurch zu schicken und seinen Austritt in einiger Entfernung von Eintrittsort zu beobachten. Da Öl und Felsgestein eine unterschiedliche nukleare Zusammensetzung besitzen, sollte uns die Anzahl der registrierten Neutrinos darüber Auskunft geben, ob der Strahl ein Ölvorkommen durchlaufen hat oder nicht. In Anbetracht der gegenwärtigen Schwierigkeiten bei der Produktion und dem Nachweis von Neutrinos muß dieses Konzept allerdings als ziemlich futuristisch angesehen werden. Aber wer weiß! Vielleicht erlauben uns die Neutrinos eines Tages tatsächlich das Aufspüren bisher unerreichbarer Lagerstätten. (Übrigens sind Strahlen, die aus anderen Teilchen – Myonen – bestanden, erfolgreich dazu verwandt worden, geheime Kammern in Pyramiden nachzuweisen.)

Seite 53: Ein halbes Jahrhundert hindurch haben die Physiker die Messungen von Ellis mit immer größerer Genauigkeit wiederholt und auf diese Weise versucht, herauszufinden, ob das Neutrino tatsächlich eine winzige Masse hat oder nicht. Wie erläutert, hängt das Ergebnis des Experimentes davon ab, ob die maximale Energie der Elektronen kleiner als E* ist. (In jüngster Zeit hat eine russische Forschergruppe ein Versuchsergebnis veröffentlicht, nach dem die Neutrinomasse nicht gleich null ist. Allerdings konnte dieses Resultat bis jetzt durch andere Experimentatoren nicht bestätigt werden.)

Kapitel 4: Die Vermählung von Raum und Zeit

Seite 70: Das Gedicht von Y. Chen stammt aus "An Annotated Anthology of Sung Dynasty Poems" (in Chinesisch), herausgegeben von Zhung-shu Chien (Peking: People's Literature Publishers 1979, S. 148). Die Übersetzung ins Englische erfolgte durch den Autor.

Seite 75: Für die Rückblende auf die Entwicklung der Theorie des Elektromagnetismus wurden die folgenden historischen Quellen benutzt: B. Morgan: "Men and Discoveries in Electricity" (London: Wyman and Sons 1952); G. Holton und D.H.D. Roller: "Foundations of Modern Physical Science" (Reading, Mass.: Addison-Wesley 1958); J.C. Maxwell: "Physical Thought from the Pre-Socratics to the Quantum Physicists", eine von S. Sambursky herausgegebene Anthologie (New York: Pica Press 1975).

Seite 75: Das Wort "Elektrizität" geht auf das griechische Wort für Bernstein zurück.

Seite 75: Kinder sind ausnahmslos von Magneten fasziniert: Sie machen die Erfahrung, daß zwischen zwei Körpern eine Kraft wirken kann, ohne daß diese Körper sich gegenseitig berühren. Zur Erklärung dieses Phänomens nahm der römische Dichter Lukrez an, daß von einem Magnetstein ein "Schwarm von Keimen" ausgesandt wird, der durch seinen Luftzug die umgebende Luft beiseite treibt. Dadurch entsteht ein Vakuum, in das "die Atome des Eisens Hals über Kopf hineinstürzen". (Obwohl diese amüsante Erklärung falsch ist, zeigt Lukrez doch ein bemerkenswertes Verständnis für die Wirkung eines Vakuums).

Seite 75: Im Jahre 1600 veröffentlichte Gilbert die Ergebnisse seiner Forschungen in einem der einflußreichsten Bücher der Physikgeschichte. So wurde Galilei neben anderen Missetaten auch des Besitzes einer Kopie von "De magnete" angeklagt. Bemerkenswert ist in diesem Zusammenhang auch die Tatsache, daß die englische Marine unter Charles Howard im Jahre 1588 die spanische Armada besiegte. Es war nicht das erste und nicht das letzte Mal, daß sich kommerzielle und militärische Interessen stimulierend auf die Forschung auswirkten.

Seite 77: Die Frage, ob der Durchtritt eines elektrischen Stromes durch einen Draht in der Nähe eines Magneten den Draht zu einer Bewegung veranlassen würde, wurde zuerst von William Wollaston (1766 – 1828) gestellt, den heute bis auf einige Historiker niemand mehr kennt.

Seite 84: Im Jahre 1887, als Einstein gerade acht Jahre alt war, führten die amerikanischen Physiker Albert Michelson und Edward Morley – angeregt duch eine Anfrage Maxwells an die Marine der USA – ein geniales Experiment aus, mit dessen Hilfe ermittelt werden sollte, wie groß die Lichtgeschwindigkeit für Beobachter ist, die sich gleichförmig gegeneinander bewegen. Von den Lehrbüchern wird dieser Versuch oft als eines der entscheidendsten Experimente in der Geschichte der Physik bezeichnet, und tatsächlich war das von den beiden Forschern erhaltene Resultat Anlaß für große

Aufregung unter den Physikern. Merkwürdigerweise lassen sich in Einsteins Arbeiten keinerlei Hinweise finden, die auf seine Kenntnis des Michelson-Morley-Versuches schließen ließen. Wie im Text erläutert, hätte er allerdings auch aus rein theoretischen Überlegungen heraus zu den gleichen Schlüssen wie die beiden Forscher gelangen können. Die Frage, ob Einstein vor dem Jahre 1905 von dem Experiment wußte, hat viele Wissenschaftshistoriker beschäftigt. Abraham Pais, der führende Biograph Einsteins, kam nach sorgfältiger Durchsicht der historischen Aufzeichnungen zu dem Schluß, daß Einstein tatsächlich Kenntnis von dem Experiment besaß. Hierzu vergleiche man A. Pais: "Subtle is the Lord: The Science and the Life of Albert Einstein" (New York: Oxford University Press 1982).

Seite 84: In einem anderen Akt der Geschichte spielt der talentierte Franzose Armand Hippolyte Louis Fizeau eine Rolle, der im Jahre 1851 die Lichtgeschwindigkeit in strömendem Wasser ermittelte. Das Ergebnis seiner Messungen blieb ein halbes Jahrhundert hindurch unerklärlich, bis Einstein des Weges kam.

Seite 87: Im Jahre 1928 regte Einstein Piaget zu einer Studie darüber an, wie Kinder die Zeit wahrnehmen. Man lese dazu J. Piaget: "The Child's Conception of Time" (New York: Ballantine 1971)

Seite 88: Magellans Reise wird wiedergegeben in Stefan Zweig: "Magellan: Der Mann und seine Tat" (S.Fischer Verlag). Übrigens war Lewis Carroll unter denjenigen, die 1878 die Einführung internationaler Zeitzonen vorschlugen, um das Paradoxon des durch Magellan verlorenen Tages aufzulösen.

Seite 88: Bei Darstellungen wie der vorliegenden und in physikalischen Texten überhaupt neigt man naturgemäß dazu, eine bestimmte Entwicklung einem einzelnen Forscher zuzuschreiben, da man den Text nicht mit einer Schilderung der zahlreichen falschen Fährten und Sackgassen überfrachten möchte, wie sie in der Wissenschaft überreichlich vorkommen. Wer sich für solche Einzelheiten interessiert, sollte eine spezielle historische Abhandlung heranziehen.

Ich hoffe, dem Leser bei meinem Rückblick auf die Entwicklung des Elektromagnetismus ein Gefühl für den Zeitgeist vermittelt zu haben, der in der physikalischen Welt um die Jahrhundertwende verbreitet war. Der springende Punkt ist, daß sich die elektromagnetische Theorie bis zu einem Punkt entwickelt hatte, in dem die Frage der relativistischen Invarianz als eine logische Konsequenz dieser Entwicklung im Bewußtsein der Generation Einsteins auftauchte. Bekanntlich stützen sich auch Kunsthistoriker auf eine ähnliche Argumentation, um zu erklären, warum beispielsweise der Einfluß des Barock in verschiedenen Ländern mehr oder weniger zur gleichen Zeit vorherrschend wurde. So hat neben Einstein auch eine ganze Reihe anderer Physiker – Henri Poincare in Frankreich, Henrich Lorentz in Holland, George Fitzgerald in England sowie Woldemar Voigt und Herman Minkowski in Deutschland – mit dem Problem der Relativität gerungen, doch ging Einstein bei der Ableitung der physikalischen Konsequenzen der relativistischen Invarianz ohne Zweifel am radikalsten vor.

Seite 91: Für diejenigen Leser, die etwas mehr über Einsteins Revision der Mechanik erfahren möchten, hier ein paar weitere herausragende Punkte. Eine Definition von zentraler Bedeutung ist beispielsweise diejenige, nach der die Geschwindigkeit eines bewegten Objektes als Quotient aus der von ihm zurückgelegten Strecke und der dafür benötigten Zeit ermittelt wird. Aber um welche Zeit handelt es sich dabei?

Sollen wir die Eigenzeit des Objektes benutzen oder die Zeit, die für einen Beobachter verstreicht, der das Objekt vorbeifliegen sieht? Die Physiker sahen sich gezwungen, ihre vorgefaßte Meinung über die Natur von Bewegungen aufzugeben und zwei verschiedene Definitionen einzuführen – "Geschwindigkeit" und "Eigengeschwindigkeit". Für die alltägliche Erfahrung ist der Unterschied zwischen den beiden Werten vollkommen zu vernachlässigen. Für schnell bewegte Objekte jedoch kann zwischen Geschwindigkeit und Eigengeschwindigkeit ein enormer Unterschied bestehen.

Das extremste Beispiel bildet das Photon. Wir erinnern uns, daß die von dem Photon mitgeführte Uhr ständig 12 Uhr Mittag zeigt: Die Eigenzeit des Photons ändert sich nie, es besitzt daher eine unendlich große Eigengeschwindigkeit. Die von einem außenstehenden Beobachter gemessene Geschwindigkeit dagegen ist von absolut endlicher Größe und beträgt 300 000 Kilometer pro Sekunde. Viele Laien finden die Existenz einer Obergrenze für Geschwindigkeiten in Form der Lichtgeschwindigkeit an dem Konzept der Relativität besonders faszinierend. In Wirklichkeit stellt dieser Wert jedoch nicht die "eigentliche" Geschwindigkeit, das heißt die Eigengeschwindigkeit des Lichtes dar.

In der Mechanik ist der Impuls eines bewegten Objektes gleich dem Produkt aus seiner Masse und seiner Geschwindigkeit – zweifelsohne eine sehr vernünftige Definition. Ein LKW hat also einen größeren Impuls als ein neben ihm fahrender Personenkraftwagen. Als Einstein über die Bewegung schneller Objekte nachdachte, mußte er eine Entscheidung darüber treffen, ob er bei seiner Definition des Impulses die Eigengeschwindigkeit oder die von einem äußeren Beobachter gemessene Geschwindigkeit zugrunde legen sollte.

Die Entscheidung über die Wahl einer physikalischen Definition wird von dem Wunsch beeinflußt, die Gleichungen, in denen sie verwandt wird, so "sauber" und symmetrisch wie möglich schreiben zu können. So besteht eine wesentliche Forderung der Physiker an physikalische Größen darin, daß sich diese bei wichtigen Transformationen – in diesem Fall der Lorentztransformation – möglichst wenig verändern. Bei diesem Wettbewerb geht die Eigengeschwindigkeit mühelos als Sieger durchs Ziel. Bei einer Lorentztransformation verändert sich der Nenner in der Definition der Eigengeschwindigkeit – die Eigenzeit des bewegten Objektes – überhaupt nicht, mit anderen Worten: Die Eigenzeit eines bewegten Körpers ist per definitionem eine innere Eigenschaft des bewegten Körpers und hängt nicht vom Beobachter ab. Dagegen ist die für einen Beobachter dieser Bewegung verstrichene Zeit von dem Beobachter abhängig. So fiel Einsteins Wahl bei der Definition des Impulses auf die Eigengeschwindigkeit – eine Wahl, die ihn mit unausweichlicher Konsequenz auf seine Formel $E = m \cdot c^2$ führte. Sobald nämlich der Impuls definiert worden ist, folgt unmittelbar daraus die Definition der Energie, da Energie und Impuls bei der Lorentztransformation miteinander verknüpft sind.

Eine andere wichtige Erwägung besteht darin, daß der Satz von der Erhaltung des Impulses nur unter Verwendung der Eigengeschwindigkeit bei der Impulsdefinition gültig ist. (Eine Diskussion der Erhaltungssätze und ihrer engen Beziehung zu Symmetriebetrachtungen findet man in Kapitel 8.)

Eine logische Folgerung aus der Formel für den Impuls, nach der der Impuls eines Körpers gleich dem Produkt aus seiner Masse und seiner Eigengeschwindigkeit ist, besteht in der Aussage, daß ein massebehaftetes Objekt niemals Lichtgeschwindigkeit erreichen kann. Wäre dies möglich, so besäße dieses Objekt eine unendlich große Eigengeschwindigkeit und demzufolge auch einen unendlich großen Impuls. Da es sich bei dem Impuls eines Körpers im Gegensatz zur Eigengeschwindigkeit aber um eine meßbare physikalische Größe handelt, darf er keinen unendlichen Wert annehmen. Ein masseloses Teilchen wie das Photon oder das Neutrino dagegen muß sich mit Lichtgeschwindigkeit bewegen, um überhaupt einen Impuls mit sich zu tragen.

Kapitel 5: Ein glücklicher Einfall

Seite 97: Einstein hat sein Mißfallen an den Wort "Relativität" in einem Brief an E. Zschimmer von 30.September 1921 ausgedrückt (nach G. Holton, ibid.).

Seite 97: Siehe Lawrence Durrell: "Balthazar" (New York: Dutton 1958, Seite 9 und 142).

Seite 98: In seinem Artikel "Introduction: Einstein and the Shaping of Our Imagination", veröffentlicht in "Albert Einstein, Historical and Cultural Perspectives", herausgegeben von G. Holton und Y. Elkana (Princeton, N.J.: Princeton University Press 1982) zählt Holton die enormen Mißverständnisse auf, die das Einsteinsche Werk erfahren hat und die mittlerweile Teil unserer Kultur geworden sind. Nach seiner Analyse gehört William Faulkner zu den wenigen Schiftstellern, die Einsteins Gedanken erfolgreich in ihr Werk integriert haben (in seinem Buch "The Sound and the Fury"). Wie Holton schreibt, ist es "sinnlos, darüber zu urteilen, ob es sich bei den verwendeten Beimengungen an moderner Physik um gute oder schlechte Physik handelt, da sie nur dazu benutzt werden, in Verbindung mit anderen Elementen eine neue Legierung herzustellen."

Seite 105: S. Weinberg: "Gravitation and Cosmology" (New York. Wiley 1972).

Seite 106: Eine Beschreibung der Karte von Peters findet man in der Aprilausgabe 1984 von "Harper's". Ich danke Peggy Gallagher dafür, meine Aufmerksamkeit auf diesen Beitrag gelenkt zu haben.

Seite 106: Die Vorstellung, daß die Gravitation das Licht ablenken könnte, findet sich bereits bei Newton, der glaubte, daß das Licht aus winzigen, kompakten Kugeln besteht.

Seite 111: Im Jahre 1884 errichtete die Harvard-Universität das erste Gebäude in den Vereinigten Staaten, das ausschließlich dem Studium der Physik dienen sollte, und lockte damit Edwin P. Hall, einen bedeutenden amerikanischen Experimentalphysiker jener Zeit, von der Hopkins-Universität weg nach Harvard. Hall hatte sich zuvor mit elektromagnetischen Messungen beschäftigt, war aber dann von der Idee besessen, eventuelle Abweichungen von Newtonschen Gesetz über den freien Fall zu ermitteln. Um ihm einen Gefallen zu tun, versah Harvard das neue Gebäude mit einem etwa zwanzig Meter hohen Turm. Natürlich konnte Hall keine interessanten Effekte nachweisen, und so mußte ein Dreivierteljahrhundert vergehen, bis der Turm endlich sinnvoll genutzt werden konnte.

Seite 112: Um wirklich zu verstehen, was Schwarze Löcher sind, müssen wir uns über den wesentlichen Unterschied zwischen Newton und Einstein klar geworden sein. In der Newtonschen Theorie erzeugt ein massereiches Objekt um sich herum ein Gravitationsfeld – das ist alles. Bei Einstein ist die Situation beträchtlich komplizierter. Seit den Tagen Maxwells wissen die Physiker, daß ein Feld eine bestimmte Menge an Energie enthält. Das gilt auch für das Gravitationsfeld, das einen Stern umgibt. Da Energie nach Einsteins früheren Arbeiten einer bestimmten Masse äquivalent ist, enthält auch das Gravitationsfeld eine gewisse Masse und erzeugt daher ein zusätzliches Gravitationsfeld. Mit anderen Worten: Der Stern erzeugt ein Gravitationsfeld, das seinerseits ein zusätzliches Feld erzeugt, das wiederum ein weiteres Feld erzeugt und so weiter ad infinitum. Es handelt sich also um den gleichen Effekt, der auch bei dem Anwachsen von Kapital durch Zinsen und Zinseszinsen wirksam ist. Damit ist Einsteins Theorie ein Beispiel für eine sogenannte "nichtlineare" Theorie, während es sich bei Newtons Theorie um eine "lineare" Theorie handelt. Normalerweise sind die zusätzlich erzeugten Gravitationsfelder sehr klein, so daß sich Einsteins Theorie nur wenig von der Newtonschen unterscheidet. In der Umgebung eines Schwarzen Loches jedoch addieren sich die

Zusatzfelder zu gewaltiger Größe und versursachen damit eine extreme Krümmung der Raumzeit.

Seite 114: Hubbles Werk baute auf früheren Arbeiten von Vesto Slipher und Milton Humason auf. Man vergleiche dazu H. Pagels: "Perfect Symmetry" (New York: Simon & Schuster 1985).

Seite 116: Der Vergleich zwischen dem Werk Einsteins und dem Beethovens stammt aus A. Pais: "Subtle is the Lord: The Science and the Life of Albert Einstein" (New York: Oxford University Press 1982). In diesem Buch bemerkt Pais auch, wie gut das Motto des Opus 135 von Beethoven zu dem Einsteinschen Werk paßt.

Kapitel 6: Die Symmetrie bestimmt das Design

Seite 117–119: Die Darstellungen auf diesen Seiten sind einem Beitrag von C.N. Yang mit dem Titel "Einstein and His Impact on the Physics of the Second Half of the Twentieth Century" im CERN-Report 1979 entlehnt.

Seite 120: Einsteins Theorie besitzt eine relativ einfache Form. Das gilt auch für Newtons Theorie, sofern man sie durch das von Newton definierte Gravitationsfeld beschreibt. Versucht man jedoch, die Einsteinsche Theorie unter Verwendung des Newtonschen Feldes auszudrücken, erhält man eine scheußliche Gleichung, die aus einer unendlichen Reihe von Termen besteht. Man kann sicher sein, daß niemand in der Lage gewesen wäre, diesen Ausdruck richtig zu interpretieren, ohne Symmetriebetrachtungen in seine Überlegungen mit einzubeziehen.

Kapitel 7: Mit dem geringsten Aufwand

Seite 131: Die in Zusammenhang mit dem Wirkungsprinzip entwickelte Mathematik hat sich von der Physik ausgehend auf eine ganze Reihe anderer Gebiete ausgebreitet, in denen strategische Planung eine Rolle spielt. So möchte ein Läufer gern wissen, bei welchem Verlauf des Rennens er das Ziel in der kürzestmöglichen Zeit erreicht. Die Analyse eines solchen Rennverlaufs ist in der Tat in einer Zeitschrift für Physik erschienen. Auch auf die Bedeutung des Wirkungsprinzips in der Wirtschaft wurde bereits hingewiesen. Der berühmte Wirtschaftswissenschaftler Paul Samuelson begann seine Rede anläßlich der Nobelpreisverleihung am 11. Dezember 1970 unter dem Titel "Maximalprinzipien in der Analytischen Mechanik" mit einer Diskussion des Wirkungsprinzips der Physik, um dann mit der Erörterung eines profitmaximierende Unternehmen fortzufahren, dessen Output von 99 verschiedenen Inputs bestimmt wird. Er schrieb:

> *Im Prinzip könnte ein Wirtschaftswissenschaftler mit den 99 Bedarfsfunktionen arbeiten, die jeden Input in Form der Menge der von einem Unternehmen eingekauften Rohstoffe mit den 99 Variablen verknüpft, welche die Input-Preise beschreiben..... Aber welche kolossale Arbeit würde es bedeuten, die Informationsmenge zu speichern, die erforderlich ist, um 99 verschiedene Flächen in einem hundertdimensionalen Raum zu beschreiben! Die moderne Wirtschaftswissenschaft ist nur deswegen möglich, weil man erkannt hat, daß die beobachteten Bedarfskurven selbst tatsächlich Lösungen des Problems der Profitmaximierung sind.*

Seite 135: Einige Leute haben die phantastische Idee geäußert, daß sich das Prinzip der kleinsten Wirkung nicht nur auf die physikalische, sondern vielleicht auch auf die nichtphysikalische Welt anwenden läßt. Dazu könnte man sich eine Filmbibliothek vorstellen, die alle möglichen historischen Verläufe enthält. So könnte es zum Beispiel einen Verlauf der Geschichte geben, bei dem Romulus und Remus von der Wölfin nicht genährt, sondern aufgefressen werden. In einem anderen Verlauf würde Wellington von Napoleon geschlagen. Versieht man jeden dieser Verläufe mit einer Zahl, so könnte es sein, daß der Verlauf mit der kleinsten Zahl von der Geschichte ausgewählt wird!

Kapitel 8: Die Lady und der Tiger

Seite 140: Die Daten über das Leben von Emmy Noether habe ich ihrer von A. Dick stammenden Biographie entnommen: "Emmy Noether 1882-1935" (englische Ausgabe bei Birkhäuser, Boston 1981) sowie dem Buch "Emmy Noether: A Tribute to Her Life and Work", herausgegeben von J.W. Brewer und M.K. Smith (New York: Marcel Dekker 1981). Manche Einzelheiten habe ich den Würdigungen Noethers durch ihre Zeitgenossen entnommen, von denen viele in den beiden genannten Werken enthalten sind. Das Buch von Brewer und Smith erschien in der Reihe "Monographs and Textbooks in Pure and Applied Mathematics", die neben rein mathematischen Abhandlungen auch biographisches Material enthält.

Seite 145: Nach einem von E. Wigner veröffentlichten Artikel "Understanding the Fundamental Constituents of Matter", herausgegeben von A. Zichichi (New York: Plenum 1978) war J.F.C. Hessel der erste Physiker, der im Zusammenhang mit der Symmetrie von Kristallen explizit Symmetriebetrachtungen anstellte. Eine der ersten systematischen Diskussionen stammt von A. Kretschman und erschien in den Annalen der Physik 53 (1917), S. 575. Der Zusammenhang zwischen Invarianz und Erhaltungsgrößen wurde mit unterschiedlichen Graden an Allgemeinheit von G. Hamel in Z. Math. Phys. 50 (1904) S.1, E. Noether in den Nachr. Ges. Wiss. Göttingen (1918) S. 235 und F. Engel (ibid. S. 375) diskutiert.

Seite 148: Im April 1933 – einen Monat nach der Machtübernahme durch das Dritte Reich – wurde Emmy Noether wegen ihrer jüdischen Herkunft von der Universität verwiesen. Sie starb zwei Jahre später am Bryn Mawr College.

Kapitel 9: Das Große Buch des Universums

Für den mathematisch interessierten Leser folgt hier die Erklärung dafür, warum die neun Elemente, die man bei der Verknüpfung zweier definierender Darstellungen von SO(3) erhält, in zwei getrennte Familien zerfallen.

Sehen wir uns die neun Elemente an: (B) [R], (R) [G], (G) [R] und so weiter. Wählen wir eines dieser Elemente aus und vertauschen wir die Farben im Kreis und im Quadrat. Das Element (R) [R] verändert sich nicht; aus (R) [G] wird (G) [R] und aus (G) [R] wird (R) [G]. Die entscheidende Idee der Mathematiker bestand nun darin, sich anstelle von (R) [G] und (G) [R] mit den "Linearkombinationen" (R) [G] + (G) [R] und (R) [G] – (G) [R] zu befassen.

Wieso in aller Welt ist das eine gute Idee? Der springende Punkt ist der: Wenn wir die Farben in Kreis und Quadrat vertauschen, so wird aus der von den Mathematikern als "ungerade" bezeichneten Kombination (R) [G] – (G) [R] die Kombination (G) [R] – (R) [G] , dies ist jedoch gleich – ((R) [G] – (G) [R]). Die ungerade Kombination wird also bis auf das negative Vorzeichen in sich selbst überführt. Die von den Mathematikern als "gerade" bezeichnete Kombination (R) [G] + (G) [R] dagegen wird zu (G) [R] + (R) [G] , das heißt, sie geht vollständig in sich selbst über. In diesem Sinne sind auch die Elemente (R) [R] , (G) [G] und (B) [B] gerade: Werden die Farben in Kreis und Quadrat vertauscht, so bleiben diese Elemente unverändert.

Damit haben wir die Trennung der neun Elemente in zwei Familien erreicht: In eine, die drei ungerade Kombinationen, und in eine zweite, welche sechs gerade Kombinationen enthält. Es ist klar, daß es drei ungerade Kombinationen gibt; sie lassen sich ohne Schwierigkeiten angeben: (R) [G] – (G) [R] , (G) [B] – (B) [G] und (B) [R] – (R) [B] . Analog dazu können auch die sechs geraden Kombinationen sofort hingeschrieben werden.

Gut. Nun müssen wir untersuchen, wie sich diese Kombinationen bei einer Drehung transformieren.

Betrachten wir dazu eine Drehung, die den Pfeil $\vec{x}$ in $a \cdot \vec{x} + b \cdot \vec{y} + c \cdot \vec{z}$ transformiert. (Wie im Text erläutert, sind a, b und c nichts anderes als gewöhnliche Zahlenwerte.) Dann wird das Element (R) [R] in die folgende Linearkombination transformiert:

$(a \cdot (R) + b \cdot (G) + c \cdot (B))\,(a \cdot [R] + b \cdot [G] + c \cdot [B]) = a^2 \cdot (R)\,[R] + ab \cdot (R)\,[G] + ac \cdot (R)\,[B] + ba \cdot (G)\,[R] + b^2 \cdot (G)\,[G] + bc \cdot (G)\,[B] + ca \cdot (B)\,[R] + cb \cdot (B)\,[G] + c^2 \cdot (B)\,[B]$.

Was wir getan haben, ist nichts Besonderes: Wir haben lediglich den Ausdruck $(a \cdot (R) + b \cdot (G) + c \cdot (B))\,(a \cdot [R] + b \cdot [G] + c \cdot [B])$ "ausmultipliziert". So kommt der erste Term $a^2 \cdot (R)\,[R]$ durch die Multiplikation von $a \cdot (R)$ mit $a \cdot [R]$ zustande, der zweite $ab \cdot (R)\,[G]$ durch die Multiplikation von $a \cdot (R)$ mit $b \cdot [G]$ und so weiter.

Na gut, werden Sie sagen, Sie haben mir also gerade gezeigt, daß ein einfaches Element wie (R) [R] durch eine Drehung in einen furchtbar komplizierten Ausdruck transformiert werden kann. Und nun?

Glücklicherweise brauchen wir uns mit diesem schrecklichen Ausdruck nicht weiter zu befassen: Es genügt die Feststellung, daß er nur gerade Kombinationen enthält. So erscheint das Element (R) [G] zum Beispiel multipliziert mit der Zahl ab und das Element (G) [R] multipliziert mit der Zahl ba, die natürlich den gleichen Wert wie ab besitzt, da a und b normale Zahlen bedeuten. Mit anderen Worten: Es treten nur gerade Kombinationen auf, aber keine ungeraden wie (R) [G] – (G) [R] .

Die Sache dürfte nun vollkommen klar sein. Wir interessieren uns für die Transformation einer geraden Kombination wie (R) [R] . Wenn dabei eine ungerade Kombination auftreten soll, müßte an irgendeiner Stelle ein Minuszeichen stehen. Es leuchtet ein, daß ein solches Minuszeichen nicht aus heiterem Himmel erscheinen kann!

Damit haben wir erreicht, was wir wollten: Wir haben nachgewiesen, daß sich gerade Kombinationen nur wieder in gerade Kombinationen transformieren. Auf eine ananloge Weise kann man zeigen, daß sich ungerade Kombinationen nur in ungerade transformieren. Die Aufteilung in gerade und ungerade Kombinationen bildet den wesentlichen Grund dafür, warum eine Darstellung, die aus der Verknüpfung von zwei Darstellungen hervorgegangen ist, im allgemeinen in kleinere Darstellungen zerfällt.

Anstatt mit der im doppelten Sinne des Wortes "erschöpfenden" mathematischen Analyse fortzufahren, möchte ich es bei dieser kleinen Kostprobe der in der Gruppentheorie gebräuchlichen Argumentation belassen. Als nächstes möchte ich Ihnen zeigen, wieso die sechs geraden Kombinationen sich weiter in eine Familie von fünf Kombinationen und eine mit einer einzigen Kombination aufteilen.

Zum besseren Verständnis greifen wir wieder auf unsere alberne Analogie aus Kapitel 9 zurück: Unser Außerirdischer könnte auf die Idee kommen, Objekte nach der

Anzahl ihrer Beine zu klassifizieren. Da ein Kürbis keine Beine hat, kann er auch nicht in einen Prinzen verwandelt werden. In unserem Fall gehen wir etwas differenzierter vor und klassifizieren die Kombinationen danach, ob sie ein Minuszeichen enthalten oder nicht.

Damit haben Sie bereits mehr über Gruppentheorie gelernt als Sie vermuten. In Kapitel 13 habe ich beispielsweise erwähnt, daß der Höchste Designer die Rotationsgruppe im zehndimensionalen Raum – SO(10) – benutzt hat. Sie sind jetzt in der Lage, selbst auszurechnen, was bei der Verknüpfung von zwei Kopien der definierenden Darstellung von SO(10) herauskommt. Es gibt zehn mögliche Farben und $10 \times 10 = 100$ Elemente: (R) [R] , (R) [G] und so weiter. Und wieviele ungerade Kombinationen gibt es? Zählen wir nach! Für jeden Kreis haben wir die Auswahl unter zehn möglichen Farben. Nachdem wir einen Kreis koloriert haben, bleiben noch neun mögliche Farben für das Quadrat übrig, da wir bei einer ungeraden Kombination nicht die gleiche Farbe für den Kreis und das Quadrat wählen können, denn (R) [R] – (R) [R] = 0.

Da ferner (R) [G] und (G) [R] gemeinsam in einer Kombination auftreten, müssen wir die Gesamtzahl der Möglichkeiten durch 2 dividieren, um eine doppelte Zählung zu vermeiden. Wir haben also zusammen $(10 \times 9)/2 = 45$ ungerade Kombinationen. Unter Verwendung dieses Ergebnisses kamen die Physiker zu dem Schluß, daß es 45 Eichbosonen geben müßte, sollte die Welt tatsächlich durch eine Eichtheorie auf der Basis von SO(10) beschrieben werden. (Eichtheorie und Eichbosonen werden in Kapitel 12 diskutiert.)

Von den 100 – 45 symmetrischen Kombinationen transformiert sich eine in sich selbst. (Ich verzichte an dieser Stelle darauf, diese mathematische Tatsache zu erklären.) Daher gilt für SO(10): $10 \otimes 10 = 1 \oplus 45 \oplus 54$. Sie sehen also: Gruppentheorie ist gar nicht so schwer.

Seite 152: Von allen Mathematikvorlesungen, die ich besucht habe, hat mir die Gruppentheorie den meisten Spaß gemacht.

Seite 153: Für den Fall, daß ein Mathematiker die "Magische Symmetrie" lesen sollte: Ich erörtere nur die Rotationsgruppe, nicht jedoch ihre Deckgruppe.

Kapitel 10: Der Triumph der Symmetrie

Seite 169: Heisenbergs Unschärferelation erfuhr das gleiche Schicksal wie Einsteins Relativitätsprinzip: Es geriet in die Hände von Schreibern, bei denen das Wort "Unschärfe" Bilder heraufbeschwor, an die Heisenberg nicht im Traum gedacht hatte. So erfuhr ich zu meinem Erstaunen, daß Heisenbergs Unschärferelation in bestimmten Architektenkreisen in aller Munde ist. Andere Leute haben den Begriff derart deformiert, daß er jede beliebige gewünschte Bedeutung annehmen kann. Ich will davon Abstand nehmen, dieses Phänomen weiter anzuprangern und stattdessen lieber wieder Paul Samuelson das Wort erteilen, der in seiner Nobelpreisansprache feststellte:

> *Es gibt in der Tat kaum etwas Geschwolleneres als die Bemühungen von Wirtschaftswissenschaftlern oder pensionierten Ingenieuren, Analogien zwischen den Konzepten der Physik und denen der Ökonomie herzustellen..... Wenn ein Wirtschaftswissenschaftler sich auf die Heisenbergsche Unschärferelation bezieht, sollte man das am besten als eine bloße Redensart oder ein Wortspiel ansehen und nicht als eine ernstgemeinte Anwendung quantenmechanischer Gesetze.*

Seite 171: In der Quantenphysik wird die Wahrscheinlichkeitsamplitude nicht durch gewöhnliche Zahlen angegeben, sondern durch solche, die in der Mathematik als "komplexe Zahlen" bekannt sind.

Seite 173: In den 60er Jahren entdeckten Steve Adler sowie unabhängig von ihm John Bell und Roman Jeckew, daß eine Quantentheorie unter bestimmten Umständen nicht alle Symmetrien aufweist, welche die zugehörige klassische Theorie besitzt. Diese theoretische Möglichkeit kam zu der damaligen Zeit völlig unerwartet und wurde als "Anomalie" bezeichnet. Bei unserer Suche nach den Symmetrien der Natur spielt das Studium solcher Anomalien heute eine wichtige Rolle.

Seite 175: Ich habe die Erörterung der Rolle der Rotationssymmetrie durch die Vernachlässigung des Elektronenspins vereinfacht.

Kapitel 11: Der Achtfache Weg im Dickicht der Nacht

Seite 189: Hier ein kurzer Abriß der Geschichte der Isospin-Symmetrie. Da der Wert für die Neutronenmasse so dicht an dem für die Protonenmasse liegt, nahm Chadwick zunächst natürlich an, daß das Neutron nichts anderes als die enge Verbindung eines Proton mit einem Elektron sei und daß Atomkerne demzufolge aus Protonen und Elektronen bestehen müßten. Wir wissen heute, daß dieses Bild falsch ist und einer Reihe experimenteller Beobachtungen widerspricht. Es war auch schwer verständlich, wieso es einige Elektronen im Innern eines Atoms fertig bringen sollten, den Kern zu umkreisen, während andere in den Kern hineingesogen wurden.

Heisenberg nahm an, daß das Neutron ein eigenständiges Teilchen sei und der Atomkern aus Protonen und Neutronen bestünde. Weiterhin schlug er vor, daß die Physik der starken Wechselwirkung gegenüber einer Vertauschung von Proton und Neutron invariant sein sollte. Dabei ist zu beachten, daß es sich bei dieser Symmetrie um eine beträchtlich schwächere Symmetrie als bei der Isospin-Symmetrie handelt, bei der sich Proton und Neutron in Linearkombinationen ihrer selbst transformieren. Auch Heisenberg stellte sich das Neutron noch als ein Proton mit einem anhaftenden Elektron vor. Den Ursprung der Wechselwirkung zwischen Proton und Neutron erklärte er auf folgende Weise: Wenn ein Neutron in die Nähe eines Protons gelangt, so kann das im Neutron sitzende Elektron zum Proton hinüber springen. Es würde fortfahren, zwischen Proton und Neutron hin und her zu oszillieren und auf diese Weise eine Wechselwirkung zwischen den beiden Teilchen verursachen. Nach Heisenbergs Vorstellung dürfte es zwischen zwei Protonen also keine starke Wechselwirkung geben, weil kein Elektron da ist, das zwischen den beiden hin und her springen könnte. Die Stabilität des Atomkerns wurde irrtümlicherweise auf die Anziehung zwischen Protonen und Neutronen zurückgeführt.

Heisenbergs Theorie wurde durch die Experimentatoren N.P. Hydenberg, L.R. Hafstad und M. Tuve widerlegt, die die starke Wechselwirkung zwischen zwei Protonen maßen, nachdem schon M. White zu ähnlichen Ergebnissen gekommen war. Wie sich dabei erwies, ist die Stärke der Wechselwirkung zwischen zwei Protonen mit derjenigen zwischen Proton und Neutron vergleichbar. Im Jahre 1936 machten B. Cassen und E.U. Condon sowie unabhängig davon G. Breit und E. Feenberg den Vorschlag, die Heisenbergsche Austausch-Symmetrie zur Isospin-Symmetrie zu verallgemeinern. (Ich möchte mich bei S. Weinberg für eine hilfreiche Diskussion über diesen Punkt bedanken.)

Übrigens trat in Yukawas Arbeit aus dem Jahre 1934 nur das elektrisch geladene Pion auf. Die Tatsache, daß der Isospin ein elektrisch neutrales Pion fordert, wurde erst beträchtliche Zeit später – etwa 1938 – von N. Kemmer und unabhängig von ihm auch von S. Sakata, M. Taketani und H. Yukawa bemerkt.

Seite 197: Das Zitat stammt aus Hideki Yukawas Autobiographie "Tabibito" ("Der Wanderer", englische Übersetzung von L. Brown und R. Yoshida, Singapur: World Scientific Publishing 1982). Darin beschreibt Yukawa die "langen Tage des Leidens", die er zwischen 1932 und 1934 bei seiner Suche nach einer Theorie der Kernkraft durchlebte. Um sich zu beruhigen, versuchte er, jede Nacht in einem anderen Zimmer zu schlafen. Die entscheidende Idee kam ihm blitzartig in einer Oktobernacht des Jahres 1934.

Seite 198: Ich habe die Diskussion der Erhaltung der Seltsamkeit durch die Feststellung vereinfacht, daß das K° immer gemeinsam mit einem Σ^+ produziert wird. Auch der Weg, auf dem Murray Gell-Mann, Kazuo Nishijima, Abraham Pais und andere zur Erhaltung der Seltsamkeit gelangten, war beträchtlich mühsamer, als es nach der Beschreibung im Text erscheinen könnte.

Seite 199: Das E. Fermi zugeschriebene Zitat erschien in "More Random Walks in Science", zusammengestellt von R.L. Weber (Bristol, England: The Institute of Physics 1982).

Seite 200: Auch in der Physik sind dem linguistischen Purismus gewisse Grenzen gesetzt. So spricht man von "Leptonen", anstatt den korrekten griechischen Plural "Lepta" zu benutzen.

Seite 200: Ursprünglich hatten die Experimentatoren Carl Anderson und Seth Neddermeyer für das von ihnen entdeckte Teilchen die Bezeichnung "Mesoton" gewählt. Der Physiker Robert Millikan schlug vor, diesen Namen in "Mesotron" zu ändern, wodurch Konsistenz mit dem "Elektron" und dem "Neutron" erzielt würde, allerdings – wie Anderson bemerkte – nicht mit dem Proton. Nachdem man eine Zeitlang den schrecklichen Namen "Mesotron" benutzt hatte, wurde er einem Vorschlag des indischen Physikers Homi Bhabha folgend schließlich zu "Meson" verkürzt. Wie George Gamow berichtet, protestierten daraufhin einige französische Physiker, die eine Verwechslung mit ihrem Wort für "Haus" befürchteten. Das Wort hat außerdem den gleichen Klang wie das Wort, das Chinesen und Japaner für den Begriff "Halluzination" oder "Illusion" verwenden. So kam es, daß sich japanische Physiker in den 30er Jahren regelmäßig zu Diskussionen über Mesonenphysik trafen, die als "Illusionstreffen" bekannt waren.

Wie sich herausstellte, war das von Anderson und Neddermeyer entdeckte Teilchen nicht mit Yukawas Teilchen identisch. Um zwischen den beiden unterscheiden zu können, wurde Yukawas Teilchen als "Pi-Meson" bezeichnet, während der "Hochstapler" den Namen "My-Meson" erhielt. Später stellte sich heraus, daß es sich bei dem My-Meson überhaupt nicht um ein Meson, sondern um ein Lepton wie das Elektron handelt, worauf sein Name zu "Myon" verkürzt wurde (vergleiche Kapitel 15). Yukawa bezeichnete das Pion in seiner Arbeit übrigens als "U-Teilchen". Für eine Darstellung der mit dem Meson verbundenen Geschichte sei auf einen Artikel von Carl D. Anderson in dem von Laurie Brown und Lillian Hoddeson herausgegebenen Buch "The Birth of Particle Physics" verwiesen (New York: Cambridge University Press 1983, S. 318). Für eine hilfreiche Diskussion über dieses Thema möchte ich mich bei S. Hayakawa und L. Brown bedanken.

Seite 204: Wie konfus die experimentelle Situation Anfang der 60er Jahre war, geht aus dem Umstand hervor, daß von 26 Hadronen, die in einer 1963 veröffentlichten Übersicht mit unterschiedlichen Eigenschaften aufgelistet wurden, neunzehn – wie man heute weiß – überhaupt nicht existieren.

Seite 205: Der Leser sei darauf hingewiesen, daß sowohl die Gruppe SU(3) als auch die Gruppe SO(3) in ihren definierenden Darstellungen die Transformation von drei

Objekten beinhalten, die verwendeten Transformationen für beide Gruppen jedoch verschieden sind.

Seite 206: Das Material über das Leben von Yuval Neeman habe ich seinem bisher unveröffentlichten autobiographischen Artikel "Hadron Symmetry, Classification, and Compositeness" entnommen. Auch sei auf R. Deacon: "The Israeli Secret Service" (New York: Taplinger 1977, S. 318) verwiesen.

Wie aus dem halb-autobiographischen Artikel Neemans hervorgeht, gehörten seine Vorfahren zu den Schülern des Rabbis Eliyahu des Goan (1720 – 1797), einer Gruppe, die zwischen den beiden Strömungen des Judentums stand – der rationalistischen und der traditionalistischen Schule beziehungsweise der Richtung der "Widerständler" und der "sentimentalistischen" hassidischen Anschauung.

Nach Neemans Mitteilung in einem Artikel, der in dem von Y. Elkana herausgegebenen Buch "The Interaction Between Science and Philosophy" (Atlantic Heights, N.Y.: Humanities Press 1974, S. 1 – 26) erschien, wurde Sakata als überzeugter Marxist durch sein Festhalten an einer auf dem dialektischen Materialismus gegründeten Philosophie in die Irre geführt. Ich möchte mich bei Yuval Neeman für die Übersendung von Kopien seiner Schriften bedanken.

Seite 210: Das Zitat von Gell-Mann über die Haute cuisine stammt aus seiner Arbeit in Phys. 1 (1964), S.63.

Seite 211: Ein persönlicher Beitrag zur Einführung der Quarks findet sich in einer Rede Gell-Manns mit dem Titel "Particle Theory from S-Matrix to Quarks", die er auf dem "Ersten Internationalen Kongreß für die Geschichte wissenschaftlicher Ideen" in Sant Feliu de Guixols bei Catalunya in Spanien im September 1983 hielt.

Seite 211: Unter der Annahme, daß das Proton aus zwei Up-Quarks und einem Down-Quark und das Neutron aus zwei Down-Quarks und einem Up-Quark besteht, können wir leicht bestimmen, welche elektrische Ladung ein Quark tragen muß. Die elektrische Ladung des Protons und des Neutrons ist einfach gleich der Summe der elektrischen Ladungen der Quarks, die sie enthalten. Wir können das Neutron in ein Proton umwandeln, indem wir aus einem seiner Down-Quarks ein Up-Quark machen. Erinnern wir uns daran, daß das Proton eine elektrische Einheitsladung trägt, während das Neutron keine besitzt. Daher muß das Up-Quark eine Einheitsladung mehr als das Down-Quark tragen. Bezeichnen wir die Ladung des Quarks mit Q, so trägt das Down-Quark also die Ladung $Q - 1$. Das Proton mit seinen zwei Up-Quarks und seinem einen Down-Quark würde daher die Ladung $Q + Q + Q - 1 = 3Q - 1$ besitzen. Da die Protonenladung gleich 1 ist, erhalten wir die Gleichung $3Q - 1 = 1$, deren Lösung offensichtlich $Q = 2/3$ lautet. Wie man sieht, sind manche der grundlegenden Berechnungen in der Physik gar nicht so schwierig.

Viele Physiker störten sich daran, daß Quarks ungeradzahlige Ladungen tragen sollten. Dies war auch der Grund für Gell-Manns ursprüngliche Abneigung, die definierende Triplett-Darstellung von SU(3) in Erwägung zu ziehen. Bis dahin hatten alle bekannten Teilchen Ladungen, die gleich der Protonenladung oder einem Vielfachen von ihr waren.

Kapitel 12: Die Rache der Kunst

Seite 219: Die bemerkenswerte Entdeckung, daß James Joyce bereits 1914 etwas über Eichsymmetrie wußte, stammt aus dem Buch von Predrag Cvitanovic "Field Theory", Nordita lecture notes (Kopenhagen: Nordita, Blegdamsvej 1983, S. 72). Mein Dank gilt William Bialek, der mich auf dieses Buch aufmerksam machte.

Seite 219: Ich kann der Versuchung nicht widerstehen, die Passage zu zitieren, in der Joyce über Eichsymmetrie spricht. Ich bin sicher, daß auch der Leser neugierig darauf ist, etwas über den Kontext dieses Zitates zu erfahren. Hier ist er.

Zoe (steif, den Finger im Halsband): Ehrlich? Na, dann bis zum nächstenmal. (Sie grinst höhnisch) Du scheinst mir heute mit dem linken Bein zuerst aufgestanden zu sein, oder du bist bei deinem Schatz zu schnell gekommen. Oh, ich kann deine Gedanken lesen!
Bloom (bitter): Mann und Frau, was ist das? Korken und Flasche.
Zoe (in plötzlicher schlechter Laune): Ich hasse verkommene Schwätzer, die unaufrichtig sind. Gib' ner verdammten Hure doch' ne Chance.
Bloom (reuevoll): Ich bin wirklich unausstehlich. Du bist ein notwendiges Übel. Woher kommst du? London?
Zoe (schwatzhaft): Hog's Norton, wo sich die Schweine Gutenacht sagen. In Yorkshire geboren. (Sie hält seine Hand fest, die nach ihrer Brustwarze tastet) He, Junge, du bist ja der reinste Nippeljipper. Hör auf damit und mach was Schlimmeres. Hast du Pinke für' ne kurze Nummer? Zehn Schilling?
Bloom (lächelt, nickt langsam): Mehr, Huri, mehr.
Zoe: Und Mehrs Mutter? (Sie tätschelt ihn leicht und ungezwungen mit Samtpfötchen) Kommst du mit ins Musikzimmer, unser neues Pianola ankucken? Komm schon, ich schäl mich auch aus.
Bloom (kratzt sich am Hinterkopf mit der beispiellosen Liederlichkeit eines selbständigen Händlers, der die Symmetrie zweier geschälter Birnen mustert: Ich kenne eine, die wäre furchtbar eifersüchtig, wenn sies wüßte. Das grüngeäugte Ungeheuer. (Ernst) Du weißt, wie schwierig das ist. Das brauch ich dir nicht extra zu sagen.
Zoe (geschmeichelt): Was das Auge nicht sieht, kann das Herz nicht bekümmern. (Sie tätschelt ihn) Komm.
Bloom: Lachende Hexe! Die Hand, die die Wiege schaukelt.
Zoe: Babby!
Bloom (in Babykleid und -mäntelchen, dickköpfig, mit einem Glückshäubchen aus dunklem Haar, heftet große Augen auf ihr flüssiges Unterkleid und zählt dessen Bronzeschnallen mit einem pummeligen Finger, seine feuchte Zunge lallt und lispelt) Ein twei dei: dei twei dein.
(Übersetzung von Hans Wollschläger)

Seite 222: Ähnliche Ideen wie die von Yang und Mills wurden auch von O. Klein und R. Shaw in Erwägung gezogen.

Seite 223: Niels Hendrik Abel wurde als Sohn einer armen Pastorenfamilie in Norwegen auf dem Lande geboren. Er wurde ein brillanter Mathematiker und starb im Alter von 26 Jahren in äußerster Armut. Wir erinnern uns daran, daß es bei der Multiplikation zweier Darstellungen einer Gruppe im allgemeinen auf die Reihenfolge ankommt. Der Name Abels ist mit Gruppen verknüpft, bei denen die Reihenfolge der Transformationen bei der Multiplikation keine Rolle spielt. Solche Gruppen sind als "abelsche Gruppen" bekannt. Die Physiker sind im allgemeinen mehr an nicht-abelschen Gruppen interessiert – solchen, bei denen die Reihenfolge der Transformationen einen Unterschied macht; daher der Name "nicht-abelsche Eichtheorien". Bei unserer Theorie der starken Wechselwirkung handelt es sich beispielsweise um eine nicht-abelsche Eichtheorie. Es stellt eine Ironie besonderer Art dar, daß der Name dieses brillanten Mathematikers von den Physikern nun routinemäßig mit einer Negation verknüpft wird. Der Elektromagnetismus ist übrigens eine abelsche Eichtheorie.

Seite 232: Die Vorstellung, daß die Kopplungsstärke sich mit der Energieskala verändern könnte, bei der man die physikalische Welt untersucht, wurde Anfang der 50er Jahre durch E.C. Stueckelberg und A. Petermann, M. Gell-Mann und F. Low sowie N. Bogoljugow und D.V. Schirkow vorgetragen. Die physikalische Gemeinde insgesamt ging diesen Ideen jedoch nicht weiter nach, was seinen Grund teilweise darin hatte, daß die maßgeblichen Arbeiten sehr schwer verständlich waren.

Seite 234: Ich habe die asymptotisch freien Theorien als "stagnierende" Theorien bezeichnet, weil die Kopplungsstärke immer bei Null bleibt, sobald sie diesen Wert einmal erreicht hat.

Seite 236: Auch t'Hooft hatte schon unabhängig von anderen herausgefunden, daß die Yang-Mills-Theorie asymptotisch frei ist. Seine Entdeckung war jedoch in keiner Fachzeitschrift veröffentlicht worden und daher weitgehend unbekannt. Auch der sowjetische Physiker I.B. Chriplowitsch hatte das Verhalten der Kopplungsstärken in der Yang-Mills-Theorie studiert.

Seite 236: Meine gemeinsame Arbeit mit Wilczek über das Problem der Streuung von Neutrinos an Protonen markierte übrigens den Beginn einer lange andauernden Zusammenarbeit. Wir verbrachten eine Anzahl von Jahren gemeinsam in Princeton, wo sich unsere im Wachstum begriffenen Familien gegenseitig sehr gut kennen lernten. Wilzcek und ich sind jetzt beide am Institut für Theoretische Physik in Santa Barbara.

Seite 244: Daß die Yang-Mills-Theorie renormierbar ist, wurde auch von B.W. Lee und J. Zinn-Justin erörtert.

Kapitel 13: Der Letztgültige Entwurf

Seite 250: Thomas Mann: "Der Zauberberg" (S.Fischer Verlag, Frankfurt am Main 1952)

Seite 252: Die Idee der spontanen Symmetriebrechung gelangte auf ziemlichen Umwegen in die Grundlagenphysik. Die im Text angegebenen Beispiele von Weinflaschen und Magneten deuten schon darauf hin, daß spontane Symmetriebrechung bei vielen physikalischen Phänomenen eine Rolle spielt – eine Tatsache, die allerdings häufig unbemerkt blieb. Im Jahre 1957 gelang drei amerikanischen Physikern – John Bardeen, Leon Cooper und Robert Schrieffer – die Erklärung eines besonderen Phänomens, das bereits seit dem Anfang dieses Jahrhunderts bekannt war – des Phänomens der Supraleitung. Wie allgemein bekannt ist, leistet ein Draht dem Durchgang eines elektrischen Stromes einen bestimmten Widerstand. Kühlt man jedoch bestimmte Metalle auf sehr tiefe Temperaturen ab, verschwindet dieser Widerstand plötzlich auf dramatische Weise. Bardeen, Cooper und Schrieffer wurden für ihre Arbeiten mit dem Nobelpreis belohnt. (Übrigens ist John Bardeen der einzige Mensch in der Geschichte, der zwei Nobelpreise auf dem gleichen Gebiet erhielt: Den ersten hatte er bereits für die Entdeckung des Transistors erhalten.) Ich will davon Abstand nehmen, im Detail zu beschreiben, wie die Supraleitung erklärt werden kann und nur erwähnen, daß die spontane Symmetriebrechung dabei eine wesentliche Rolle spielt. Dies wird besonders in einer speziellen Version der Theorie deutlich, die von den russischen Physikern W. Ginsberg und Lew Landau ausgearbeitet wurde. Zu unserem Verständnis der spontanen Symmetriebrechung haben viele Physiker ihren Beitrag geleistet, neben den bereits im Text erwähnten Forschern insbesondere Stephen Adler, Curtis Callan, G. Jona-Lasinio, Maurice Levy, Murray Gell-Mann, Murph Goldberger, Sam Treiman und William Weisberger.

Seite 256: Gell-Manns "kalbfleischgewürzte Fasanenfleisch"-Symmetrien erwiesen sich sowohl explizit als auch spontan gebrochen. Es war daher auch extrem mühsam, sie zutage zu fördern.

Kapitel 14: Die Vereinigung der Kräfte

Seite 274: Viele Leser werden sich fragen, warum die fünfzehn Quark- und Leptonenfelder nicht drei Kopien der fünfdimensionalen Darstellung zugeordnet werden können. Das ist schon möglich, jedoch hätten die Quarks und Leptonen dann nicht die Eigenschaften, die man an ihnen beobachtet. Das ist es, was ich meinte, als ich im Text davon sprach, daß die Übereinstimmung sogar noch fugenloser ist, als unsere einfache Zählung vermuten läßt. Der entscheidende Punkt ist der, daß es a priori keine Garantie dafür gibt, daß die Quarks und Leptonen mit den Eigenschaften herauskommen, die man tatsächlich an ihnen beobachtet. (Im übrigen würde die Theorie bei der oben vorgeschlagenen Anordnung an einer Anomalie kranken. Man vergleiche dazu Kapitel 10.)

Seite 274: Natürlich haben einige Spaßvögel die Anordnung der Quarks und Leptonen in der SU(5)-Theorie als "Woolworth-Anordnung" bezeichnet.

Seite 276: Um die Darstellung etwas flüssiger zu gestalten, habe ich mir einige Freiheiten erlaubt und die Große Vereinigung mit Hilfe eines "elektromagnetischen " und eines "schwachen" Wanderers veranschaulicht. Genauer müßte man bei dem absteigenden Wanderer von einem "SU(2)-Wanderer" und bei dem aufsteigenden von einem "U(1)-Wanderer" sprechen.

Seite 276: Vielleicht sind manche Leser darüber verwirrt, daß es drei anstelle von zwei Wanderern gibt. Aber auch wenn die elektromagnetische und die schwache Wechselwirkung bereits in der elektroschwachen Wechselwirkung vereinigt sind, enthält diese trotzdem noch zwei unterschiedliche Kopplungsstärken. Man vergleiche hierzu auch die voranstehende Anmerkung.

Seite 277: Wenn ich den Neutronenzerfall erwähne, so bedeutet dies im Grunde erneut eine Verletzung der physikalischen Genauigkeit. Tatsächlich zerfällt das Neutron in ein Proton, ein Elektron und ein Antineutrino.

Seite 287: In einer wichtigen Veröffentlichung hat Gary Steigman die verfügbaren Indizien überprüft und ist zu dem Schluß gelangt, daß die Vorstellung von einem Materie-Antimaterie-Universum nicht haltbar ist.

Seite 293: Vor einiger Zeit habe ich selbst ein zweibändiges Werk über die Große Vereinigung unter dem Titel " Unity of Forces in the Universe" verfaßt (Singapur: World Scientific Publishing 1982). Es ist zwar für Doktoranden und Forscher auf diesem Gebiet geschrieben, doch kann auch der Laie beim Durchblättern des Buches einen gewissen Eindruck von der gegenwärtigen Forschung auf diesem Gebiet gewinnen.

Seite 293: Schon lange vor der Großen Vereinigung hatte der große sowjetische Physiker und Menschenrechtler Andrei Sacharow darüber spekuliert, daß man den Ursprung der Materie im Universum verstehen könnte, wenn die Anzahl der Baryonen nicht strikt erhalten bleibt. Im Westen war das Werk Sacharows nur wenigen bekannt. Nach der Einführung der Großen Vereinigung wurde das Scenario für die Entstehung der Materie von einer Reihe von Physikern – darunter M. Yoshimura, S. Dimopoulos, L. Susskind, D. Toussaint, S. Treiman, F. Wilczek, S. Weinberg und ich selbst – neu ersonnen und in den Rahmen der Großen Vereinigung gestellt. Meine eigene Beschäftigung mit diesem Problem geht auf den Anfang der 70er Jahre zurück, als ich zu einem längeren Besuch in Paris weilte. Ich mietete ein Appartment, das einem Mitarbeiter von Roland Omnes gehörte, einem französischen Physiker, der für die Idee eines zu gleichen Anteilen von Materie und Antimaterie erfüllten Universums eingetreten war. Dort stieß ich auf verschiedene Arbeiten, die sich mit diesem Szenario beschäftigten. Später versuchte ich gemeinsam mit Frank Wilczek einige Jahre hindurch alles mögliche, um herauszufinden, ob die spontane Symmetriebrechung einen Mechanismus für die Trennung von Materie und Antimaterie im Universum liefern könnte, aber ohne Erfolg. Schließlich kam ich bei der gemeinsamen Arbeit mit Toissaint und Treiman darauf, daß der Schlüssel in der Nichterhaltung der Baryonenzahl lag.

Seite 293: Eine der vielen Schwierigkeiten, denen sich die Idee des inflationären Universums gegenübersieht, besteht in dem Problem des "würdevollen Abgangs" – das Universum nämlich wieder aus der inflationären Phase herauszubekommen. Zur Lösung dieses Problems haben A, Linde, A. Albrecht und P. Steinhardt mehrere Varianten des ursprünglichen Modells vorgeschlagen.

Kapitel 15: Das Aufkommen der Hybris

Seite 297: Die Tatsache, daß sich die Art der Fragen, welche die Grundlagenphysiker an die Natur stellen, gegenüber früher vollkommen verändert hat, erinnert mich an den alten Studentenwitz über einen Examenskandidaten, der sich auf seine Prüfung vorbereitet. Er beschließt, sich dazu die Examensfragen der vorangegangenen Jahre anzusehen. Zu seiner Überraschung findet er, daß Jahr für Jahr die gleichen Fragen gestellt worden sind. Er fragt seinen Professor nach diesem Umstand und erhält von ihm die würdevolle Auskunft: "Oh ja, die Fragen sind jedes Jahr die gleichen, aber die richtigen Antworten sind verschieden!"

Seite 298: Das Myon wurde unabhängig von den im Text genannten Forschern auch von Jabez Street und E.C. Stevenson entdeckt.

Seite 299: Die Verwirrung hinsichtlich des Myons wurde in den 40er Jahren in Japan durch S. Sakata und T. Inoue und in den Vereinigten Staaten durch R. Marshak und H. Bethe aufgeklärt.

Seite 303: Pais beschrieb die Sonderstellung Einsteins in seiner Einstein-Biographie (insbesondere auf Seite 39).

Seite 308: Andere höherdimensionale Theorien der Gravitation wurden auch von Gunnar Nordstrom und Heinrich Mandel vorgeschlagen (man vergleiche Pais).

Seite 312: Die Vorstellung, die Große Vereinigte Eich-Wechselwirkung könnte die Gravitation hervorbringen, entstammt dem Werk des sowjetischen Physikers und Menschenrechtlers Andrei Sacharow. Eine Reihe anderer Physiker einschließlich P. Minkowski, Y. Fujii, H. Terezawa, S. Adler und mir selbst entdeckte diese Idee später aufs neue und entwickelte sie weiter.

Seite 313: Die Fermionen erhielten ihren Namen zu Ehren des italienisch-amerikanischen Physikers Enrico Fermi, während die Bosonen nach dem indischen Physiker Satyendra Bose benannt wurden.

Seite 314: Julius Wess und Bruno Zumino waren die ersten, die während ihrer Arbeit in Europa die Supersymmetrie systematisch erforschten. Frühere Erörterungen der Supersymmetrie finden sich in den Arbeiten der sowjetischen Physiker Y. Golfand, E. Lichtman, D. Wolkow und W. Akulow. Erste Hinweise auf diese Idee erschienen in den Arbeiten von Andrei Neveu, John Schwarz und Pierre Ramond.

Seite 317: Albert Einstein: "Zur Methodik der theoretischen Physik", die "Herbert-Spencer"-Vorlesung, gehalten am 10. Juni 1933 in Oxford, veröffentlicht in "Mein Weltbild" (Ullstein-Buch Nr. 65, Ullstein GmbH, Frankfurt am Main 1968).

Kapitel 16: Der Geist des Schöpfers

Seite 321: Das CPT-Theorem wurde von G. Lüders, B. Zumino, W. Pauli, J. Schwinger und anderen entdeckt.

Seite 321: A priori besteht die logische Möglichkeit, daß bei dem K-Mesonen-Zerfall eher die CPT-Invarianz als die T-Invarianz verletzt wird; eine sorgfältige Analyse der experimentellen Ergebnisse zeigt jedoch, daß die CPT-Invarianz respektiert wird.

Seite 321: Wir kennen alle das Phänomen, daß ein sich drehender Kreisel in einem Gravitationsfeld "präzessiert". Auf der Suche nach einem direkten Beweis für die Verletzung der Invarianz gegen Zeitumkehr haben die Experimentatoren die Präzession verschiedener Teilchen wie Elektronen und Neutronen in elektrischen Feldern untersucht. Dabei wird durch die Präzession eine bestimmte Richtung ausgewählt.

Seite 323: Man hat auch die Vermutung geäußert, die Richtung des Zeitpfeils in unserem Bewußtsein könnte etwas mit der Expansion des Universums zu tun haben. Es ist jedoch schwer einzusehen, wie die Bewegung weit entfernter Galaxien die Funktion unseres Bewußtseins beeinflussen sollte.

Seite 323: Eine Auswahl von Artikeln über die Natur der Zeit findet man in "The Enigma of Time", zusammengestellt und mit einer Einführung versehen von P.T. Landsberg (Bristol, England: Adam Hilger 1982).

Seite 324: Ich habe in diesem Buch die Geheimnisse des menschlichen Bewußtseins kaum berührt. Eine Einführung in dieses Thema findet man bei C. Hampden-Turner "Maps of the Mind" (New York: Macmillan 1981). Eine klare und allgemeinverständliche Einführung in die quantenmechanische Theorie der Messung hat Pagels in "The Cosmic Code" (New York: Simon & Schuster 1982) gegeben. In der physikalischen Fachliteratur gehören H.D. Zeh von der Universität Heidelberg und A. Leggett von der Universität von Illinois zu den Autoren, die in den letzten Jahren aufschlußreiche Analysen über die Beziehung zwischen Beobachter und Quantum veröffentlicht haben.

Seite 325: Zur Kritik des Gedichtes von Blake vergleiche man Lionel Trilling "The Experience of Literature" (Garden City, N.Y.: Doubleday 1967, S. 857). Der Leser sei daran erinnert, daß die letzte Strophe des Gedichtes über den Brennenden Tiger die gleiche wie die erste ist, außer daß das Wort "could" (könnte) in der letzten Zeile ("Could frame thy fearful symmetry?") in der letzten Strophe in "dare" (wagte) umgewandelt ist. Interessanterweise hat Blake in den früheren Fassungen seines Gedichtes sowohl in der ersten als auch in der letzten Strophe das Wort "dare" verwendet. Vielleicht sollten wir aber auch nicht zu viel von der Suche der heutigen Physik nach Symmetrie in dieses Gedicht hinein interpretieren.

Seite 326: Die Frage, ob Gott irgendeine Wahlmöglichkeit hatte oder nicht, geht auf eine Bemerkung Albert Einsteins gegenüber Ernst Straus zurück und kann nachgelesen werden in "Einstein: A Centenary Volume", herausgegeben von A.P. French (Cambridge, Mass.: Harvard University Press 1979). Das Zitat von B. Hoffmann findet man in seinem Buch "Albert Einstein: Creator and Rebel" (New York: Viking 1972).

Seite 328: Die anthropische Argumentation sah sich im Laufe der Jahre schwerer Kritik ausgesetzt. Eine grundlegende Kritik anthropischer Argumente wird in dem Artikel von H. Pagels in "The Sciences", Band 25, Nr. 2 (1985) vorgetragen.

Index

T

U

V

W

X

Y

Z